科学出版社“十四五”普通高等教育本科规划教材

复杂电磁环境理论、技术与应用

李修和 等 编著

科学出版社

北京

内 容 简 介

复杂电磁环境作为现代战场环境的重要组成部分，对其理论技术与应用的研究尤为迫切。本书内容分为基础理论、关键技术和实践应用三部分：基础理论部分介绍复杂电磁环境的形成与发展，基于过程的电磁环境表象、本质和应用认知以及复杂电磁环境效应理论；关键技术部分介绍复杂电磁环境一体化构设和多维评估关键技术；实践应用部分介绍复杂电磁环境在装备试验、实战化训练和作战决策支持中的构设与评估技术应用。

本书可作为电子信息类专业本科生的教材，也可作为相关专业研究生的选修教材和相关领域工程技术人员的参考书。

图书在版编目（CIP）数据

复杂电磁环境理论、技术与应用 / 李修和等编著. — 北京：科学出版社，2022.10

科学出版社“十四五”普通高等教育本科规划教材

ISBN 978-7-03-073209-5

Ⅰ. ①复…　Ⅱ. ①李…　Ⅲ. ①电磁环境－高等学校－教材　Ⅳ. ①X21

中国版本图书馆 CIP 数据核字（2022）第 170713 号

责任编辑：潘斯斯　张丽花 / 责任校对：胡小洁
责任印制：赵　博 / 封面设计：迷底书装

科学出版社出版
北京东黄城根北街 16 号
邮政编码：100717
http://www.sciencep.com
涿州市般润文化传播有限公司印刷
科学出版社发行　各地新华书店经销
*
2022 年 10 月第　一　版　开本：787×1092　1/16
2024 年　7 月第三次印刷　印张：18 1/2
字数：450 000

定价：88.00 元

（如有印装质量问题，我社负责调换）

序

随着战争形态的变化和武器装备信息化、智能化技术的发展，未来作战将处于十分复杂的电磁环境中，制电磁权成为影响战争胜负的重要因素。实践表明，准确认知复杂电磁环境内涵与本质特征、科学评估复杂电磁环境效应、逼真构设复杂电磁环境等，已成为制约复杂电磁环境在装备试验、部队训练和作战支持方面有效开展应用的瓶颈，必须尽快在复杂电磁环境的基础理论、关键技术和应用实践等各层面寻求突破。该书有以下特点。

一是为复杂电磁环境机理认知提供了理论支撑。该书从复杂电磁环境的认知过程和效应机理两个方面来深入探讨了复杂电磁环境的理论问题，明晰了从表象到本质再到应用的认知方法，厘清了从装备效应到行动效应的方法，为复杂电磁环境认知和应用提供了理论支撑。

二是突破了关键技术瓶颈。该书紧扣复杂电磁环境的构设和评估两个核心关键技术，深入探讨复杂电磁环境构设规划、构设生成、构设控制和数据处理，以及涵盖特征层评估、装备效能层评估和行动效果层评估等技术，为现代信息社会的复杂电磁环境应用提供了技术支撑。

三是拓展了实践应用领域。复杂电磁环境领域由军事训练兴起，随着国防和军队建设的转型升级，装备建设和作战支持领域的复杂电磁环境问题也随之而来。该书立足复杂电磁环境理论技术的实践应用，深入探讨复杂电磁环境应用问题，把理论技术转化为实践应用方法，突出实践指导性和操作性，为现代信息社会的复杂电磁环境应用提供了方法指导。

该书作者在复杂电磁环境研究领域有着较深厚的理论和实践功底，该书瞄准当前对电磁环境“认识浅，描述难，评估少”等突出问题，从现实需求出发，运用科学先进的研究手段剖析复杂电磁环境问题，反映了复杂电磁环境理论与应用领域最新的研究成果。我相信，它的出版发行，除直接服务于复杂电磁环境领域教学科研，还对深化复杂电磁环境认识，推动复杂电磁环境应用，促进国防和军队建设，都将起到积极的作用。

中国工程院院士　王沙飞

2022 年 3 月 15 日

前　言

随着军队信息化建设进程的加快，以及现代电子信息技术的迅猛发展及其在军事领域的广泛应用，战场电磁环境日益趋于复杂密集、动态变幻。作为信息化条件下作战环境中最具时代特征的要素，复杂电磁环境的出现与发展促使作战环境内涵发生了深刻变化。复杂电磁环境的研究作为一个崭新的课题，牵涉面极广，横跨电磁学、军事学、信息学、环境学、运筹仿真学、计算机应用和复杂性科学等多个学科领域，贯穿战术、战役和战略各层次，涉及作战指挥、信息对抗、作战试验、军事运筹和军事地理等多个领域，渗透作战训练、装备发展和战场建设各个方面。从目前的情况看，对复杂电磁环境进行系统、完全的掌控还尚有难度，如何科学认识、客观描述和准确评估复杂电磁环境已成为制约战场电磁环境相关实践工作深入进行的瓶颈，有许多问题需要回答，亟待进一步深化研究。

本书在借鉴吸收已有研究成果的基础上，结合近年来我军开展战场复杂电磁环境实践活动的有益经验，紧盯科技前沿，整理、总结并吸收团队有关单位在电磁环境构设、电磁态势显示、复杂度评估、训练效果评估、训练模拟软件及训练系统研发、国家军用标准制定等方面取得的成果，力争体现特色，反映具有自主创新性的研究成果。

本书的主体内容构架上分为三部分，由 8 章组成。

第一部分为基础理论，为复杂电磁环境技术研究奠定理论基础，包括第 1～3 章，介绍复杂电磁环境相关的基本概念，分析国内外复杂电磁环境研究现状，阐述复杂电磁环境研究的目的和意义；从表象、本质、应用层面对复杂电磁环境认知理论进行多层次、多维度阐述，帮助读者全面认识、初步理解复杂电磁环境的基本属性；从效应机理、装备效应、作战效应三个层次对复杂电磁环境效应理论展开论述，帮助读者深入理解复杂电磁环境效应。

第二部分为关键技术，为复杂电磁环境构设、复杂电磁环境评估提供技术支撑，包括第 4 章和第 5 章。第 4 章结合实况虚拟构造(LVC)技术、大数据处理技术以及特征建模技术，分别阐述复杂电磁环境构设规划技术、生成技术、构设控制技术以及数据处理技术；第 5 章分别从环境特征、装备效能、行动效果三个层面，论述复杂电磁环境定量评估技术，重点研究了复杂电磁环境复杂度、逼真度、威胁度评估技术，马尔可夫链蒙特卡罗方法、小子样实验方法、成败型和连续空间取值型试验评估技术、系统效能分析(SEA)方法及 ADC 模型等装备效能层评估技术，以及主成分分析法、贝叶斯因果分析法等行动效果层评估技术。

第三部分为实践应用，为复杂电磁环境装备试验、实战化训练、作战支持等提供应用指导，包括第 6～8 章。装备试验应用方面，在复杂电磁环境装备试验应用分析的基础上，分别从装备性能试验和装备作战试验的角度对数字仿真、靶场构建、边界评估、构设要求、构设实施、评估指标等应用问题进行研究；实战化训练应用方面，在分析实战化训练复杂电磁环境应用需求的基础上，详细阐述了实战化训练复杂电磁环境逼真构设和实战化训练效果溯源评估方法，并给出复杂电磁环境构设系统和训练效果评估系统的应用实例；作战支持应用方面，在系统描述战场电磁环境侦测、认知、应用等战场电磁态势感知方法的基础上，从战场电磁频谱管理、电子防御两个视角，重点阐述战场频率管理、频谱监测、频谱管制方法，电子防御技术和战术措施及其效能评估。

本书是作者所在团队在复杂电磁环境领域取得的研究成果和实践经验上的总结与升华，希望给人们认识复杂电磁环境相关问题，掌握和利用电磁环境效应有所裨益。本书出版得到了武器装备预研重点基金项目的资助，特表示衷心的感谢。此外，本书援引参考了许多相关文献资料和研究成果，由于篇幅所限，未能一一列出，在此对其作者一并致谢。

复杂电磁环境本身以及对它的技术应用研究都还处于动态发展中，限于实践条件、认识水平和研究能力，书中难免有疏漏之处，恳请广大读者批评指正。

作　者

2022年2月

目　　录

第一部分　基 础 理 论

第二部分　关 键 技 术

第三部分　实践应用

第一部分　基础理论

第1章　绪　　论

信息技术在军事领域的广泛应用，不仅大大推进了武器装备的发展和作战方式的改变，而且急剧扩大了战场的空间范围，也使战场环境构成随之发生很大的变化。在陆海空天四维战场空间的基础上，又开辟了第五维空间——电磁空间，形成了新的战场环境——电磁环境。电磁空间成为夺取现代战争主动权的关键，电磁环境成为战场环境新的构成要素。战争赖以存在的空间和环境条件发生如此巨大的变化，将对军队的作战、训练和建设等各项活动产生全面深刻的影响。推进新时代备战作战，必须着眼于打赢信息化、智能化战争的新要求，深刻洞悉新的战争制胜机理，满足未来战场需求；必须尽快建立对电磁空间、电磁环境的理性认识，研究复杂电磁环境的理论和技术问题，在理论的正确导向下找到应对策略，以谋求战略主动，赢得战争胜利，维护国家战略安全。

1.1　电磁空间与电磁环境

宇宙和地球上一直存在着各种电磁场与射线。早在几千年前，人类就观察到了雷电和磁石吸铁的电磁现象，但是没有发现电现象和磁现象之间的关系。直到1864年麦克斯韦建立电磁理论，1887年赫兹发现电磁波，电磁现象才得到了充分的认识和开发利用。1895年和1896年，意大利的马可尼与俄国的波波夫在不同的国度里成功地试验了原始的无线电通信。通过不懈的努力，马可尼在1901年实现了跨过大西洋3000余千米，从加拿大到英格兰的无线电通信，人类从此揭开了电磁波应用的新篇章。电磁理论的建立和电磁波的发现是19世纪人类科学史上登峰造极的成就之一，它使人类文明和整个物质世界的面貌发生了深远的变化。当今人类的各种电磁应用，如通信、广播、雷达、激光等，正是伴随着电磁波的发现而逐步实现的。这些电子设备和系统大量用于战争活动，引发了电磁应用与反应用的激烈矛盾运动，在这种激烈矛盾运动的强力作用下，战场电磁环境的重要作用与影响逐渐显现出来，并在军队信息化进程中走向复杂化。可以说，复杂电磁环境是以人类电磁应用活动为基础，伴随战场空间的拓展而演化形成的。

战争的空间形态是与人类社会一定的生产力发展阶段相适应，并随之发展演进的。远古时代，人类生存栖息的空间主要在陆地，因而陆战场最早形成。随着造船技术和航海技术的兴起，人类荡起木桨接触海洋，海上出现军事争斗，海战场自然成了陆战场的延伸。近百年间，海权论的创立及海军武器系统的现代化使得海战场范围日趋广阔，与其他几维空间的联系更加紧密，成为国家战略防御的前沿和国家战略资源拓展的空间。20 世纪初，航空技术的发展和飞机的发明使战场扩展到三维空间的空中，战争的进行方式发生了由“平面”到“立体”的巨大变革，空战场的上限已达到 2 万米左右，下限由最初的数百米降到了“一树之高”的几米之内。机载电子设备的广泛使用使得先进的作战飞机都具有全天候、昼夜连续飞行的能力，空战场在现代战争中的地位与作用与日俱增。20 世纪 50 年代末，苏联成功发射第一颗人造地球卫星，标志着人类航天史的开端。短短几十年，卫星、宇宙飞船、航天飞机、空间站等各类空间飞行器相继升空，太空成为世界主要军事强国从事政治、经济、科技和军事活动的重要场所，也将成为信息化战争的战略制高点。在战场空间一步步的拓展中，电磁活动如影随形，越演越烈，电子设备和系统广泛渗透到人类的生产、生活和军事斗争各个领域，战场由刀光剑影、炮火硝烟的陆海空域拓展到无形无影却又无所不及的电磁空间，它的悄然形成已成为人类在信息时代的又一重要活动领域。战场空间发展与构成示意图如图 1-1 所示。

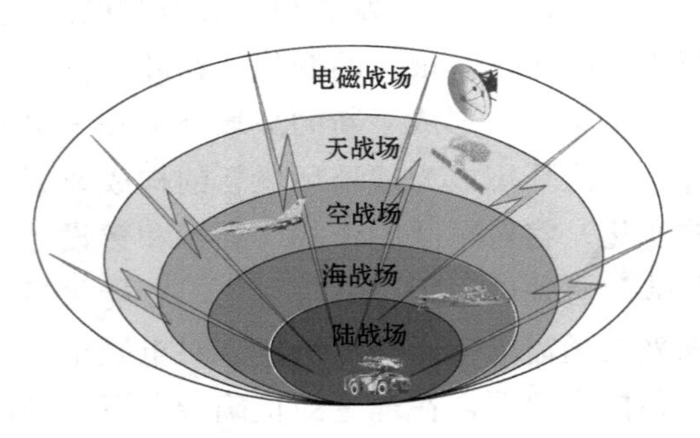

图 1-1　战场空间发展与构成示意图

电磁空间是各种电场、磁场与电磁波组成的物理空间。电和磁是同一物质的两个方面的描述，在电荷的周围存在着电场，电流的周围存在着磁场。变化的磁场和变化的电场是相互联系的，变化的电场产生磁场，变化的磁场产生电场，形成一个不可分离的统一体，这就是电磁场，电磁场是电场与磁场的合称。时变的电场和时变的磁场互相耦合，并以一定的速度向前传播而形成的波称为电磁波，通常称为电波。广义上讲，凡是存在电磁属性与时变电磁场传播所涉及的一切物质和空间均属于电磁空间范畴。电磁波可以在所有的物质中存在，在无限空间里传播，由此构成的电磁空间也是无限的。但通常所讨论的电磁活动应用的电磁空间主要是指时变电磁场传播的特定空间，在这个空间里，存在着电磁应用产生的各种各样的电磁信号。

战场空间由平面向立体、由一维向多维、由有形向无形的拓展表明了技术进步在人类活动空间发展过程中的推动作用，反映了军事活动对更高的“势能”的不断追求。正因为电磁空间是信息活动的主体空间，与社会生活和军事斗争极为密切，世界各国都把加快发展信息技术、努力提高信息化水平作为基本的战略思想。经济越发展，社会越进步，对电磁空间的依赖程度越高；同样，军队现代化程度越高，战争的科技含量越大，对电磁活动的依赖程度也就越高，未来战争中争夺信息优势——制电磁权的斗争必然更加激烈，电磁空间战场的地位作用也更加突出。

电磁空间的出现赋予国家战略安全新的内涵，使传统国家安全疆界的观念受到挑战。传统的国家边防是以地缘为界的，泾渭分明。对任一主权国家来说，领土、领空、领海都可以通过一定的边疆来界定。但在电磁空间领域，无法用一个清晰、明确的边疆来界定敌我。交战国可以通过无形的电波，在数千里之外远离直接对手、远离传统战场的地方利用电磁空间对敌国进行信息侦察，以及实施以电磁信息为基础的攻击行动。因此，就引发了电磁空间安全问题。电磁空间安全是国家安全的重要组成部分，主要指各类电磁应用活动，特别是与国计民生相关的国家重大电磁应用活动能够在国家主权以及国际共享区的电磁空间范围内，不被侦察、不被利用、不受威胁、不受干扰地正常进行，同时国家秘密电磁信息和重要目标信息能够得到可靠的电子防护。

电磁空间安全是一种具有特别内涵，而且需要采取特别手段加以维护的安全领域，已成为信息时代国家安全的重要内容，电磁空间安全形势的发展将对国防和军队建设产生重要的影响。它关系到国家政治的稳定和社会的安定，还关系到国民经济建设的顺利进行，更关系到陆海空天各个战场空间的安全。新的历史条件下，维护和巩固国家电磁空间安全成为国防和军队建设的重要任务。

空间和环境互为依存，有着内在的联系。环境一词指周围的地方、情况和条件。环境是相对于中心事物而言的，与某一中心事物有关的周围事物就构成了这个事物的环境。一般来说，战场空间的概念从客观存在的角度反映事物的整体状态，侧重的是作战规模、区域、范围、方向，军事力量的密度，战场纵深等，核心是实现对空间的占有和控制，即剥夺敌方、保证己方在这一空间的行动自由权。而战场环境的概念则从主观利弊的角度反映主体和周边物体的紧密关系，侧重的是对战场空间内敌我双方作战活动有影响的各种因素，核心是趋利避害，把利留给自己，把害加于敌人。战场空间由有形向无形的拓展也为战场环境增添了新的内容。随着信息化进程的加快，一个无形却十分重要的电磁环境要素在战场环境构成中逐渐形成。

电磁环境是存在于给定场所的所有电磁现象的总和。电磁现象是电和磁及其相互作用结果的一种表现。电磁环境反映的是具体事物与周边的一种电磁关系，它体现的是电子系统或装备在执行规定任务时，可能遇到的各种电磁辐射强度在不同频率、时间、空间范围内的分布状况，通常用场强大小来表示。电磁环境无处不在，现实生活中几乎所有地方都存在电磁环境，像空气一样存在于一切事物的周围，驱之不散，挥之不去，甚至比空气所覆盖的范围还要广，在大海深处、太空中都存在电磁环境。人类生活也离不开电磁环境，通常情况下，人们就处在广播电台、电视台、通信电台、手机等众多设备有意发射的电磁波所构成的电磁环境之中，还无时不在地受到计算机、家用电器、汽车、发电机、电动机以及大功率电机、变压器、输电线等所产生的无意电磁辐射的影响。

1.2　战场电磁环境的概念与构成

战场电磁环境是与传统战场环境有很大差异的新要素，又是一个内涵丰富的新军事概念。人们对战场电磁环境的认识也是伴随着它对人类电磁活动的影响而逐渐深化的，虽然有着诸多不尽相同的理解和表述，但是其本质还是一致的。这里首先界定它的基本概念、范畴，分析其构成要素，弄清它“是什么”。

1.2.1　战场电磁环境的概念

战场电磁环境是一定的战场空间内对作战有影响的电磁环境。战场电磁环境与电磁环境的定义是一致的，所不同的是战场电磁环境定义的区域是战场空间，以军事电磁活动为主要构成，同时强调了对作战活动的影响性。所以，首先它是一种电磁环境，其次它局限在战场范围内，而且是对作战行动有影响的。不满足上述条件的都不能称为战场电磁环境。它是一定战场空间内，包括自然电磁辐射和军用、民用电子装备所产生的电磁辐射在内的，对武器装备使用和部队作战行动有直接影响的各种电磁现象的总和。

战场电磁环境是电磁环境的一种，是电磁环境在战场上的表现。战场电磁环境研究的是在一定的战场空间中的电磁环境。具体地说，它是特定战场时空范围内的各种各样的电磁辐射源、电磁波传播介质、电磁波接收设备和对电磁波敏感的设备通过电磁波的辐射、传导和接收形成的相互作用和影响的特殊战场环境。这个环境依据作战区域在地理空间中的分布和大小而不同，可区分为陆上、海上、水下、空中、太空战场电磁环境等。

战场电磁环境是现代战场环境的重要组成部分。战场环境是以作战活动为主体的外部世界，是战场及其周围对作战活动和作战效果有影响的各种因素与条件的统称。在人类几千年的战争史里，战场环境主要包括地形、气象、水文等自然环境，人口、民族、交通、建筑、工农业生产、社会等人文环境，以及国防工程、作战物资储备等战场情况，作战考虑的环境因素当然也离不开这些内容。当今人类进行战争的自然环境没有太大的变化，天还是原来的天，地仍是往常的地，气象、水文也没有大的改变，但电磁环境在电磁空间的电磁现象与人、装备的相互影响中逐渐凸显出来，并居于与传统战场环境同等重要且日趋突出的地位。

战场电磁环境是战场上所有电磁能量共同作用形成的复合体。按划分角度不同，战场电磁环境可分为人为的和自然的、有意的和无意的、军用的和民用的、敌方的和己方的、对抗的和非对抗的因素。这其中来自人为的、有意的、军用的、敌方的、对抗的因素，如通信、雷达、精确制导、电子对抗等，是占主导地位的因素，也是战场电磁环境区别于其他电磁环境的基本特征。它对作战活动的影响是主要的、难以控制和适应的，而且往往与其他军事行动有紧密的联系，并贯穿于作战行动的全过程，需要指挥员予以重点关注，采取管控、协同、攻防等综合措施以最大限度地降低这些因素所造成的电磁环境复杂程度。

战场电磁环境对作战有影响，它强调电磁环境与军事行动受影响程度关系密切。虽然是否对军事行动产生影响并不决定电磁环境是否客观存在，但当电磁环境对作战活动构成了不可忽视、不能回避的影响时，会成为战场环境问题而受到关注。电磁环境对作战行动的影响是人们最关心的，也是研究它的意义所在。由于电磁波已经成为当代战场信息的重要媒介和最佳载体，联合作战、体系对抗、精确打击所依赖的信息获取、传递、控制、干扰等，绝大部分要通过电磁波这个媒介完成，战场电磁环境也就无时不在地影响制约着侦、判、打、评各个环节的作战效果。电磁环境事实上已经上升为信息化战场上最复杂的环境要素，成为从根本上决定和影响其他战场环境要素发挥作用的关键。可以说，未来作战，对战场环境的适应与否集中体现在对电磁环境的适应与否上。不具备复杂的战场电磁环境下的作战能力，将难以赢得胜利。

1.2.2 战场电磁环境的构成

通过分析战场电磁环境的概念内涵和形成机理，可以认为战场电磁环境主要由人为电磁辐射、自然电磁辐射和辐射传播因素三个部分构成。人为电磁辐射是由人为使用电子设备向空间辐射电磁能量的电磁辐射，与人为电磁环境相对应。自然电磁辐射是非人为因素产生的电磁辐射。自然电磁辐射和人为电磁辐射反映着战场电磁环境的形成条件，也是控制战场电磁环境的内因。人为电磁辐射是战场电磁环境的主体，包括各种电磁应用活动形成的有意电磁辐射以及无意电磁辐射，一般情况下，人为电磁辐射比自然电磁辐射的干扰强度大，对电磁环境的影响更为严重。人为电磁辐射中，有意电磁辐射又是战场电磁环境的核心影响因素，对战场电磁环境的形成和发展走向起着决定性作用。辐射传播因素反映电磁辐射传播属性的变化，对人为电磁辐射和自然电磁辐射都会产生作用，从而改变电磁环境的形态，它是控制战场电磁环境的外因。战场电磁环境的构成如图 1-2 所示。从作战应用的角度看，民用电磁辐射、军用电磁辐射、自然电磁辐射和辐射传播因素是必须重点考虑的战场电磁环境因素。为方便指挥员掌握战场电磁态势，管控战场电磁资源，这里主要叙述这四种要素。

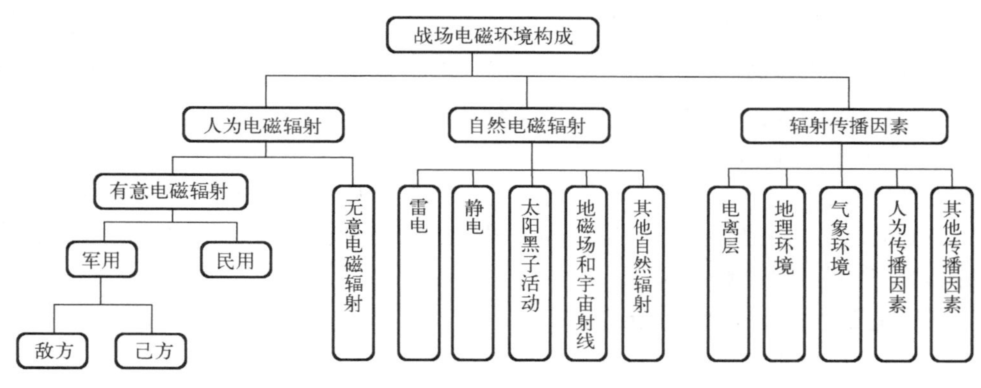

图 1-2 战场电磁环境的构成

1. 人为电磁辐射

人为电磁辐射是由人为制造的电磁辐射，分为有意电磁辐射和无意电磁辐射两种。有意电磁辐射是人们按一定的目的需要，主动发射的电磁辐射，如广播电视、移动电话、无线电通信、雷达、导航卫星、电子干扰等。有意电磁辐射从用途来看，分为民用电磁辐射和军用电磁辐射。

1) 民用电磁辐射

战场范围内的各种民用电磁设备产生的电磁波构成了人为电磁辐射的一部分，称为民用电磁辐射。民用电磁辐射包括作战地域内民用雷达系统，电视和广播发射系统，移动电话系统，民航、交通等部门的用频设备，以及工业、科学试验、医疗等设施设备运行时产生的电磁波。民用电磁辐射在整体上呈现相对稳定有序的状态，它的分布情况与社会进步程度、经济发达程度、人口密集程度相关联。民用电磁辐射作为战场电磁环境的重要组成部分，因而也是战场电磁环境侦测、管理和控制的重要内容。

(1) 无线电发射设备。

无线电发射设备是主要的民用电磁辐射源。作为现代文明标志的广播电视、四通八达的通信工具、用途广泛的民用雷达、远程导航仪器等先进设备，它们的发射机发射很强的电磁波，对于相关的接收设备来说，这些电磁波是传送信息的重要载体，但是对于其他电子仪器和设备来说却是无用而有害的干扰源。民用电磁辐射源中，广播电视发射塔、短波发射台、移动通信基站等各类通信系统发射设备和用于航海、航空、气象、航天、测地等种类繁多的民用雷达，对作战地域的电磁环境影响最大。

(2) 工业、科学、医用射频设备。

工业、科学、医用射频设备是有意产生无线电频率的电磁能量并对其加以利用而不希望向外辐射的设备，包括工业加热用的射频振荡器和射频电弧焊、医疗微波设备、超声波发生器以及家用微波炉等。这些设备通常功率比较大，虽然没有发射天线，但由于电磁防护设计简单，泄漏产生的电磁干扰颇为严重。

(3) 电力、交通、工业设施。

高压电力系统包括架空高压送电线路与高压设备，其电磁干扰源主要来自导线或其他金属配件表面对空气的电晕放电，其放电脉冲具有很宽的频谱。电牵引系统包括电气化铁路、轻轨铁路、城市有轨与无轨电车等，其中直流电气铁路在20～40kHz频带范围内有很大的干扰影响；交流电气铁路在音频时的干扰影响最大。汽车、摩托车、拖拉机等机动车辆的发动机点火系统是很强的宽带干扰源，在10～100MHz频率范围内具有很大的干扰场强。工业机器中的各种机床，如车床、铣床、冲床和钻床等，它们的主驱动电机及其控制调速系统功率较大，启停频繁，继电器和电机整流子电刷间的开合既向电网中发射传导干扰，也向周围空间辐射高频干扰。

(4) 家用电器、电动工具与照明器具。

家用电器、电动工具与照明器具是一类品种繁多、干扰源特性复杂的装置或设备。这类电器的功率虽不大，但在启动、转换、停止的瞬间产生电磁干扰。例如，电冰箱、洗衣机由于频繁开关动作而产生的“喀哒声”干扰；电钻、电动剃须刀等带有换向器的电动机旋转时，电刷与换向器间的火花形成的电磁干扰。

(5) 信息技术设备。

信息技术设备是指对数据进行高速运算、交换、传送等处理的设备，其典型代表是传真机、计算机及其外围设备等。这类设备内部的干扰源主要有开关电源、时钟振荡器及频率变换器。开关电源与时钟振荡器所产生的电磁干扰主要是窄带干扰；而频率变换器所产生的脉冲信号(特别是重复频率较低时)则是频谱很宽的宽带干扰源。计算机及其外部设备中的时钟振荡器、开关电源、数字脉冲电路、高速数据总线、频率变换器等都是高频干扰源。计算机输入/输出设备，如绘图仪、磁盘驱动器、键盘、CRT显示器等都会产生电磁干扰，这种干扰还可能将计算机正在处理的机要信息泄露。

2) 军用电磁辐射

战场范围内的各种军用电磁设备产生的电磁波构成了人为电磁辐射的另一部分，称为军用电磁辐射。军用电磁辐射是战场电磁环境的核心组成部分，对战场电磁态势的变化发展起决定性作用，因而也是被重点关注的战场环境要素。军用电磁辐射具有平战不一致的显著特点：平时受到严格管理，活动规律明显；战时不确定性因素大大增加，处于激烈的对抗和高度的动态变化之中。战场电磁辐射源是形成战场电磁环境的有形依托，辐射源数量直接决定了信号的密度。现代战场上电磁辐射源数量多、部署范围广、分布密度大，而且多辐射源还以组网的方式在战场上同时工作，使得电磁环境变得非常复杂。无论敌方还是己方，使用频繁的电磁辐射源主要是雷达、通信电台、光电设备、电子对抗装备和高能电磁武器等。

(1)雷达。

雷达是电磁环境中产生大功率电磁辐射并利用电磁波探测目标的定向辐射源。世界上现有的军用雷达有数百种，按其用途可分为警戒和预警雷达、武器控制雷达、侦察雷达、航行保障雷达和无源雷达等。其中，警戒和预警雷达包括地面防空警戒雷达、机载预警雷达、舰艇对空预警雷达和对海警戒雷达、超视距雷达和引导雷达；武器控制雷达包括炮瞄雷达、导弹指导雷达、机载截击雷达、机载轰炸雷达、测距雷达、弹道导弹跟踪雷达；侦察雷达包括战场侦察雷达、炮位侦察校射雷达、机载侧视雷达、护尾雷达；航行保障雷达包括地形跟踪雷达和地物回避雷达、着陆(舰)雷达和机载航行雷达及舰艇导航雷达。无源雷达是一种本身并不发射能量，而是通过被动地接收目标发射的非协同式辐射源的电磁信号，对目标进行跟踪和定位的新体制雷达。无源雷达依据配置方式可分为固定式(地基)和机动式(安装在潜艇、舰船、飞机、地面车辆等平台上)两大类。现代战场上各种新型雷达不断涌现和投入使用，雷达占用的频谱和工作带宽正在迅速拓宽，常规雷达和大部分新体制雷达的工作频率大多集中在 1～18GHz，但从发展趋势上看，雷达所占用的频谱将扩展到 5MHz～140GHz 直至激光波段，而且雷达信号波形日趋复杂。雷达为实现对低空/超低空和高空/超高空目标的实时探测、定位和跟踪，具备对目标进行高分辨成像的目标识别能力，以及在高密度目标威胁和目标隐身条件下对付多目标的能力，将采用难以被探测、干扰的复杂特征信号。新体制雷达(如相控阵雷达、合成孔径雷达、毫米波雷达和低截获概率雷达)还能产生更加复杂的信号波形。与此同时，雷达部署使用和运载平台也呈现出立体多维和网络化的特点。

(2)通信电台。

通信电台是电磁环境中产生连续电磁辐射并进行信息传递的辐射源，是现代战场电磁环境中不可或缺的重要因素。据不完全统计，在集团军配置地域内，敌对双方部署的通信电台至少有 6000 多部，每平方千米 3～5 部，有的部署区域每平方千米达 10～15 部。未来战场上，灵敏度为−105dBm 的侦察接收机可截获到 10^3～10^4 部通信电子辐射信号。目前，美军无线电通信频率已从极低频到微波频段，正在向毫米波和光波频段发展，几乎达到了全频段覆盖的程度。通信设备正从单频段向多频段、宽频段或全频段的方向发展。特别强调的是，陆军大多采用 2～30MHz 和 30～88MHz 的电台；空军、海军大多采用 100～150MHz 和 225～400MHz 的电台。微波接力线路和毫米波通信也是军一级的主要通信方式，光通信设备已大量装备到部队并使用。国外研制和使用了许多新的通信技术和设备，使其信号特征更加复杂。抗干扰波形和新体制通信主要有加密通信、快速通信、跳频通信、跳时扩频通信、直接序列扩频通信、毫米波通信等。这些复杂的通信体制、通信信号对简单的通信电子进攻系统构成了威胁和挑战。

(3)光电设备。

光电设备包括光电侦测、观瞄、火控、制导、光通信和激光武器等。随着光电子学的迅速发展，光电设备在现代作战飞机、舰艇、坦克、导弹、炸弹等武器装备和弹药中得到了越来越广泛的应用。利用光电设备控制、引导的武器装备数量正在迅速扩大，并与微波/毫米波设备结合使用，成为关键技术之一。例如，光电侦察卫星、红外/激光制导炸弹、红外夜视仪、激光目标指示器、热成像瞄准镜、激光测距仪等的发展对光电侦察告警、光电干扰等构成了严重威胁。在精确打击武器家族中，光电制导(含末制导)武器在其类型与品种上几乎占了整个精导武库中的绝大部分。其中最典型的有空-地(舰、坦克)红外成像制导导弹、激光制导炸弹、对地攻击巡航导弹(景象匹配)以及地-空和空-空红外制导导弹与激光驾束末制导武器等。

(4) 电子对抗装备。

电子对抗装备对战场电磁环境复杂性的“贡献”最大。电子对抗的过程就是截获电磁信号，分析电磁信号，并对电磁信号辐射源进行定位，判定其威胁，继而发射干扰信号对敌方的电磁信号进行干扰的过程。敌方的电子干扰势必引发己方采取各种抗干扰的电子防御措施，造成己方电磁环境的重构；同时，己方对敌方实施的电子干扰行动也不可避免地占用电磁资源，引发多米诺骨牌的连锁反应，加重电磁环境的复杂性。

电子对抗装备按其功能，可分为电子对抗侦察装备、电子干扰装备和电子摧毁装备等；按其运用领域，可分为雷达对抗装备、通信对抗装备、光电对抗装备和水声对抗装备等。美国生产和装备部队使用的电子干扰装备就有几百多种型号；干扰频率范围已覆盖兆赫兹至吉赫兹，干扰功率已达上百千瓦，脉冲峰值功率可达兆瓦级以上。无源干扰的箔条厚度仅 0.0008mm，镀铝玻璃纤维直径为 0.025mm。1kg 的有效反射面积可达 2×10^3～3×10^3m^2。目前国际上各种通信干扰装备从针对潜艇通信的超长波到卫星通信的 Ka 波段的各种干扰装备应有尽有，连续波等效干扰辐射功率从几瓦到数百千瓦，干扰距离甚至达到数千千米。各种电子对抗装备在全频域的范围内可对各种军用电子设备构成有威胁的电磁环境。

(5) 高能电磁武器。

高能电磁武器主要包括微波定向武器、核电磁脉冲、电磁脉冲弹和粒子束武器等。它们的共同特点是能产生高能量的电磁辐射，包括瞬间或持续一定时间的高能电磁辐射，电磁能量大而且集中，起到瞬间破坏作用。强大的电磁脉冲通过电子设备系统的“前门”(即它自身的天线、整流罩或其他传感器)或“后门”(电场穿透外屏蔽的门、缝隙等)耦合进入设备内部，破坏或干扰电路板和它的元器件以及软件控制，甚至对关键电子电路和器件产生永久性的功能毁伤。有的高能电磁武器还会对处于这个电磁环境中的人员造成伤害，在瞬间使对方的作战能力受到极大损伤。

军用电磁辐射还包括其他电子信息设备，如导航设备、敌我识别设备和测控设备等。随着信息技术在军事领域的广泛应用，现代战场上各种电磁辐射装备的种类越来越多，数量越来越庞大，部署范围越来越广，电磁辐射的功率越来越大，占用的电磁频谱越来越宽，信号密度越来越大，在时域、空域、频域中的分布重叠交叉，加上电子对抗的强针对性和高效能等因素，由此而形成的军用电磁辐射使战场的电磁环境变得十分复杂。

2. 自然电磁辐射

自然电磁辐射是生成战场电磁环境的背景条件，它是自然界自发的电磁辐射，包括静电、雷电、太阳黑子活动和地磁场、宇宙射线及其他自身因素等产生的电磁辐射，这些自然电磁辐射对电磁环境的影响一般是短时突发的，难以准确预见，对武器装备的影响效果往往是巨大的，对短波通信的干扰特别严重，有些影响甚至是毁灭性的，所以需要设备操作人员特别关注。

1) 静电

静电是自然环境中最普遍的电磁现象。在干燥地区，几乎人人身上都携带着数千伏的静电。静电带来的潜在危害无处不在，不容易消除。静电放电的特点是高电位、强电场，引起的强电流可产生强磁场，干扰电子设备的正常工作。静电放电产生的热效应可瞬间引起易燃易爆气体或电火工品等燃烧爆炸；可以使微电子器件、电磁敏感电路过热，造成局部热损伤，电路性能变坏或失效。静电放电引起的射频干扰对信息化设备造成电噪声、电磁干扰，使其产生误动作或功能失效。强电磁脉冲及其浪涌效应既可以造成电子设备器件或电路的性能参数劣化或完全失效，也可以形成累积效应，埋下潜在的危害，使电路或设备的可靠性降低。

2) 雷电

云层上携带的静电的放电现象称为雷电。雷电等属于突发电磁辐射，地球上平均每秒发生100次的雷击放电，每次雷电都会产生一连串强烈的干扰脉冲，其电磁波借助电离层的传输可传播到很远的地方。距雷暴地区数千米之外，尽管看不见闪电，但却有严重的电磁辐射。雷电包括雷鸣和闪电两种现象。闪电的形状最常见的是线状，此外还有球状、片状和带状。线状闪电是一种蜿蜒曲折、枝杈纵横的巨型电气火花，长达数百米到数千米，是闪电中最强烈的一种，可以同时落在不同的地方，对通信线路设备的威胁最大。球状闪电爱钻缝，常从门窗、烟囱，甚至缝隙中钻到房屋内，有时能沿着导线滑行并使之燃烧。片状闪电是一种比较常见的闪电形状。它看起来好像是云面上有一片闪光。这种闪电可能是云后面看不见的火花放电的回光，或者是云内闪电被云遮挡而造成的漫射光，也可能是出现在云上部的一种丛集或闪烁状的独立放电现象。带状闪电是由连续数次的放电组成，在各次闪电之间，闪电路径因受风的影响而发生移动，使得各次单独闪电互相靠近，形成一条带状。雷击通常分为直击雷和感应雷。直击雷放电过程中会产生强大的静电感应和磁场感应，最终在附近金属物体或引线中产生瞬间尖峰冲击电流而破坏设备。感应雷主要通过电阻性或电感性两种方式耦合到电子设备的电源线、控制信号线或通信线上，最终把设备击坏。

雷电产生的冲击电流非常大，高达几万至几十万安。强大的电流产生交变磁场，其感应电压可高达上亿伏。雷电流在闪击中直接进入金属管道或导线时，沿着金属管道或导线可以传送到很远的地方。除了沿管道或导线产生电或热效应，破坏其机械和电气连接之外，当它侵入与此相连的金属设施或用电设备时，还会对金属设施或用电设备的机械结构与电气结构产生破坏作用，并危及有关操作和使用人员的安全。战场上的电磁设备都要安装防雷装置，并采取很好的接地措施，就是为了防止受到雷电辐射的影响。

3) 太阳黑子活动

太阳黑子是太阳的光球表面出现的一些暗的区域，它是磁场聚焦的地方，也是太阳表面可以看到的最突出的现象。一个中等大小的黑子大概和地球的大小差不多。太阳黑子的数量和位置每隔一段时间会发生周期性变化。太阳黑子、耀斑的爆发所产生的电磁辐射和高能带电粒子流会影响和破坏近地空间环境，给空间技术造成重大影响，危害人造卫星的正常运行；X 射线爆发会导致地球电离层突然受到骚扰，因而使短波通信衰减甚至中断。

4) 地磁场和宇宙射线

地磁场和宇宙射线也是一种自然电磁辐射。在地球表面存在着地磁场，它是一种自然场，对电磁波的远距离传播有特别重要的影响作用，属于持续电磁辐射。宇宙射线主要来自太阳辐射和银河系无线电辐射。它们可能破坏地面无线电通信、雷达、长途电信、输电网，甚至干扰宇宙飞船的电子设备。1981 年 5 月，中国科学院紫金山天文台观察到两次奇异的双带太阳耀斑，其曾导致全球无线电短波通信中断 2h。1989 年的太阳磁暴曾造成加拿大魁北克省水电系统崩溃。

3. 辐射传播因素

辐射传播因素涉及影响电磁环境分布和电磁波传播的各种自然与人工环境。与上述辐射状况不同的是，它不主动辐射信号，却对人为电磁辐射和自然电磁辐射都会产生作用，从而改变电磁环境的形态。它主要包括电离层、地理环境、气象环境以及人为因素等各种传播媒介。

1) 电离层

地球被厚厚的大气层包围着，在地面上空 60～1000km 的范围内，大气中部分气体分子由于受到太阳光的照射而丢失电子，即发生电离，产生带正电的离子和自由电子，这层大气就叫电离层。在电离层区域中，由于高速微粒的碰撞和宇宙射线等的辐射，尤其是太阳紫外线的照射，大气中的部分气体发生电离，形成了由电子、正离子、负离子和中性分子、原子等组成的等离子体区。

电离层对于不同波长的电磁波表现出不同的特性。试验证明，波长小于 10m 的微波能穿过电离层，波长大于 3000km 的长波几乎会被电离层全部吸收。对于中波、短波，波长越短，电离层对它吸收得越少，而反射得越多。因此，短波最适宜以天波的形式传播，它可以被电离层反射到几千千米以外。但是，电离层是不稳定的，由于太阳辐射是电离层形成的主要原因，因此一年四季，乃至一天 24h，太阳照射的强弱变化必然会使各地电离层的情况随之变化。白天受阳光照射时电离程度高，夜晚电离程度低，因此夜晚它对中波和中短波的吸收减弱，这时中波和中短波也能以天波的形式传播。收音机在夜晚能够收听到许多远地的中波或短波电台，就是由于这个缘故。

2) 地理环境

地理环境对电磁波的传播等的影响是客观存在的，而且不可人为改变。地形对电磁波有反射、折射、绕射、散射作用，主要体现在对通信传输和雷达探测的影响上。由于无线电波的绕射力有限，起伏的地形容易使无线电通信和雷达形成“盲区”。电波的频率越高，这种现象越严重。通信“盲区”会影响己方的通信和指挥调度，雷达“盲区”会造成目标空情的漏洞，导致敌机可以利用它进行超低空突防。

3) 气象环境及人为因素

气象环境主要是通过大气中氧和水蒸气的吸收以及大气中水滴的散射与吸收来影响电磁波传播的。而这种影响与电波的频率有密切的关系。当频率小于 1GHz 时，无线电波在大气中传播的能量损耗可以忽略不计，在较高频率的情况下，特别是 3GHz 以上的电波，在大气中有着明显的衰减现象，即厘米波以上的电波必须考虑气象条件。雨、雪、雾等对电磁波有衰减和吸收的影响作用。电波的衰减随着降雨量和频率的增加而增加。此外，还有人为的辐射传播因素，例如，战场上，烟雾弹等弥漫的浓烈烟雾，以及敌方实施干扰故意散布的金属箔片也会严重影响电波传播。

1.3 战场电磁环境复杂性的发展演变

1.3.1 战场复杂电磁环境的形成

电磁环境由简单到复杂是客观事物发展的必然趋势。从物质的基本特性上说，可供人类使用的电磁资源是有限的，而人类开发电磁资源的需求却是无限的。在发现和使用电磁波之前，自然电磁现象构成的原始电磁环境好比一个水面平静的池塘，虽然也存在着由风和地球自转所产生的细小波纹，但整体上表现为单纯、稳定和较强的规律性。当人们刚刚发现电磁波并加以利用时，正如一个人在这样的平静池塘中投下第一块石头，阵阵涟漪在水面上形成了规则的同心圆。那时的电磁环境也是这样简单的。后来人为电磁活动不断增多，打破了原有客观单纯的电磁环境，好比投入池塘的石头越来越多，平静的水面不复存在，荡起的涟漪交错重叠，人们只能分辨出石头入水处附近的波纹。当往池塘投石的速度加快，池塘中的石头数量增多时，水中波纹就变得紊乱不堪，人们几乎看不见其状态了。这好比在无线电发展的早期，其应用方面的唯一限制是受自然界的电磁环境和无线电设备的设计与生产中的科技水平的影响。为数不多的营运装置在空间和频率上都相距甚远，当时提出电磁环境管控问题并无实际意义。随着技术的进步，出现了许多无线电设备和系统，电磁频谱被占用的频谱范围日益扩张，而频谱利用方法的进展远慢于频谱需求的增加，频谱资源的紧张状况和电磁环境的复杂化凸现出来。这好比车多路窄，扩路赶不上车的增长速度，何况频谱这条路还不能无限度地拓宽。总体上看，电磁环境的形成和演化与之类似，当战场上使用的电磁应用装备和电子对抗装备越来越多时，战场电磁环境就变得越来越复杂了。复杂电磁环境主要是由人类广泛的电磁应用活动造成的，是人类对电磁资源进行开发利用的现实结果，自然电磁现象仅仅是它形成的基础和背景条件。

当今时代，社会和军队的信息化进程进一步加剧了战场电磁环境复杂化。军队信息化进程的突出标志是武器装备的信息化，包括机械化武器装备的信息化改造和新型信息化武器装备的研发，它们对战场电磁环境复杂化的“贡献”主要从两个方面体现出来。

一方面，电子信息设备大量嵌入武器平台及弹药中，使战场电磁信号出现“爆炸性”的增长。在无线电用于战场的初期阶段，电台就是电台，雷达就是雷达，都属于单一的作战保障装备。信息化进程中，为实现对军队机动力、打击力的有序、定向、灵活、精确控制，雷达、通信以及后来出现的光电探测等技术设备广泛应用于各种武器平台及弹药上，已成为武器装备的重要组成部分。现代飞机中电子技术含量已达 50%，舰艇的电子技术含量达 25%～30%，火炮和坦克的电子技术含量达 30%，在空间武器中，电子技术含量高达 65%～70%。这些新加载的电子信息系统无不需要使用电磁资源，占用电磁频谱，必然导致战场电磁环境的复杂化。以雷达为例，雷达的应用范围已经从传统意义上的独立雷达系统融合为信息化武器装备的重要组成部分。早先是将雷达以地面固定雷达站的形式部署于高山或海岸线等地域，用于对空中、海上目标的警戒引导。后来在军舰上加装各种功能的雷达，以满足远洋航行和海上作战的需要。第二次世界大战末期，雷达才安装到较大型的作战飞机上，而现代作战飞机上，雷达已经成为必备装备。上述雷达的众多用途和在各种武器平台上的广泛应用使得战场空间各个角落里都可能分布着不同类型、不同用途的雷达，这些雷达以各种工作样式、工作频率交替或同时工作，在战场空间内交织形成十分密集、复杂的雷达电磁环境。

另一方面，作战平台上各种电子设备密布，造成局部电磁环境在时域、空域、频域上的交叉、重叠和密集现象。第二次世界大战时期，一架飞机、一辆坦克上只装载一部短波或超短波通信电台，军舰上也至多装一部对海搜索雷达。随着武器装备的信息化改造，尤其是海上、空中平台出于各种作战能力的发展需要，以有限的空间密集承载着各种电磁辐射源，一艘现代驱逐舰上就装有 30 余部电磁辐射设备，军舰桅杆上天线林立，使用频率分布于从短波到可见光的电磁频谱主要频段。作战飞机上空间更为狭小，但机载电子设备却从无到有、从少到多，不仅增加了雷达、通信等电磁辐射装备，还大量使用了导航、敌我识别系统等。

综上所述，复杂电磁环境已经形成并在迅速发展是一个的客观事实。一方面，它随着战争形态和武器装备的信息化发展而越来越显现，成为信息化战场的重要物质基础；另一方面，它的发生与发展又对各项军事实践活动提出新的要求，带来前所未有的广泛影响。联合作战、体系对抗、精确打击所需要的信息获取、传递、控制、干扰等功能，在很大程度上依赖于电磁信号，借助电磁波这个媒介实现。复杂电磁环境无时不在地影响着武器装备效能的发挥，制约着作战行动的各个环节。现代军队指挥员必须善于从宏观上把握复杂电磁环境的基本态势，才能更有效地指挥作战；战斗人员只有充分认识复杂电磁环境对操控武器装备和实施作战行动的制约与影响，才能更好地完成战斗任务。适应复杂环境的基本作战要求已经集中体现在对复杂电磁环境的适应上；能够有效管控和利用战场电磁环境的一方，才会赢得电磁空间斗争的主动权，进而赢得作战行动的主动权。

1.3.2　国内对复杂电磁环境的认识

在国内，复杂电磁环境被视为以信息技术为核心的军事变革带来的一个新问题，是战争形态由机械化向信息化演变的产物，也是影响军事训练转变，以及基于信息系统的体系作战能力生成的瓶颈问题。“复杂电磁环境”是军队电子信息装备在实际应用过程中遇到影响装备性能的现实问题而引出的概念。复杂性作为对战场电磁环境最本质的特性描述，指特定的作战时间、作战地域，为完成特定的作战任务，与自然、民用电磁辐射一起，由敌对双方各种电子设备、电磁活动产生的电磁辐射和信号密度的总体状态，呈现出信号密集、种类繁杂、对抗激烈、动态变化等外在特征。为了表现战场电磁环境的复杂性特征，也为了突出或强调这种复杂性，战场电磁环境被加上了“复杂”的标签。可以认为，复杂电磁环境是在有限时空里的一定频段上，多种电磁信号密集、交叠，妨碍电子信息装备正常工作，对装备运用和作战行动产生显著影响的战场电磁环境，是由人为和自然的、民用和军用的、对抗和非对抗的多种电磁信号综合形成的一个空间覆盖率、频率占用度、功率分布率等电磁特性全部或部分超过正常使用情况的电磁环境，对战场感知、指挥控制、武器装备效能发挥以及战场生存等具有制约作用。

复杂电磁环境具有如下几个方面的内涵。

第一，复杂电磁环境的存在具有客观性。它是特定空间内作用于武器装备的电磁环境。其中，复杂电磁环境是主体，是客观存在的；武器装备是客体，是电磁环境的受体，两者缺一不可。

第二，复杂电磁环境的影响具有普效性。它是对武器装备运用具有一定影响的电磁环境。其中，复杂电磁环境的直接影响主要是对武器装备中的电子信息装备、电子元器件等工作性能的影响。当交战双方的各类电子信息装备处于战场电磁环境中时，电子信息装备会受到各类电磁辐射的影响，这种影响可能导致电子信息装备作战效能的下降甚至丧失。因此，电磁环境对电子信息装备性能的影响是固有的、普效的。

第三，复杂电磁环境中的“复杂”具有相对性。它对电子信息装备的影响也具有明显的个体差异性。由于不同电子信息装备的接收体制、技术性能各有差异，因而在同一复杂电磁环境下，不同电子信息装备的受影响程度各不相同。对电子信息装备A的影响可能是复杂的，但对电子信息装备B的影响可能就是简单的。现在复杂的电磁环境，未来可能变得简单。在某一频段的电磁环境是复杂的，在另一频段的电磁环境可能是简单的。

第四，复杂电磁环境的特征具有多维性。它具有空域、时域、频域、能域等多维特性，电磁信号在空域上纵横交错，在时域上动态变化，在频域上密集交叠，在能域上强弱起伏，形成复杂的、动态多变的电磁环境。此外，还应考虑复杂电磁环境的极化域、调制域等特性。

第五，复杂电磁环境的构成具有多样性。从构成来看，复杂电磁环境包括三部分：自然电磁辐射、人为电磁辐射、辐射传播因素。其中，自然电磁辐射是自然界自发的电磁辐射，是战场电磁环境的背景条件，包括雷电辐射、宇宙辐射、光辐射、静电等。人为电磁辐射是由人为制造的电磁辐射，包括民用电磁辐射和军用电磁辐射两部分。辐射传播因素不主动辐射信号，对人为电磁辐射和自然电磁辐射都会产生作用，主要包括电离层、地理环境、气象环境以及人为因素等各种传播媒介。

第六，复杂电磁环境的状态具有多变性。对于处于战场中不同部署位置的武器装备，其面临的复杂电磁环境各不相同。武器装备所面临的复杂电磁环境是动态变化的。其表现在短时间尺度的变化和长时间尺度的变化。短时间尺度变化表现在电磁信号随机变化；长时间尺度变化表现在随着电子技术的飞速发展，信息化武器装备的电磁特性不断增强，由此而形成的战场电磁环境会越来越复杂多变，对电子信息装备性能的影响也将不断发生变化。

1.3.3 国外对复杂电磁环境的认识

最初，外军没有特别强调“复杂电磁环境”这个概念，美国、俄国等国军队都从不同侧面对复杂电磁环境内涵及其影响等提出了相关的认识和思考。

美军认为，军事行动要在越来越复杂的电磁环境中实施。无论民间还是军事组织，通信、导航、探测、信息存储和处理以及其他各种目的都要使用电磁设备。将来，随着轻便、廉价的先进电磁设备的日益增多，必定会使武装部队赖以运作的电磁环境更加复杂。电磁资源对武器装备效能的发挥具有极端重要性，电磁资源的紧张与资源破坏将对作战行动乃至国家安全带来严重威胁，军事行动要在越来越复杂的电磁环境中实施。

1976 年，美军颁布的《美军野战条令战斗通信》对电磁环境的界定是：电子发射体工作的地方。20 世纪 80 年代又重新定义为：军队、系统或平台在预定工作环境中执行任务时，可能遇到的在各种频率范围内电磁辐射或传导辐射的功率和时间的分布状况，是电磁干扰、电磁脉冲、电磁辐射对人体、兵器和挥发性材料的危害，以及闪电和天电干扰等自然现象效应的总和。

2000 年，美军颁布的《联合电子战》条令指出，电磁环境是军队所面临的由受控制的电磁辐射的功率、频率和工作周期构成的，其对部队作战的影响主要包括电磁兼容性、电子干扰、电子防护、电磁辐射对挥发性物质的影响以及雷电、静电等自然现象的效应。作战的电磁环境是由武装部队在执行指定任务时可能遇到的电磁辐射的功率、频率和持续时间组成的。电磁环境对武装部队的作战能力、设备、系统和平台的影响表现为电磁环境效应，主要包括电磁兼容性、电子干扰、电子防护、电磁辐射对军械产品和挥发性物质(如燃料)的危害，以及雷电、静电等自然现象的效应。依照电磁原理工作的设备和系统的特点是具有电磁易损性，使其完成规定任务的能力明显降低，降低的程度依电磁环境效应的强度而定。

由此可见，最初美军没有专门提出“复杂电磁环境”的概念，而是以电磁环境效应来作为武器装备和军事行动要面临的环境。然而近年来，美军却大力强调复杂电磁环境，并十分重视研究其在未来战场复杂电磁环境下遂行作战的特点和方法。2015 年 4 月，在美国国防科学委员会的领导下，美国国防部和各军种专家小组就美军在 21 世纪复杂电磁环境条件下遂行军事行动进行了专门的研究。

2015 年 12 月，美国战略与预算评估中心(CSBA)发布了一篇名为《电波制胜：重拾美国在电磁频谱领域的主宰地位》的研究报告，阐述了“电磁频谱战”的概念，同时考虑将电磁频谱视作一个独立的作战域，成为继陆、海、空、天、赛博空间之外的第六个作战域。从 2015 年开始至今，“电磁频谱战”仍在不断发展变化中。在 2020 年 6 月美国参谋长联席会议发布的《美国国防部军语及相关语词典》中，“电子战”正式退出美国军语，取而代之的正是“电磁频谱战”。美军对电子战认识的变化反映出其对电磁域、电磁环境的认识也在不断深入，认为电磁频谱战是电子战的延续和发展，复杂电磁环境是美军未来作战不可回避的问题。透过现象看本质，其表明美军现代化作战的重心正向电磁域转移，强调以制电磁权为战场制高点，美军要大力提升其在复杂电磁环境下的作战行动能力。

俄军认为，现代军队的威力取决于它装备的电子系统和设备。而对于现代武器装备的有效运用，起决定性作用的是对电磁辐射频段的使用。所有指挥员都应当做好在复杂或不利的电磁环境下运用这些电子设备的准备，要了解和掌握敌我双方电子设备有意或无意的电磁辐射。

俄军还认为，电磁环境影响并制约着战场感知、指挥控制、武器装备效能的发挥以及部队的战场生存。在有限的地域内配置大量的侦察、通信、防空及无线电电子斗争设备，将出现严重的相互干扰，明显削弱指挥系统，特别是制导武器的作战能力。为消除相互干扰，无线电电子斗争负责人应采取电磁兼容保障的措施，包括无线电频谱的使用和选择电子设备的使用条件两个方面。

在电磁频谱的组织管理机构方面，俄军将电磁兼容纳入无线电电子斗争范畴。战时，由作战部门提出需要重点保证的频谱资源，由无线电电子斗争部门会同相关部门拟制电磁频谱使用协调计划，经参谋长批准后执行。作战过程中，由无线电电子斗争负责人负责电磁兼容和频谱使用冲突的有关协调工作。

第 2 章　复杂电磁环境认知

认知是人类观察世界、理解世界、改造世界的完整过程。复杂电磁环境认知是基于认知活动过程，分析研究对复杂电磁环境的认识、理解和利用问题。借鉴认知过程的科学定义，由表及里，由认识到理解再到应用，建立包括表象认知、本质认知和应用认知在内的复杂电磁环境认知模型，体现人们感知电磁环境、理解电磁环境和利用电磁环境的全过程，是复杂电磁环境认知的主要研究内容。复杂电磁环境的物质载体是电磁波及其传播环境，虽然肉眼看不见，但其物理特性表现为时域、频域、空域、能域等多域特征；由此表象认知揭示复杂电磁环境的本质属性，将复杂电磁环境划分为威胁和影响两大类，形成复杂电磁环境的本质认知；最后在军事实践中应用认知复杂电磁环境，为装备建设、部队训练和电磁作战提供复杂电磁环境理论技术与应用支持。

2.1　复杂电磁环境认知过程

2.1.1　认知科学概念

心理学认为：认知在广义上是指任何生物体生理特性的一种功能表现，狭义上是指大脑中以信息处理方式进行的认识过程。美国心理学家休斯敦(Houston)等进一步把这种观点归纳为认知表现的五种主要类型：

(1)认知是信息的处理过程；

(2)认知是思维的过程；

(3)认知是心理学上的符号运算；

(4)认知是对问题的求解；

(5)认知是一组相关的活动，如知觉、思考、学习、记忆、判断、推理、问题求解、概念形成、想象、语言使用等。

哲学从四个层次对认知进行了定义：

(1)认知是人类认识客观事物、获得知识的活动；

(2)认知是人类知觉、记忆、学习、言语、思考和问题解决的过程，是人类对外界信息进行积极加工的过程；

(3)认知可以表示为目标、信念、知识和知觉及对这些表示实施操作的计算；

(4)认知是回答“什么、谁、何时、哪里、怎样”这几个问题的答案。

语言学从语言在认知中的独特作用给出了认知的定义：认知是人类对语言的处理过程。该定义从四个层次概括了语言和认知的关系：

(1)认知是人类语言产生的原因；

(2)语言是人类认知的对象；

(3) 语言是人类认知的表达；

(4) 认知的发展带动语言的发展。

计算机科学从计算的角度对认知给出了既简单而又深刻的定义：认知是大脑的一种计算。计算机科学提出这样的定义，是因为大脑和计算机无论在硬件层次和软件层次方面有多么不同，在计算理论这一层次上，它们都具有产生、操作和处理抽象符号的能力，都是一个信息计算的系统。

对于认知的本质，相关文献认为认知不同于感知，人类感觉器官每天都会接收海量的感知信息，但并没有触发相应的认知，只有感知信息间发生了相互作用才会触发认知；认知不是对观察到的感知信息间的相互作用进行简单存储，而是在对它们进行计算，并转化为知识加以记忆。认知是一个学习系统，理解世界中的知识还可以通过学习直接获取并加以记忆；认知是一个输入/输出系统，输入量是需要完成的任务，输出量是完成任务的方法，而完成任务是通过改造世界来实现的；认知是一个反馈系统，改造世界中方法的有效性会校正理解世界中的知识。根据认知的以上本质，得出基于过程的认知定义，即认知是人类观察世界、理解世界、改造世界的完整过程，如图 2-1 所示。

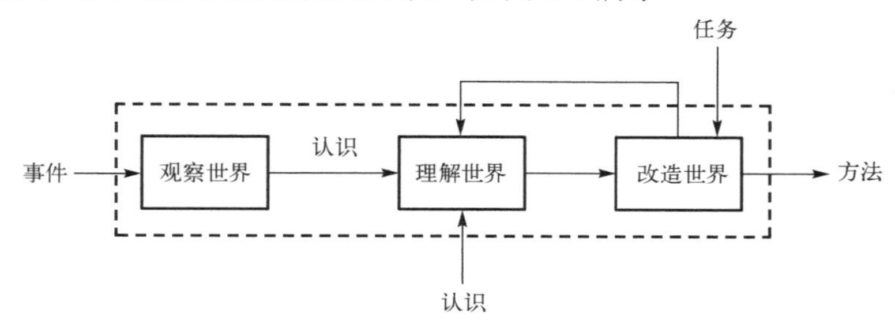

图 2-1　基于过程的认知

上述定义中，触发人类认知的是外部世界的事件，而事件就是人类感知信息间相互作用的逻辑表达；观察世界是对触发认知的事件进行计算，并转化为认识，而认识就是知识的一种表达；理解世界是对观察世界转化的认识进行记忆，同时理解世界还可以通过学习直接接收外部世界已有的认识并加以记忆，体现了认知是一个学习系统的思想；改造世界根据理解世界记忆的认识，完成外部世界输入的任务，并向外部世界输出完成任务的方法，体现了认知是一个输入/输出系统的思想；改造世界中若发现完成任务的方法无效，还可以反过来影响理解世界中的认识，体现了认知是一个反馈系统的思想；而正是观察世界、理解世界、改造世界的完整过程构成了认知。因此，基于过程的认知定义能够体现认知的本质。

认知科学是研究人类认知的本质及规律，揭示人类心智奥秘的科学。它的研究范围为包括知觉、注意、记忆、动作、语言、推理、思考乃至意识在内的各个层次和方面的人类的认知活动。认知科学是建立在心理学、计算机科学、神经科学、人类学、语言学、哲学共同关心的交界面上(即解释、理解、表达、计算人类乃至机器智能的共同兴趣上)，涌现出来的高度跨学科的新兴科学。

2.1.2　复杂电磁环境认知模型

作为战场环境的新成员，复杂电磁环境的出现给军事人员的认知带来挑战。复杂电磁环境作为现代战场环境的重要因素之一，人们对于它的认知即是一个观察、理解和改造的过程。从有形的用频设备到无形的电磁波，是人们观察电磁环境的直接结果，经过大脑的接收、处理和记忆，形成对电磁环境的技术特征和本质特性的理解，结合担负的使命任务，研究武器装备先进技术和作战运用，实现对复杂电磁环境控制和利用的改造任务。因此，基于过程的复杂电磁环境认知模型如图 2-2 所示。

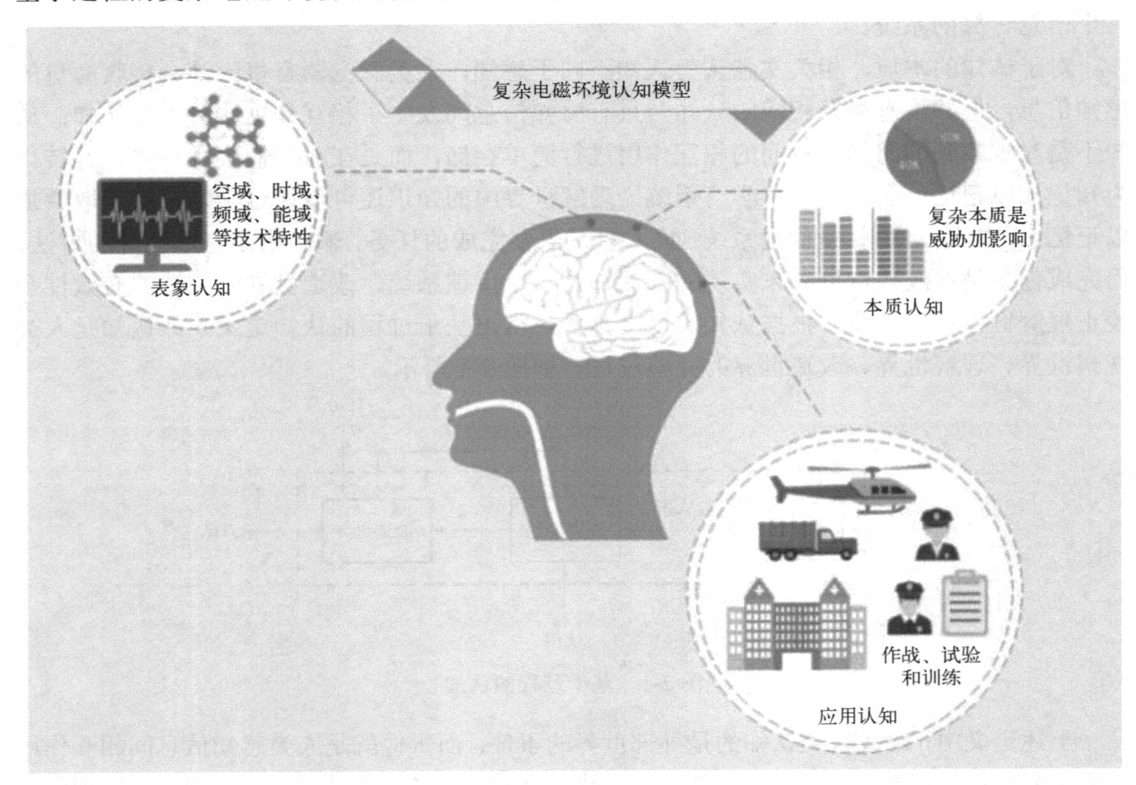

图 2-2　复杂电磁环境认知模型

上述认知模型中，包含了对复杂电磁环境的观察、理解和改造三个环节，这也是基于过程认知的一般模式。首先，对复杂电磁环境的观察环节是在侦察监测电磁环境而获取有关数据的基础上，结合电磁场与电磁波的物理属性，分析数据，得到战场电磁环境空域、时域、频域和能域特征，形成对复杂电磁环境的表象认知；其次，对复杂电磁环境的理解环节是在观察环节的基础上，结合复杂电磁环境效应，分析复杂电磁环境对信息化武器装备和作战行动的作用结果，形成对复杂电磁环境的本质认知；最后，对复杂电磁环境的改造环节是在观察和理解环节的基础上，结合信息化建设运用实践，分析其中的复杂电磁环境应用支撑，形成对复杂电磁环境的应用认知。

2.2　复杂电磁环境表象认知

众所周知，要描述一个陆战场的特征，离不开陆上地貌、水文和气象这些要素。陆上地貌主要有山地、丘陵、平原和荒漠，水文主要指江湖水文，对作战造成重大影响的气象主要有气温、云雾、降水和风。这些要素构成了一个具体可感的陆战场。但电磁环境，尤其是战场复杂电磁环境，它在很大程度上是由人为电磁活动形成的一个人工环境，无法采用山川河流这样直观的概念来体现它。如何对它进行系统、科学的描述，真实绘出它的基本特征，直接提供给指战员用于指挥决策和作战行动，是一个难题，但又回避不了。

电磁辐射是能量以电磁波形式由辐射源通过传播媒介发射到空间，复杂电磁环境也就是战场上各种电磁活动辐射的电磁波在空间、时间、频谱和功率上的复杂分布和变化情况的一种综合反映。为了严谨描述复杂电磁环境，这里从电磁辐射在空间、时间、频谱、功率上的表现入手，采用空域特征、时域特征、频域特征和能域特征，全面、完整地描述复杂电磁环境的整体状况。这些特征是战场电磁环境的基本特征，可以称为战场电磁环境的四域特征。它反映的是在特定的战场空间内，电磁能量随时间和频率的分布规律。战场电磁环境表象认知模型如图 2-3 所示。

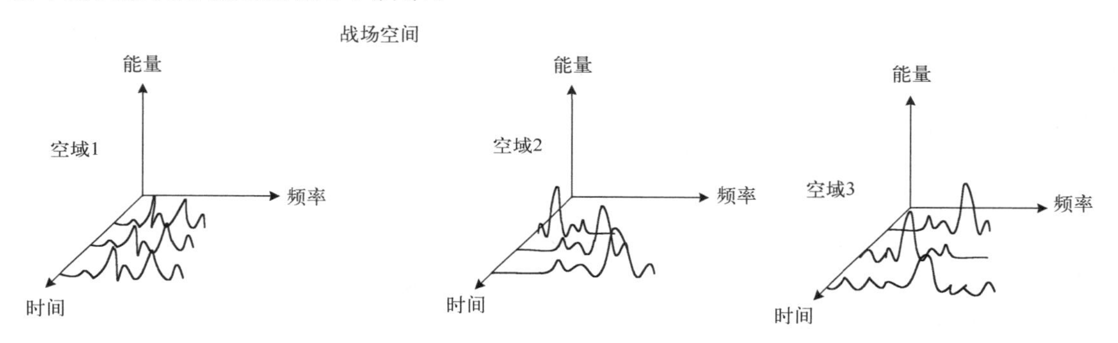

图 2-3　战场电磁环境表象认知模型

2.2.1　空域特征

复杂电磁环境的空域特征是无形的电磁波在有形的立体战场空间中的表现形态，在现代战场上，来自陆海空天的不同作战平台上的大量电磁辐射交织作用于特定的同一作战区域，形成了交叉重叠的电磁辐射态势。其典型表现是电磁信号在空间的分布是立体多向、纵横交错的。

1. 电磁辐射的空间状态

在发现和使用电磁波之前，人类社会的活动空间中也充斥着原始的电磁环境，这主要是太阳、地球等自然物体电磁运动的结果，具有很强的规律性，也是现代复杂电磁环境的背景条件，此时的空域特征简单。这种电磁环境就像一个水面平静的池塘，虽然也存在着由于风和地球自转所形成的细小波纹，但整体上表现为稳定、简单和较强的规律性，便于分析和认识。后来随着人为电磁活动的增多，电磁环境逐渐变得复杂起来。

电磁波在空气中的传播是立体的，各种辐射源所辐射的电磁波也带有程度各异的方向性，再加上各种电磁波工作频率的不同，受到空中的水滴、地面的高山、建筑物的反射与绕射，以及衍射等效应的共同作用，在空中的同一个点上，就能够接收到多种电磁波的同时照射。正如在一间普通的办公室中，既可以打开电视接收到无线电视信号，也能打开收音机接收到短波、中波、调频等多个无线电台信号，还能使用手机进行移动通信。在接收和发射这些有用电磁波的同时，办公室中还充满了由日光灯、空调压缩机，甚至电源线所产生的无意电磁辐射，乃至楼下汽车引擎发动，火花塞工作时也会产生频率范围极广、功率较强的电磁波辐射，并能够在电视屏幕上形成“雪花点”干扰，手机和固定电话中也会听到一阵噪声。可见一个小小的办公室空间中就能够同时存在着数量如此众多、频率分布如此之广、功率大小各异的电磁波。若从更大的空间观察则可以发现，正是如此多样的电磁波通过在空间的传播，并在这个办公室中交叉重叠，才会产生上述现象。

在现代化战场上的每一个阵地位置上，都同样分布着类似的电磁波，而且由于战场上大功率军用电子设备的电磁辐射更为强烈，种类更为庞杂，在战场空间的某一点上的电磁波交叉密集的程度也更为复杂。可以毫不夸张地说，现代战场上每个点能够接收到的电磁辐射要远远大于在喧嚣的市场上一个人所能接收到的各种声音的声波和所能看到的各种物体反射或发射的光波的总和。而且，在不同点上的电磁辐射强度也会有较大差异。

2. 空域特征的表示

空域特征表示电磁辐射在不同空(地)域的分布情况和电磁信号随空间的变化情况，严格的表示方法就是采用对应于具体位置的电磁信号功率密度谱来表示。但是为了简洁方便，通常可用电磁辐射源位置和数量、电磁信号特征在空间的分布状态等参数来表示。

根据电磁场理论，空间中任何一点的电磁环境状况可用场强 $\boldsymbol{E}(\boldsymbol{r},t)$ 表示，其中矢量 $\boldsymbol{r}$ 表示空间点的三维立体坐标，t 表示时间。$\boldsymbol{E}(\boldsymbol{r},t)$ 为一实非平稳的矢量信号，在进行时频表达之前，需要先将实信号转变为解析信号 $\boldsymbol{F}(\boldsymbol{r},t)$，只保留其正频率部分。对于平面电磁波而言，空间中某一位置的电磁信号产生的功率密度正比于 $\boldsymbol{F}(\boldsymbol{r},t)\times\boldsymbol{F}^*(\boldsymbol{r},t)$，它对应于信号的时变自相关函数。对其进行傅里叶变换，可以得到 $\boldsymbol{E}(\boldsymbol{r},t)$ 的解析信号 $\boldsymbol{F}(\boldsymbol{r},t)$ 的时变自相关函数的时变功率密度谱 $\boldsymbol{S}(\boldsymbol{r},t,f)$。时变功率密度谱表达的是任一给定空间位置，在任一时刻、任一频率点，单位面积上在单位时间、单位带宽流过的电磁能量。辐射源产生的电磁波通过天线辐射出去之后，在任何位置的信号强度可以用时变功率密度谱 $\boldsymbol{S}(\boldsymbol{r},t,f)$ 来表示。

假设作战区域中有 m 个点(图 2-4)，每个点分别有 1 个辐射源(也可以有多个辐射源)，其三维立体坐标分别表示为 $\boldsymbol{r}_i$ (i=1 ~m)。在某一个特定的时刻 t，每个辐射源辐射出具有一定样式和强度的信号，其场强为 $\boldsymbol{E}_i(\boldsymbol{r}_i,t)$，它的时变功率密度谱为 $\boldsymbol{S}_i(\boldsymbol{r}_i,t,f)$，这是一个强度和频率均随时间变化的具有不同信号样式的电磁信号，它通过发射机天线辐射出去。同时，在空间中的任何一点，其三维立体坐标可表示为 $\boldsymbol{r}_j(j=1\sim n)$，若放置有接收机，那么，该接收机会接收到上述 m 个辐射源的辐射信号。考虑到所有发射天线和接收天线设计的不同，它在不同方向上的天线增益可能不一样，而且，当天线做机械或者电子扫描时，其方向性随时间而变化。那么，接收机接收到的每个辐射源发出的信号分别需要乘以一个随空间、时间变化的矢量因子 $\boldsymbol{A}_i$，它与传播路径有关，从而，$\boldsymbol{r}_i$ 处的辐射传播到 $\boldsymbol{r}_j$ 处时电磁波场强为 $\boldsymbol{A}_i\boldsymbol{E}_i(\boldsymbol{r}_{ij},t-t_{ij})$ (其中 $\boldsymbol{r}_{ij}$ 是第 i 点到第 j 点的距离矢量，t_{ij} 是电磁波从第 i 点传播到第 j 点的时间)。那么，第 j 点接收机接收到的所有信号可以表示为式(2-1)给出的合成场强的时变功率

密度谱 $\boldsymbol{S}_j(\boldsymbol{r}_j,t,f)$，不失一般性，$\boldsymbol{S}_j(\boldsymbol{r}_j,t,f)$ 可以记为 $\boldsymbol{S}(\boldsymbol{r},t,f)$。它就是 m 个辐射源存在的情况下空间任何一点的辐射信号强度。

$$\boldsymbol{E}_j(\boldsymbol{r}_j,t)=\sum_{i=1\sim m}\boldsymbol{A}_i\boldsymbol{E}_i(\boldsymbol{r}_{ij},t-t_{ij}) \tag{2-1}$$

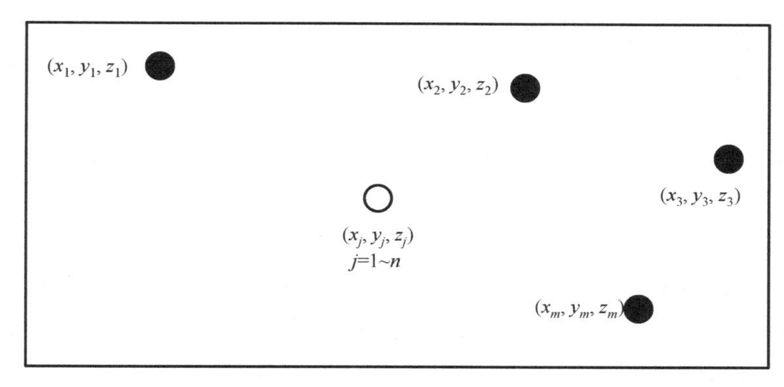

图 2-4　电磁辐射源分布示意图

那么，根据时变功率密度谱，在一定时间范围$[t_1,t_2]$和频率范围$[f_1,f_2]$内，任何一点 $\boldsymbol{r}$ 处的信号强度可以用平均功率密度谱表示为

$$S(r)=\frac{1}{(t_2-t_1)(f_2-f_1)}\int_{t_1}^{t_2}\int_{f_1}^{f_2}\boldsymbol{S}(\boldsymbol{r},t,f)\mathrm{d}f\mathrm{d}t \tag{2-2}$$

式中，双重积分分别是对频率和时间进行的积分。

电磁辐射源数量 m 被认为是空域特征的一种常规描述参数。现代战场上，敌对双方使用的电子设备数量多，辐射源高度密集。同时，各种军用电子设备是根据作战要求来部署与运用的。随着在不同地域所部署的作战力量的数量不同、地理位置的战略地位不同等，电磁信号的分布情况也不相同，重要的作战方向上电磁信号的种类和数量与其他作战方向相比呈指数增长，信号十分密集。据国外有关资料统计，在 1000km^2 内，每个频段的电磁辐射源数量分别为：0～500MHz 范围内有 485 个，8～40GHz 范围内有 40～50 个，500～2000MHz 范围内有 6 个。美空军一个远程作战部队就配备了超过 1400 个电磁辐射源，集团军级的指挥控制系统仅无线电台就有万余部，美陆军一个重型师配备了超过 10700 个电磁辐射源，一个摩托化步兵师内的电台数量可达 2000 多部。在这样的区域和空间内配备如此之多的电子设备是前所未有的。一个航空母舰战斗编队的电磁辐射源则超过 2400 个，整个小鹰号航母战斗群至少装备了 200 部不同类型的雷达。近十年来，随着国家和军队信息化建设进程加快，各种电子设备迅猛发展，省级范围内就拥有各级电视台、各类广播电台共几百个，各类在用通信电台、无线电移动通信发射站上千个。特定作战区域内，军用电子设备的大量增加，导致其电磁环境十分复杂。

空间中任何一点电磁信号所表现的特征就是空间电磁信号特征，也用来描述空域特征。不同点所受到的电磁辐射状况都可能存在差异。在空域的某一个点上，能够接收到多种不同特性的电磁信号，既有军用电磁信号，又有民用和自然电磁信号；既有雷达、通信等信号，又有电子干扰信号。空间电磁信号特征包括两种形式：一种是信号密度的空间分布；

另一种是信号强度的空间分布。在作战中，指挥员更关注的是信号密度的空间分布，例如，空中一架战机可能同时受到几十部不同类型的雷达、数百台通信电台的辐射，指挥员需要了解其在不同位置的信号密度，从而清楚地了解交战部队所在区域各地点电磁信号的多少，以此作为兵力分配与部署的依据。影响电磁信号密度分布的因素主要有战场电磁辐射源的空间分布特征及其内在关系，以及民用电磁辐射源、自然电磁环境和自然环境等。而作战人员则更为关心信号强度的空间分布，他们希望了解所使用的电子装备是否受到强度更大的电磁辐射的影响。

对指挥员来说，对战场电磁资源的空域控制需要以辐射源部署的空间位置为基础，根据辐射源及其所配套的作战武器平台或作战单元的作战任务、责任范围，以及各自作战对象的可能活动范围，来明确各辐射源的工作方向和范围。这是作战计划与方案的组成部分，要在兵力部署、行动计划中加以明确。在作战行动过程中，各作战单元和武器平台都需要在较大范围内进行频繁机动，战场电磁资源的空间运动必然引发战场电磁环境的空域变化。这是战时动态控制战场电磁资源的主要内容，也是空域控制的重点难点内容，应当以作战需求为牵引，优先保障主要方向的重要作战行动，快速调整相关辐射源位置和工作方向，维持己方战场电磁环境的动态平衡。

2.2.2 时域特征

复杂电磁环境的时域特征是战场电磁信号特征在时间序列上的表现形态，反映的是电磁环境随时间变化的规律，其典型表现是动态变化，随机性强。

1. 电磁辐射的时间规律

任何电磁辐射源的辐射都是由振荡产生的，然后，通过天线按照一定的时间顺序发射出去，形成电磁波，这种电磁波上调制了特定的电磁信号，它的各向传播就构成了一定样式的电磁环境。而对于同一地点，在同一个时间内可能受到来自不同方向的不同样式的电磁辐射。而在不同的时间段内，同一地点的同一个接收设备会接收到来自不同辐射源的不同电磁信号，接收机就对这些随时间而变化的信号进行处理，得到所需要的信息。当随时间分布的信号携带的信息正确无误，并且能够被接收机所接收的时候，该接收机所接收到的信号的时域特征就满足接收机的要求，反之，就认为其时域特征过于复杂。

电磁辐射的时域分布的表现就好比乐曲的旋律。现代战场上，可以形象地将各个乐器比喻成各种电磁辐射源，将整个音乐厅简单地模拟成一定空间范围的战场空间，将听众的耳朵比拟成各种无线电信号接收设备，将声波等同于电磁波。各种电磁辐射源如同交响乐队的各种乐器不停地发出声音一样，持续地发射电磁波。各种乐器同时发出频率相近、泛音各异的声音，通过音乐厅墙壁等的反射，传送到听众的耳朵，战场上的接收机也与之类似，同时接收到各种电磁信号。一支交响乐队按照指挥的调度有序地弹奏就反映了一种正常的时域特征。这里，在耳朵对声波的灵敏范围内（30～20000Hz），同一时刻，人耳不仅能够在混合的交响乐中，分辨出小提琴、钢琴、长号等各种乐器的声音，粗略判断各种乐器的声音来向，还能把握整个乐曲的旋律，从中得到美的享受。这是因为，作曲家在有意识地创作整个乐曲的过程中，对每个乐器所发出声音的大小、强弱、高低、长短，都按照时间进程进行了系统的安排，旋律是乐曲的灵魂。反之，还是这个乐队，还是使用那些乐器，但没有指挥和统一的乐谱，每个成员按自己的速度忽快忽慢、互不相干地拉着自己的曲子，听众听到的将是一片嘈杂之声。因此，只有时域特征良好的电磁环境才不会对接收效果带来坏的影响。

无论平时还是战时，电磁辐射活动在整体上是连续不间断的，同一时间内，各种武器平台也将受到多种电磁波的同时照射。尤其在现代战场上，各种电子对抗手段的大量运用，侦察与反侦察、干扰与反干扰、控制与反控制的较量，为了抗敌而又护己，作战双方的电磁辐射时而非常密集，时而又相对静默，导致战场电磁环境处于激烈的动态变化之中。这是信息化战场上必然出现的现象，是各种作战力量和武器平台必须面对的客观事物。特别是在现代信息化战场上，依据作战需要，也为了自我防护而避免被敌方侦察到，在实际作战中，有些电磁信号的持续时间非常短，电磁辐射源开关机非常频繁，电磁信号在时域中的突变特性特别明显。猝发通信、调频通信、窄脉冲雷达等就是典型的例子。战场电磁环境的时域特征正逐渐变得越来越明显，大大促使了电磁环境的复杂化。

2. 时域特征的表示

时域特征表示电磁信号随时间的变化情况，表现为电磁信号随时间序列的分布状况，通常可用单位时间内超过一定强度的信号密度等参数来表示。战场电磁辐射既有脉冲辐射，又有连续辐射，不同时段分布不同，具有动态可变性，时而持续连贯，时而集中突发。脉冲信号密度通常用单位时间内的脉冲数来表示，连续信号密度通常用单位时间内不同样式的信号个数来表示。

空间任何位置 $\boldsymbol{r}_j$ 处的信号时变功率密度谱可为 $\boldsymbol{S}(\boldsymbol{r}_j,t,f)$，它是由多个辐射源共同作用的结果，当辐射源位置、个数，传播路径特性，接收与发射天线增益确定之后，其接收点处信号的强弱，也就是信号的功率密度，只是时间的函数。不失一般性，在一定战场空间 V_Ω 和频率范围 $[f_1,f_2]$ 内，信号强度随时间变化的规律可以用平均功率密度表示为

$$S(t)=\frac{1}{V_\Omega(f_2-f_1)}\int_\Omega\int_{f_1}^{f_2}\boldsymbol{S}(\boldsymbol{r},t,f)\mathrm{d}f\mathrm{d}\Omega \tag{2-3}$$

式中，双重积分分别是对频率和空间进行的积分。

$S(t)$ 表示在特定空间、一定时间段之内的平均功率密度，$S(t)$ 越大，表示电磁环境越复杂。例如，若有三个辐射源均为脉冲雷达，其信号强度各不相同，脉冲重复频率分别为 1000Hz、2000 Hz 和 3000 Hz，那么，$\boldsymbol{r}_j$ 处 $S(t)$ 的最大值会达到 6000 个脉冲叠加的结果。但是若其中第二部雷达的信号很弱，以至到达该处的信号强度低于背景噪声强度，那么，就认为该处的信号为第一部和第三部雷达的合成信号，$\boldsymbol{r}_j$ 处 $S(t)$ 的最大值会达到 4000 个脉冲叠加的结果。因而，第一种情况的电磁环境就比第二种情况的电磁环境复杂。上述例子对应的信号波形和强度如图 2-5(a)、(b) 和 (c) 所示，其中纵轴是平均功率密度 $S(t)$，横轴是时间 t，图 2-5(d) 所示的是 $\boldsymbol{r}_j$ 的总体信号强度，也就是接收机可以收到的信号。可见，在不同的时间，其信号强度和密度是不一样的。

正如乐谱规定了各种乐器的演奏时序，指挥调控每个乐队成员的行为一样，战场上指挥员要根据作战的总体部署来调控各种电磁辐射源的工作时机，避免己方的电磁辐射在同

一时间段内使用冲突。特别是当干扰源非常强而不易采用其他方法可靠抑制时，通常采用时间分隔的方法，使有用电磁辐射在电磁干扰停止发射的时间内传输。然而，比乐队更为复杂的是，战场电磁环境中需要与敌方进行对抗，己方的电磁辐射源按其自身的需要和规定工作，还需要以有意的电磁干扰破坏敌方电磁环境条件，并同时对抗敌方的有意干扰。这样，由于各种有用电磁辐射加上双方恶意使用的电磁干扰，战场电磁辐射在时域上表现出的冲突、干扰更加严重，特征更加复杂多变。

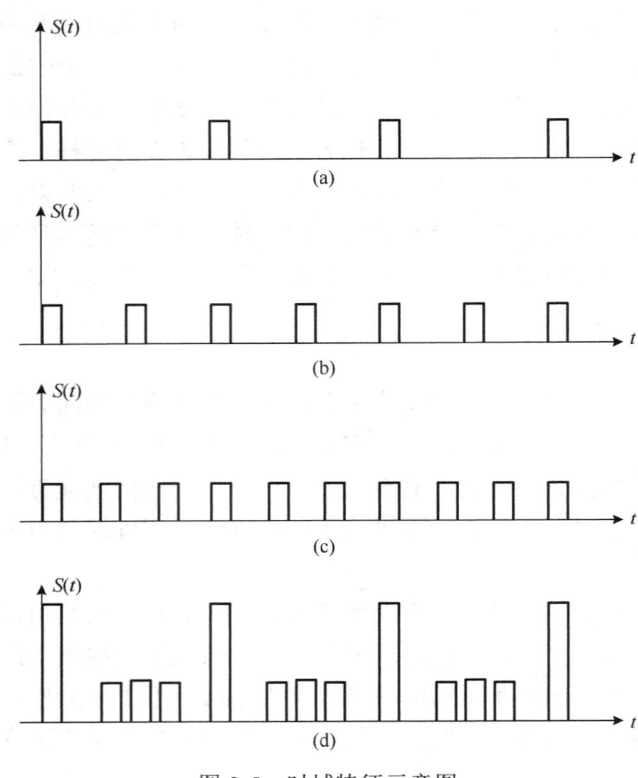

图 2-5　时域特征示意图

2.2.3　频域特征

复杂电磁环境的频域特征是各种电磁辐射所占用频谱范围的表现形态，其典型表现为频谱拥挤、相互重叠。频域特征是目前电磁频谱管理最为关心的，在平时，它是人们对各类电磁设备进行管理调控的重要参数；在战时，各类设备以频谱占用度为主要形式的频域特征决定着这些设备的作战使用效果。

1. 电磁辐射的频谱范围

电磁频谱是一种重要的作战资源，也是十分有限的资源。频谱是世界上共用的，是所有电子信息设备、设施、系统不可缺少的宝贵资源和财富。实际上它是唯一永存于自然界的不灭的资源，也就是说，如果有朝一日不再使用它了，这种资源的状态与刚发现它的那个时候的状态是完全相同的。

尽管理论上电磁频谱的范围从 0 可以延伸到无穷大，但目前实际应用还是集中于相对狭小的区域内。又由于大气衰减、电离层反射与吸收，以及不同频率电磁波的传播特性，人们只能使用电磁频谱的几个有限的片段。例如，现代无线电通信信号占用的频率范围可达几百千赫兹(kHz)到十几吉赫兹(GHz)，常规雷达的工作频率范围可达 0.1～40GHz，毫米波雷达的工作频率可达 300GHz，太赫兹雷达的工作频率更高，但在特定的作战区域内，通信信号占用的频率范围往往窄得多，多为 2～500MHz；战场上常用雷达的工作频率主要集中在 1～18GHz。把频段比作交通道路，把设备比作交通工具，在某一频段工作的设备，好比公路上跑的汽车、铁路上跑的火车、空中飞的飞机、海上航行的轮船。但每一种通道的通行量是有限的，当有限的通道上承载着数量众多的同类交通工具时，交通拥挤随之出现。

无线电发展的早期，其应用方面的唯一限制是受自然界的电磁环境和无线电设备的设计与生产中的科技水平的影响。为数不多的营运装置在频谱范围上都相距甚远，即使有的工作频段相近，也由于空间分隔，相互之间可以协调工作。随着技术的进步，情况开始发生变化。在地球的电磁环境中出现了许多无线电设备和系统，它们开始对地球的电磁环境产生重大影响。新引入的信息传输的链路和网络遇到了来自正在运行着的设备与网络的干扰，从而降低了新设备工作性能的等级。反之，新的设备和系统作为新的辐射源，又常使原已存在的那些设备降低了工作性能的等级。在两次世界大战之间，这个问题逐渐严重起来。没有人料到情况会如此迅速发展，有许多业务部门争用有限的频谱资源；而由于干扰的结果，电磁环境的污染变成了进一步发展无线电通信的关键。

近几十年来，频谱资源拥挤情况急剧恶化。随着技术文明的进步和电子学的迅速发展，一方面，要求增加各种不同的无线电系统和设备，使越来越多的国家成为频谱的积极使用者；另一方面，消费者和工业电气设备的饱和状况也急剧发展。基于这个原因，人们使用频谱越来越频繁，全球电磁环境发生巨大变化，其中人为电磁辐射源起了主要作用。可以举一个例子，那就是美国空中交通无线电控制业务对频谱范围的要求，1980 年比 1968 年增大 3 倍，而到 1995 年比 1980 年又增大 3 倍。

长期以来，全世界的固定业务、移动业务和广播业务都密集地占用短波波段，并经常碰到各种有害的干扰。1970 年，利用高频波段的广播发射机已约有 1300 个，全世界发射时间超过每天 17000h。这是一个惊人的数目，这个事实也说明了频谱的过载情况。到 1982 年这个波段的发射机已有 1500 个，其中很大一部分发射机功率接近 200kW 或 200kW 以上。

对频谱的大量需求使频谱的利用越来越向更大的范围发展，即便如此，还是不能自动缓解拥挤的情况。由于频谱的物理特性，某些业务无法从过于拥挤的较低频段转移到较高频段，而且对高频的需求增加太快了，要求有许多重大的迁移和根本的改变，对此人们又来不及准备和做必要的处理。例如，把现行的无线电规则中所规定的 10kHz～275GHz 的整个频率范围内的各个频带分配给各种业务。1972 年举行的关于空间通信的世界无线电行政大会(世界无线电通信大会)公布，把频率范围正式扩展到 0～275GHz，但是高频段的大部分频带尚未做技术上的放开。因此在较低的各频段内的需求必将持续不断地增长，这一情况在最近将不会有所改善。

一份调查显示，1972 年，我国使用的电台仅有十几万部，1998 年已发展到了几百万部。电台数量的急剧增加使得电磁环境日趋复杂，迫使人们不得不思考一个严肃的问题：如何有序分配频谱范围，有序使用频率，这已经成为迫在眉睫的问题。

在有限的频域范围内同时使用数量众多的同类电子设备，电磁信号也必然呈现出重叠的现象，有时甚至带来灾难性后果。为了防止电磁信号相互干扰，人们把频谱划分成许多频段，不同用途的电磁波只能在自己的频段内工作和传播，这就是利用频率特性来控制电磁互扰。

现代战场上，无线电频率使用相互冲突，电子系统间相互干扰，已成为影响现代战争结局的一个不容忽视的课题。在电子技术日新月异并日益广泛地应用于军事领域的今天，电磁频谱的工作范围及其拥挤的状况就像一把双刃剑，在推动武器装备和指挥现代化的同时，也使战场电磁环境日趋复杂，电磁斗争日益激烈。例如，陆战场平时主要有短波信号、超短波信号、普通电视信号、卫星电视信号、移动通信信号、雷达信号和导航信号，这些信号在频谱上按照统一管理而分布离散。但在战役机动时节，随着敌我双方的大量电磁设备在同一战场的同时使用，频谱特征表现得非常明显，虽然无线电频率可以向低端和高端延展，但可利用的空白频段越来越少。

2. 频域特征的表示

频域特征表示各种战场电磁辐射所占用频谱的总体状态，通常采用频率占用度等参数来表示。频率占用度是在一定作战空间和作战时间段内，电磁环境的信号功率密度谱的平均值超过指定的环境电平门限所占有的频带与作战用频范围的比值，它反映的是战场电磁辐射占用电磁频谱资源多少的状况。

不失一般性，在一定作战空间 V_{Ω} 和时间范围 $[t_1,t_2]$ 内，不同频率处的信号平均功率谱可以表示为

$$S(f)=\frac{1}{V_{\Omega}(t_2-t_1)}\int_{\Omega}\int_{t_1}^{t_2}\boldsymbol{S}(\boldsymbol{r},t,f)\mathrm{d}t\mathrm{d}\Omega \tag{2-4}$$

式中，双重积分分别是对时间和空间进行的积分。

从而根据频谱范围(又叫频带宽度)的计算方法，可以从式(2-4)所表示的信号平均功率谱函数计算出它在一定时间和作战空间范围内的电磁信号所占有的频谱范围，简记为 ΔB。这个范围是空间的很多信号共同作用的结果，既有我方电子装备作用的结果，又有敌方电子装备或者民用等背景辐射作用的结果。首先考虑一个特殊情况，若假定有 m 个辐射源共同作用，它们工作在不同的频率 $f_k(k=1\sim m)$ 上，各自拥有不同的频谱范围 $\Delta B_k(k=1\sim m)$，而且它们的频谱互不重合，也就是说频谱是按照有关部门规定的用频范围使用的，也没有发生己方的自扰互扰或者敌方的有意干扰，如图 2-6 所示。可以定义此时的频谱占用度为 0。这种情况下显然有

$$\Delta B=\sum_{k=1\sim m}\Delta B_k \tag{2-5}$$

但是，如果在 ΔB 范围内发生其他环境信号的干扰，出现了工作频率重合的现象，此

时，$S(f)$肯定有超过所容许的门限S_0的情况，如图 2-7 所示，则频谱占用度将不再为零。假设超过门限的频谱宽度为$\varDelta$，那么频谱占用度为

$$\mathrm{FO}=\frac{\varDelta}{\Delta B} \tag{2-6}$$

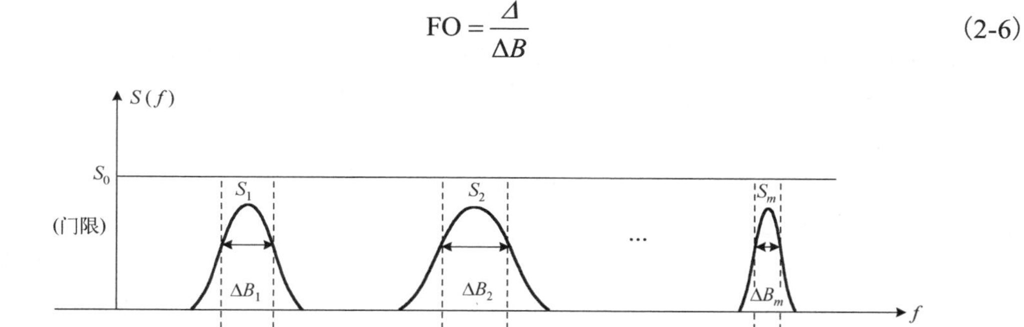

图 2-6　互不重合的频率分布示意图

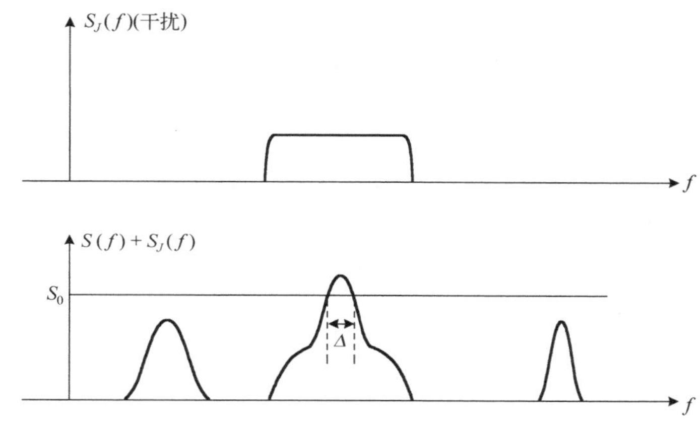

图 2-7　存在频率重合的频率分布示意图

频谱占用度越大，电磁环境越复杂。

频域特征是可以控制的，频谱管理就是这种控制的前身，但它主要在无线电通信领域，通过用频计划和实时的调整安排，为战场空间内各种电台分配工作频率，消除己方各种电磁资源的相互干扰。信息化条件下，电磁应用领域得到了极大的扩展，频域特征控制的主要矛盾并不是由各种电台、雷达之类的电子信息活动所产生的，这些由己方控制的电磁资源能够在计划和组织下，将相互影响减弱到最小或可以承受的程度。难以调解的是战时己方对敌电子进攻行动的作战用频与己方同频段电台、雷达等保障用频之间的冲突。如果己方保障用频的重要性大于作战用频，则放弃对敌电子进攻行动，确保满足己方的作战指挥保障需求；否则，就应该以电磁领域斗争的进攻优先原则为依据，借助其他手段代替相应的保障用频功能，腾出更大的电磁频谱斗争空间与电子进攻行动争夺对敌电磁斗争的主动权。

2.2.4　能域特征

复杂电磁环境的能域特征反映战场空间内电磁信号强度的分布状态，其典型表现是功率强弱起伏，能流密集却分布不匀。

1. 电磁辐射的能量分布

理想情况下，电磁辐射是在无限空间向所有方向传播的，在空间中任何一点的能量密度只和传播距离有关，其影响因素称为传播衰减因子。但是在实际情况下，由于各种辐射传播因素的存在，更为了满足不同作战行动的需要，空间的电磁能量密度是不会均匀的，可能很大，也可能很小。为了按照人们的需要控制能量密度，人们发明了电磁发射天线，通过各种天线及其控制技术的运用，把电磁能量发送到任意特定空间。有方向性的发射天线使战场电磁环境的能域特征更加丰富。

在现代战场，可以运用电磁信号和电磁能量的强大威力，控制战场电磁环境的能量形态，使在特定时间内局部区域的电磁辐射可能特别强大。以此为手段，一方面，可以更多、更远、更好地探测或者传递电磁信息；另一方面，可以对电子装备形成毁伤、压制、干扰或者欺骗的作用效果。战场电磁环境中，电磁能量密度直接决定着电磁辐射对电子装备的影响程度。例如，每平方厘米一万瓦的连续激光辐射能量可以让光电探测器烧毁，雷电电磁脉冲和核爆炸瞬间生成的电磁辐射脉冲都是极高能量密度的电磁辐射。对于雷电来说，若以它的平均值计算，一次闪电中就含有 1 万个脉冲放电过程，每个脉冲的平均峰值电流可以达到数万安，它击穿的空气行程可从数百米到数千米，期间产生的电阻至少要用数万欧计算，如此强大的电磁能量以电磁脉冲形式向空间四周辐射，当它被通信网或其他电子接收设备接收后，设备就会被彻底毁坏。它耦合感应到计算机、电视等电子设备中时，可以引起计算机等电子设备程序紊乱、信息处理失误，甚至烧毁、损坏计算机的中央处理器及外围部件，从而造成不可估量的损失。

2. 能域特征的表示

能域特征表示电磁信号功率强弱的变化情况，通常用场强来表示，它通过图形、表格或数据的形式，给出特定区域、特定时段、特定频谱范围的信号强度分布规律。

不失一般性，在一定作战空间 V_{Ω}、时间范围 $[t_1,t_2]$ 和频率范围 $[f_1,f_2]$ 内，信号强度可以表示为

$$\boldsymbol{S}=\frac{1}{V_{\Omega}(t_2-t_1)(f_2-f_1)}\int_{\Omega}\int_{f_1}^{f_2}\int_{t_1}^{t_2}\boldsymbol{S}(\boldsymbol{r},t,f)\mathrm{d}t\mathrm{d}f\mathrm{d}\Omega \tag{2-7}$$

式中，三重积分分别是对时间、频率和空间进行的积分；$\boldsymbol{S}(\boldsymbol{r},t,f)$ 是平均功率密度谱。

能量是电磁活动的基础，所有电磁波的应用都基于电磁能量的传播，各种调制样式都在频域、时域和空域上控制辐射能量。例如，雷达天线的作用就是将电磁波能量集中在一个特定方向上，跳频电台则在不同频率点上依次辐射能量。同时，能量是各种电磁活动产生相互影响的根本原因，当接收到的干扰信号的功率大于有用信号时，干扰随即产生；空域、时域和频域不过是能量得以到达接收机的三个基本“窗口”或“渠道”，不同“渠道”输送的能量大小各不相同，其影响作用也相对不同。在所有关于战场电磁环境的监测、分析、表示中，描述其空域、时域、频域特征，都要通过信号强度这一物理量给予具体体现，所以，式(2-7)计算得到的 S 就是表示给定位置、给定时间、给定频率范围的信号强度大小。它同样受到辐射源功率大小、辐射源多少的影响。

正是由于能量从根本上决定了干扰强度，能量大小的控制也就成为最为基本的战场电磁资源控制方法。从能量控制的角度去分析战场电磁态势，可以直观地显示当前时刻战场电磁信号的场强分布情况，得出一些重要的信息。例如，通过对侦测到的电磁信息进行能量的统计分析，推断与预测敌方指挥机构和部队进行重要活动的规律。

通常情况下，辐射能量越大，相应的电磁活动目的也就越容易达到，但在有限的战场空间内，若各种电磁活动都以大功率状态工作，那么必将引发电磁环境的进一步混乱，如同各种车辆都以最高速度行驶情况下的交通状况。因此，能量使用的基本原则是以够用为主。战时，由于作战目标和行动的变化，电磁能量的大小往往也需要随之而变。例如，增大发信台的发射功率就是最为简便的通信抗干扰方式，往往由电台操作员自行掌握。但在复杂电磁环境中，这种方式很可能会对其他电子信息设备产生严重的干扰影响，尤其是部署距离较近、工作频率邻近的电子信息设备所受影响最为强烈。而那些受影响的电子信息设备也采取类似方式抵御干扰，则必然引发“多米诺”骨牌效应，扰乱整个战场电磁环境。因此，将电磁能量控制与频率控制、工作时机控制、设备部署控制同样看待，并将其控制权限限定在适当的指挥层次上，有利于维持和控制整个战场电磁环境稳定有序。

为实现全球信息的控制，美军正在积极发展将化学能转换为电磁能的高功率微波武器、电磁脉冲弹，这类武器在其电磁波传播通道上有着极高的能量密度。它们的主要特点是使被攻击的电子设备接收到的信号功率远大于其正常工作电平，使高功率的射频能量进入敌方电子设备前端电路，或者通过隙缝直接破坏电子器件，使之饱和或局部损坏，甚至被高功率烧毁，从而达到降低其正常工作能力或毁坏敌方电子设备的目的。

综上所述，复杂电磁环境的基本特征正是通过电磁波传播在空域上的交错、电磁辐射在时域上的变化、电磁信号载频在频域上的交叠和电磁辐射强度在能域上的起伏表现出来的。每一域都不能孤立存在，而是与其他域融合在一起的。在现实环境中，人们所从事的各种电磁活动都同时发生在这四域之中，对具体的某一点、某一时刻而言，电磁环境的复杂性就是这四域交集的整体表现。也就是说：由于电磁波的立体多向、纵横交错的传播方式，同一时间、同一空间的任一点上，能够同时接收到众多信号；也正是由于频谱使用的重叠，一种设备往往在同一时间内接收到来自不同方向的可以对其功能产生影响的干扰信号。当然，这种四域交集、整体表现出的“复杂”不等于杂乱无章，面对复杂电磁环境也不是束手无策、坐以待毙。战场上多种电磁设备虽然工作在相同的频谱波段，但是，当它们不在同一方向、同一空域传播电波时，或不同时传播电波时，或辐射功率在一定范围内时，可以共同使用同一电磁频谱波段。因此，只要对战场电磁环境进行全面客观的分析与全局性的精心谋划，从四域入手齐抓共管，采取空域分隔、时域错开、频域分离和功率控制等措施，就可能化解我方频谱资源使用冲突的矛盾，降低战场复杂电磁环境对作战行动的影响。

2.3　复杂电磁环境本质认知

复杂电磁环境是信息化战争的战场环境突出因素，也是作战中必须面对和考虑的环境条件之一。根据对复杂电磁环境物理属性和技术特征的认识与理解，它对战场空间内作战力量的作用表现为威胁和影响。因此，建立的复杂电磁环境本质认知模型如图2-8所示。

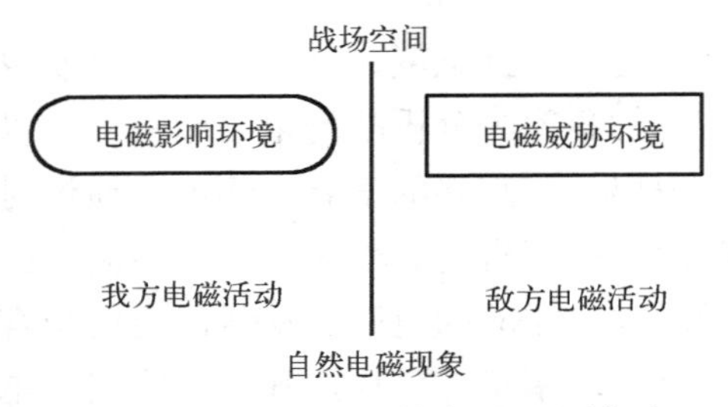

图 2-8 复杂电磁环境本质认知模型

2.3.1 电磁威胁环境

电磁威胁环境是所有电磁威胁的总和。电磁威胁是指：在一定时空范围内，一方的电磁辐射对另一方的电子信息设备、系统、网络及相关武器系统或人员构成的威胁，通常用威胁等级表征。该定义明确了电磁威胁的来源、威胁对象和威胁程度的可表征性。为进一步剖析定义，还需要结合现实电磁威胁，深刻理解其内涵和性质。

1. 电磁威胁的对象

“电子信息设备、系统、网络及相关武器系统或人员”是电磁威胁的对象，其中，“电子信息设备、系统、网络”是直接威胁对象。这些信息系统通过发射和接收电磁辐射，以实现相应的电磁活动功能，直接暴露在电磁空间内，必然是敌方电磁威胁的直接作用对象。“相关武器系统”是间接威胁对象，信息化武器系统大量使用电子信息设备和系统，具备远程、自动和精确的信息化作战能力。敌方电磁威胁虽然直接作用于其中的信息系统，但最终影响的还是整个武器系统的作战能力。在强激光、高能微波武器等新概念电磁定向能武器应用于战场之上时，“相关武器系统或人员”也将成为电磁威胁的直接威胁对象。

2. 电磁威胁的来源

对电磁威胁来源范畴的界定有利于对电磁威胁进行科学分类和系统研究，是电磁威胁基础理论研究的一项重要工作。从电磁威胁的定义出发，对电磁威胁来源的界定如下。

1) 电子干扰是电磁威胁的直接来源

电子干扰是依据电子对抗侦察获得的情报信息，采取一定的信号形式和技术，利用电磁波的辐射、反射、散射、折射，或者对电磁能量的吸收，阻碍或削弱敌方有效地使用电磁频谱的电子进攻措施，其目的是减少或破坏敌方电子信息系统、设备获得的有用的信息，从而阻碍其正常效能的发挥。电子干扰根据它对敌方电子信息系统、设备的作用性质不同，分为压制式干扰和欺骗式干扰；根据干扰形成方法的不同又分为有源干扰和无源干扰。在现代高技术局部战争中，电子干扰已显示出是一种重要的作战手段，对夺取制电磁权以保证战役战斗的顺利进行和获取战争胜利起到了不可低估的作用，也是我方面临的电磁威胁的直接来源。

2) 电子侦察是电磁威胁的基础

电子侦察是使用电子技术设备发射并接收电磁信号或截获有关电磁信号的侦察。根据是否主动发射电磁信号，可以将电子侦察分为有源侦察和无源侦察。有源侦察通过主动发射电磁波和接收目标反射电磁波，获取目标反射截面积特征，推测目标位置、形状。无源侦察既包括截获目标信号、获取调制信息的信号侦察，也包括接收目标自身辐射电磁波或反射第三方辐射电磁波，获取目标位置、形状的侦察。电子侦察提供了目标位置、用频、性质、状态等关键情报，是电子干扰和火力打击的起点、战场评估的关键点，支撑着整个作战行动。在应对电磁威胁时，必须考虑反电子侦察手段。

3) 电子摧毁威胁和精确制导威胁是电磁威胁的新外延

根据武器对目标的摧毁方式和能力，摧毁通常可分为四种类型：常规火力摧毁、核生化武器摧毁、电子摧毁和精确制导武器摧毁。其中，电子摧毁包括新概念武器摧毁和反辐射武器摧毁。电子摧毁威胁是指利用反辐射导弹、反辐射无人机等反辐射武器和定向能武器、电磁脉冲武器等新概念武器，对相关武器系统和人员形成的摧毁威胁与人身威胁。精确制导威胁是指用导弹、激光炸弹等精确制导武器对包括信息系统在内的各种实体目标进行精确摧毁从而形成的具有普遍性的威胁。无论电子摧毁威胁还是精确制导威胁，都需要一系列电磁活动予以保障和支撑。

在电子摧毁中，反辐射武器摧毁对雷达等电子信息设备构成了极大的威胁，但无论反辐射导弹还是反辐射无人机，其自身都不存在辐射，反而以雷达的电磁辐射为引导，实施精确打击，其打击对象又针对电子信息设备、系统，因此，也应当将其构成的威胁纳入电磁威胁范畴之内。

在精确制导武器的作战过程中，将广泛使用各种电磁活动，以获得导航、搜索发现、目标识别与瞄准制导等能力，从而最大限度地发挥作战效能。美军"战斧"式巡航导弹，作战距离达数千千米，在整个飞行过程中，自始至终都依赖于电磁应用活动来明确目标、准确导航、精确攻击。因此，从某种意义上说，精确制导威胁是一系列电磁应用活动支撑下的精确打击行动，也可以说是相关电磁活动综合作用对目标形成的精确打击威胁。

3. 电磁威胁的类型

结合电磁威胁环境的来源与电磁威胁实际发生的效果，可以将电磁威胁环境进一步区分为监控性威胁环境、降效性威胁环境和毁伤性威胁环境，如图 2-9 所示。

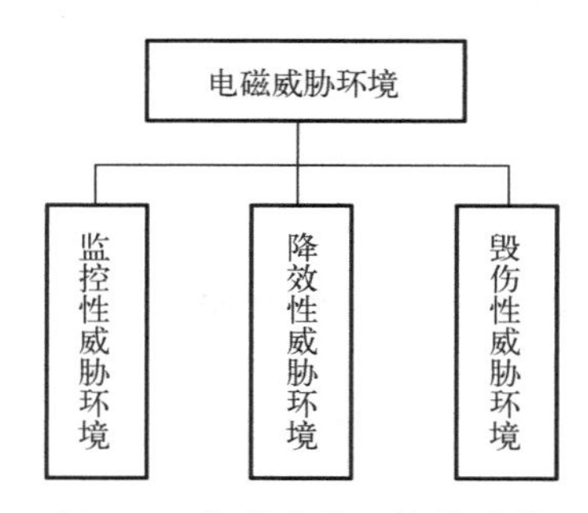

图 2-9　电磁威胁环境的分类

1) 监控性威胁环境

监控性威胁环境是指敌方运用电子侦察、预警探测等手段，监视监测我方电子信息设备、系统、网络及相关武器系统或人员的空间位置、运动状态和电磁特征等构成的威胁环境。监控性威胁环境根据发生时节以及监控侧重点的不同，又可分为平时监控性威胁环境与战时监控性威胁环境。

平时监控性威胁环境是指来自平时潜在敌方的电子侦察和战略预警等电磁活动构成的电磁环境，其构成主体包括地面电子侦察站、电子侦察船、电子侦察飞机和电子侦察卫星等。遭受平时监控性威胁的我方主要目标包括防空雷达网、防空指挥网、海军观通网、弹道导弹发射及其遥测遥控、新型武器装备电子信息系统、敌我识别、战略通信等。平时监控性威胁环境不会直接对我方战场目标构成危害，却具有极其深远的影响意义，平时监控性威胁在于通过实时、不间断的电子侦察与监控，精确掌握我方信息化装备的部署情况、主要电子信息系统的战技性能与工作状态，了解我方装备技术发展状况，跟踪掌握我方重要军事活动情况等。

战时监控性威胁环境是指战时作战对手运用电子侦察、预警探测等电磁活动构成的电磁环境，其构成主体与平时监控性威胁环境类似。战时监控性威胁更加集中于战场上我方重要武器装备和平台，更加集中体现在对我方战场重要目标电磁活动的不间断、全面准确截获以及对作战行动的连续跟踪，以判明我方作战部署、判断我方行动企图、寻找我方作战体系薄弱环节。战时监控性威胁环境活动更加复杂多变，并往往带来进一步的电子干扰与火力打击威胁，战时监控性威胁是电磁威胁环境的重要组成部分。

2) 降效性威胁环境

降效性威胁环境是指敌方运用电磁手段干扰、欺骗我方电子信息装备等活动构成的电磁环境，这种电子软杀伤活动构成的电磁环境主要来自作战对手的电子进攻行动，以电子战武器平台为主要威胁源。降效性威胁环境在战时广泛存在，也存在于平时的试探性攻击行动中。电子干扰分为两类：一类可以作用于能量层，使接收机无法从噪声中检测所需信号，如压制式干扰；另一类作用于信息层，使信号处理或情报分析能力趋于饱和，如欺骗式干扰。降效性威胁环境带来的威胁往往会立即转化为直接危害，具体体现在破坏作战指挥、协同行动，削弱作战体系战斗力，或者制造虚假信息，扰乱我判断决策等。

3) 毁伤性威胁环境

毁伤性威胁环境是指敌方运用电磁辐射引导精确打击或电磁物理损伤效应等活动构成的电磁环境。毁伤性威胁环境的构成主体主要包括反辐射武器(反辐射无人机和反辐射导弹)、定向能武器(高功率微波武器和强激光武器)、电磁脉冲武器和精确制导武器(精确制导炸弹和导弹)等。毁伤性威胁环境以毁伤承担电磁活动的作战单位为手段，从而消除我方电磁活动能力，或者打破原有的电磁部署，是最为强烈的破坏形式，并带来极大的危害。

2.3.2　电磁影响环境

1. 电磁影响环境的定义

电磁影响环境是指除电磁威胁环境以外的所有电磁环境，相对电磁威胁环境而言，电磁影响环境的对象都是一方的电磁活动，但电磁影响环境的来源不同，影响结果也不同。

电磁影响环境来源于己方其他的电磁辐射和泄漏，这部分电磁环境不是主观故意造成的，但影响结果不可忽视，会造成己方的自扰互扰，当超过用频设备的电磁安全裕度时，会使得用频设备不能正常工作。电磁影响环境还来源于民用电磁活动，如广播电视、移动通信、民航雷达等，这些电磁活动不是专门针对军事行动的，但会增加战场电磁环境的背景噪声电平，同样会对军事电磁行动一些影响。另外，自然界的电磁现象也是电磁影响环境的来源之一，如静电、雷电、太阳活动、电离层变化等，不过它们对作战双方的影响是同等的，不会偏向任何一方，但具体影响效果会因影响对象不同而不同。

2. 电磁影响环境的分类

电磁影响环境主要包括己方自扰互扰环境、民用电磁环境和自然电磁环境，如图 2-10 所示。己方自扰互扰环境主要是指己方无针对性的电磁辐射，如友军电子装备形成的环境、同平台其他装备辐射造成的环境和平台内部的自扰环境。民用电磁环境主要是指作战地域内一些民用电磁辐射源及设施在其工作时产生的电磁环境，如民用雷达、广播电视发射台和其他一些民用的无线通信等。自然电磁环境是地球和宇宙间自然存在的现象，如自然电磁辐射和电磁波传播效应等，属于战场客观电磁环境要素之一。战场电子设备作用的发挥是在自然电磁环境的背景下进行的。所以，在电磁环境构设时，有必要考虑自然电磁环境要素。自然电磁环境对电磁信号空间只是一种修正性的影响，使电磁波在空间的传播和存在背离理想化的状态。自然电磁环境的构设主要通过产生地理环境和气象环境的影响来实现。对于地理环境的影响，概括起来，主要是对电磁波的反射、绕射、散射，以及对电磁波的衰减和吸收；气象环境分为低层气象环境和高层气象环境。低层气象环境主要考虑气候因素，气候因素影响到地波的传播。高层气象环境对电波传播的影响主要表现为太阳黑子数、电离层反射虚高及额外系统损耗等。电磁影响环境对我方作战行动的影响相对较小，这类电磁环境所产生的影响是相对的，通过各种手段可以回避、减少或降低到最低程度。

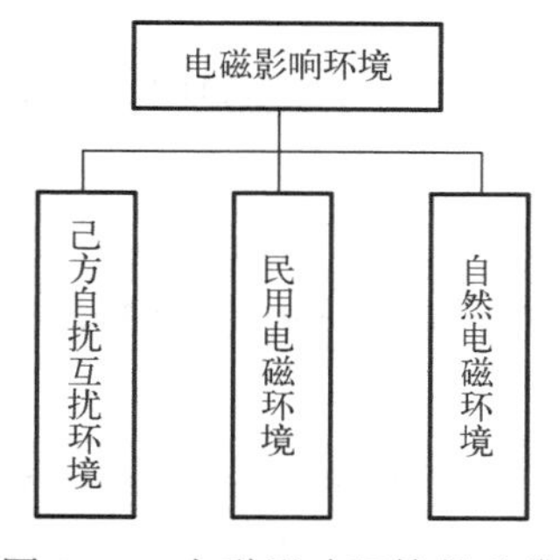

图 2-10　电磁影响环境的分类

2.4　复杂电磁环境应用认知

在对复杂电磁环境的表象认知和本质认知的基础上，研究复杂电磁环境应用认知问题，建立包括复杂电磁环境装备试验应用、实战化训练应用和作战支持应用的认知模型，如图 2-11 所示。为提升武器装备复杂电磁环境适应性和部队复杂电磁环境应对能力而控制利用复杂电磁环境，最终提升电磁空间作战能力。

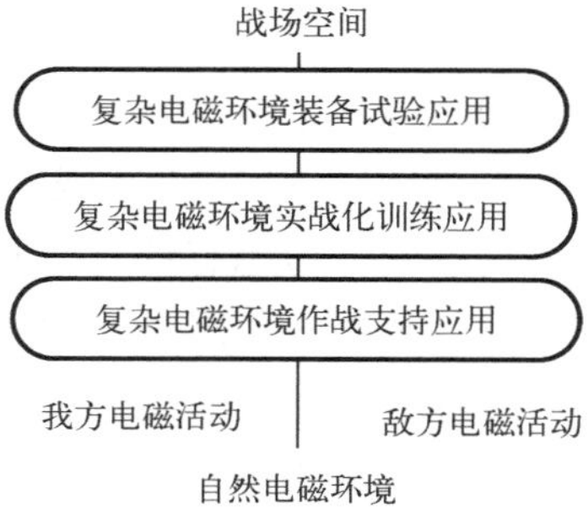

战场空间
复杂电磁环境装备试验应用
复杂电磁环境实战化训练应用
复杂电磁环境作战支持应用
我方电磁活动　敌方电磁活动
自然电磁环境

图 2-11　复杂电磁环境应用认知模型

2.4.1　复杂电磁环境装备试验应用

1. 装备试验复杂电磁环境分析

复杂电磁环境装备试验，尤其是环境适应性试验，是为摸清信息化装备在复杂电磁环境下的适应能力，按照规定的程序和条件，依照被试信息化装备的作战使命和战技性能指标要求，通过设置一定的战情，综合考虑战场电磁环境，为被试装备构建出一个近似实战的战场电磁环境，模拟出近似实战的对抗态势，体现相应的电磁对抗行动，对装备进行验证、检验和考核的活动。环境适应性试验通过试验方式掌握环境因素对装备正常发挥其功能的影响程度。

在电子装备的全寿命周期管理中，电子装备复杂电磁环境适应性试验的目的是分析装备面临的复杂电磁环境效应，预测可能发生的问题，通过试验对影响情况做出判断，提出解决的方案，具体如下。

(1) 识别并降低电子装备论证、研制过程中其战技性能不能适应战场复杂电磁环境的巨大风险。

(2) 在不同程度的复杂电磁环境中验证电子装备的战技性能，检验电子装备战技性能是否达到了研制总要求中的规定与要求，是否能满足部队使用需求。

(3) 确保电子装备复杂电磁环境适应性性能。

(4) 提供技术、准确和足够的电子装备战技性能数据信息，支持其全寿命周期中设计定型、采购和作战使用等决策。

一个全面的电子装备复杂电磁环境适应性试验程序可对该类电子装备的技术和作战适用性进行早期评估，并且可以更早、更高效地纠正电子装备的缺陷。由于影响装备工作的环境因素很多，因此复杂电磁环境适应性试验的分类也不同，根据上述对装备面临的干扰信号环境的构成分析结果，这里可将适应性试验分为五个方面的试验内容：雷电类、静电类、电磁兼容类、电子对抗类、强电磁脉冲类，如图 2-12 所示。并不是每一类装备都要对这五个方面的试验内容进行试验，而是要根据装备使命、应用需求的不同分别进行不同的试验，即要根据装备实际可能面临的战场电磁环境因素来进行试验。

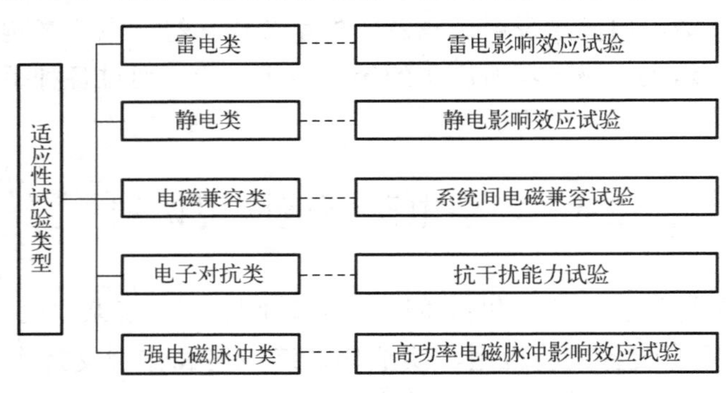

图 2-12　复杂电磁环境适应性试验分类

从操作层面来说，目前主要是将各类试验单独进行。从实战化的角度说，真正意义上的复杂电磁环境适应性试验应该是这五类试验的若干种形式的组合，尤其是要涵盖电磁威胁环境的影响，考虑有针对性的干扰和损伤威胁。从试验的层次来说，单类的试验可看作研制试验的范畴，而组合式的试验可归属于作战试验的范畴。

电磁环境适应性试验应模拟不同的实战背景和环境条件，按照先单装、后系统，先一般环境、后复杂环境的步骤，对装备的战技性能、综合运用效能、装备配套情况、可靠性、可维修性和保障性以及对非合作电子干扰的适应性等进行检验，以把握装备电磁特性，探索其作战运用规律。

此外，开展复杂电磁环境适应性试验对复杂电磁环境的构建提出了迫切且有挑战性的需求，即首先需要解决复杂电磁环境的认知问题，其次要解决环境的等效模拟问题，进而通过装备的复杂电磁环境效应及其效应所呈现的程度来判断装备的复杂电磁环境适应性，即效应越明显，适应能力越弱，适应性越差；若效应越模糊，则适应能力越强，适应性越好。

2. 装备试验复杂电磁环境构设

电磁环境是进行武器装备复杂电磁环境适应性试验的重要前提条件，主要工作是构设满足试验需求的电磁环境，而每一类试验的目的和要求不一样，所以电磁环境构设的要求也不相同。

一是武器装备性能试验的电磁环境构设。武器装备性能试验是为检验装备的战技性能指标，尤其是战场复杂电磁环境条件下，为了摸清装备战技性能指标边界，构设不同复杂程度的电磁环境，当然这个电磁环境的模拟对象也应该是装备使命任务中面临的电磁环境。因此，武器装备性能试验的电磁环境构设以复杂度为依据，主要考虑未来战场的电磁威胁，构设不同复杂程度的电磁环境，检验验证武器装备的战技指标及其边界。

二是武器装备作战试验的电磁环境构设。武器装备作战试验是为评估装备的作战适用性，尤其是战场对抗条件下，为了检验评估装备作战适用性，构设符合装备使命任务描述的战场电磁环境，重点是敌方的电磁威胁环境。因此，武器装备作战试验的电磁环境构设以逼真度为依据，瞄准武器装备的潜在对手的电磁威胁，构设贴近实战的电磁环境，尽可能逼真地模拟对手的电磁威胁环境，兼顾战场影响电磁环境和背景电磁环境，评估分析武器装备的可靠性、维修性、保障性、环境适应性、作战效能和体系贡献率等作战适用性指标。

2.4.2 复杂电磁环境实战化训练应用

1. 实战化训练的基本特点

实战化训练的基本特点是部队训练工作在实战化条件下的客观体现，也是区别于传统部队训练的独特要求。部队实战化训练的特点主要体现在以下几个方面。

1) 训练的实战要求突出，环境更加逼真

随着各种武器装备和作战指挥手段对电子信息装备的依赖性逐渐增强，复杂电磁环境将贯穿作战全过程，能否有效组织电子进攻和电子防御，进而夺取战场制电磁权，对战争胜负起关键作用。部队训练水平将直接影响到作战效能的发挥。为真实检验出部队作战效能，必须将部队放置在实战背景下进行检验，部队训练的实战性要求更加突出。部队只有牢固确立“练为战”的思想，坚持在实战环境中严训实练，不断提高部队战斗力水平，才能在未来战争中发挥应有的作用。

2) 训练的整体规划严格，层次明显提高

随着武器装备向系统化方向发展，复杂电磁环境下的体系作战已由作战单元之间的简单对抗向系统与系统间的整体对抗转化，因而对部队训练提出了更高的要求。部队训练的整体规划进一步增强，在课题设置上，由以传统单站操作训练为主向以系统整体协同训练为主转化；在训练对象上，由以士兵专业技能训练为主向以技术骨干和干部专项对抗训练为主转化；在组训方法上，由以理论教学和实装操作训练为主向以基地化、模拟化、网络化综合训练为主转化。部队训练层次明显提升，组织多种形式的实战化演练，已成为部队复杂电磁环境下训练的重要课题。

3) 训练的技术特征明显，内容不断更新

近年来，军队的信息化武器装备建设取得了瞩目的成就，信息化武器装备发展经历了由单机(站)装备向分专业对抗系统乃至综合对抗体系的发展历程，信息化武器装备的系统性和技术性不断增强。多数装备已具备了以计算机分析处理为主的系统整体控制功能，改变了以往以侦听为主、依赖人工判断、侦察干扰相对独立的作战模式。随着现有装备的技术水平不断提升，训练内容不断更新，对专业人员的理论基础和操作技能提出了更高的要求。部队人员不仅需要掌握电子对抗基本理论和装备操作技能，还需要掌握信号分析处理、数据库、网络等高新技术以及隐身技术和光电通信等高科技知识，部队训练的技术含量进一步增大，使得部队装备训练时间拉长，对受训人员提出了更高的要求。

4) 训练的对抗手段多样，强度显著提升

部队训练过程中，对抗性训练占据了非常重要的地位，体现在从单机、单站到整个系统对抗的各个层次，贯穿于部队训练的全过程。部队训练对抗手段多样，既包括模拟器材对抗训练，也包括实装对抗训练；既包括网络化、模拟化对抗训练，也包括实兵实装综合对抗训练。随着部队训练转型的日益深入，部队对抗训练的强度显著提升，日常训练中应综合利用各种模拟器材和部分实装，为部队单站训练与协同训练创造逼真的目标环境和电磁环境；在综合训练中应主动协调相关部队组织互为对手的对抗训练，在电子攻防的实际训练中完成综合训练内容；利用部队参与重大训练、演习活动时机，融入合成进行训练，提升部队在对抗条件下的综合作战能力。

2. 实战化训练复杂电磁环境构设

电磁环境是进行部队日常训练的重要环境条件之一，训练组织者的主要工作是构设满足训练需求的电磁环境，未来信息化战场的重要特征是战场复杂电磁环境，因此，无论合成部队还是军兵种部队，需要着眼于训练需求，构设部队实战化训练的电磁环境。

1) 部队专业技能训练的电磁环境构设

现代战场的信息化武器装备首先面临的就是复杂电磁环境，这些装备的操作运用技能需要训练加以提高。任何信息化武器装备的电子信息设备都会面临战场复杂电磁环境的威胁和影响，在部队专业技能训练活动中，需要构设满足需求的复杂电磁环境，例如，雷达操作员的技能训练需要构设雷达对抗侦察和雷达干扰环境；通信装备操作员的技能训练需要构设通信对抗侦察和通信干扰环境；电子对抗装备操作员的技能训练需要构设电子对抗目标环境和电磁毁伤等威胁环境。总之，部队专业技能训练的电磁环境构设以复杂度为依据，主要模拟构设对象是装备使命任务中描述的潜在对手电磁威胁环境，为提高装备操作技能而提供训练电磁环境条件。

2) 部队实兵演习的电磁环境构设

部队实兵演习是部队训练的最高形式，对于战场环境条件要求比较高，且都带有一定的作战背景。目前的实兵演习中，由于蓝军建设的滞后，战场环境条件的模拟也相对薄弱，往往蓝军和环境模拟区分不是很清晰。无论如何，实兵演习的电磁环境构设是信息化条件下，高技术战争演习的前提条件之一，在一定的作战背景下，需要逼真构设战场复杂电磁环境，尤其是电磁威胁环境。因此，部队实兵演习的电磁环境构设以逼真度为依据，模拟潜在对手的电磁威胁环境和电磁影响环境，营造贴近实战的战场环境，锤炼部队的作战能力。

2.4.3 复杂电磁环境作战支持应用

研究武器装备复杂电磁环境适应性试验和复杂电磁环境下部队实战化训练问题，最终目的是要寻求降低其对武器装备和作战行动影响的应对措施，提升电磁空间作战中应对复杂电磁环境的作战支持能力。围绕电磁空间战场制权目标，重点从战场电磁态势感知与分析、战场电磁频谱筹划与管理、电子防御组织与实施等方面研究战场电磁环境控制利用，形成对电磁空间作战的支持。

1. 战场电磁态势感知与分析

1）概念内涵

战场电磁态势是指在特定的时间内，两军作战空间中的战场电磁资源配置与双方电磁活动及其变化所形成的状态和形势。由此可见，战场电磁态势包含两部分内容：一是战场空间内电磁资源的配置，它是电磁环境的基础；二是双方电磁活动及其变化形成的形势，它是产生电磁环境复杂性的根本原因。当然，战场电磁态势还包括重要民用电磁活动、自然电磁辐射以及电磁波传播条件等信息，这些也是指挥员需要关注的战场电磁环境信息之一。战场电磁态势是对战场电磁环境全面反映的重要渠道，在战场电磁环境侦测的基础上，运用各种手段研究分析得出电磁资源配置及电磁活动与其变化所形成的状态和形势，为指挥员的指挥决策提供依据和支撑，战场电磁态势是电磁环境感知的最终目的。

2）战场电磁态势分析

电磁态势分析是指挥员及其指挥机构对战场电磁态势认识和判断的过程，也是组织筹划和组织实施联合作战的重要内容。对战场态势的分析判断是作战指挥的重要环节，也是指挥员形成作战决策与指挥作战行动的前提和基础。态势中的“态”是其外在的表现形态，而“势”则蕴藏着一种内在的力量，“任其势”从根本上讲就是利用和调动这种内在的力量，由“态”挖掘出“势”就是态势分析的本质。“观其态，察其势”，既是态势分析的过程，也是态势分析的目标，分析的结果就为指挥员“任其势”提供了依据。

作战中，电磁态势分析的主体是指挥员及其指挥机构。具体地说，电磁态势分析的核心是围绕对作战行动的影响分析判断电磁态势。电磁态势分析需要回答“敌方有什么电磁设备、系统？在哪里？当前和下一步可以发挥什么效能？对我方什么地区、什么单位的作战行动产生什么威胁？我方的电磁设备、系统能否如期发挥效能？”等问题，它是一个综合推理、比对、核实（印证）和预测的过程，分析人员需要以必要的知识为起点，综合多方面的信息，运用正确的方法，借助科学的手段，从全局上认识和把握电磁态势，分析电磁态势与其他战场态势之间的相互联系和影响，预测电磁态势演变趋势，得出符合客观实际的分析结论。

2. 战场电磁频谱筹划与管理

1) 概念内涵

电磁频谱管理是指军队领导机关和电磁频谱管理机构制定电磁频谱管理政策、制度，划分、规划、分配、指配频率和航天器轨道资源，以及对频率和轨道资源的使用情况进行监督、检查、协调、处理等活动的统称。

从理论上而言，电磁频谱管理包括对无线电、红外线、可见光、紫外线、X 射线、伽马射线等进行频谱管理。电磁频谱中，无线电频谱的使用与国家和军队活动密切相关，且容易产生相互干扰，对国家和军队活动产生重大影响，目前世界各国和军队所称的电磁频谱管理或无线电管理主要是对无线电频谱的管理，可以说无线电频谱管理是电磁频谱管理的主要内容。信息时代，频谱已渗透到军队建设和作战的方方面面，成为军事信息系统、主战武器系统、信息化支撑环境的主要依托。电磁频谱管理已从以通信、导航频率为主拓展到以武器系统为重点的全频域、全时域、全空域的管理。

电磁频谱管理涉及众多的任务和内容，按电磁频谱管理规定，主要包括频谱资源管理，用频装备设备科研、采购的电磁频谱管理，用频台站(阵地)部署、运用的电磁频谱管理，航天器使用频率和轨道资源管理，辐射电磁波的非用频设备的电磁频谱管理，电磁频谱监测、探测与干扰查处，电磁频谱检测，电磁频谱管制，涉外电磁频谱管理等内容。

2) 战场电磁频谱管理

战场电磁频谱管理通常应满足“统筹频谱资源、全力确保重点、预案保障为主、军民联合管控”的要求，努力抓好以下五项主要工作，确保实现对作战全程和重要关节的有效管控，以及作战指挥行动顺畅和武器装备效能发挥。

一是科学筹划用频保障，周密组织用频协同。科学分配、指配参战部队各种用频设备的使用频率，避免在作战运用中因相互干扰而影响其作战效能发挥，是战场频谱管理部门的中心任务，也是首要的电磁频谱管理内容。

二是严密监控电磁环境，适时发布电磁态势。战场电磁态势是对战场电磁环境的直观描述和反映，它不同于反映敌我双方作战进展情况的作战态势，电磁态势要反映的电磁频谱情况是无形的，敌我是重叠、交织在一起的。在信息化条件下，战场电磁态势如同作战态势一样，已成为作战指挥员分析研究情况、定下作战决心时的重要参考和依据。电磁态势反映的是作战地域的电磁环境情况，因此，掌握和发布战场电磁态势就成为电磁频谱管理部门战时的重要任务之一。

三是依据作战频管需求，组织频管国防动员。电磁频谱的开放性和共用性特征决定了动员民用资源保障作战的极端重要性，特别是在当前我军频谱管理手段和力量十分薄弱的情况下，构建军民一体的频谱管控体系显得尤为必要。

四是实施战场频谱管制，确保指挥控制顺畅。组织实施战场电磁频谱管制是解决军地之间、军队内部之间的武器装备设备用频冲突，改善战场电磁环境，确保联合作战指挥和武器控制顺畅的有效途径。联合作战中，战场电磁频谱管制采取“军民联合，以民为主”的方式组织实施。

五是军民联管用频秩序，及时查处突发干扰。联合作战中，维护战场用频秩序，及时查处突发干扰，是战场电磁频谱管控的一项重要任务，也是频管部(分)队遂行保障的主要行动。战时突发干扰可能产生于自扰、互扰或敌扰，其中敌扰影响最大，情况最复杂。未来联合作战中，敌方可能通过潜伏人员、派遣特种作战力量、采取临时布设等多种方式，对我方指挥所、机场、导弹和技侦阵地实施电磁干扰，必将对我方联合作战行动和用频设备效能发挥产生重大影响。因此，临机处置突发电磁干扰必须以敌扰为重点，兼顾作战任务变更、违规用频、擅自改变频谱参数等引发的自扰、互扰。

处置突发电磁干扰事件，应按照“抵近配置，准确判断、明确责权、有效处置”的原则进行。战时，将频谱管理力量配置于我方重要军事设施附近，确保遇有电磁干扰时能及时发现、快速处置。对主战武器装备使用的重点频段进行全时监测和甄别，及时将敌方电磁干扰情况通报给指挥中心，采取远摧近查等措施予以消除。

3. 电子防御组织与实施

1) 概念内涵

电子防御为保护己方电子信息设备、系统、网络及相关武器系统或人员作战效能的正常发挥而采取的措施与行动的统称，包括反电子侦察、反电子干扰、反目标隐身、抗电子摧毁和组织战场电磁兼容等。

对电子防御内涵的理解主要应把握以下三个方面。

一是电子防御只限于应对对方的电子侦察和电子进攻。如果对方不是电子侦察或电子进攻，那么采取的措施就不能称为电子防御。举个例子，作战中一方派出特战人员，把对方的炮位侦察校射雷达炸毁了，对方的雷达站守护分队保护这部雷达的行为算不算电子防御呢？答案为不是，因为它应对的是敌方的特种火力袭击，不是电子侦察或电子进攻。

二是电子防御防护的对象是己方的电子信息设备和系统。己方的电子信息设备和系统不包括如坦克、飞机等作战平台和阵地设施。例如，飞机发射的干扰弹虽然是电子手段，但是防护的对象不是电子信息设备和系统，而是飞机作战平台，因此也不是电子防御。

三是电子防御的根本目的是保持和发挥战斗力。从电子防御的概念来看，电子防御的直接目的是“保护己方电子信息设备、系统、网络及相关武器系统或人员作战效能的正常发挥”，而在信息化战场上，战斗力的形成和发挥越来越依赖于电子信息设备和系统，那么通过电子防御，我方电子信息设备和系统的性能发挥不受影响，也就保证了我方战斗力的稳定发挥，所以说电子防御的根本目的是保持和发挥战斗力。

未来信息化条件下的战场电磁环境必然是复杂的，电子防御是应对复杂电磁环境作战行动筹划与组织实施中不可或缺的一部分。为了做好电子防御，要重视电磁威胁分析预警和战场电磁兼容评估。

2) 电磁威胁分析预警

考虑到复杂电磁环境威胁认知是包括环境感知、威胁度量和威胁规避在内的全过程，构建基于信息表示、度量与利用的复杂电磁环境威胁认知方法体系，如图 2-13 所示。

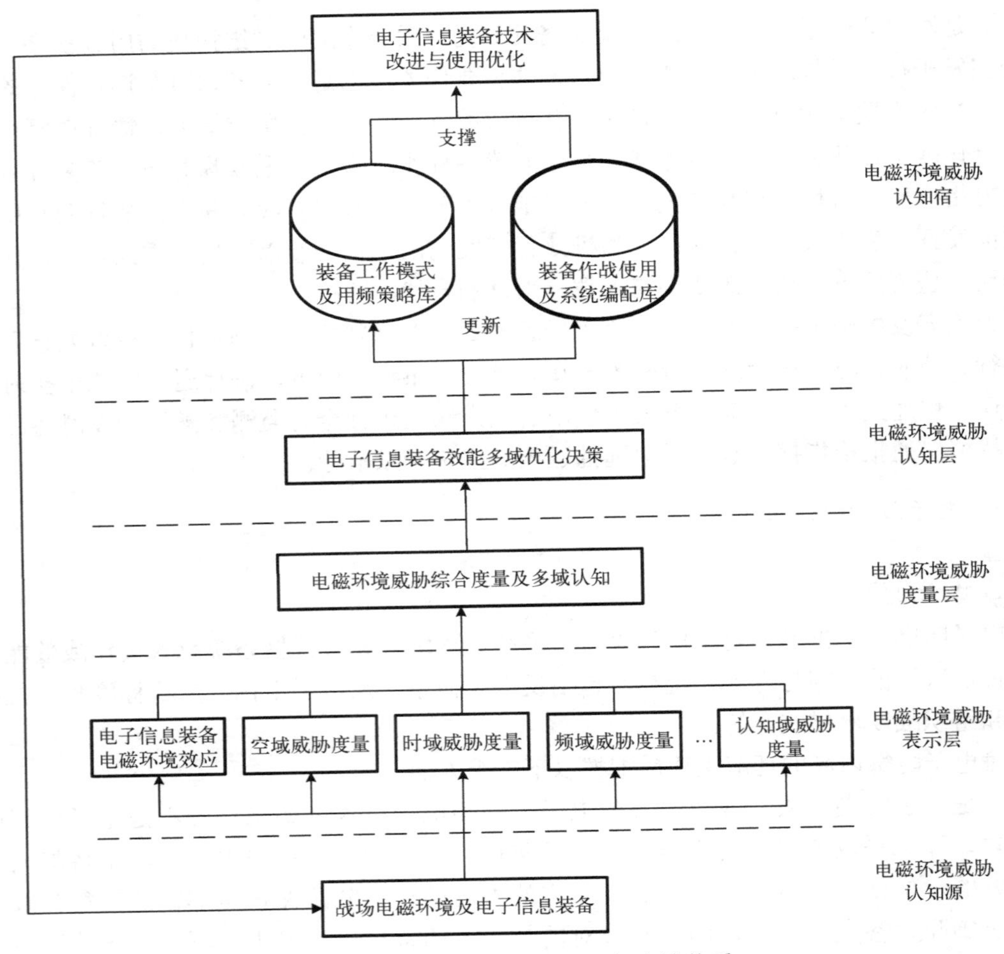

图 2-13　复杂电磁环境威胁认知方法体系

威胁性是复杂电磁环境的最本质特征。在上述方法体系中，电磁环境威胁信息表示是基础，电磁环境威胁度量是核心，威胁信息利用是落脚点，旨在从复杂电磁环境最本质的描述中提炼出可供装备运用和作战筹划的有用信息，通常表现为装备部署优化、作战时机选择、战场电磁频谱管理等形式，需要强调的是这个过程是个循环往复的过程。电磁环境威胁信息利用理论解决复杂电磁环境下信息化装备运用和作战行动决策的问题，实现复杂电磁环境下信息化装备效能最大化和基于信息系统的体系作战能力跃升。

结合电磁威胁的来源、对象，考虑到电磁威胁实际发生，并产生作用的机理和结果，将电磁威胁分析预警具体分为监控性威胁分析预警、降效性威胁分析预警和毁伤性威胁分析预警。监控性威胁分析预警主要分析敌方对我方电子信息设备、系统、网络及相关武器系统或人员的空间位置、运动状态和电磁特征实施的电子侦察、预警探测手段的威胁；降效性威胁分析预警主要分析敌方对我方电子信息设备、系统、网络及相关武器系统实施的压制式和欺骗式干扰手段的威胁；毁伤性威胁分析预警主要分析敌方反辐射武器等精确制导武器和强激光、高能微波武器对我方电子信息设备、系统、网络及相关武器系统或人员所带来的战场生存威胁。以威胁度为指标，度量受体具体面临的电磁威胁，既反映了电磁环境对用频装备作战效能发挥的影响程度，也为战场电磁态势的预测评估提供了技术支撑。

3）战场电磁兼容评估

由于影响己方电子信息设备、系统、网络及相关武器系统或人员作战效能变化的因素除了包括敌方的各种威胁手段外，还涉及己方设备、系统之间的自扰和互扰，因此，需要考虑己方作战体系中武器系统间的电磁兼容。虽然武器系统在设计生产过程中经测试和评估已确定其满足相应的 EMC 要求，保证其内部具有良好的电磁兼容性能，但是战场上各种密集分布的武器装备为了达成预定的作战目的，在集中使用时，各分系统和设备的组成种类、配备数量及布置结构等系统特征与设计、生产过程时考虑的 EMC 分析条件相比必然会发生一些变化，这些变化将不可避免地影响整体武器系统的电磁兼容性，并可能导致系统中某些分系统之间、分系统与设备之间、设备与设备之间形成严重的电磁干扰，或者与联合行动的友邻部队武器系统之间形成严重的电磁干扰，对这些电磁干扰进行兼容预测评估对于研究如何正常发挥己方武器系统作战效能是十分必要的。

战场电磁兼容是指在战场电磁环境下，己方各种用频设备产生的电磁辐射不影响己方装备的正常工作的共存状态，即要求同一电磁环境中各装备和各分系统既能够正常工作，并不受其他装备的干扰，又不对其他装备产生干扰。战场电磁兼容是针对作战一方而言的，作战双方之间不可能实现电磁兼容，作战时进攻方最大限度地让己方的干扰设备与对方的信息化武器装备不兼容。

战场电磁兼容性不同于系统间电磁兼容性，主要表现在：一是两者关注的对象不同。战场电磁兼容性关注的对象是己方的作战装备，而系统间电磁兼容性关注的是整个战场上的作战装备，包括己方和对方双方的作战装备。二是两者研究的内容不同。系统间电磁兼容性研究的是系统与系统之间的电磁兼容，战场电磁兼容性研究的是作战装备之间及其与战场电磁环境之间的电磁兼容，是从电磁兼容的角度研究作战任务达到完成程度所必需的前提和条件。体系对抗条件下的作战装备作为一个系统通常可以包括几个分系统，也可作为一个更大的系统里面的一个分系统。当系统间电磁兼容性研究的对象只考虑单方作战装备或由其组成的大系统时，系统间电磁兼容性等同于战场电磁兼容性；而当系统间电磁兼容性研究的对象是双方的作战装备时，战场电磁兼容性包含于系统间电磁兼容性。

战场电磁兼容是武器系统间、体系间的电磁兼容，关注的是针对限定空间内系统与系统之间的电磁兼容。从应用的角度可以将战场电磁兼容划分为点空间电磁兼容、线空间电磁兼容和面空间电磁兼容，如图 2-14 所示。

点空间电磁兼容是部署在一定战场空间内某一点空间的电子装备面临的电磁兼容状态以及战场空间内任意预部署（即将部署）点空间的电磁兼容状态；线空间电磁兼容是随着运载平台按照线性轨迹运动或部队机动过程中的电子装备所面临的战场电磁兼容状态以及战场空间内重要线性地域的电磁兼容状态；面空间电磁兼容是战场空间内某面状地域中部署的所有电子装备面临的电磁兼容状态。

衡量单个干扰发射机和单个接收机之间是否存在潜在干扰，可通过将接收机输入端的有效干扰功率与敏感度门限相比较来确定。

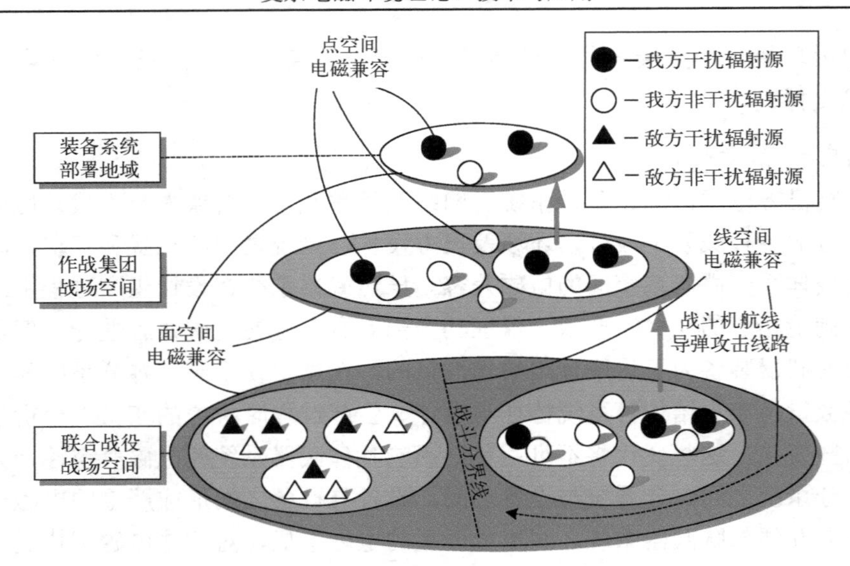

图 2-14　按战场空间范围划分战场电磁兼容示意图

在敏感设备处的有效干扰功率 P_I 为

$$P_I(f,t,d,p) = P_T(f,t) - L(f,t,d,p) \tag{2-8}$$

式中，P_I 是频率 f、时间 t、间距 d 和收发天线的相对方向 p 的函数(dBm)；P_T 是发射机输出的干扰功率(dBm)；L 是发射机与接收机之间的传播损耗(dB)。

假设发射机的发射功率等效在中心频率点上，并被接收机接收。为了确定一个系统的电磁兼容性，即确定是否存在潜在干扰，引入一个干扰余量(Interference Margin，IM)参数来描述。它用潜在干扰源的干扰有效功率与敏感设备敏感度门限相比较来表示。

$$\text{IM}(f,t,d,p) = P_I(f,t,d,p) - P_S(f,t) \tag{2-9}$$

式中，P_S 为在响应频率 f_R 时接收机敏感度门限(dBm)，当 $P_I < P_S$，$\text{IM} < 0$ 时，表示存在兼容状态；当 $P_I > P_S$，$\text{IM} > 0$ 时，表示存在潜在干扰；当 $P_I \approx P_S$，$\text{IM} \approx 0$ 时，表示存在临界状态。

第 3 章 复杂电磁环境效应理论

随着微电子技术、光电技术、计算机技术等信息技术在武器装备中的广泛应用，现代武器装备日益呈现出信息化和电磁敏感化特点。信息化武器装备催生了现代战场复杂电磁环境，同时，战场复杂多变的电磁环境又反过来制约武器装备效能的发挥，威胁武器装备的生存，乃至影响作战行动的成败。研究复杂电磁环境效应问题，归根到底就是研究复杂电磁环境在信息化战争中作用规律的问题。因此，基于信息化武器装备在现代战场复杂电磁环境下呈现出来的电磁依赖性和电磁敏感化等显著特征，分析电磁环境效应概念内涵及作用机理，深入研究复杂电磁环境对信息化武器装备和典型作战行动的影响，探索和把握复杂电磁环境下信息化武器装备的运用规律，采取有效措施趋利避害，对打赢未来信息化战争具有重要的意义。

3.1 复杂电磁环境效应概念内涵及作用机理

3.1.1 电磁环境效应概念内涵

纵观电磁环境效应研究的历史，以美国和俄罗斯的研究最为典型。美国在该领域的研究最早，研究的系统性和连续性最强，也是各国研究电磁环境效应问题的一个重要参考。俄罗斯在此领域的研究起步也很早，特别是在核电磁脉冲武器、非核电磁脉冲武器及电磁防护方面的研究范围很广，成果也较多。在跟踪外军电磁环境效应研究历史和概念演化的基础上，参考国内相关文献资料对电磁环境效应的概念定义，从狭义和广义两个层面对电磁环境效应的概念内涵进行剖析。

1. 狭义的电磁环境效应

从狭义的层面去理解，电磁环境效应是指电磁环境在战技层面上对武器装备、电气电子系统(分系统)、人员、电发火装置和燃油等的安全性和可靠性的作用与危害。例如，大功率干扰机的使用能够使作战对手和己方未管控好的某些用频设备受到干扰；电磁炸弹攻击能够使战场局部的电子系统瘫痪；雷击闪电能够对电气电子系统造成干扰和破坏；在大功率雷达附近的加油作业可能导致燃油事故，等等。统观相关文献资料，可以看出，电磁环境效应的内涵基本上是一致的，主要界定为电磁环境对各种对象功能的作用结果，这也反映了目前大众对电磁环境效应的基本认识。

在电磁环境效应的一般认识中，没有考虑到电磁环境的生物效应因素，例如，“电磁环境对电气电子系统、设备、装置的运行能力的影响”可以被理解为不包括其对于生物体的影响。事实上，射频无论对于人员安全还是对于易挥发物质的安全，其危害都是不容忽视的，它们也都是构成电磁环境效应的基本要素。电磁辐射危害指的是在某一场所中，强电磁辐射对人员、武器装备和器材等所造成的损害，通常包括人体不良反应、电引爆装置的误触发、挥发性易燃品的燃烧、安全关键电路的故障等。因此，电磁环境效应包括电磁环境的生物效应。

另外，美军定义的电磁环境效应概念内涵是指电磁环境对军队、设备、系统和平台作战能力产生的影响。从美军对电磁环境效应定义的概念内涵可看出，美军对电磁环境效应的考虑不是只局限于具体的系统、设备和平台等局部或单个对象，而是整体考虑电磁环境对军事行动和军队作战能力的全局影响。而国内对电磁环境效应概念内涵的定义主要还是指电磁环境对电气电子系统、设备、装置的运行能力的影响。相比之下，美军对电磁环境效应概念内涵认识的起点和层次要高一些，我军对电磁环境效应概念内涵的认识还主要侧重于对具体系统、设备、装置和人员的影响。尽管电磁环境事实上都是通过具体的作用对象来影响军事行动的，但是从概念内涵里反映出美军已经在军队作战能力的宏观层面上来衡量电磁环境效应。从这一角度来说，美军对电磁环境效应定义的概念内涵在其军事应用方面有着更深层次的含义。

2. 广义的电磁环境效应

从广义上理解，电磁环境效应就是指电磁环境对军事行动中所有相关因素作用和影响的结果，其本质是电磁能量对军事行动的作用效果。广义地说，电磁环境效应就是电磁环境对军队作战能力的影响。当电磁环境效应在某个军事行动中的影响程度超出了战技层面时，往往要从其广义的角度去理解。例如，定向能武器攻击可能导致作战对手 C^4ISR 系统的瘫痪，从而使得作战进程发生决定性的转变，甚至影响到战争的结局。又如，高空核爆电磁脉冲由于其巨大的破坏能力，能够使得在数千千米范围内的军用民用电气电子系统瘫痪，引起巨大的社会反应。这样的结果就是战略层面的效应问题，就必须从广义的层面去理解。

从军事应用角度来讲，由于电磁环境效应对于军事行动影响的广泛性，它不仅仅涉及武器装备的发展战略，还对军事理论的研究、联合作战的战法研究、指挥控制方式的研究、军事行动的决策，以及部队作战行动、训练组织和装备保障等各方面都带来影响。现代战场的电磁环境效应内容如图 3-1 所示。图中的电磁环境效应内容可以从以下几个方面理解。

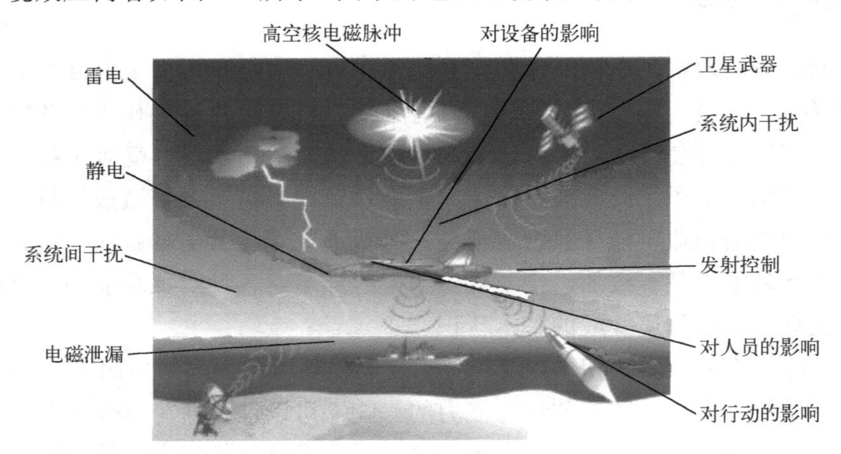

图 3-1　现代战场的电磁环境效应内容

1) 电磁环境效应产生源头

电磁环境效应产生源头包括自然电磁辐射、敌方电子摧毁、敌方电子干扰和己方自扰互扰四类。其中，自然电磁辐射的影响即雷电与静电等自然电磁辐射对武器装备效能和作战行动效果的影响；敌方电子摧毁即敌方可能采用的定向能武器与电磁脉冲武器等电子摧毁手段对武器装备效能和作战行动效果带来的影响；敌方电子干扰即敌方采用的电子干扰行动，包括有源干扰和无源干扰等干扰方式，以及压制式干扰和欺骗式干扰等干扰样式，对己方武器装备效能和作战行动效果带来的影响；己方自扰互扰主要是己方各种用频装备在同一作战区域所产生的无意干扰，在相对狭小的作战区域内，多个型号、上万部用频装备若部署不当、协同不力，势必产生自扰互扰。

2) 电磁环境效应作用对象

电磁环境是通过具体的作用对象来影响军事行动效果的，这些作用对象可以是人员、物质、平台、系统、设备和装置等局部或单个对象。当从军事应用的角度考察电磁环境效应时，其焦点不能仅仅只局限于具体的装备系统、设备和平台等局部或单个对象，而要从影响整个作战行动的环节来进行衡量，将如侦察预警、指挥控制、火力打击和生存防护等基本作战要素作为电磁环境效应的作用对象加以衡量，评估情报质量、指挥效率、打击精度和防护效果等指标的受影响程度，因此从军事应用角度理解电磁环境效应具有更深层次的含义。

3) 电磁环境效应影响程度

从电磁环境效应产生的实际影响看，广义电磁环境效应的影响程度可以区分为器件物理损毁、装备效能降低和行动效果下降三个层级。其中，器件物理损毁指的是受电磁环境高功率威胁信号作用，电子设备的敏感部件损伤或损毁，永久不能恢复工作的电磁环境效应；装备效能降低指的是受电磁环境影响，信息化武器装备的作战效能降低，完成基本作战任务的能力下降甚至完全丧失的电磁环境效应；行动效果下降指的是在战场复杂电磁环境的综合影响下，信息化武器装备的作战效能降低，对基本作战行动的支撑作用下降，最终导致侦察预警、指挥控制、火力打击和生存防护等典型作战行动效果受到间接影响，从而使达成既定作战目标的能力降低，产生难以估量的负面影响的电磁环境综合效应。

广义的电磁环境效应概念内涵如图 3-2 所示。

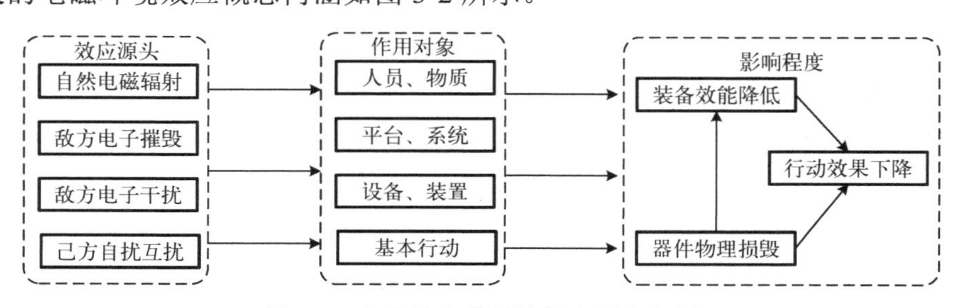

图 3-2　广义的电磁环境效应概念内涵

3.1.2　复杂电磁环境效应作用机理

信息化武器装备的核心是电子信息设备和综合信息系统，它们往往是通过辐射和接收电磁波进行工作的，电磁波作为信息化武器装备的“神经”和“脉络”，是信息的最大载体，成为现代战场重要的元素。正因为信息化武器装备的大量运用，战场电磁信号出现“爆炸性”的增长，从而造成战场电磁信号在空间上交错重叠，在时间上动态冲突，在频谱上拥挤碰撞，在能量上变化起伏，在样式上复合多变，导致战场电磁环境日趋复杂。复杂的电磁环境又对上述电子信息设备或综合信息系统产生较为直接的影响。

电磁环境效应意味着电磁环境对信息化武器装备的影响，而这种影响来源于电磁环境对其电子信息设备的电磁干扰。电磁干扰不等同于电子干扰，电磁干扰的表达范围更广，它包括通常电子对抗中的电子干扰。电磁干扰来源于电磁环境中的电磁干扰源，电磁干扰源辐射的电磁信号经某种传播途径传输至用频装备(敏感设备)，电子信息设备又对此表现出某种形式的“响应”，并产生干扰的“效果”，这个作用过程及机理即是电磁环境效应的作用机理。

电磁环境效应现象普遍存在，但可能形式各异。例如，在雷达对抗侦察接收机附近，有一部大功率的雷达在正常战备值班，由于距离近，各种散射信号以及各种谐波信号都会进入侦察接收机，结果就会产生多方位、多频点的虚假雷达回波信号。由此可见，产生电磁环境效应的电磁干扰(EMI)三要素是电磁干扰源、耦合途径和敏感设备(图 3-3)。电磁干扰源是指电磁环境中产生电磁干扰的任何元件、器件、设备、系统或自然现象；耦合途径(或称传输通道)是指将电磁干扰能量传输到受干扰设备的通道或媒介；敏感设备是指受到电磁干扰影响，或者说对电磁干扰发生响应的设备。

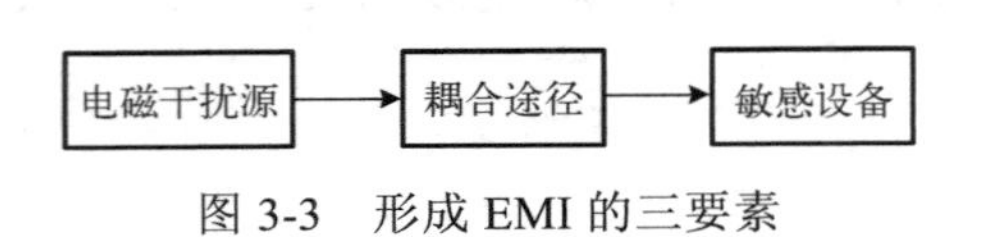

图 3-3　形成 EMI 的三要素

电磁环境对于信息化武器装备的作用机理比较复杂。例如，电磁现象产生的热效应可以使武器系统中的微电子器件、电磁敏感电路过热，造成局部热损伤，导致系统性能下降或失效，甚至成为点火源和引爆源；电磁辐射引起的射频干扰造成电子信息系统功能降低或失效；闪电、强电磁脉冲引起的强电流“浪涌”、强电场、强磁场等都会对信息化武器装备的电子信息系统造成软、硬损伤。

1. 复杂电磁环境的耦合机理

1) 前门耦合

前门耦合是指能量通过目标上的天线、传输线等介质线性耦合到其接收系统，以影响或破坏其前端电子设备的正常工作，或使其过载而失效。天线耦合是前门耦合的典型模式。天线耦合只需利用 0.01～1μW/cm^2 的弱微波能量，就可冲击和触发电子系统产生假的干扰信号，干扰雷达、通信、导航等带有天线的电子设备的正常工作，或使其过载而失效。

当天线的尺寸与波长相比拟或为多个波长时，利用等效天线孔径来分析将是一种行之有效的近似方法。常规的天线如对数周期天线、菱形天线、抛物面天线和喇叭天线均属此类。对于每一个天线都有一个有效面积，其大小为

$$A_e(\omega)=\frac{\lambda^2 G(\omega)}{4\pi}=\frac{\pi\cdot c^2\cdot G(\omega)}{\omega^2} \tag{3-1}$$

式中，λ 是波长；ω 是角频率；c 为天线尺寸；$G(\omega)$ 是天线增益，假设它已考虑了天线与负载的匹配损耗。

而入射波的瞬时功率密度为

$$w(t)=\frac{E(t)^2}{\eta_0}=\eta_0\cdot H(t)^2 \tag{3-2}$$

式中，η_0 是自由空间波阻抗，将式(3-2)进行 Fourier 变换到频域，则天线耦合的功率为

$$W(\omega)=A_e(\omega)\cdot w(\omega) \tag{3-3}$$

天线耦合的能量为

$$J=\int_a^b A_e(\omega)\cdot w(\omega)\cdot \mathrm{d}\omega \tag{3-4}$$

$[a,b]$为天线或入射信号的频率范围。

2) 后门耦合

后门耦合是指能量通过目标上的缝隙或者孔洞耦合进入系统，干扰其电子设备，使其不能正常工作或烧毁电子设备中的微电子器件和电路。后门耦合包括孔洞与缝隙耦合、传输电缆耦合和传导耦合。

(1) 孔洞与缝隙耦合。

在实际情况中经常会遇到不完整的屏蔽，例如，电子设备机房的窗户、门或电子系统的屏蔽机壳存在孔洞、缝隙、电缆孔、通风口等。这样电磁波会通过这些缝隙、孔洞泄漏进去，破坏屏蔽的完整性。在一定条件下，设备中的任何小孔，其作用非常像微波谐振腔中的缝隙，使得微波辐射可以直接激励或进入谐振腔。微波辐射将在设备内形成空间驻波波形。位于驻波波形内波腹处的部件可能将暴露在很强的电磁场中。当耦合进入电子系统的微波能量较少时，可干扰其电子设备，使电路功能产生混乱、出现误码、信息传输中断、抹掉记忆信息等。

当缝隙与孔洞尺寸远大于波长时，一般认为电磁波可以直接通过。下面主要分析缝隙尺寸小于波长的情况。度量孔隙耦合的大小或影响通常有两个参数。

一个参数是孔隙的传输系数 T，其定义为通过孔隙传输的功率和入射孔隙的功率之比，即

$$T=\frac{\mathrm{Re}\iint_S \boldsymbol{E}^t\times\boldsymbol{H}^{t*}\cdot\mathrm{d}s}{\mathrm{Re}\iint_S \boldsymbol{E}^i\times\boldsymbol{H}^{i*}\cdot\mathrm{d}s}=\frac{P_t}{P_i} \tag{3-5}$$

式中，S 是孔隙的面积，$\boldsymbol{E}^t$ 是通过孔隙功率；$\boldsymbol{H}^t$、$\boldsymbol{H}^i$ 是孔隙形状；$\boldsymbol{E}^i$ 是入射功率；T 的大小同时依赖于源的本质和孔隙的几何形状。

另一个参数是透过孔隙的电磁场的衍射图，衍射图分为菲涅耳衍射图与夫琅禾费衍射图，其中大于波长和孔隙线度距离上的场图——夫琅禾费衍射图最有实际意义。

①屏蔽层厚度可以忽略的情况。

在厚度可以忽略，也不考虑其他屏蔽外壳影响的情况下，通常缝隙的耦合可以从理论上给出近似分析结果。孔隙的耦合(衍射)可以用等效原理表达。

在 $z>0$ 时，空间耦合的电场表示为

$$\boldsymbol{E}(\boldsymbol{r})=\nabla\times\int_S\frac{\boldsymbol{n}\times\boldsymbol{E}(\boldsymbol{r}')}{2\pi|\boldsymbol{r}-\boldsymbol{r}'|}\cdot \mathrm{e}^{-\mathrm{j}k|\boldsymbol{r}-\boldsymbol{r}'|}\cdot \mathrm{d}s' \tag{3-6}$$

一般孔隙面上给出电场的大小，即可由式(3-6)计算出衍射场图。

②屏蔽层厚度不可以忽略的情况。

当屏蔽层厚度与波长相比拟时，其耦合特性就不能用一薄板来等效。它不仅存在散射损耗，还存在透过缝隙的传播损耗。传播损耗一般可采用近似方法来估算。其方法是将图 3-4 所示的缝隙与小孔等效长度为 t 的一段截止波导，其传输因子为 $\mathrm{e}^{-\gamma t}$ 。

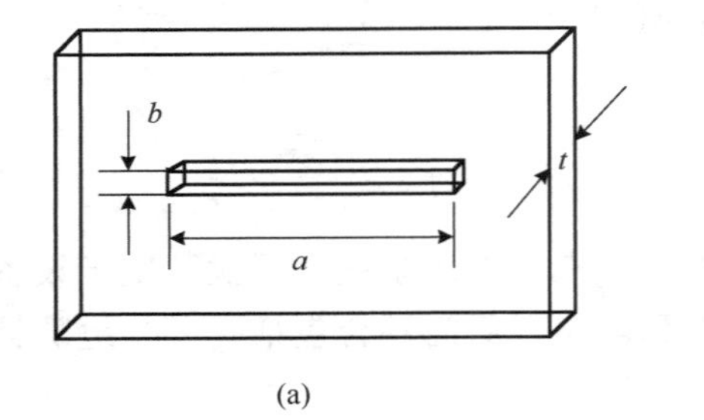

(a)

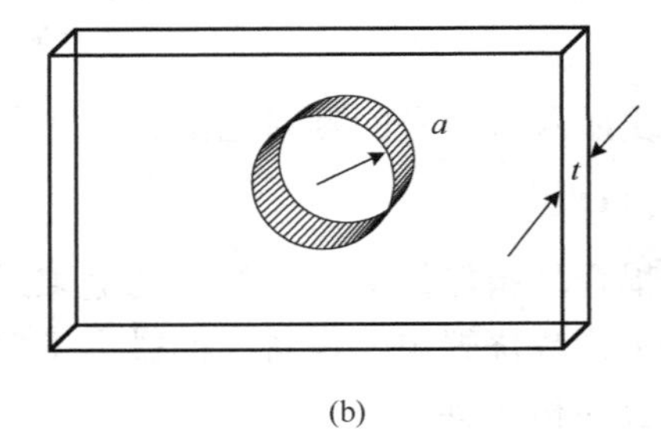

(b)

图 3-4　孔隙电磁波耦合示意图

对于图 3-4(a)的缝隙，可等效为矩形波导，其 γ 值为

$$\gamma=\sqrt{-\omega^2\mu_0\varepsilon_0+\left(\frac{m\pi}{a}\right)^2+\left(\frac{n\pi}{b}\right)^2} \tag{3-7}$$

考虑其传播损耗一般是以衰减最小的截止模来计算的，此时 $\gamma\approx\pi/a$ 。由此得到通过缝隙传输的场值损耗为

$$A=\mathrm{e}^{\frac{\pi t}{a}}=27.3\left(\frac{t}{a}\right)\ (\mathrm{dB}) \tag{3-8}$$

对于图 3-4(b)的小孔，可等效为圆波导，此时 $\gamma\approx u_{11}'/a=1.841/a$ 。所以通过缝隙传输的场值损耗为

$$A=\mathrm{e}^{\frac{1.841t}{a}}=16t/a\ \ (\mathrm{dB}) \tag{3-9}$$

上面只是给出一般分析与工程考虑的近似方法，严格的耦合分析要通过数值方法来求解。特别是孔隙后面是腔体，同时激励的又是宽带电磁脉冲时，分析将更为复杂。但随着近年来电磁场数值分析技术的发展以及计算机计算速度的加快，可以直接使用非常成熟的方法，如矩量法、有限元法、模匹配法等，特别是时域有限差分法(FDTD)为电磁脉冲激励的直接时域分析提供了非常便利的条件。

(2) 传输电缆耦合。

在以电能为动力或用电子控制的所有系统中，电缆都有十分重要的作用。用电缆向系统输送电能，用电缆传递指挥、控制和描述系统状态的信息。一般电子系统中对外连接的电缆主要有电源电缆、电话电缆、信号电缆以及系统接地电缆。

对于屏蔽不够好的地面系统来说，这些长电缆通常会成为引进干扰的主要途径。飞机、导弹和建筑物内部的电缆以及建筑物之间、可移动设备之间的连接电缆都对系统的特性产生重要影响。这些电缆可能并不是很长，也可能并不直接受外界电磁场的作用，但也会成为感应电流及电压通向敏感电路区的传播途径。大多数的电子设备都有封闭的金属机壳，由于金属机壳有相当好的静电屏蔽作用，若没有连接电缆，电子设备就不会受外界电磁场的影响。可是一旦有了连接电缆，金属机壳外的强感应信号就被引进设备的内电路中。

不管在什么情况下，计算电缆耦合影响的重要步骤都是要确定作用于电缆上的场的大小。连接电缆一般分为架空电缆与地埋电缆两种情况。电缆形式又分为屏蔽与非屏蔽两种，由于对于高频信号来说，长电缆耦合传输时的衰减很快，因此电缆耦合影响最大的是低频信号。下面主要针对低频信号进行分析。

①电磁波对架空电缆的耦合。

为了简化电缆与电磁波相互作用的分析，电缆一般采用有分布源的传输线来表达。对于架空传输线来讲，它受到入射电场与地面反射场的合成场的作用，如图 3-5 所示。

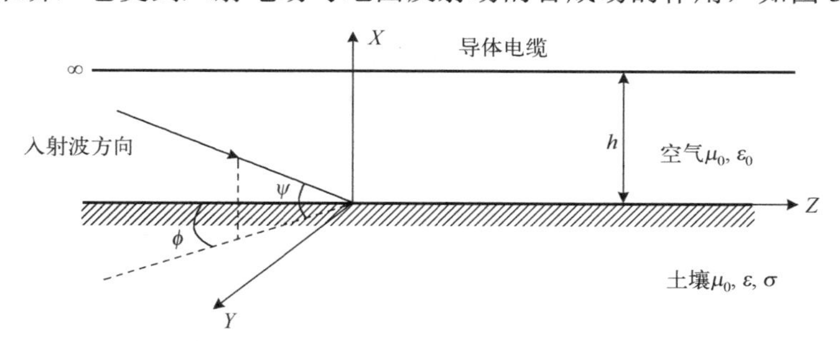

图 3-5 电磁波与电缆作用的坐标结构

②电磁波对地埋电缆的耦合。

当 EMI 到达地面时，若大地不是理想反射体，电磁波将穿入大地，埋在地下的电缆将感应产生电流。对于地埋电缆，其结构图同图 3-5，只是将导体电缆放入地下。在频率不是很高的情况下，电磁波的趋肤深度将大于电缆的深度 h，同样会产生较大的电磁耦合。

(3) 传导耦合。

不论辐射耦合还是传导耦合，EMI 最后往往是通过传导耦合进入电子系统或元件的。

传导耦合是指电磁能量除以空间辐射之外，以电压、电流或某种近场形式，通过金属导体或集总元件直接耦合进入电子系统。传导耦合包括直接传导耦合和转移阻抗耦合。

①直接传导耦合。

直接传导耦合包括电导性耦合、电感性耦合与电容性耦合。

在没有电抗元件介入的情况下，电导性耦合是主要的直接传导耦合方式。电导性耦合发生在各种电流路径中。它包括电源线、控制及辅助设备的电缆线和各种形式的接地回路。

图 3-6 说明了由一共用回路阻抗引起的电导性耦合。R 是导线的等效内阻，R 的存在使得回路 1 与回路 2 之间产生耦合，即回路 1 受到的干扰必然进入回路 2，反之亦然。这也就是通常要求接地线要接于一点的原因。

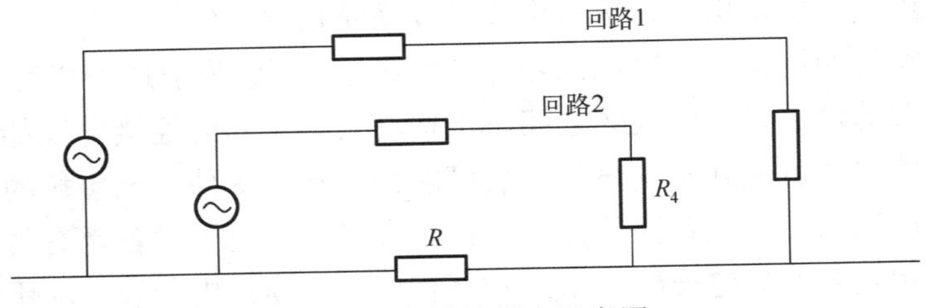

图 3-6　电导性耦合示意图

电感性耦合发生在两个回路之间。当两个回路很靠近时，电感性耦合相当于变压器的作用，一个回路的磁通量发生变化必然在另一个回路产生感应电流。从干扰的观点而言，常规变压器铁心的高频损耗较大，起到干扰抑制作用。而平行导线间的高频耦合则较为严重。如图 3-7 所示，当 L 与信号波长相比较小时，回路 2 上感应的电压为

$$V_2 = M\frac{\mathrm{d}I_1}{\mathrm{d}t} \tag{3-10}$$

式中，M 表示回路上下平行导线之间的互感，其大小为

$$M = \frac{\mu_0 L}{2\pi}\ln\left[\frac{(h_1+h_2)^2+d_{12}^2}{(h_1-h_2)^2+d_{12}^2}\right] \tag{3-11}$$

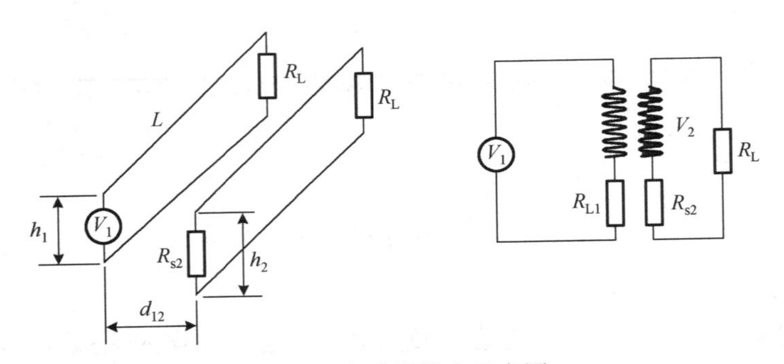

图 3-7　电感性耦合示意图

两导线之间的电容性耦合和电感性耦合往往同时存在，但对于低频、大电流情况，电感性耦合是主要的，而对于高频、小电流情况，电容性耦合是主要的。对于线长远小于波长的情况，电容性耦合如图 3-8 所示，假设导线的半径为 d，则耦合电容大小为

$$C = \frac{\pi\varepsilon_0 L}{\ln\dfrac{d_{12}+\sqrt{d_{12}^2-d^2}}{d}} \tag{3-12}$$

②转移阻抗耦合。

为了减小电磁波对连接电缆导体的直接耦合，电缆(也包括长距离地下通信电缆)通常都带有屏蔽层。于是绝大部分的直接耦合电流只流过屏蔽层，而不流过在屏蔽体内传输信号用

的导体。虽然采用了屏蔽电缆，但是在屏蔽体内的导体上还是有可能感应出不容忽视的较大的感应电流。此外，用来连接设备部件或子系统的软电缆的屏蔽作用通常都随频率的增高而变差。所以，尽管在屏蔽体内的导体上的感应电流比电缆屏蔽层和电力线上的主体感应电流要小，但仍有必要对它加以估算，因为它直接对信号形成干扰。这种估算常采用转移阻抗的方法。转移阻抗耦合实际上也是电感性耦合。屏蔽电缆的转移阻抗的定义为

$$Z_T = \frac{1}{I_0}\frac{\mathrm{d}V}{\mathrm{d}z}\bigg|_{I=0} \tag{3-13}$$

式中，I_0 表示电缆芯线上流过的电流；$\mathrm{d}V/\mathrm{d}z$ 表示由该电流在传输线单位长度上所形成的电压，即场强。转移阻抗表示 1m 的电缆中由 1A 的芯线电流在内导体与外导体间所形成的开路电压。对于一实壁管状的金属屏蔽体来说，其转移阻抗为

$$Z_T = \frac{1}{2\pi a\sigma T}\frac{(1+\mathrm{j})T/\delta}{\sin h[(1+\mathrm{j})T/\delta]} \tag{3-14}$$

式中，a 是屏蔽体的半径；T 是管壁厚度；σ 是屏蔽体的电导率；$\delta=(\pi f\mu\sigma)^{-0.5}$ 是屏蔽体的趋肤深度。实际上知道了转移阻抗，就可以立即计算出在外电场的作用下，屏蔽电缆芯线上的感应电流大小。

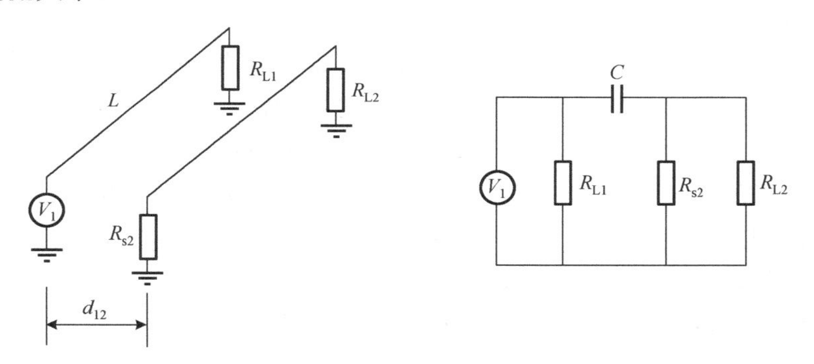

图 3-8　电容性耦合示意图

2. 复杂电磁环境的降效机理

在战场空间内，电磁干扰信号可通过多种耦合途径进入电子信息系统，对武器系统的正常工作造成影响。下面分射频噪声对电子元器件、电磁干扰对电子设备和电磁脉冲对用频装备三个层次分析复杂电磁环境的降效机理。

1) 射频噪声对电子元器件的降效机理

现代电子设备和信息系统中一般采用的是平面集成电路，各个器件通常由微带线进行连接，因此干扰场在微带线上产生的感应电流必然会进入与微带线相连的部件，进而对整个电路造成干扰。而在很多电子信息系统中，应用广泛的晶体管是关键的核心器件，同时由于这些晶体管非常脆弱，所以分析电子信息系统的射频干扰效应时必须关注射频对晶体管的干扰。

大多数半导体晶体管由 PN 结构成，射频干扰会引起晶体管 PN 结直流特性的明显变

化，主要表现是射频信号在晶体管 PN 结中整流产生补偿电流，从而带来功能紊乱。很显然，这种意外电流就是电磁干扰的直观体现，也是射频噪声对电子元器件降效效应的来源。

2) 电磁干扰对电子设备的降效机理

在有限的战场空间内，电磁干扰会对电子设备产生有意或无意的干扰。当较强的干扰信号作用于射频前端时，会使得设备内部的线性器件可能工作于截止、饱和，甚至击穿的工作状态，进而导致射频前端的内部噪声增大，降低了设备内部的信噪比，严重的情况下会导致设备在进行相关处理时无法解调出正确的信号，造成大信号阻塞现象。

从频域角度分析，经各类耦合途径进入电子设备的干扰信号所产生的干扰可归纳为同频干扰和邻频干扰。另外，当两个设备带内的工作频率相同或相近时，带外杂散辐射和谐波辐射超标，以及互调和交调产生较强的新信号都可能对正常信号产生不良影响。

(1) 同频干扰。

与有用信号频率相同的电子干扰称为同频干扰。由于同频干扰与有用信号的频率相同，接收机很难完全消除或抑制这种干扰信号，使得干扰信号与有用信号同时被放大、解调、输出，导致同频失真或阻塞等结果。当电子干扰为带内干扰时，较低的干扰信号功率就能引起设备内部通道的有用信号丢失，电子对抗通常属于此类干扰。

(2) 邻频干扰。

从发射机的邻频辐射形成的干扰通过接收机通带附近进入接收机所形成的干扰称为邻频干扰，即没有得到足够抑制的发射机邻频辐射对接收机形成的干扰，或接收机射频通带附近的环境信号落入接收机没有足够衰减的阻带范围内形成的干扰，都是邻频干扰。邻频干扰增加了接收机的噪声功率，使得接收机信噪比下降、灵敏度降低，导致雷达作用距离减少、通信距离缩短、误码率增加，甚至造成接收机阻塞。因此，在多数无线电设备中，总是需要对发射信号的带外辐射进行限制，通常要求带外辐射比载波功率低 40～50dB 或更多，以尽可能减小对工作在邻近频带上的设备的影响，同时还要求接收机具有足够的邻频衰减，减小邻频干扰信号功率。

(3) 谐波干扰。

辐射源的谐波发射进入敏感设备接收机造成的电磁干扰称为谐波干扰。谐波干扰频率是辐射信号频率的整数倍，如果超过规定电平，就会产生同频干扰类似的现象。

(4) 互调和交调干扰。

互调是指多个信号由于器件非线性效应而产生新的频率的过程，分为发射机互调和接收机互调，其中接收机互调最为严重。接收机互调即两个或两个以上的信号同时进入接收机，由于接收机内部器件(放大器、混频器等)的非线性而产生的互调。互调产生的与有用信号频率相近的分量会引起干扰，较严重的互调干扰通常是三阶互调干扰。交调干扰是无用信号对有用信号进行了调制，机理与互调相同。互调和交调干扰后果主要表现为显示屏上的干扰条纹、雪花点、重影、变形，语音失真、出现噪声，雷达目标显示出现重影、虚影，雷达、电台的作用距离下降等。

上述电磁干扰对电子设备的直接影响就是降效，这种现象在战场空间内非常普遍。电磁环境产生的降效效应与受体的电磁兼容性和抗扰性能密不可分。作战一方战场电磁兼容性和受体抗扰性能良好，电磁环境的降效效应就不明显；反之，作战另一方战场电磁兼容性和受体抗扰性能不佳，电磁环境的降效效应就很明显。以己方干扰设备为例，如果战场电磁兼容性不好，己方其他用频设备虽然有可能不在干扰主波束内，也不在相同的频率上，但己方设备往往距干扰设备更近，干扰或多或少会对己方设备产生一些影响，如果己方设备的抗扰性能还不佳，干扰设备很有可能在不经意中使己方设备作战效能下降或丧失，带来严重的后果。

3）电磁脉冲对用频装备的降效机理

电磁脉冲能量既可通过前门耦合也可通过后门耦合进入目标系统内部进行干扰。电磁脉冲会导致电子元器件的功能降低或紊乱，电子元器件的功能发挥不良又直接导致电子信息系统的功能降低，从而导致用频装备的降效效应。不同强度的电磁脉冲对电子系统的影响是不同的。根据被测试设备工作状态的改变情况，对电磁脉冲敏感性等级进行划分，可以分为正常、干扰、损伤、损坏等。在对元件接口、电子系统及装备进行电磁脉冲冲击试验时，将敏感性分为六个等级，依次为无脉冲干扰、弱脉冲干扰、次强脉冲干扰、强脉冲干扰、强脉冲损伤和超强脉冲损坏等。一般定性分析认为，系统是按照这六个等级由正常工作到损坏的质变过程进行等级分类的。

3. 复杂电磁环境的毁伤机理

电磁环境对电子装备影响最严重的作用形式就是毁伤，从应用的角度理解即是电子摧毁。要先从武器系统的电子设备部分入手，注意电子侦察情报和干扰行动的联合作用下完成的电子摧毁行动，深入分析电子武器系统在作用机理上所达到的电子摧毁目的。

1）射频噪声对电子元器件的毁伤机理

射频噪声对电子元器件的毁伤效应主要体现在射频干扰对系统中晶体管的毁伤效应，这也是电磁脉冲及强电磁脉冲对电子信息系统造成毁伤的基础。

当射频干扰电流反向流经晶体管的 PN 结时，由于 PN 结反向电阻很大，尽管干扰电流很小，但是产生的反向电压很大，一旦突破临界点，很容易造成 PN 结反向击穿。此时电流增大，电压很高，因而消耗在 PN 结上的功率很大，容易使 PN 结发热超过它的耗散功率而过渡到热击穿。这时 PN 结的电流和温度之间出现了恶性循环，PN 结温度升高使反向电流增大，而反向电流增大又使 PN 结温度进一步升高，最终 PN 结烧毁，于是烧坏晶体管，电子信息系统也就因元器件烧坏而损坏。

2）电磁脉冲对电子设备的毁伤机理

电磁脉冲对电子、电力系统以及含有半导体器件的各种电子设备等所有依靠电信号工作的系统有破坏作用。它主要通过微波的热效应，以高速电子流烧坏电子系统中的灵敏半导体器件。电磁脉冲辐射效应从高到低大致分为三级：第一级，类似于超级干扰系统，其功率高于当前战场使用的干扰系统功率，能够完全压制对方的通信和雷达系统；第二级，功率足够破坏敌方电子系统中的微型电路；第三极，类似于家用微波炉，功率高到能够加热目标甚至直接烧坏目标的程度。

电磁脉冲通过收集、耦合和破坏三个步骤实现对电子信息系统的损毁效应。在电子设备和电气装置中，高功率微波能量是由起接收天线作用的各种类型的集流环(金属导体)收集的。由于它们结构各异，因此其对电磁脉冲能量的吸收是非常复杂的，收集到的能量的大小取决于集流环的尺寸、形状、相对于脉冲源的位置以及脉冲的频谱特性等因素。通常，集流环的尺寸越大，收集到的能量越大。

电磁脉冲能量通过前门耦合和后门耦合进入电子系统。前门耦合是指能量通过天线进入含有发射机或接收机的系统；后门耦合则是指能量通过机壳缝隙等进入系统。当导体的最大尺寸与辐射波长可以相比拟时，耦合的效率最高。

电磁脉冲对电子及电气设备的破坏作用可以分为渗透、传输和破坏三个过程。首先，电磁脉冲由天线、电缆、各种端口或者设备表面媒介向内部渗透；其次，伴随渗透过程，借助电缆、线束等产生过量电流和高电压，从而再通过传输作用进入系统内部；最后，进入系统内部的电磁脉冲作用于小的高脆弱电子元件、集成电路等，使得该部位由于能量密度极高而造成破坏。

3) 强电磁脉冲对用频装备的毁伤机理

电磁脉冲对电子设备毁伤效应的极端形式就是强电磁脉冲攻击。强电磁脉冲攻击主要指的是电子战中高能武器的攻击形式。该类武器是利用这种强电磁脉冲以毁坏电子设备和杀伤有生力量为主的一种定向能武器，主要分为核电磁脉冲、电磁脉冲弹、高功率微波武器、高能粒子束和强激光武器等。

核电磁脉冲主要是核爆产生的，破坏力惊人，但应用更多的是电磁脉冲弹，其由飞机投放或由导弹、火炮发射以摧毁一定范围内的电子信息器件及电子装备；高功率微波武器和强激光武器是脉冲能量高效能地定向作用于用频装备以实现目标烧蚀或损毁；高能粒子束则借助高能粒子产生装置对用频装备内部的电子系统进行破坏。随着高效能技术的不断发展，它们将是未来信息对抗、空间攻防对抗中尤为重要的武器装备。

3.2 武器装备复杂电磁环境效应分析及计算

3.2.1 武器装备复杂电磁环境效应分析

依据电磁环境效应作用机理，电磁环境对武器装备的电子设备的影响效应是最直接的。进行武器装备复杂电磁环境效应分析是开展电磁环境效应建模的基础性工作，其分析是否科学、全面、合理事关效应模型的置信度。在进一步分析复杂电磁环境对器件毁伤、装备降效的基础上，对未来战场上应用较多的侦察探测类、指挥控制类和精确制导类装备的降效效应进行分析。

1. 对武器装备的毁伤效应

电磁环境效应的影响是电磁环境对元器件的干扰作用直至物理损毁，进而影响用频装备的效能发挥。需要强调两点：一是电磁环境效应是包括自然电磁辐射的，例如，静电、雷电等现象也可以产生电磁环境效应；二是电磁环境对电子元器件的损坏是否能够彻底导致电子设备的瘫痪，是需要具体问题具体分析的，假如是核心射频部件，自然是彻底瘫痪，对于非核心射频部件，可能其损坏是由该部件电磁兼容没有做好导致的，很小的能量就使其损坏，但由于是非核心射频部件，可能只会对用频装备的效能发挥产生一定的影响。由于电磁干扰对电子装备的毁伤效应分析在前面已经介绍，这里重点分析静电和雷电的毁伤效应。

1) 静电对设备器件的毁伤效应

静电放电的瞬时电流很大，持续时间很短，但瞬时电压很高，此时进入电子设备的耦合途径有多种。例如，电流可以直接通过信号线输入，产生的干扰有可能直接击穿电路板，从而对集成电路产生硬件损伤。而瞬时电流产生的强电场和磁场通过电磁耦合效应进入设备，造成逻辑器件高低电平反置，从而造成锁死、复位、数据丢失和不可靠等逻辑失效。

静电荷在物体上的积累往往使物体对地形成高电压，在附近形成强电场。很强的电场会导致场效应器件的栅氧化层被击穿，使器件失效。一般器件的栅氧化层十分薄，当电路设计没有采取保护措施时，即便是致密的无针孔高质量氧化层，也会被静电的高电压击穿。对于有保护措施的电路，虽击穿电压很高，但是静电放电电压可达几千伏甚至上万伏，仍然可以轻松将电路击穿。因此，高压静电的击穿效应是电路的一大危害。

在设备的电路板上，静电放电过程是静电能量在很短的时间内通过器件电阻释放，其平均功率可达几千瓦。如此大功率的短脉冲电流作用于敏感器件上，足以在绝热的情况下使硅片熔化，在电流集中处使互连局部区域发生球化，甚至烧毁 PN 结，形成破坏性的电热击穿，导致电路损坏失效。

2) 雷电对装备的毁伤效应

雷电是自然界中的超强、超长放电现象。地闪的峰值电流一般为几万安，最大可达 200kA 甚至 300kA，雷电通道的温度瞬间可达 2 万～3 万℃；伴随放电过程，雷暴能量以热能、机械能及电磁能等方式释放，形成严重的破坏效应。雷电灾害在军事领域严重影响着作战行动和武器装备效能的发挥，甚至会造成装备损毁。

2. 对侦察探测类装备的降效效应

侦察探测类装备主要发挥战场目标侦察与空情预警的作用，主要包括雷达探测、光电探测、电子对抗侦察等装备。

1) 对雷达探测的降效效应

战场雷达装备主要包括预警探测雷达、防空雷达、目标跟踪雷达、制导雷达、炮瞄雷达、动目标指示雷达和炮位侦察校射雷达等。这些雷达装备面临自然电磁辐射、己方电磁活动和敌方电磁活动的共同影响作用。

(1) 自然电磁辐射产生的影响。

自然电磁辐射对雷达的影响主要来自宇宙电磁辐射、大气噪声等背景噪声。宇宙电磁辐射在低频段上强度较高，主要对担负远距离探测任务的低频段雷达的电磁环境复杂性产生影响；大气噪声在高频段上强度较高，主要对担负近距离监视、近距离火控和导弹寻的任务的高频段雷达的电磁环境复杂性产生影响。另外，雷达工作时自身产生的噪声也会对雷达的正常工作产生影响。

(2) 己方电磁活动造成的影响。

通过对雷达受干扰机理的研究分析，己方电磁活动可能从以下几个方面对雷达造成影响。

一是由雷达旁瓣或尾瓣引发的干扰。雷达工作时，在天线的主要方向、两侧和尾部分别会形成主瓣、旁瓣和尾瓣，当雷达之间的部署间隔不尽合理时，就会产生互扰，天线辐射多向性所形成的干扰情况示意图如图 3-9 所示。这样一来，往往会在遭受干扰的雷达上形成较大的干扰扇面，严重时还会出现全向干扰，不仅使雷达的探测能力大幅度降低，无法完成探测任务，还难以确定干扰源方向，连受干扰情况的真实性都不能准确反映。

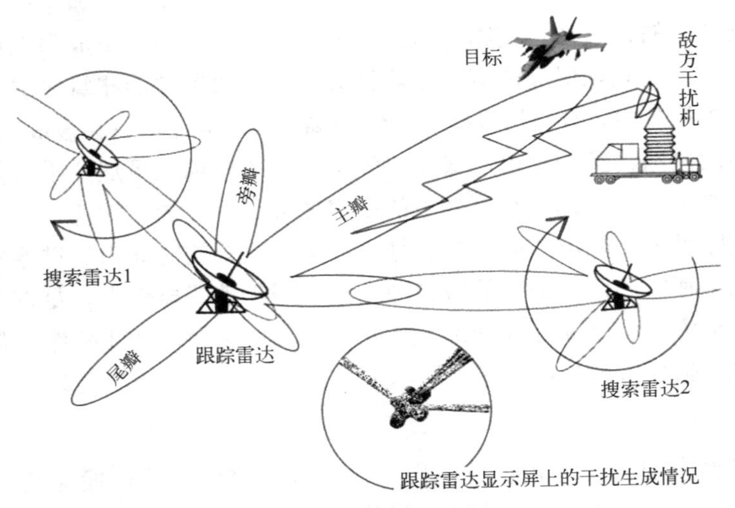

图 3-9　天线辐射多向性所形成的干扰情况示意图

二是同类雷达引发的互扰。同类雷达因工作频段、作战功能相似，开机时机也大体相同，例如，在防空作战中，战场上各类对空警戒与跟踪雷达就会同时开机，这种情况往往容易造成互扰。

三是由雷达集中使用引发的互扰。在战斗激烈时，各类雷达往往会同时开机，从而造成某一作战时节的电磁信号密度增大，引发雷达之间的互扰。通常情况下，各种雷达的工作时间都能够根据作战协同计划得到较为合理的分工，但在敌情紧张的情况下，往往需要启动备用雷达或其他功能的雷达。

四是由频谱交叉引发的互扰。例如，警戒雷达和预警雷达工作在特高频与甚高频频段上，与电台的工作频率相互重叠，如果在部署空间和使用时机上协调不当，就会造成雷达与通信电台之间的干扰。

五是雷达干扰时的自扰。由于电磁频谱的开放性和公用性，己方进行雷达对抗干扰行动时，有时也会对己方雷达产生影响。特别是进行宽带阻塞式干扰，由于需要覆盖所有雷达的工作频段，在干扰敌方的同时，必然会对己方雷达的正常工作产生影响。

(3)敌方电磁活动形成的威胁。

对雷达形成威胁的敌方电磁活动主要包括敌方的有意电子干扰和同等雷达装备的无意干扰。其中，敌方的有意电子干扰往往是雷达电磁环境复杂性迅速恶化的重要原因。敌方对己方雷达采取的压制式和欺骗式干扰具有强针对性、突发性、不确定性等特点，使得雷达目标回波信号夹杂着大量敌方噪声进入接收机，当敌方噪声信号能量大大超过目标回波信号能量时，雷达就很难将目标回波信号从噪声中检测出来，从而降低或失去对目标的探测能力。在敌方压制干扰中，窄带瞄准干扰主要对载频不变化的雷达构成影响；宽带阻塞干扰对信号带宽比较小的雷达构成影响；扫频干扰可以对多部雷达构成影响。在欺骗干扰中，有源欺骗干扰和无源欺骗干扰对大多数雷达的正常工作都会产生影响。值得一提的是，敌我双方的相似或相同的雷达装备同时工作时，相互之间也会产生互调、交调、谐波等带外无意干扰。当敌方雷达的方位、频率与我方雷达接收机恰好对准，且信号能量足够大时，对我方雷达影响最大。

在上述三方面影响的共同作用下，预警探测雷达、防空雷达和动目标指示雷达的发现目标距离与发现概率大幅度降低，雷达情报的真实性和时效性无法得到保证；制导雷达和炮瞄雷达的瞄准制导精度降低，火力打击能力被削弱。无论哪种类型的雷达，其对目标的观测信息的完整度在复杂电磁环境的影响下都将受到较大的影响，例如，三坐标雷达对目标斜距、方位角和俯仰角的观测信息将出现不完整的情况。

2)对光电探测的降效效应

世界近期的高技术局部战争表明：光电侦测设备、光电制导武器和光电对抗装备发展迅速，使得光电武器已经成为现代战争实施精确打击的关键因素和赢得战争主动权的重要保证。然而，光电制导、光电侦察、光电反侦察、光电干扰、光电反干扰等光电技术和装备的应用，使得现代战场的光电电磁环境变得日益复杂，反过来又严重地影响着光电武器作战效能的发挥。电磁环境对光电装备的影响主要体现在以下几点。

(1)光电信号电磁环境的影响。

光电侦察告警装备所面临的光电信号电磁环境覆盖了整个光学波段，电磁信号中既有非相干红外/可见光信号，又有相干激光信号；既有红外/可见光连续波信号，又有大功率脉冲激光信号；既有直射信号，又有反射信号；既有编码调制信号，又有噪声调制信号；既有敌方干扰，又有己方互扰。这些信号共同作用构成了光电对抗侦察告警装备所面临的样式复杂的光电信号电磁环境。

光电侦察探测装备和光电侦察告警装备等光电设备都需要对多种样式的信号实施侦察告警。而在复杂电磁环境下，其工作过程中必须面对多种非期望样式信号的影响，这种影响有的是压制性的，有的是欺骗性的，有的衰减了正常信号的探测，但归结到一点，就是降低了对被侦察信号的侦察告警能力和对被侦察信号的参数测量能力。

(2)辐射传播因素的影响。

光电告警距离、探测概率、虚警概率和反应时间与辐射传播因素有明显的关系，复杂电磁环境作用于光电装备，主要表现在复杂的辐射传播因素(如恶劣的天气或者人为的烟幕干扰)介入光电装备的光电信号传输通道中，降低了光学透过率，使光电侦察接收到的目标光电信号功率下降、信噪比下降，导致光电装备的作用距离降低、探测概率下降、虚警概率升高。

(3) 己方光电互扰造成的影响。

当战场电磁环境中存在多个光电装备时，光电装备之间常常会产生互扰现象，例如，光电干扰装备发射激光干扰信号时，会由于大气的后向散射现象，使得光电侦察告警装备产生虚警；同时施放假目标等多种有源光电干扰也将会大大减少光电对抗装备的侦察作用距离；多种制式的红外干扰机、定向红外干扰设备等装备的使用可欺骗/引偏、致眩甚至致盲光电对抗装备，使其失效、无法正常工作。

(4) 敌方光电干扰形成的威胁。

敌方光电干扰是形成光电威胁的核心组成部分，通过光电手段对己方武器设备实施干扰，使己方武器设备失效。

光电干扰分为有源干扰(也称为积极干扰)和无源干扰(也称消极干扰)两种。有源干扰是采用发射式转发光电干扰信号的方法，对己方光电设备实施压制或欺骗的一种干扰方式。无源干扰是利用烟幕、箔条、诱饵等形成假目标或干扰屏幕，阻碍或削弱己方光电设备和武器系统效能的技术措施。

光电干扰又分为红外干扰和激光干扰。红外干扰分为红外有源干扰和红外无源干扰。激光干扰分为激光有源欺骗式干扰、激光有源压制式干扰和激光无源干扰。

①红外有源干扰。

红外有源干扰主要有红外干扰弹(或诱饵弹)和红外干扰机。红外干扰弹是诱饵在燃烧时形成有几倍于被保护目标辐射能量，并有与被保护目标相似的红外频谱特征，作为假目标，用以欺骗或者诱惑敌方红外探测系统或红外制导系统的一种干扰器材。红外干扰机是针对导弹导引头工作原理而采取的针对性极强的有源干扰方法。它由高能红外光源、离合开关调制器和光学系统(发射天线)组成的红外光源，辐射与目标发动机及其他发热部件峰值波长相近但强度很高的红外光波，经过多次调幅，由光学天线发射出去。一般要求其干扰视场处于威胁告警之内，调制频率在导弹制导系统电路频带之内，这样在导引头视场内出现两个“热”目标，经调制盘加工后同时进入跟踪回路，诱使导弹偏离真目标。

②红外无源干扰。

红外无源干扰主要有烟幕干扰，利用红外谱段的烟幕在目标前形成烟幕屏障，保护目标。这种干扰除能干扰红外点光源制导的导引头外，还能干扰红外成像制导，是红外对抗的有力武器，也可有效地对抗激光制导武器。

③激光有源欺骗式干扰。

激光有源欺骗式干扰是指使用激光干扰机发射与敌方激光信号特征相似的激光束，欺骗和迷惑敌方激光测距仪和激光制导武器。激光有源欺骗式干扰可分为转发式干扰和回答式干扰两种。转发式干扰是将激光告警器接收到的激光脉冲信号自动地进行放大，并由激光干扰机进行转发，从而产生欺骗式干扰信号，如对激光测距仪的距离欺骗。当接收到激光照射时，经电子线路极短的延迟后，控制激光按原路反射回去，使其产生距离误差。对激光近炸引信的干扰也属于转发式干扰。回答式干扰除需要激光告警、干扰机转发外，还要有漫反射假目标或就地取材设定的假目标。当告警器将接收到的激光脉冲信号记录下来，并精确地复制后，启动激光干扰机发射干扰激光。此激光的波长、重频、编码与告警器识别的参数一致，但略微超前，将复制的激光脉冲射向假目标，假目标把接收到的干扰激光辐射出去。激光制导武器导引头接收到假目标反射的干扰激光后转向攻击假目标，达到引偏的目的。

④激光有源压制式干扰。

激光有源压制式干扰又分为激光致盲干扰和激光摧毁干扰，均称为激光武器，是现代战争中有效的光电对抗武器。压制式干扰使用强激光干扰致盲以致摧毁敌方光电设备、人员和武器系统，还可以对抗红外成像制导的巡航导弹和反辐射导弹的激光近炸引信等。当强激光照射时，光电传感器过载饱和、损坏或热分解、汽化、熔化，甚至毁掉，另外，还有一种激光致盲武器——激光致盲弹。激光致盲弹是一次性干扰器材，它在弹内装入炸药和惰性气体，引爆后产生高温、高压气体，形成高温等离子体，产生极强的激光辐射，破坏敌方光电设备，使人眼致眩或致盲。

⑤激光无源干扰。

激光无源干扰是利用本身不发光的器材，散射(或反射)、吸收激光，对目标进行遮蔽，或形成干扰屏幕，或转发原激光信号以阻碍或削弱敌方光电设备和武器系统效能的技术措施。目前，主要的干扰器材有烟幕弹。烟幕弹是重要的激光无源干扰手段之一，它不仅可以干扰激光制导武器，还可以对红外电视制导武器进行干扰，根据需要在较短的时间内形成几十米至几百米的大面积烟幕弹，持续时间可达几分钟到几十分钟。烟幕弹的频带宽、功能强，可多管齐发。

3) 对电子对抗侦察的降效效应

电子对抗侦察是军事情报侦察的重要手段之一，其主要任务是对敌方雷达、通信等电磁辐射源进行截获、分析和识别，从而获取敌方辐射源技术参数、通信内容、所在位置、威胁等级等高价值电子情报。现代信息战场电子对抗侦察占有很重要的地位，可以说任何在战场上所采取的大多数对抗及进攻模式都需要以电子对抗侦察为基础。然而随着现代高新技术的发展，各种新体制雷达、通信技术、信息装备、反侦察技术的应用使得电子对抗侦察面临新的挑战，电磁环境对电子对抗侦察装备的影响主要体现在以下几点。

(1) 极高的信息密度。

随着信息化进程的不断加快，数量庞大、体制复杂、种类多样的电子设备和信息化装备在军事领域的广泛应用使得战场空间中的电磁信号非常密集，构成类型众多，能量分布差异大，所占频谱越来越宽，进而形成了极为复杂的电磁环境。特别是在重要的军事集结区域，在大纵深、立体化的战场空间中信号密度可达千万个脉冲量级。在这样的背景下，加之电子对抗侦察设备具备宽频率覆盖范围、高接收灵敏度和大的动态范围，在固定频段或带宽内所能捕获的信息量和实际任务需求可能会形成显著差异，故电子对抗侦察设备需具备高密度信息的处理和分析能力。

(2) 未知的复杂信号。

在信息化战场中，交战双方从反侦察、反干扰、抗摧毁角度出发，越来越多地使用各种新体制雷达、通信、光电等设备，并且在新体制电子设备上越来越多地采用更为复杂的信号样式。特别是随着雷达技术的发展，各种新体制、新概念雷达应运而生，如相控阵雷达、脉冲多普勒雷达、频率捷变雷达、合成孔径雷达、低截获概率雷达等。从电子对抗的角度分析，新型雷达为了在频域、时域和空域上具备反侦察能力，往往采用各种复杂波形调制样式、灵活的波束及扫描控制技术、自适应发射功率控制技术等，使得雷达信号难以被截获和识别。以被动感知方式工作的电子对抗侦察在面对上述种种复杂且未知的因素时，实施起来越困难。

(3) 剧增的数据量。

在信息化条件下的未来战场中，数据的重要作用将会更加明显，电子对抗侦察所获取的电子情报都是以侦察接收机所采集的数据为基础的。当前，各种宽带雷达、宽带通信体制的出现对电子对抗侦察接收机的瞬时处理带宽提出了更高的要求，因而高速 AD 的应用也越来越广泛。以单通道 1GHz 带宽、采样速率 2.5GHz 的应用场景为例进行计算，并以双字节保存一个样点，则每秒的数据量为 5GB 以上，1h 就能生成约 18TB 的数据量。特别是在战略侦察中，长期的数据积累生成的数据量是巨大的。因此，从数据采集量的角度而言，电子对抗侦察已经迈入“大数据”时代，大量侦察数据的处理和分析也是电子对抗侦察设备必须面对的任务与挑战。

3. 对指挥控制类装备的降效效应

指挥控制类装备主要发挥战场指挥通信的作用，主要包括通信电台、数据链等常用通信手段。

1) 对通信电台的降效效应

战场上的无线通信设备受电磁环境的影响较大，无线战场通信装备主要包括无线电台和无线电接力设备。这些通信装备面临自然电磁环境、己方电磁活动和敌方电磁活动的共同影响作用。

(1) 自然电磁环境产生的影响。

由电波传播理论得知，对于短波和超短波这两类无线电台与无线电接力设备，受大气及雨雾等自然电磁环境的影响不大，只有部分频率较高的微波通信设备受其影响。对其造成影响的因素主要是地形因素，例如，地表的障碍物造成地波通信信号的衰减，以及对地波通信信号的遮障作用，影响通信的质量和距离。

(2) 己方电磁活动造成的影响。

己方电磁活动的影响分为 3 个方面。一是非通信设备造成的影响，如各类电器和车辆发动机对通信设备的影响，以及雷达对通信设备的影响。由于电器主要对工作在 3 MHz 的通信设备产生影响，因此其影响对象主要是师团级工作在 1.2～12MHz 的大功率电台。二是通信设备造成的影响，主要表现为同频干扰，即当两支部(分)队协同作战，距离较近时，通信设备之间会产生互扰，影响通信的质量和距离，例如，两部工作在特高频波段的车载无线电台相距 6km，结果就会造成部分频道完全不能通信，整个频道存在严重的噪声，通信质量大大降低。三是己方电子对抗装备造成的影响。作战中，当己方电子对抗装备展开行动时，往往会对通信设备产生严重影响。例如，在伊拉克战争中，美军在干扰伊军通信设备时，也在一定程度上造成了己方的通信系统电磁环境复杂性提高，有时处于中断状态。

(3)敌方电磁活动形成的威胁。

敌方电磁活动形成的威胁主要有两个方面。一是敌方有意通信干扰形成的威胁。战时敌方通常采取通信压制、通信欺骗、通信阻滞和通信破坏四种方式造成己方通信设备不能正常工作，例如，瞄准式干扰往往可以阻断通信网，使通信系统在一定时间内无法接收信号；有时敌方还可以采取占用己方通信信道的方法，减少己方通信接收系统的信道容量，降低通信速率，造成己方通信时间的延长；通过发射与己方通信参数特征相同或相似但内容虚假的信号，造成己方接收机接收到虚假和错误的信息，也是敌方惯用的干扰方式。上述有意干扰方式的综合运用可以造成通信装备电磁环境复杂性的显著提高。二是敌方通信装备的无意干扰形成的威胁。敌我双方的相似或相同的通信装备同时工作时，若两者恰好在方位上、频率上对准，且通信信号能量足够大，所辐射的电磁波就能够进入我方的通信装备接收机从而产生影响。

大多数通信装备都采用全向天线，更容易受到来自上述几个方面的电磁活动的干扰和影响。一旦复杂性达到一定程度，绝大部分通信装备都会受到复杂电磁环境的制约和影响。这种制约和影响往往会使模拟通信的语音清晰度下降，使数字通信的误码率升高，整体通信能力大幅度减弱，效能显著降低。这样一来，既不能保障所属作战力量及其内部的通信，又无法与上级和友邻沟通；既不能保证作战指挥的顺畅，又不能保证武器操控，产生无法估量的消极影响，严重时甚至可能导致情报系统失灵、指挥中断、力量失控、行动失调、系统瘫痪，直接影响到作战的进程和结局。

2)对数据链的降效效应

数据链是链接数字化战场上的指控中心、作战部队、武器平台的一种信息处理、交换和分发系统。数据链采用无线网络通信技术和应用协议，可实现机载、陆基和舰载战术数据系统之间的数据信息交换，从而最大限度地发挥战术系统效能。数据链可以形成点对点数据链路和网状数据链路，使作战区域内各种指挥控制系统和作战平台的计算机系统组成战术数据传输/交换和信息处理网络，能够对链入系统的所有战斗单元提供敌我目标位置、电子战情报、威胁报警、武器协同、指挥控制等各种信息数据，在成员之间分发信息，使之实时感知战场态势。

从本质上讲，数据链是一种格式统一、实时高效、数据保密、抗扰性强的战术数据传输网络，但说到底，数据链通信仍然是无线通信的一种。因而，复杂电磁环境对数据链通信的影响类比通信电台受到的复杂电磁环境的影响，类似于通信装备面临自然电磁环境、己方电磁活动和敌方电磁活动的共同影响作用。这里仅分析其特殊之处。数据链在军事信息存储和传输的要求上非常严格，通信安全对数据链是至关重要的。一方面，数据链通过无线网络来进行消息的传输，实现各个作战平台之间的数据信息交换，由于无线通信信号的覆盖面较广，只要能够接收到无线信号，敌人就可能对数据链通信网进行攻击，例如，对网络信号进行电磁干扰，使得通信链路中断；截获网络的信号，破译传输的信息内容，甚至对内容进行篡改或者在网络中植入病毒使得通信网或者终端设备瘫痪；取得系统信任，冒充成己方成员等，所以数据链通信面临的威胁十分严重。

另一方面，数据链在指控系统、武器系统与传感器系统之间进行实时信息的传递，把传感器在战场上获得的信息情报传递给指控系统，指挥系统在全面掌握战场态势后，将作战指令与任务传输到各类作战平台，所以数据在各个平台之间搭建一个消息传输网络，因此需要注意各个作战平台的计算机安全和通信保密互联问题。另外，数据链体系中的信息都需要进行加密传输，对密钥的安全管理，在密钥的分发、获取、销毁与隔离等各个单元上，都可能被敌方借助电磁手段进行渗透攻击。因而必要的安全保密体系至关重要，否则数据链不仅不能提升作战实力，反而会成为最大的"间谍"，一旦攻破数据链系统，就会掌握所有作战信息，甚至可以控制作战武器系统。

4. 对精确制导类装备的降效效应

精确制导是采用高精度制导系统控制和导引弹头对目标进行有效攻击的，其制导系统一般是利用各种传感器来获取待攻击目标的位置和速度等信息的，经分析与处理后进行实时修正或控制自身的飞行轨迹，具有较高的命中精度。精确制导武器的核心反映在末制导导引头的信息获取与处理技术上，它涉及图像处理与匹配、模式识别、合成孔径、多传感器数据融合等广泛的理论和技术。近年来，随着光电技术的迅速发展，精确制导技术也在迅速发展，其应用范围越来越广，很多国家都把精确制导弹药列为现代军事装备的一个重点项目。几种常见的制导技术：电视制导、红外成像制导、激光制导、GPS 制导等。

1) 对电视制导、红外成像制导的降效效应

电视制导是利用电视摄像机捕获、识别、定位、跟踪直至摧毁目标。由于电视分辨率高，能提供清晰的目标图像，便于鉴别真假目标，制导精度很高。但因为电视制导是利用目标反射可见光信息进行的，所以在烟、雾、尘等能见度差的情况下，作战效能下降，且夜间不能使用。

红外成像制导是通过红外导引头捕获目标的红外辐射，经过转换将其变成可见光图像，由视频监视器观察，使导引头锁住目标进行攻击。缺点是对目标本身的辐射或散射特性有较大的依赖性，复杂背景环境下很难将目标信息检测出来。

2) 对激光制导的降效效应

激光制导是将激光作为跟踪和传输信息的手段，信息经过导引头接收，再经过弹载计算机计算后，得出导弹(或炸弹)偏离目标的角误差量，而后形成制导指令，使弹上控制系统适时修正导弹的飞行弹道，直至准确命中目标。激光制导抗干扰能力强；制导精度高；可与红外或雷达等构成复合制导；体积小、重量轻。

复杂电磁环境下，激光束易受气象条件影响，不能全天候使用；对于采用激光半主动制导的武器系统，激光束在导弹命中目标之前必须一直照射目标，激光器的载体易被敌方发现告警，通过角度欺骗手段即可进行对抗。

3) 对 GPS 制导的降效效应

GPS 接收机在接收 GPS 信号的同时，通常还接收到一些来自接收机硬件或其他噪声源的不需要的噪声信号。这些噪声源有些是有意的，有些是无意的。但一旦噪声信号的强度大到使 GPS 信号不可靠，GPS 接收机中的相关器就不能求得复制码与接收码之间的

相关性，GPS 接收机就不能锁定在一个信号上，造成卫星信号的失锁，形成了对 GPS 接收机的干扰。

复杂电磁环境下，GPS 易于受到干扰，由于在设计 GPS 系统时没有把该系统在干扰环境下的工作能力放到很高的地位去考虑，随着 GPS 系统应用的迅速推广，它易于受到电磁干扰的问题日益显现出来。GPS 卫星处于距地球表面平均 20200km 的椭圆形轨道上，卫星信号在空间传播的功率与其离发射源的距离的平方成反比地衰减，其功率源是光电池，发射功率不可能很大，所以信号传播到地球表面时已经很微弱。加上为避免对其他系统产生干扰，国际电信联盟对 GPS 信号到达地面时的功率密度做了严格的限制。较低的功率密度使干扰信号容易形成，因此，GPS 信号很容易受到干扰。

3.2.2　武器装备复杂电磁环境效应定量评估

1. 装备电磁环境毁伤效应计算

1) 对元器件的破坏阈值

电子设备中元器件对电磁脉冲作用最敏感的是点接触型微波二极管探测器，其破坏能量小于 10^{-6}J。例如，采用 3m 口径的天线对无保护的微波管进行辐射，通过前门带内能量使其破坏的单个脉冲能量密度为 10^{-11}J/cm^2，通过后门耦合，在无保护条件下使其失效的微波能量密度在 1GHz 的频率时为 10^{-8}～10^{-7}J/cm^2，且随着频率的提高，能量密度增大。当电磁脉冲的功率密度达到 0.01～1W/cm^2 时，可以使电子设备受到严重干扰，甚至使某些元器件失效或者损坏；当功率密度达到 10～100W/cm^2 时，可以使电子设备完全失效，元器件破坏；当功率密度达到 1000～10000W/cm^2 时，可以加热烧毁目标，甚至引爆目标。

2) 对集成电路的损伤功率阈值

一般来说，集成电路制造中会出现寄生晶体管，于是会形成 PNPN 和 NPNP 开关。微波辐射在寄生 PN 结上引起的瞬时偏压及辐射电离和加热效应引起的载流子增加都能够触发这类开关。当这类开关被触发后，器件就发生闩锁效应(半导体器件不再响应输入的状态，此时半导体不能正常工作，并且有可能损坏)。

半导体器件在短脉冲的作用下还会发生热二次击穿。热二次击穿是在 PN 结区受到微波辐射加热的情况下出现的，它取决于脉冲宽度和平均密度。电磁脉冲对集成电路的损伤功率阈值一般需要在试验条件下测量获得，例如，与非门器件的失效功率是 230W，二极管门扩展器的失效功率是 63W，反相器测量值是 110W。

3) 对军用设备计算机的破坏阈值

微电子技术的高速普及使得军用设备已经离不开计算机设备，这些军用设备都大量使用易受电磁波干扰和破坏的电子器件。高功率微波武器就是利用这一弱点来攻击敌方关键电子信息系统的。它可以攻击任何包含现代电子设备的武器系统，如 C^3I 系统、飞机、雷达、导弹等。电磁脉冲的这种攻击方式主要对付无防护措施的计算机及微处理器、显示器。在与时钟频率相对应的频率范围内，计算机和微处理器有很高的敏感性，如低时钟频率的计算机等，这种攻击方式使其比特率出现紊乱，若使用 1GHz 频率、10^{-11}～10^{-10}J/cm^2 的低微波能量密度，也可使计算机出现很高的误码率。当高功率微波的功率密度达到 0.01～1W/cm^2 时，可以使计算机受到严重干扰；当功率密度达到 10～100W/cm^2 时，可以使计算机元器件烧毁；当功率密度达到 1000～10000W/cm^2 时，可以破坏整个计算机结点。

4) 电磁环境毁伤效应计算

电磁脉冲武器实施的电磁环境毁伤就是通过高功率电磁脉冲以一定的波束宽度和强度覆盖目标区域，造成目标区域电子设备不能正常工作甚至烧毁。目前，高功率电磁脉冲武器主要是一次性使用的电磁脉冲弹，其频带范围为 10^8～10^{12}Hz，造成的电磁脉冲峰值功率在 100MW 以上。

高功率电磁脉冲武器对电子装备的损伤能力主要体现在爆炸杀伤区域面积、电子装备处获得的电磁脉冲能量密度和耦合到装备内部的能量。

(1) 毁伤区域分析。

高功率电磁脉冲弹爆炸后，脉冲能量将通过天线聚合后以一定的波束角向目标圆极化辐射。微波弹广泛使用多线性锥形螺旋天线，这类天线具有宽频带特性，无论方向特性、阻抗特性还是极化特性都是宽带的，而且体积小、质量轻、频带宽、圆极化特性好。脉冲能量都被汇聚在螺旋天线尖头部位并发射出去，在目标空间中形成一个立体圆锥形毁伤区域。常规高功率电磁脉冲弹攻击夹角为 50°～70°，高度为 150m。设高功率微波的波束角为 35°，则此时长轴值为 327.6～427.6m，短轴值为 322.3～366.5m。

(2) 系统耦合毁伤能量。

电磁波能量会因为空气中的反射、折射、吸收、散射等因素而衰减，但高功率微波聚能极强，在常规气压条件下，击穿空气阈值为 1.53MW/cm^2，同时空气吸收损耗的能量相对于本身能量极其微小。利用下面的公式可以计算目标区域的功率密度：

$$\begin{cases} q = \dfrac{PG}{4\pi R^2} \\ G = ug \end{cases} \tag{3-15}$$

式中，q 为功率密度；P 为电磁脉冲弹的脉冲辐射功率；G 为定向辐射天线增益；R 为炸点与目标的距离；u 为高功率微波前端天线辐射效率；g 为高功率微波定向天线方向性系数。

利用计算所得的功率密度，再结合毁伤效应对元器件及集成电路的损伤阈值，即可判断装备器件毁伤等级，达到分析电磁脉冲对物理器件的毁伤程度的目的。

2. 通信装备电磁环境效应计算

通信可分为两大类：一类称为有线通信，消息传递是用导线作为传输介质来完成的；另一类称为无线通信，无线通信装备借助于无线电通信设备和无线电波在空间的传播来传递消息。这些无线电设备和借助于介质传播的电磁波构成了一个完整的通信系统，其组成如图 3-10 所示。下面主要讨论无线通信装备电磁环境效应模型。

按照无线通信装备的工作方式和电磁环境对通信电台的影响机理，把无线通信装备电磁环境效应模型细分为语音通信电台误信率模型、数字通信电台误码率模型、通信网综合畅通率模型和通信系统综合畅通率模型。语音通信电台误信率模型和数字通信电台误码率模型反映的是电磁环境对单部电台工作效能的影响，通信网综合畅通率模型和通信系统综合畅通率模型反映的是电磁环境对战场上通信网专综合畅通率效果的影响。

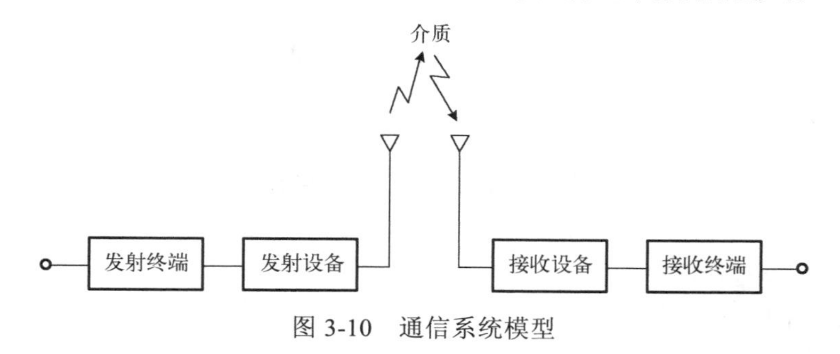

图 3-10　通信系统模型

1) 通信电台误信率和误码率模型

(1) 语音通信电台误信率模型。

电台输入端信噪比是它接收到的目标电台的信号功率与所收到的各种噪声功率之比：

$$\rho_i = \frac{S_i}{N_i} \tag{3-16}$$

已知语音通信装备输入端的信噪比 ρ_i，根据语音通信装备的解调制度增益 G，即可求出通信装备输出端的信噪比 ρ_0：

$$\rho_0 = G\rho_i = \frac{S_0}{N_0} \tag{3-17}$$

各类语音通信系统的解调制度增益对照表如表 3-1 所示。

表 3-1　各类语音通信系统的解调制度增益对照表

通信系统	解调制度增益 G	通信系统	解调制度增益 G
双边带调制(DSB)	2	振幅调制(AM)	2/3
单边带调制(SSB)	1	频率调制(FM)(宽带调频)	$3m_f^2(m_f+1)$

当通信电台采用语音通信模式时，一般采用误信率对其工作效能进行评估。误信率一般是指语音通信系统错误接收的音素、音节、词汇、句子的比例，记为 P_e，相应的语音清晰度或句可懂度记为 D，则对应的音素、音节、词汇、句子的误信率有

$$P_e = 1 - D \tag{3-18}$$

语音的清晰度、句可懂度在通频带足够宽的情况下，都与通信接收机输出端的信噪比 ρ_0 有关，它们都是 ρ_0 的增函数。误信率 P_e 则是 ρ_0 的减函数。

句可懂度：

$$D_1 = 1 - \exp[-0.06128(\overline{\rho}_0 + 12)^{1.6951}] \tag{3-19}$$

单音节合辙词的语音清晰度：

$$D_2 = 1 - \exp[-0.03258(\overline{\rho}_0 + 12)^{1.8319}] \tag{3-20}$$

单音节词的语音清晰度：

$$D_3 = 1 - \exp[-0.01741(\bar{\rho}_0 + 12)^{1.6024}] \tag{3-21}$$

无意义音节的语音清晰度：

$$D_4 = 1 - \exp[-0.01222(\bar{\rho}_0 + 12)^{1.6708}] \tag{3-22}$$

式中，$\bar{\rho}_0$ 为信噪比 ρ_0 的分贝数，有

$$\bar{\rho}_0 = 10\ln\rho_0 = 10\lg\left(\frac{S_0}{N_0}\right) \tag{3-23}$$

(2)数字通信电台误码率模型。

当通信电台采用数字通信模式时，一般采用误码率对其工作效能进行评估，针对不同的工作样式有不同的误码率模型。

针对 2ASK 系统，采用非相干解调(包络检波)时，误码率计算如下：

$$P_e = \frac{1}{2}\left[1 - Q(\sqrt{2\rho_i}, b_0) + \frac{1}{2}\exp\left(-\frac{b_0^2}{2}\right)\right] \tag{3-24}$$

式中，Q 为马库姆函数；b_0 为判别门限，有

$$b_0 = \begin{cases} \sqrt{2}, & \rho_i \ll 1 \\ \sqrt{\dfrac{\rho_i}{2}}, & \rho_i \gg 1 \\ \sqrt{2 + \dfrac{\rho_i}{2}}, & \text{其他}\rho_i\text{值} \end{cases} \tag{3-25}$$

针对 2FSK 系统，采用相干解调时，误码率计算如下：

$$P_e = \frac{1}{2}\mathrm{erfc}\left(\sqrt{\rho_i}/2\right) \tag{3-26}$$

针对 2FSK 系统，采用非相干解调时，误码率计算如下：

$$P_e = \frac{1}{2}\exp(-\rho_i/2) \tag{3-27}$$

针对 2PSK 系统，采用相干解调时，误码率计算如下：

$$P_e = \frac{1}{2}\mathrm{erfc}\left(\sqrt{\rho_i}\right) \tag{3-28}$$

针对 2DPSK 系统，采用相干解调时，误码率计算如下：

$$P_e = \frac{1}{2}\left[1 - \left(\mathrm{erfc}\sqrt{\rho_i}\right)^2\right] \tag{3-29}$$

针对 2DPSK 系统，采用差分相干解调时，误码率计算如下：

$$P_e = \frac{1}{2}\exp(-\rho_i) \tag{3-30}$$

2) 通信畅通率模型

(1) 通信网综合畅通率模型。

由输入信噪比 ρ_i 和通信系统体制可以算出电台单次通信误信率 P_e，则网内单部通信电台的综合畅通率模型可用式(3-31)表示：

$$p_{畅}=1-\frac{P_e(1)+P_e(2)+\cdots+P_e(\mu)}{\mu} \tag{3-31}$$

式中，μ 为电台的通联次数，$P_e(i)$ 是第 i 次通联的误信率($i=1,2,\cdots,M$)。

设通信网专中有一个主台，其威胁等级定为 W_0，有 N 个属台，其中第 n 个属台的威胁等级定为 W_n（$n=1,2,\cdots,N$）。整个通信网的综合误信率 $P_{e(\mathrm{net})}$ 可以通过对电台 n 的误信率 $P_e(n)$ 以及威胁等级 W_n 加权平均得出：

$$P_{e(\mathrm{net})}=\frac{1}{\sum_{n=0}^{N}W_n}\sum_{n=0}^{N}W_n\cdot P_e(n) \tag{3-32}$$

通信网综合畅通率计算模型可用式(3-33)表示：

$$p_{畅(\mathrm{net})}=1-P_{e(\mathrm{net})} \tag{3-33}$$

(2) 通信系统综合畅通率模型。

对于多个网专的通信系统综合畅通程度要考虑以下几个主要因素。

①网专的级别。

通信网专的级别由它所配属或保障的部队的级别确定。部队的级别不同，其通信网专传递信息的价值和等级也不同。一般来讲，级别越高，通信越重要，其威胁程度也越高。

②网专的性质。

通信网专按其性质，一般可分为指挥通信网、协同通信网、后方通信网、保障通信网等。网专的性质不同，担负的任务不同，其威胁程度也就会有差别。通常指挥网专的威胁程度大于其他网专；在协同网中，步兵、装甲兵与炮兵的协同网专与航空兵的协同网专都具有较高的威胁等级。

③网专的配置地域。

网专的配置地域由其配属或保障部队的部署确定。部署在不同地域的部队担负的作战任务不同，其威胁程度也不一样。考虑网专的配置地域应注意把握两个方面：第一，网专配置在主要还是次要作战方向上；第二，网专配置纵深。

④作战时节。

在不同的作战时节，网专的威胁程度也不同，网专威胁系数 W_{net} 可按式(3-34)计算：

$$W_{\mathrm{net}}=\sum_{i=1}^{4}W_{ci}q_i \tag{3-34}$$

式中，$q_i\geqslant 0$ 为加权系数，$\sum_{i=1}^{4}q_i=1$；W_{c1}、W_{c2}、W_{c3}、W_{c4} 分别为网专的级别因子、性质因子、配置因子、作战时节因子。

通信系统(包括多个网专)的综合误信率为

$$E = \frac{1}{\sum_{k=1}^{K} W_{\text{net}(k)}} \cdot \sum_{k=1}^{K} W_{\text{net}(k)} P_{e(\text{net})k} \tag{3-35}$$

式中，K 为网专总数；$W_{\text{net}(k)}$ 为第 k 个网专的威胁系数；$P_{e(\text{net})k}$ 为第 k 个网专的综合误信率。

通信系统综合畅通率计算模型可用式(3-36)表示：

$$p_{畅} = 1 - E \tag{3-36}$$

3. 雷达装备电磁环境效应计算

雷达是利用目标对电磁波的反射(或称为二次散射)现象来发现目标并测定其位置的，其工作原理如图 3-11 所示。

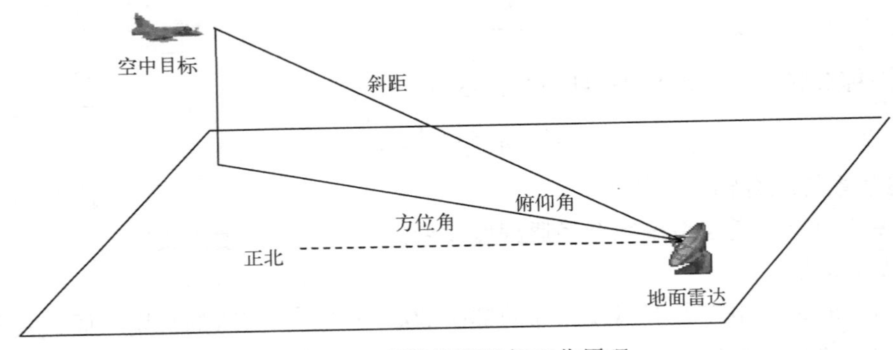

图 3-11　雷达探测目标工作原理

复杂电磁环境对雷达装备的影响作用机理概括为：

(1) 存在噪声压制式干扰信号时，雷达回波信号被淹没，妨碍对目标的检测发现；

(2) 存在假目标欺骗式干扰信号时，雷达终端会出现类似目标回波的假目标回波，混淆对目标的检测发现；

(3) 存在拖引欺骗式干扰信号时，雷达对目标的参数测量误差增大，降低航迹跟踪稳定度。

按照复杂电磁环境对雷达装备的影响机理，把雷达装备电磁环境效应模型细分为雷达探测距离模型、雷达目标发现概率模型。雷达探测距离模型反映的是复杂电磁环境对雷达探测距离效能的影响，雷达目标发现概率模型反映的是复杂电磁环境对雷达目标发现概率的影响。

1) 雷达探测距离模型

(1) 无干扰时的雷达探测距离。

雷达最基本的任务是探测目标并测量其坐标，作用距离是雷达的重要的性能指标之一，它决定了雷达能在多远的距离上发现目标。作用距离的大小既取决于雷达本身的性能，又和目标的性质及环境因素有关。雷达方程集中地反映了与雷达探测距离有关的因素以及它们之间的相互关系。雷达作用距离公式如下：

$$R_{\max}=\left[\frac{P_t G_t^2 \lambda^2 \sigma}{(4\pi)^3 kT\Delta fF\left(\frac{S}{N}\right)_{\min} L}\right]^{\frac{1}{4}} \tag{3-37}$$

式中，P_t 为雷达发射功率；G_t 为雷达发射天线增益；λ 为雷达工作波长；σ 为目标的雷达散射截面积；k 为玻尔兹曼常量；T 为以热力学温度表示的接收机噪声温度；Δf 为接收机的通频带；F 为噪声系数；$(S/N)_{\min}$ 为雷达接收机容许的最小输出信噪比；L 为雷达功率的损耗因子 $(L>1)$。

(2) 有干扰时的雷达探测距离。

当环境因素中存在电子干扰时，雷达将同时收到两个信号：目标的回波信号和干扰信号。雷达接收到的目标回波信号功率为

$$P_{rs}=\frac{P_t G_t^2 \sigma \lambda^2}{(4\pi)^3 R_t^4} \tag{3-38}$$

式中，R_t 为雷达至目标的距离；其他参数含义同前。

进入雷达接收机输入端的干扰信号功率为

$$P_{rj}=\frac{P_j G_j G_t'(\theta)\lambda^2 \gamma_j}{(4\pi)^2 R_j^2} \tag{3-39}$$

式中，P_j 为干扰机发射功率；G_j 为干扰机天线增益；$G_t'(\theta)$ 为雷达天线在干扰机方向上的增益；γ_j 为干扰信号对雷达天线的极化损失(当采用圆极化时取 0.5)；R_j 为干扰机至雷达的距离；其他参数含义同前。

当干扰信号功率与回波信号功率比大于或等于功率准则所要求的压制系数 K_j 时，便可得出干扰方程的一般表示式，即

$$\frac{P_j G_j}{P_t G_t}\cdot\frac{4\pi\gamma_j}{\sigma}\cdot\frac{R_t^4}{R_j^2}\cdot\frac{G_t'(\theta)}{G_t}\geqslant K_j \tag{3-40}$$

式中，参数含义同前。

①自卫干扰时的雷达探测距离。

当干扰机配置在被保护的目标上，如飞机(或军舰)自卫干扰时，$G_t'=G_t$，$R_t=R_j$，干扰方程可化简为

$$R_t \geqslant \left(\frac{K_j P_t G_t \sigma}{4\pi\gamma_j P_j G_j}\right)^{\frac{1}{2}} \tag{3-41}$$

在雷达、目标及干扰机参数给定的情况下，R_t 为一常数，以 R_0 记之，即自卫干扰时的雷达探测距离为

$$R_0=\left(\frac{K_j P_t G_t \sigma}{4\pi\gamma_j P_j G_j}\right)^{\frac{1}{2}} \tag{3-42}$$

②支援干扰时的雷达探测距离。

当干扰机不配置在目标上，即遂行支援干扰时，设雷达天线指向目标，干扰机天线指向雷达，干扰信号偏离雷达天线最大方向的角度为 θ，目标高度为 H，距离雷达的水平距离为 D_t，雷达散射截面积为 σ，则干扰方程可化简得

$$\frac{(D_t^2+H^2)^2}{R_j^2}\cdot\frac{G_t'(\theta)}{G_t}\geqslant R_0^2 \tag{3-43}$$

因此，支援干扰时的雷达探测距离为

$$R_t^2=D_t^2+H^2=\begin{cases}R_0R_j, & |\theta|\leqslant\dfrac{\theta_{0.5}}{2}\\ \dfrac{R_0R_j}{\sqrt{K}\theta_{0.5}}|\theta|, & \dfrac{\theta_{0.5}}{2}<|\theta|\leqslant 90^\circ\\ \dfrac{R_0R_j}{\sqrt{K}\theta_{0.5}}90, & 90^\circ<|\theta|\leqslant 180^\circ\end{cases} \tag{3-44}$$

式中，K 为常数，一般取 0.04～0.10。对于高增益方向天线，K 取大值，即取 0.07～0.10；对于波束较宽、增益较低的天线，K 取小值，即取 0.04～0.06。其他参数含义同前。

2) 雷达目标发现概率模型

雷达对目标的发现概率是信噪比的增函数。外界电磁空间的压制式干扰环境使雷达在接收到目标回波信号的同时接收到干扰信号，降低雷达接收到的信噪比，使信号淹没在噪声中，从而降低雷达对目标的发现概率。假设雷达在探测目标时受到干扰，雷达以天线主瓣指向目标，干扰机以天线主瓣指向雷达，则雷达一次扫描中对运动目标的发现概率为

$$P_d=\exp\left(-\frac{4.75}{\sqrt{nS_j}}\right) \tag{3-45}$$

式中，n 是一次扫描中脉冲积累数；S_j 是雷达单个脉冲接收到的信干比。其中，

$$n=\frac{\theta_{0.5}}{\Omega}f_r \tag{3-46}$$

这里，$\theta_{0.5}$ 是雷达天线半功率波束宽度；Ω 是雷达天线扫描角速度((°)/s)；f_r 是雷达脉冲重复频率。

单个脉冲信干比计算分为以下几种情况。

(1) 对于有自卫干扰的目标：

$$S_j=\frac{P_tG_t\sigma D}{4\pi P_jG_j\gamma_jR_{tr}^2\cdot B_{rj}} \tag{3-47}$$

(2) 对于有随队干扰掩护的目标：

$$S_j=\frac{P_tG_t\sigma D\left(\dfrac{180}{\pi}\arcsin\dfrac{r}{R_{tr}}\right)^2}{4\pi P_jG_j\gamma_jR_{tr}^2B_{rj}K\theta_{0.5}^2} \tag{3-48}$$

(3) 对于有远距离支援干扰掩护的目标：

$$S_j = \frac{P_t G_t \sigma R_{jr}^2 \theta^2 D}{4\pi P_j G_j \gamma_j \cdot B_{rj} K \theta_{0.5}^2 \cdot R_{tr}^4} \tag{3-49}$$

式中，P_j、G_j 分别是干扰机发射功率(W)和天线增益(倍)；r_j 是干扰信号对雷达天线的极化损失，圆极化时取为 0.5；D 是雷达脉压倍数；R_{jr} 是干扰机到雷达的距离(m)；K 是与天线特性有关的常数，取为 0.07；r 是实施随队掩护干扰面目标的等效半径(m)；θ 是雷达对目标和干扰机的张角(°)；B_{rj} 是干扰机干扰功率进入雷达接收机的百分比；其他各量的含义同前。

(4) 对于有复合干扰掩护的目标：

$$S_j = \frac{P_t G_t^2 \sigma D}{4\pi R_{tr}{}^4 \left[\sum_{i=1}^{N} \frac{P_j(i) G_j(i) G_t(\theta_i) \gamma_j B_{rj}(i)}{R_{jr}^2(i)} + \frac{P_j(z) G_j(z) \gamma_j G_t B_{rj}(z)}{R_{tr}^2} + \frac{P_j(s) G_j(s) \gamma_j K_1 \theta_{0.5}^2 G_t B_{rj}(s)}{\left(\frac{180}{\pi} \arcsin \frac{r}{R_{tr}} \right)^2 R_{tr}^2} \right]} \tag{3-50}$$

式中，N 是对警戒雷达实施远距离干扰的干扰站个数；$P_j(i)$、$G_j(i)$、$R_{jr}(i)$ 分别是第 i 个远距离干扰站的发射功率、天线增益、到警戒雷达的距离；θ_i 是警戒雷达对目标和第 i 个干扰站的张角；$G_t(\theta_i)$ 是雷达天线在偏离主瓣 θ_i 角时的接收增益；$B_{rj}(i)$ 是第 i 个干扰站的干扰功率进入雷达接收机的百分比；$P_j(z)$、$G_j(z)$ 分别是实施自卫干扰的干扰机发射功率和天线增益；$B_{rj}(z)$ 是自卫干扰机的干扰功率进入雷达接收机的百分比；$P_j(s)$、$G_j(s)$ 分别是实施随队掩护干扰的干扰机发射功率和天线增益。

B_{rj} 的计算方法如下。

(1) 实施瞄准式干扰时的方法。

设干扰机中心频率对准雷达中心频率，且干扰信号带宽 Δf_j 就等于雷达接收机带宽 Δf_r，此时有

$$B_{rj} = \frac{\Delta f_r}{\Delta f_j} \tag{3-51}$$

(2) 实施拦阻式干扰或扫频式干扰时的方法。

设干扰频段为 $[f_{j\min}, f_{j\max}]$，雷达信号工作频段(捷变频雷达为变频频段)为 $[f_{i\min}, f_{i\max}]$，则有

$$B_{rj} = \frac{l\{[f_{j\min}, f_{j\max}] \cap [f_{r\min}, f_{r\max}]\}}{f_{j\max} - f_{j\min}} \cdot \frac{\Delta f_r}{f_{r\max} - f_{r\min}} \tag{3-52}$$

式中，$l\{[f_{j\min}, f_{j\max}] \cap [f_{r\min}, f_{r\max}]\}$ 是区间 $[f_{j\min}, f_{j\max}]$ 和 $[f_{r\min}, f_{r\max}]$ 交集的长度；Δf_r 是雷达接收机的带宽。

4. 光电装备电磁环境效应计算

现代光电技术在军事上的广泛应用大大促进了光电侦测技术和光电制导技术的迅速发

展。在各类装甲战车、飞机、舰船等现代军事作战平台上，普遍装备了以电视、红外热像仪、微光夜视设备、激光测距机、激光跟踪测量雷达等为代表的光电侦测设备。同时，这些作战平台还大量装备了各类激光制导武器、红外制导武器、电视制导武器、光电复合制导武器等光电制导武器。光电侦测设备和光电制导武器已成为现代高技术战争中主要的威胁之一。下面主要讨论红外制导系统、光电搜索跟踪系统和激光测距装备的电磁环境效应模型。

1) 红外制导系统电磁环境效应模型

以红外制导中的红外点源跟踪制导为例，重点分析红外制导系统的电磁环境效应模型的建立，红外点源跟踪制导系统基本组成如图 3-12 所示。

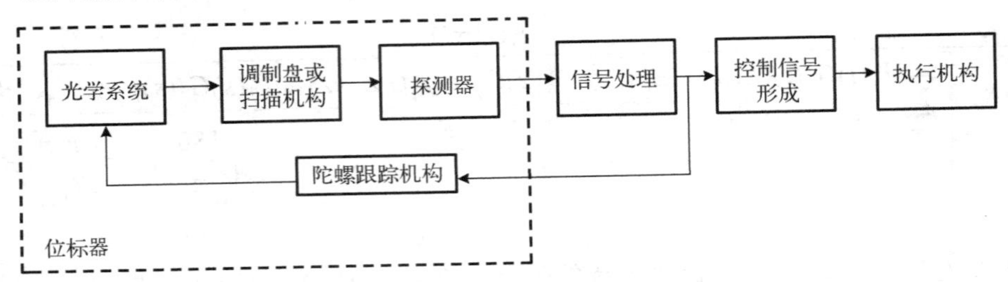

图 3-12　红外点源跟踪制导系统基本组成

红外点源跟踪系统与运动目标的跟踪原理如图 3-13 所示，目标与位标器的连线称为目标视线，视线、系统光轴与基准线之间的夹角分别为 q_t 和 q_M。当目标位于光轴上时，$q_t = q_M$，方位探测系统无误差信号输出。由于目标的运动，目标会偏离光轴，即 $q_t \neq q_M$，系统便输出与失调角 $\Delta q = q_t - q_M$ 相对应的方位误差信号。该误差信号送入陀螺跟踪机构，驱动位标器向减小失调角的方向运动，当 $q_t = q_M$ 时，位标器停止运动。此时若由于目标的运动再次出现失调角 Δq，则位标器又重复上述运动过程。如此不断进行，系统便自动跟踪目标。

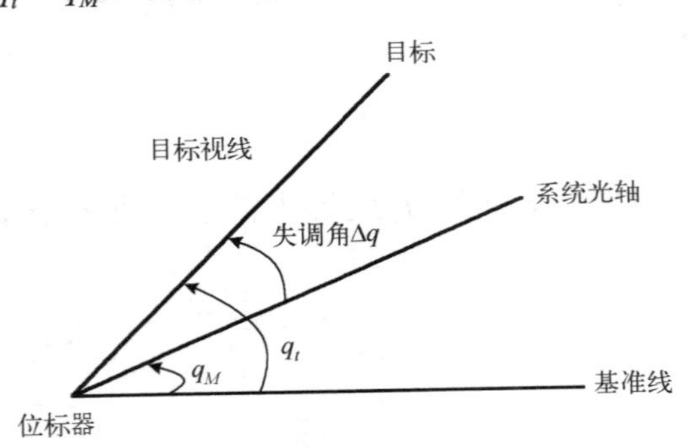

图 3-13　跟踪系统与目标的运动关系

对红外跟踪系统产生影响的电磁环境要素包括各种人为有意干扰、无意自扰互扰和自然电磁辐射，这里重点讨论人为有意干扰对红外跟踪系统的作用过程及影响。对红外跟踪系统的人为有意干扰包括有源干扰和无源干扰两大类，有源干扰主要是红外角度欺骗式干扰，无源干扰包括红外诱饵和假目标、红外烟幕以及红外伪装。

复杂电磁环境对光电装备的影响作用机理为：

(1) 存在红外有源干扰时，红外制导系统的目标跟踪混乱；

(2) 存在红外诱饵和假目标时，红外制导系统的目标跟踪错误；

(3) 存在红外烟幕和红外伪装时，红外探测和制导系统的目标探测与识别困难；

(4) 存在激光角度欺骗式干扰时，激光制导系统的目标跟踪错误；

(5) 存在激光压制式干扰时，激光器件会遭到不同程度的损坏；

(6)存在激光距离欺骗式干扰时，激光测距系统的目标测距错误。

红外制导系统的效能评估指标是杀伤概率，杀伤概率由命中概率和命中条件下的杀伤目标概率共同决定。命中概率由制导误差的分布规律以及目标形状、面积或允许的脱靶量范围等决定。制导误差，它指的是在制导武器飞行过程中的每一个瞬间，制导武器实际飞行的弹道相对于其理想弹道的偏差。根据测量误差理论，制导误差服从正态分布，一般情况下，服从正态分布的制导误差在靶平面内的散布为椭圆。制导误差(y,z)的概率分布密度可表示为

$$f(y,z)=\frac{1}{2\pi\sigma_y\sigma_z}\exp\left\{-\frac{1}{2}\left[\frac{(y-y_0)^2}{\sigma_y^2}+\frac{(z-z_0)^2}{\sigma_z^2}\right]\right\} \tag{3-53}$$

式中，y_0为随机变量y的数学期望；z_0为随机变量z的数学期望；σ_y为随机变量y的标准差；σ_z为随机变量z的标准差。

对于服从正态分布的制导误差，当弹道为圆散布，且没有系统误差时，命中给定半径R的圆形区域内的概率为

$$P_h=1-\mathrm{e}^{-R^2/(2\sigma^2)} \tag{3-54}$$

式中，R为圆形区域半径；σ为误差标准差。

制导武器的杀伤概率为

$$P_k=P_hP_{hk} \tag{3-55}$$

式中，P_h为命中概率；P_{hk}为命中条件下杀伤目标的概率。

2)光电搜索跟踪系统电磁环境效应模型

光电搜索跟踪系统是应用非常广泛的一类光电成像侦测设备，通常用于目标侦察告警、搜索跟踪、火控等场合。光电搜索跟踪系统的一般组成如图 3-14 所示。其中，搜索系统由搜索信号产生器、状态转换机构、放大器、测角机构和执行机构等组成；跟踪系统由光电摄像头、图像信号处理器、状态转换机构、放大器和执行机构等组成。

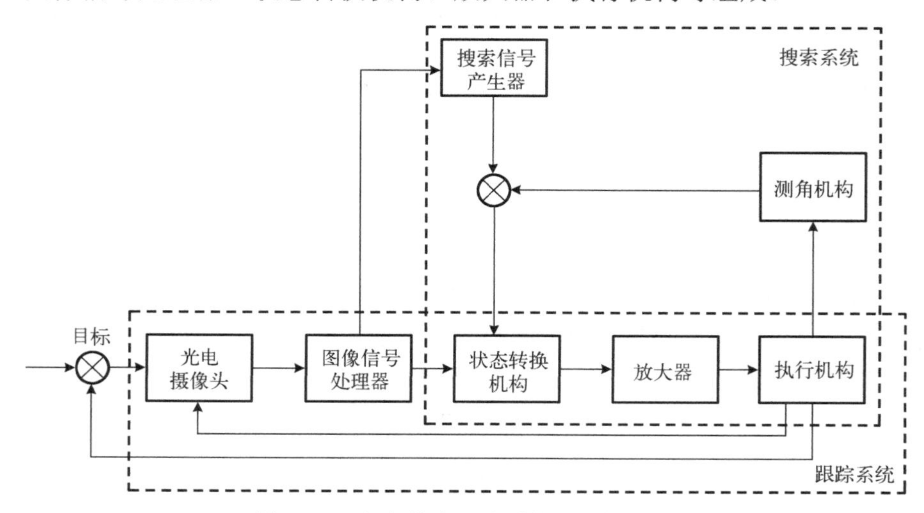

图 3-14　光电搜索跟踪系统的一般组成

导弹预警卫星的红外告警设备是光电搜索跟踪系统的典型代表。这里建立探测距离模型和探测概率模型，通过研究探测距离和探测概率与激光干扰之间的变化关系来评估激光干扰的效能。采用伴星激光干扰预警卫星，当激光束照射光电探测器时，探测器吸收激光能量，温度上升；当激光光强较大时，探测器吸收的能量 E_a 达到并超过饱和阈值 E_1，从而进入非线性区域，探测器功能下降；当探测器吸收的能量 E_a 超过损坏阈值 E_2 时，整个红外接收系统失效，无法提供探测功能。

设卫星红外敏感探测器光电成像焦面的干扰功率密度为 p_3，脉冲激光的脉冲周期为 τ，当 $p_3\tau < E_1$ 时，DSP 预警卫星的作用距离为

$$R'_{\max} = \sqrt{\frac{R_0}{(V_s/V_n)_{\min}}} \tag{3-56}$$

式中，V_s 为红外敏感探测器探测到的目标红外辐射信号电压；V_n 为进入红外敏感探测器的均方根噪声电压；$(V_s/V_n)_{\min}$ 为红外探测系统正常工作所需的最小信噪比；R_0 为红外探测系统的理想作用距离：

$$R_0 = \left[\frac{\pi}{2} D_0 N_A D^* I_{\lambda_1\times\lambda_2} \tau_a \tau_0\right]^{\frac{1}{2}} \left(\frac{\gamma C}{\Omega / T}\right)^{\frac{1}{4}} \tag{3-57}$$

其中，D_0 为光学系统入射孔径的直径(cm)；N_A 为光学系统数值孔径(无量纲)，$N_A = D_0/2f$，f 为光学系统等效焦距(cm)；D^* 为探测器单位面积、单位带宽的探测度$(\mathrm{cm}\cdot\sqrt{\mathrm{Hz}}/\mathrm{W})$；$I_{\lambda_1\times\lambda_2}$ 为目标的红外辐射强度(W/sr)，sr 为球面度；τ_a 为工作波段内的大气红外透过率；τ_0 为光学系统红外透过率；γ 为脉冲能见度系数；C 为单个探测器元件的数目；Ω 为扫描探测视场大小；T 为红外探测扫描帧时间。

探测概率为

$$P(D) = 1 - \mathrm{e}^{-\alpha\left(\frac{V_s}{V_n} - c\right)^{\beta}} \tag{3-58}$$

式中，$\frac{V_s}{V_n}$ 为信噪比；α、β、c 为常数，参考取值为 $\alpha = 0.001$，$\beta = 4.5997$，$c = 0.44825$。

当 $E_1 < p_3\tau < E_2$ 时，预警卫星的作用距离和探测概率分别为

$$R''_{\max} = R'_{\max}\mathrm{e}^{-\frac{(p_3\tau - E_1)^2}{2}} \tag{3-59}$$

$$P(D)' = P(D)\mathrm{e}^{-\frac{(p_3\tau - E_1)^2}{2}} \tag{3-60}$$

当 $E_3 < p_3\tau$ 时，预警卫星的红外探测功能失效，作用距离和探测概率均为 0。

红外烟幕的消光性能主要是由粒子的吸收和散射引起的，假定烟幕粒子为实心刚性球形粒子，且其粒径参数$(2\pi r/\lambda)$较大，此时可采用米氏理论计算其对红外光线的消光性能。当烟幕厚度为 L 时，由朗伯-比尔定律可得到烟幕的透过率 τ 的近似表达式为

$$\tau = \mathrm{e}^{-Na_e L} \tag{3-61}$$

式中，

$$N = \frac{3c}{4\pi r^3 \rho} \tag{3-62}$$

$$a_e = AQ_e = \pi r^2 Q_e \tag{3-63}$$

其中，N 为烟幕的颗粒浓度；a_e 为粒子的质量消光截面；L 为烟幕厚度(m)；c 为烟幕的质量浓度(kg/m^3)；r 为介质微粒的半径(m)；ρ 为粒子质量密度(kg/m^3)；Q_e 为介质衰减效率因子。

烟幕干扰条件下预警卫星接收的导弹尾焰红外辐射强度为

$$I'_{\lambda_1\sim\lambda_2} = I_{\lambda_1\sim\lambda_2} \cdot \tau \tag{3-64}$$

得到烟幕衰减后的红外辐射强度后，按照上述公式计算预警卫星的探测距离和概率。

3) 激光测距装备电磁环境效应模型

激光测距装备(激光测距机)由激光发射器、激光接收器、信号处理器三部分组成。其中，激光发射器包括扩束镜、激光器和激光电源等，其功能是发射激光脉冲并产生主波脉冲；激光接收器由光学系统、光电探测器、放大器等部分组成，其功能是探测返回的激光信号并形成回波脉冲；信号处理器由计时电路、控制和通信电路等部件组成，其功能是由主波和回波脉冲解算出距离信息。激光测距机原理框图如图 3-15 所示。

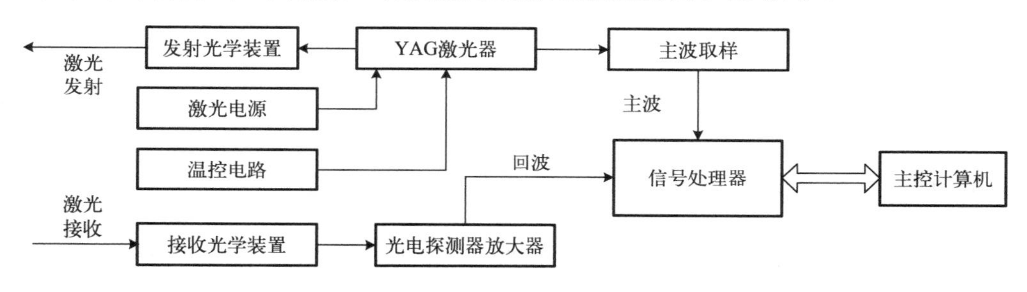

图 3-15　激光测距机原理框图

当激光器发射激光时，置于激光发射器全反射端谐振腔外部的主波取样头将漏出的“微弱”激光脉冲信号转换成电脉冲信号送到计数器作为“开门”信号(即主波)，计数器开始计数。从被测目标上返回来的光脉冲信号经接收望远镜会聚到雪崩二极管组件的光敏面上，转换成电脉冲信号，经视频放大器放大，送到计数器作为“关门”信号(即回波)，计数器停止计数。根据计数器的计数值可计算求出距目标的距离。

激光脉冲发出后经过目标反射，部分能量返回到测距机，返回功率为

$$P_r = \frac{P_t K_t A_r K_r \rho}{\Omega R^2} \cdot T_a^2 \cdot \frac{A}{A_b} \tag{3-65}$$

式中，P_t 为激光器发射功率；P_r 为回到探测器的功率；K_t 为激光发射光学系统的透过率；A_r 为激光接收光学系统的口径面积；K_r 为激光接收光学系统的透过率；ρ 为目标的反射系数；Ω 为反射光的发散立体角；R 为测距机至目标的距离；T_a 为单程大气透过率，且有 $T_a = \mathrm{e}^{-\mu R}$，$\mu$ 为大气衰减系数；A 为目标面积；A_b 为目标处的光斑面积。

当返回功率 P_r 大于测距机接收系统的最小探测阈值时，返回信号将被接收到；当返回

功率 P_r 等于测距机接收系统的最小探测阈值 $P_{阈}$ 时，测距机的探测距离就是测距机的最大作用距离 $R_{\max}$，即

$$\frac{R_{\max}^2}{\exp(-2\mu R_{\max})} = \frac{P_t K_t A_r K_r \rho}{\Omega P_{阈}} \cdot \frac{A}{A_b} \tag{3-66}$$

通常可将目标漫反射物体根据其反射面大小分为漫反射大目标(光斑面积小于目标面积)和漫反射小目标(光斑面积大于目标面积)，此时最大距离公式如下。

漫反射大目标：

$$\frac{R_{\max}^2}{\exp(-2\mu R_{\max})} = \frac{P_t K_t A_r K_r \rho}{\pi P_{阈}} \tag{3-67}$$

漫反射小目标：

$$\frac{R_{\max}^4}{\exp(-2\mu R_{\max})} = \frac{4 P_t K_t A_r K_r \rho A}{\pi^2 \theta_t^2 P_{阈}} \tag{3-68}$$

式中，θ_t 为激光测距装备光束发散角。

测距误差和测距精度是激光测距机最值得关注的指标。测距误差是指测得的目标距离与真实距离之间的偏差。测距精度用于评价测距误差的大小，包括测距准确度和测距精密度两个方面。测距精度计算式如下：

$$\sigma_0 = \sqrt{\frac{1}{n-1} \sum_{i=1}^{n} (d_i - d_0)^2} \tag{3-69}$$

式中，n 为重复测距次数；d_i 为第 i 次目标距离测量值；d_0 为目标距离真实值。

3.3 作战行动复杂电磁环境效应分析及计算

3.3.1 作战行动复杂电磁环境效应分析

信息化条件下，一个从侦察预警、指挥控制、火力打击到生存防护的作战行动，是在电子信息系统的支持下既可能更快、更准、更高效地运转着，同时更加容易受到战场电磁环境的影响，下面按照“侦、控、打、防”四个方面来分析复杂电磁环境对作战行动的影响效应。

1. 对侦察预警行动的效应

信息化条件下的侦察预警行动在战场电磁环境中进行的同时，也将受到其多种影响。在各种电磁探测活动承担侦察预警行动的同时，其自身也将成为情报侦察的对象。因此，在作战准备和作战实施过程中，情报侦察和预警探测都将受到战场电磁环境的多重影响。

1) 对情报侦察的效应

情报侦察的目的是掌握敌方兵力、兵器和作战企图情况，需要针对侦察对象，正确运

用侦察方式，组织严密的侦察行动，才能及时、准确、全面和连续地获取相关情报，并发挥情报作用，有效支援作战行动。在复杂电磁环境的影响下，传统的侦察对象、侦察方式和侦察行动都围绕电磁目标和电磁活动发生着变化，情报侦察在内容、方式与组织上都反映出适应和应对战场电磁环境的特点与要求。

(1)侦察重点转变。

在不同的战争形态，以及不同的作战行动中，侦察内容的重点必然各不相同。但长期以来，侦察内容的种类并没有发生太大的变化，始终以敌方兵力、兵器的调动、集结、部署和运用方案，战争物质资源为主。信息化条件下，在电磁活动普遍渗透到战争准备、作战行动各方面的同时，侦察内容也随即出现了明显的变化。

电磁活动和电磁目标将成为战略情报侦察内容的重中之重。武器的机动力、火力和防御力历来是情报侦察的重点内容，不仅具有战斗对抗价值，对于作战行动和装备研制也具有重要的参考价值。然而，当信息技术嵌入武器装备之中，电磁活动和电磁性能成为“战斗力倍增器”之时，情报侦察的内容必然需要增加电磁方面的内容，情报侦察的重心也必将偏向电磁领域。这是因为，获取敌方武器装备的电磁性能，往往就能获得该装备的战技性能参数；侦测武器装备的电磁活动情况，就能直接反映该武器装备及其搭载平台的工作状态和威胁等级；掌握了敌方武器装备电磁性能的不足，也就等同于摸清了同型号武器装备的薄弱环节。

(2)侦察手段受限。

电磁活动和电磁目标已经成为信息化条件下重要的侦察对象，并对获取传统的侦察目标情报起到了明显的支持作用，可以通过侦获电磁活动情况反映敌方的作战行动情报，通过侦测电磁活动掌握敌方电磁目标的状态和性能，可以进一步推断敌方战斗序列和作战企图。侦察电磁活动和利用电磁手段获取情报信息的方式主要有成像侦察、电子技术侦察和电子对抗侦察三大类。这些方式既是了解和掌握战场电磁环境的手段，也将受战场电磁环境的深刻影响。

成像侦察包括合成孔径雷达成像侦察、红外成像侦察和可见光成像侦察。合成孔径雷达成像在其侦察过程中，也将受到敌方有意干扰的影响，出现成像质量下降、目标遮蔽等情况，影响侦察情报的准确性。红外成像侦察主要用于警戒和渗透侦察，其作用距离十分有限，也较容易受到各种自然和人为红外辐射的影响，容易出现虚警和误判情况。可见光成像难以穿透烟雾和各种伪装，影响因素众多，作用距离也相对有限。

电子技术侦察主要用于侦听敌方信息传输的内容，判明敌方通信组网的结构。在复杂电磁环境下，无线电通信信号样式调制复杂、信号数量众多、信道拥挤不堪，对及时、完整地侦听敌方信息内容，分析判断各通信终端之间的联系，都带来了十分严重的影响，威胁着技术侦听的情报内容完整性、准确性和及时性。

电子对抗侦察可分为电子对抗情报侦察和电子对抗支援侦察。电子对抗情报侦察主要应用于平时，战场电磁环境对其搜索发现目标的影响并不严重，但敌方对用频设备所进行的严格管控却使得平时电子对抗情报侦察难以获取其隐蔽台站、网专的情况；所侦获的目标参数情报只能反映其平时的工作情况，战时用频活动难以得到准确、全面的反映。复杂电磁环境下，特别是在作战过程中，信号密集，变化频繁，电子对抗支援侦察难以快速地从繁杂的背景中检测出目标信号，也难以从有限的信号积累中全面分析其参数特征，情报的准确性和实时性都难以满足动态激烈的电磁斗争需求。

(3)效能发挥受制。

信息的获取只是情报侦察行动的开端，及时、有效地发挥情报信息的价值才是组织实施情报侦察的最终目的。在侦察传感器实时获取目标情况之后，还需要经过情报分析、信息传输、情报融合三个基本环节，才能为作战行动提供支撑，从而最终实现情报的价值。

在情报分析中，由于敌方高逼真假目标信号的混淆，容易出现丢失情报信息、延长分析时间、误判概率增大的情况，从而降低了情报分析的全面性、及时性和准确性，不仅导致侦察行动的反复，延长作战准备时间，还严重影响着作战行动的效益，可能出现贻误战机或导致作战行动失败的严重后果。

在复杂电磁环境的影响下，用以情报信息传输的无线电通信受到影响后，将会出现差错率增高、联通率降低和暴露自身与侦察意图的情况。复杂电磁环境首先影响到侦察前端向后端的传输效率，延长情报侦察活动流程的周期，从而丧失实时指引作用；其次影响到侦察主体和行动企图的安全。

情报融合是挖掘情报内容、满足多种作战行动需求的必要手段。在复杂电磁环境下，出于防范敌方电磁威胁，电磁情报需求高，有的需要敌方无线电通信的信息内容，有的需要敌方辐射源的信号调制样式，有的需要精确的辐射源坐标，有的则需要电磁活动与敌方作战行动之间的直接联系，等等。这就使得情报融合的范围更宽，情报融合的结果更具多样性，情报数据的格式也就更加难以统一，也必然延长情报侦察的周期，相对降低了情报应用的效能。

2)对预警探测的效应

雷达、红外、成像已经成为信息化战场上预警探测的主要手段，预警探测行动受到战场复杂电磁环境的影响主要表现在探测距离压缩、准确性降低和探测漏洞扩大三个方面。

(1)探测距离压缩。

复杂电磁环境下，战场空间内充满了敌我双方、军用民用各种辐射源发射的各种样式的电磁信号，各种信息化武器装备密集部署于有限的战场上，电磁泄漏和谐波辐射也为预警探测阵地带来了错综复杂的周边电磁污染，战场电磁信号背景噪声强度通过多次叠加而远远超过平时的情况，再加上敌方针对性突出的恶意电子干扰，战时的预警探测距离将大为压缩。

预警探测距离被压缩的直接后果就是预警反应时间的缩短，一旦被压缩至最小预警探测距离之内，也就意味着丧失了接敌作战的时机，只能被动挨打。否则，就需要进一步提高作战反应效率，在作战指挥流程和作战行动反应速度上挤出时间，弥补复杂电磁环境所带来的作战时间损失。

(2)准确性降低。

为了获取完整、正确的目标信息，预警探测行动既要竭力避免漏报现象的发生，也要努力减少错报的出现，也就是要同时降低虚警概率和漏警概率。在战场复杂电磁环境中，侦察探测面对各种回波和辐射信号，既要面临能否侦察到目标的问题，也面临发现的是不是真目标的困惑。

在信息化作战过程中，敌方还将有意制造假目标干扰，先进的欺骗式干扰机具有同时制造上千个假目标的能力，预警探测的准确性受到严重影响。贝卡谷地之战中，以色列军队就以假目标无人机为先导，诱使叙利亚军队提前暴露防空导弹阵地和火控制导雷达参数而使其遭受惨重损失。

(3) 探测漏洞扩大。

为了形成严密的预警探测，需要组织一个在陆海空天各维空间上不间断工作，在探测区域上紧密相连并有所重叠的预警探测体系。复杂电磁环境下，尤其是敌方电子干扰威胁下，由于探测目标的距离和准确性都将在一定时间内受到较大程度的削弱，原本相互衔接且有所覆盖的探测范围将不可避免地出现断层，探测区域重复率出现下降，进而出现探测漏洞的现象。

2. 对指挥控制行动的效应

在掌握战场态势和目标情报的基础上，通过敌我识别和时统，为指挥控制提供及时、全面的战场信息支撑，在各种作战平台之间，以及作战平台与指挥机构之间传输情报数据、作战指令与协同信息，才能组织好高度灵活、机动的信息化作战行动。因此，战场电磁环境对指挥控制的影响主要反映在目标判别、信息传输和协调控制等方面。

1) 对目标判别的效应

获取目标信息是侦察预警的任务，而在发现目标的基础上，通过判读目标信号的特征及其变化规律，掌握目标属性，从中获得关于目标位置、方向、高度，以及工作状态、威胁等级等的情报信息，进而识别作战目标。

复杂电磁环境下，包含众多目标属性的电磁信号特征难以清晰、完整地得到反映，甚至会因为信号淹没在繁杂的背景信号之中，以及信号密度过高而难以有效截获信号。然而，更加强烈和深远的影响却是所获取的信息特征的不完整、不准确带来的迟判、误判、错判等，增加了目标识别迟缓、偏差和错误的可能，进而影响到作战行动的组织实施和作战效果的评估判断。

2) 对信息传输的效应

在掌握战场态势的基础上，在高度灵活、机动的作战行动过程中，各种作战平台之间，以及作战平台与指挥机构之间都需要依靠无线电通信来传输情报数据、作战指令与协同信息。对于发射机而言，就是形成战场电磁环境的参与者；对于接收机而言，实质上也就是从复杂的电磁环境中，根据约定的频率、调制样式或者编码等条件，识别、筛选出相应的通信信号。在电磁环境相对简单的时代，即便是较小功率的无线电通信信号，也能在较远距离上被识别、接收和处理；当电磁环境十分复杂之时，就必须通过提高发射功率或者采用新的识别手段，才能提取相应的信号。通信系统受到战场电磁环境的影响体现在传递数据中断和差错率提高等。

(1) 传递数据中断。

传统的短波/超短波组网通信作为基本的无线电通信应用形式，在各种武器平台和作战部队中广泛使用，其受战场电磁环境的影响，会出现误信率和误码率增大从而传递数据中断的现象。

接力通信又称无线电中继通信，因直射波视距传输，受传输距离限制，中继站之间的距离通常不大于 50km，在中继站之间不能存在同频的其他辐射源，否则会产生严重干扰，致使微波接力中断。复杂电磁环境容易对无线电中继通信造成影响。

卫星通信传播介质组成复杂，受大气层运动和太阳活动影响大；卫星通信距离遥远，通信视野范围大，也更容易受到敌方的有意干扰破坏。对于远洋航行的舰船而言，由于位置不固定、距离遥远，卫星通信也就成为岸舰通信的主要手段，但由于舰上空间有限，各种相关的电磁辐射设备往往都必须在卫星通信时保持关机，以避免干扰卫星通信。另外，每当凌日现象发生时，卫星通信也将被迫中断。

应用较多的散射通信是对流层散射通信，从其工作原理上看，散射通信受电磁环境特别是自然环境的影响较大，对流层散射损耗大，对流层密度稳定性很差，严重影响着通信质量，需要使用强方向性、高增益天线的高灵敏度接收机。另外，其大功率的辐射也容易加剧战场电磁环境的复杂程度。

(2) 差错率提高。

无线电通信活动受战场电磁环境的影响，在大多数情况下不会完全中断通信联系，但差错率的增加必然会造成所传递信息的失真，从而严重影响指挥控制的稳定。这种情况不仅反映在传统的短波/超短波通信中，而且在采用了跳频技术的通信系统中，由于数个跳频点受到各种干扰影响而不能使用(均占整个跳频点数的 1/3)，也将从整体上影响所传递信息的准确度，每个跳频点持续通信的时间越长，其所传递信息的完整性受破坏程度越高。此外，差错率还体现在虚假信息的错误解析上，真伪难辨所导致的错误判断对指挥控制的影响也将远远超出稳定性下降的范畴。

3) 对协调控制的效应

在信息化条件下的作战行动中，多种作战力量的协调一致不仅依靠各种指挥通信活动的稳定运行，更需要在导航定位、敌我识别和时统方面得到可靠的支持保障。对协调控制的影响效应主要体现在协同稳定度下降、导航识别困难和协同时间混乱。

(1) 协同稳定度下降。协同通信中以数据链通信最为典型。一旦电磁环境复杂程度加大，其工作的可靠性和稳定性将难以维系，信息化作战体系的整体协同作战能力必然面临崩溃的危险，高效的指挥控制更是无法实现。

(2) 导航识别困难。在信息化战场上，无线电导航定位和敌我识别等电子信息系统的使用进一步提高了单个作战平台或武器系统的判断能力，也为各级指挥员的决策提供了更全面的参考情报。然而，这些电子信息系统若受到战场电磁环境的影响，可能会严重影响着各级作战人员的判断决策能力。例如，作为无线电导航系统的 GPS 也具有其固有的弱点。只要在侦察截获到导航信号的基础上，经分析处理后，再发射一定调制样式的干扰信号进入用户的接收机，就会对用户接收系统形成干扰。

(3)协同时间混乱。信息化战场上，各类信息系统、武器装备的正常运转，作战信息的快速传输、处理、存储和态势分析，以及武器系统的精确定位、协同行动的紧密配合等，都需要精确和统一的时间来控制与维系。各作战单位和武器平台通过接收标准时间短波信号或GPS信号获取时统信息。时统受复杂电磁环境的影响，不仅影响到单个武器装备和平台的正常运行，而且影响到整个作战体系的运转节奏和协同行动，导致通信中断、指挥失灵、武器失控、体系瘫痪，甚至误击误伤情况的发生。

3. 对火力打击行动的效应

1)对常规火力打击行动的效应

常规火力打击主要包括间瞄火力打击、直瞄火力打击和防空火力打击三种。复杂电磁环境下火力打击行动的一般流程如图3-16所示。

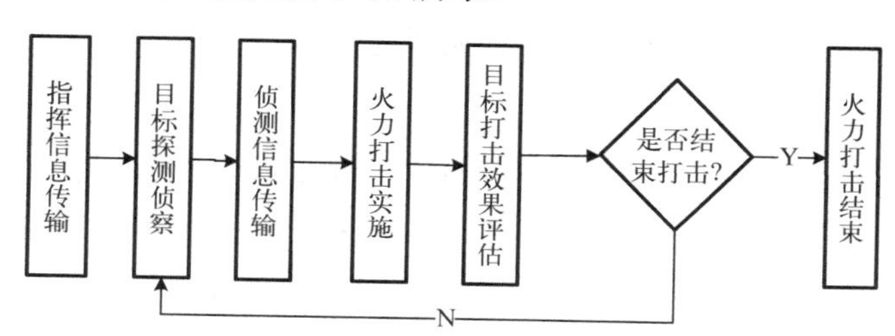

图3-16 火力打击行动的一般流程

火力打击命令通过火力指挥网传送给火力打击执行单元；火力打击执行单元接收到火力打击命令后，开始对火力打击目标进行侦察探测；待侦察探测完成之后，侦察探测单元通过信息传输系统将目标侦察信息传送给火力打击执行单元；接收到目标侦察信息之后，火力打击执行单元开始对目标进行火力打击，部分火力打击过程中需进行侦察校射。通过对火力打击流程的分析，可以看出复杂电磁环境对火力打击行动的影响主要体现在对目标探测侦察、侦测信息传输和火力打击实施三个环节的影响上。由于上述三个环节是不可或缺的，因此在复杂电磁环境影响下任意一个环节受到影响都会影响到整个火力打击的精度和效果。

2)对精确火力打击行动的效应

信息化战争的各种信息化武器在其作战过程中，将广泛使用各种电磁手段，以获得导航、搜索发现、目标识别与瞄准制导等能力，从而获得最高效益的打击能力，实施精确打击。以精确打击武器的典型代表——美国的“战斧”式巡航导弹为例，其作战距离达数千千米，整个飞行过程中，需要使用卫星光电侦察、卫星通信、GPS导航，以及景象匹配等电磁手段来明确目标、准确导航、精确攻击。这些电磁活动无不在复杂的战场电磁环境中进行，任何一个环节受到干扰影响都将导致巡航导弹攻击行动失败。信息化战场上各种作战平台通过信息系统的无缝链接形成一体化的作战体系，其整体作战效能得到几何级数的增长，但这种整体作战效能的形成与发挥更加依赖于各类电磁活动，并在更大的地理空间范围和频谱范围内受到战场电磁环境的多重影响。

4. 对生存防护行动的效应

在信息化条件下，面临敌方电子侦察、电子进攻和精确打击的威胁，若不考虑复杂电磁环境的综合影响而采取有效的防护行动，就可能造成目标暴露、电磁泄漏和抗击失效，出现“藏不严、看不清、防不住”的情况，大大影响防护效果。

1) 目标暴露

合成孔径侧视雷达成像是在侧视方向上发射脉冲压缩信号照射目标，在飞行方向上通过天线的合成孔径原理来提高方位方向测量的分辨率，从而以较小的天线孔径得到较高分辨率的地面目标图像。由于电磁波可以穿透地表覆盖物，因此能够探测到隐蔽在树林中的机动车辆，甚至可以发现浅薄沙土层下面的地下设施。此时传统的地下掩体等战场建设形式都将暴露无遗，伪装失效。各种战场设施和武器装备在其工作时必然产生大量的热辐射，从而有可能被敌方光电传感器所截获，因此必须重视以反红外侦察为主的光电反侦察。

2) 电磁泄漏

敌方电子侦察的主要手段主要有以下几种：一是截获电磁辐射；二是电磁资源的使用管理不善造成的电磁泄漏，通过电子侦察手段完成对这些电磁泄漏的侦测以获取有价值信息；三是电子侦察卫星过顶未及时关机静默造成的电磁信号泄漏。

3) 抗击失效

反辐射攻击的手段主要借助雷达等辐射的电磁波定位电磁辐射源，从而对雷达阵地实施精确硬毁伤，一旦辐射源被反辐射导引头锁定，就很难通过有效手段进行防护，造成抗击失效的严重后果。

3.3.2 作战行动复杂电磁环境效应定量评估

基于侦察预警、指挥控制、火力打击和生存防护的作战行动复杂电磁环境效应分析开展定量评估研究，首先要构建具体的评估指标体系，然后建立相应的指标计算模型，最后选择合适的指标聚合算法汇聚到作战行动效能指标上。考虑大多数作战行动复杂电磁环境效应定量评估的模式比较类同，下面以指挥控制行动电磁环境效应计算为例进行重点介绍，其他行动电磁环境效应计算只给出计算指标。

1. 指挥控制行动电磁环境效应计算

指挥控制行动是包括情报信息获取、指挥决策生成和部队行动控制在内的循环往复过程，其中的情报信息获取和指挥决策生成反映了指挥控制行动的基本能力，部队行动控制则反映了指挥控制行动的效果，而且三者之间环环相扣。情报信息获取可从情报获取手段、情报获取时效和情报获取质量三方面衡量，指挥决策生成可从决策生成时效和决策生成质量两方面衡量，部队行动控制可从行动控制时效和行动控制效果两方面衡量。指挥控制行动电磁环境效应评估指标体系如图 3-17 所示。

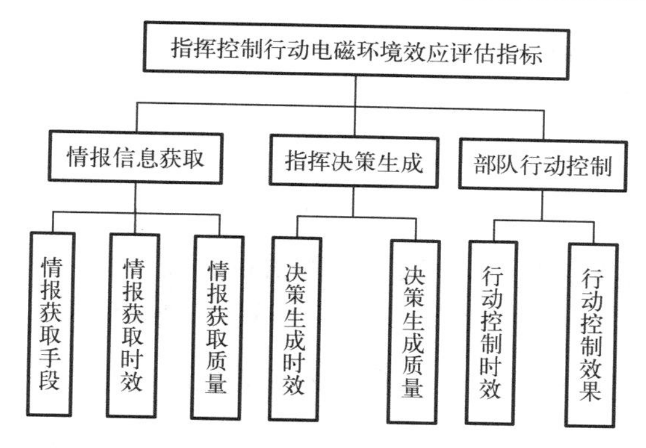

图 3-17　指挥控制行动电磁环境效应评估指标体系

根据上述分析和指标体系，建立如下指挥控制行动电磁环境效应评估模型：

$$S_{zk} = S_{qb}^{\omega_{qb}} S_{jc}^{\omega_{jc}} S_{kz}^{\omega_{kz}} \tag{3-70}$$

式中，S_{zk} 为指挥控制行动电磁环境效应；S_{qb} 为情报信息获取效应；ω_{qb} 为情报信息获取效应权重；S_{jc} 为指挥决策生成效应；ω_{jc} 为指挥决策生成效应权重；S_{kz} 为部队行动控制效应；ω_{kz} 为部队行动控制效应权重。

指挥控制行动中的情报信息获取手段种类繁多，战场电磁环境下的行动效应评估主要考虑各种侦察类的电子装备，如雷达装备、光电探测装备和电子对抗侦察装备等。情报信息获取评估指标由情报获取手段、情报获取时效和情报获取质量决定，具体计算如下：

$$S_{qb} = \alpha_1 C_{qb} + \alpha_2 T_{qb} + \alpha_3 E_{qb} \tag{3-71}$$

式中，C_{qb} 为情报获取手段指标；α_1 为情报获取手段权重；T_{qb} 为情报获取时效指标；α_2 为情报获取时效权重；E_{qb} 为情报获取质量指标；α_3 为情报获取质量权重。

情报获取手段的评价可以以事先列举的众多情报获取手段为范围，对评估对象拥有的情报获取手段进行考察统计，得出该指标的得分值。情报获取时效由情报信息网的通信时效决定，通信网的时效性主要体现在通信时延指标上。通信时效性可表示为

$$T_{qb} = \sum_{i=1}^{N} \lambda_i T_i \tag{3-72}$$

式中，N 为情报信息网的通信结点装备数；λ_i 为第 i 个通信结点装备的权重，该权重由其主属台属性或通信量决定；T_i 为第 i 个通信结点装备的通信时效，它可表示为

$$T_i = \begin{cases} 1, & t_{ic} < t_{i\min} \\ \dfrac{t_{i\max} - t_i}{t_{i\max} - t_{i\min}}, & t_{i\min} \leqslant t_i \leqslant t_{i\max} \\ 0, & t_i > t_{i\max} \end{cases} \tag{3-73}$$

式中，t_i 为通信电台 i 在评估时段的平均通信时间；$t_{i\max}$ 为通信传输时间上限；$t_{i\min}$ 为通信传输时间下限；$t_{i\max}$ 和 $t_{i\min}$ 可根据通信数据传递量的大小与通信等级确定。

情报获取质量由情报准确度直接体现，因此，根据获取的情报与对方的情况比对来判定情报获取质量，情报获取质量可表示为

$$E_{qb} = \frac{r}{R} \tag{3-74}$$

式中，r 为印证为正确的情报数量；R 为获取的情报总数。

指挥决策生成可通过决策生成时效和决策生成质量来衡量，即

$$S_{jc} = \beta C_{jc} + (1-\beta) E_{jc} \tag{3-75}$$

式中，C_{jc} 为决策生成时效指标；β 为决策生成时效权重；E_{jc} 为决策生成质量指标。

决策生成时效以完成决策时间与相关标准规定时间的比值确定，在规定时间下限内完成决策时为 1，超过规定时间上限时为 0，其他情况取中间值，即

$$C_{jc} = \begin{cases} 1, & t_{jc} < t_{\min} \\ \dfrac{t_{\max} - t_{jc}}{t_{\max} - t_{\min}}, & t_{\min} \leqslant t_{jc} \leqslant t_{\max} \\ 0, & t_{jc} > t_{\max} \end{cases} \tag{3-76}$$

式中，t_{jc} 为决策生成实际耗时；$t_{\max}$ 为决策生成时限上限；$t_{\min}$ 为决策生成时限下限；$t_{\max}$ 和 $t_{\min}$ 可根据决策任务量的大小与决策级别确定。

决策生成质量以决策正确数量占决策总数的百分比来衡量，则决策生成质量指标按式 (3-77) 计算：

$$E_{jc} = \frac{d}{D} \tag{3-77}$$

式中，d 为判定为正确的决策数量；D 为做出决策的总数。

部队控制主要是指指挥机构掌控、调控部队的能力；从侧面讲，也是各级部(分)队接受上级任务后，完成任务的能力。可以从行动控制时效和行动控制效果两个方面来考虑。部队行动控制按式(3-78)计算：

$$S_{kz} = \gamma C_{kz} + (1-\gamma) E_{kz} \tag{3-78}$$

式中，C_{kz} 为行动控制时效指标；γ 为行动控制时效权重；E_{kz} 为行动控制效果指标。

行动控制时效是评估指挥机构实时控制部队能力的指标，主要描述指挥机构制定决策后，以命令形式下达给部队的时效性，可由式(3-79)表示：

$$C_{kz} = \begin{cases} 1, & t_c < t_{c\min} \\ \dfrac{t_{c\max} - t_c}{t_{c\max} - t_{c\min}}, & t_{c\min} \leqslant t_c \leqslant t_{c\max} \\ 0, & t_c > t_{c\max} \end{cases} \tag{3-79}$$

式中，$t_{c\max}$ 为命令有效下达最长时间；$t_{c\min}$ 为命令有效下达最短时间；t_c 为指挥机构下达命令的实际用时。

行动控制效果是评估部队执行上级命令有效性的效应指标，主要描述合成部队完成上级任务的有效程度，多次任务以完成任务百分比衡量。以部队机动为例，机动效果体现在到位率上。在机动过程中，会由各种原因造成机动人员、装备和物资损伤而不具备战斗能力，到位率越低，则说明命令执行率越差。因此，机动行动控制效果模型为

$$E_{kz}=\lambda_1\frac{N_1}{M_1}+\lambda_2\frac{N_2}{M_2}+\lambda_3\frac{N_3}{M_3} \tag{3-80}$$

式中，N_1、N_2 和 N_3 分别为到位的人员、物资和装备的数量；M_1、M_2 和 M_3 分别为机动行动中人员、物资和装备的总数。

2. 其他行动电磁环境效应计算指标

侦察预警行动是为获取目标相关情报而采取的各项保证性措施与进行的相应活动的统称。由于侦察预警手段众多，为了突出重点，主要研究在各类电子信息系统支撑下的侦察预警行动。根据战场电磁环境对侦察预警行动的效应分析，评估侦察预警行动电磁环境效应的指标分为基本能力和侦察预警效果。基本能力包括空域覆盖率、时域覆盖率、频域覆盖率和目标识别率；侦察预警效果包括侦察预警信息完整性、侦察预警信息准确性和侦察预警信息时效性。侦察预警行动电磁环境效应评估指标体系如图 3-18 所示。

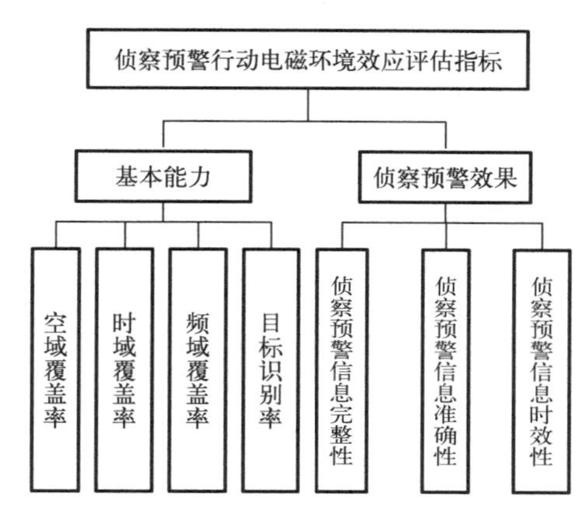

图 3-18　侦察预警行动电磁环境效应评估指标体系

火力打击行动按照使用的火力系统划分，包括直瞄火力打击行动、间瞄火力打击行动和对空火力打击行动等。无论哪种火力单元，火力打击行动基本包含目标侦察、指挥控制和侦察校射等环节，因此，火力打击行动电磁环境效应评估从目标侦察、指挥控制等相关方面考察评估对象的直瞄火力、间瞄火力与对空火力，并结合弹药消耗情况和目标摧毁效果，以此来评估战场电磁环境下的火力打击行动电磁环境效应。火力打击行动电磁环境效应评估指标体系如图 3-19 所示。

生存防护行动是信息化条件下部队防护行动的统称，包括防空中打击、防侦察监视、防电子干扰、防网络攻击和防化学袭击等。生存防护行动电磁环境效应评估注重电磁环境

对生存防护行动的影响，因此，生存防护行动电磁环境效应评估从防侦察监视、抗电子干扰和抗精确打击三方面考察评估对象的基本能力与行动效果，以此来评估生存防护行动电磁环境效应。生存防护行动电磁环境效应评估指标体系如图 3-20 所示。

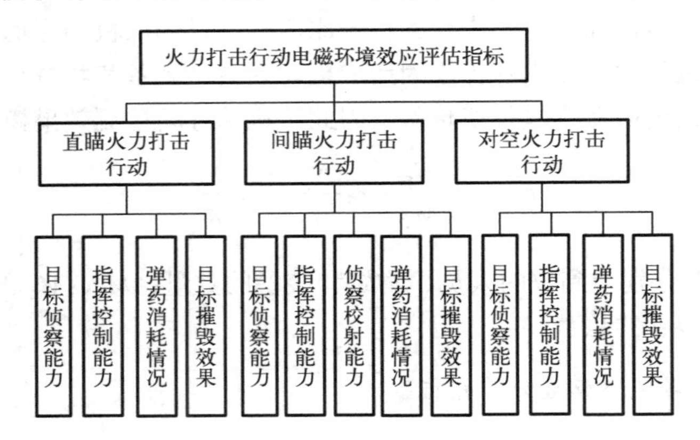

图 3-19　火力打击行动电磁环境效应评估指标体系

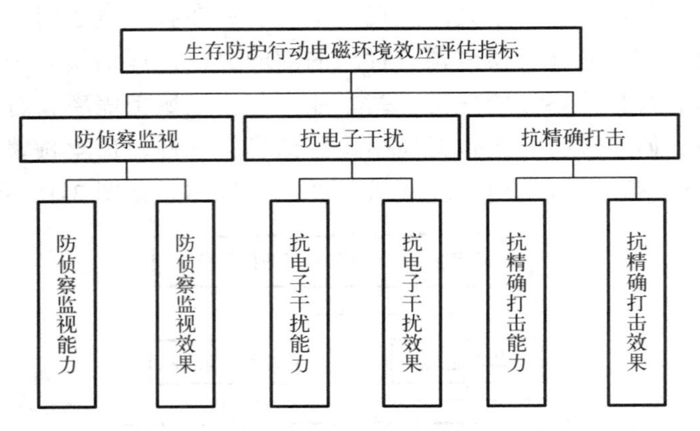

图 3-20　生存防护行动电磁环境效应评估指标体系

第二部分　关键技术

第4章　复杂电磁环境构设技术

针对打赢复杂电磁环境下的信息化、智能化战争的需求，构建和设置一定作战背景下的战场电磁环境，为部队开展复杂电磁环境下的实战化训练和武器装备效能检验提供一个客观、逼真的电磁环境条件，提升部队在复杂电磁环境下的训练水平和作战能力，是开展复杂电磁环境试验训练应用的重要问题。复杂电磁环境构设不仅是信息化条件下联合作战训练的必然要求，也是检验电子信息系统作战效能的必经途径，更是开展电磁领域激烈对抗研究的实际需要。复杂电磁环境的构设要贴近战场实际，真实客观地反映战场电磁环境的信号特征与对抗态势。在开展复杂电磁环境构设时，要首先搞清构设的实际需求，全程体现系统性思维。在构设准备阶段，对构设规划方案进行优化设计，形成最优的构设方案；在构设实施阶段，科学选择电磁环境信号生成方法，做好电磁环境的动态自适应控制，确保构设的电磁环境满足逼真度要求；在构设总结阶段，对电磁环境构设产生的过程和结果数据进行大数据处理与智能分析，总结构设经验，形成构设技术的迭代。

4.1　复杂电磁环境构设规划技术

电磁环境不仅是各种联合作战力量、武器系统和作战行动所共存的战场空间，也是各种作战行动必须共同面对的客观环境条件。开展复杂电磁环境构设，首先需要分析构设需求，以明确复杂电磁环境构设工作"构什么"，同时针对"构什么"问题规划构设工作，解决在有限的构设资源条件下如何最大化发挥构设力量效益，构设出满足部队试验训练要求的复杂电磁环境的问题。

4.1.1　构设需求分析

复杂电磁环境构设需求分析从复杂电磁环境构设内容和构设要素两个方面展开。

1. 构设内容

在纷繁复杂的战场电磁环境中，只有频率、信号样式与用频装备相同，时间、空间与用频装备相关，辐射能量、信号强度超过用频装备电磁安全工作门限的电磁信号，才能对装备性能以及作战行动产生影响、构成威胁。依据战场电磁环境信号对作战行动的影响，复杂电磁环境可分为电磁威胁环境和电磁影响环境。

1) 电磁威胁环境

电磁威胁环境主要如下。

(1) 电子干扰威胁环境。构设敌方电子干扰产生的电磁环境，主要模拟各种平台上的雷达干扰、通信干扰、光电干扰等产生的电磁信号。

(2) 侦察探测电磁环境。构设敌方侦察探测系统产生的电磁环境，主要模拟各种平台上的雷达探测、光电探测等探测系统的战技性能和作战运用方式。

(3) 通信与指挥控制电磁环境。构设敌方通信与指挥控制系统产生的电磁环境，主要模拟通信与指挥控制系统的战技性能和作战运用方式。

(4) 导航定位电磁环境。构设敌方导航定位系统产生的电磁环境，主要模拟不同作战平台上的卫星导航系统、无线电导航系统等系统的战技性能和作战运用方式。

(5) 制导火控电磁环境。构设敌方制导火控系统产生的电磁环境，主要模拟导弹、炸弹、炮弹、鱼雷等武器制导系统与末制导装置的战技性能和作战运用方式。

(6) 敌我识别电磁环境。构设敌方敌我识别系统产生的电磁环境，主要模拟敌方敌我识别系统的战技性能和作战运用方式。

2) 电磁影响环境

电磁影响环境主要如下。

(1) 己方自扰互扰电磁环境。构设己方自扰互扰电磁环境，主要生成作战区域内己方的电子干扰、通信、雷达、光电、制导等装备所产生的相互影响的电磁环境。

(2) 战场电磁背景环境。构设战场电磁背景环境，主要模拟作战区域内民用通信、广播电视、雷达、导航等电子设备对我方装备产生的影响。

2. 构设要素

电磁信号是复杂电磁环境的具体表现形式，对电磁信号的构设是整个复杂电磁环境构设的基础。电磁信号是信息以电磁波为载体进行传送的形式，在一定时刻，某一地域内不同体制、不同调制方式的电磁信号构成了电磁信号环境。电磁信号是复杂电磁环境构设的基本要素，可从电磁信号密度要素、电磁信号强度要素、电磁信号样式要素和电磁信号分布要素四个方面对复杂电磁环境构设要素进行分析。

1) 电磁信号密度要素

电磁信号密度是指位于某一区域的电子侦察设备在单位时间内可能收到的电磁信号的数量，通常分为雷达信号密度、通信信号密度、光电信号密度等。电磁信号密度可以用单位时间内接收的信号数量来量化，也可以用单位地域内电磁辐射源的数量来表示。从时域上，用脉冲密度来描述信号密度；从空域上，用辐射源数量来描述信号密度。在信号密度的两种描述方法中，信号数和辐射源数量均与具体的作战背景有关。电磁信号密度特征反映了复杂电磁环境的信号“疏密”程度。

2) 电磁信号强度要素

电磁信号强度指在接收点上电磁信号的强度。电磁信号强度与辐射源功率、辐射源距离、电磁波衰减等因素有关。信号强度直接决定了复杂电磁环境的影响能力，是对各种电子信息系统或武器装备产生影响的能量基础。电磁信号强度特征反映了复杂电磁环境的信号“强弱”变化。

3) 电磁信号样式要素

电磁信号样式即信号的调制方式及参数范围。一般要分类统计与估算各种电子设备的信号调制方式及其参数范围。通常情况下，同一类型的电磁信号之间能够在传播过程中相互作用，对使用该类型信号样式的电子设备的影响也最为直接，指挥员必须了解战场上的电磁信号类型、样式和参数范围，为其有针对性地谋划行动方案、调整部署和配备兵力兵器提供依据。电磁信号样式特征反映了复杂电磁环境的信号“种类”多少。

4) 电磁信号分布要素

电磁信号分布通常可从时域、频域、空域三个方面来描述。时域分布描述的是不同时段内信号的分布情况；频域分布描述的是信号在不同频段内的分布情况；空域分布描述的是信号在不同空(地)域的分布情况。电磁信号在时域、空域和频域的分布反映了复杂电磁环境的信号“部署”特性。在现代战场上，各种信息化设备是根据作战要求来部署与运用的，电磁信号在空域和时域上的分布都是不均匀的。分析和掌握电磁信号在空域和时域上的分布特点，对于组织实施电子情报侦察和进行情报分析都十分重要。

4.1.2　复杂电磁环境构设规划建模

1. 复杂电磁环境构设规划内涵

针对试验训练用户的实际需求，为做好复杂电磁环境构设工作，必须重点解决构设准备阶段中的复杂电磁环境构设规划和构设实施阶段中的复杂电磁环境构设控制问题。复杂电磁环境构设规划是复杂电磁环境构设的源头，形成的复杂电磁环境构设方案是生成复杂电磁环境信号的依据。复杂电磁环境构设控制是依据逼真度准则对生成的电磁环境进行调控。由此可见，复杂电磁环境构设规划在复杂电磁环境构设中占有非常重要的地位，直接关系着构设的复杂电磁环境能否满足试验训练用户的实际需求。

复杂电磁环境构设规划要根据战场上敌对双方的作战企图和可能的对抗行动，以及双方对电磁辐射活动的依赖程度和受电磁环境影响的程度等，模拟作战对手各种用频装备的电磁参数、抗扰措施、战术运用和最终效果，以及电子进攻装备的干扰频段、发射功率、干扰方式和作战运用特点等情况；具体分析作战对手在未来作战中可能投入的电子战装备，使用的时机、规模、区域和战术运用方式，以及对我方用频装备和作战行动可能产生的威胁；要考虑主要作战方向的自然电磁环境特点、民用电磁设备分布及其对用频装备使用效能的影响，以及己方主战用频装备复杂电磁环境下的作战效能与自扰互扰情况，在时域、空域、频域、能域等方面，尽可能地模拟未来战场上的实际电磁环境。除了要考虑未来战场面对的实际复杂电磁环境，复杂电磁环境构设规划也要着眼于己方的实际构设能力和水平，针对构设实际需求，合理地选择构设方法和构设手段。因此，复杂电磁环境构设规划就是利用现有装备、模拟器材、技术手段和场地条件等，坚持需求与可能相结合，本着“要素齐全、以局部代全域、超常配置、功能等效模拟、环境相近、满足应用需要”的原则，统筹规划现有资源来进行复杂电磁环境构设方案的设计。

2. 复杂电磁环境构设规划模型

基于复杂电磁环境构设规划的内涵，可以理解复杂电磁环境构设规划就是解决如何在一定的构设资源，即限定的构设装备或设备、构设人力、构设财力等资源条件下，科学合理地设计构设方案，包括确定构设指标，选择构设内容、构设手段和构设方法，最大限度地满足训练和装备试验需求，以达到最优构设效果的问题。从系统控制论的角度看，复杂电磁环境构设规划问题就是最优化问题，即在一定的制约条件下，从规划的多个可能的构设方案中选出最合理的、能实现预定最优目标的方案，这个方案亦称为最优规划方案。根据优化理论原理，寻找复杂电磁环境构设最优规划方案的过程就是使构设工作在一定制约条件下达到最优的过程，具体包括：一是将复杂电磁环境构设规划问题转化为最优化问题，构建相应的规划模型，并明确最优化问题所要达到的目标函数和各种约束条件；二是根据规划模型选择合理的最优化算法以得到模型的最优解。

在构建目标函数时要首先确定构设指标。在构设指标上，有基于复杂度构设和基于逼真度构设两种。复杂度是度量电磁环境复杂等级的一个量值，它直接表现的是区域范围内电磁活动在空域、时域、频域和能域四个维度上的状态，具体为辐射源数量的分布情况、电磁环境信号密度的密集情况、频谱资源的挤占情况和信号强度的强弱情况。复杂度直接反映用频装备对复杂电磁环境的适应情况，间接体现部队作战行动对复杂电磁环境的应对情况。基于复杂度构设复杂电磁环境，就是以复杂电磁环境对武器装备和部队的影响作用作为构设依据进行构设。但因为复杂度是一个相对的概念，整体上反映的是区域范围内的电磁活动情况，针对性不强，个体上反映的是用频装备对环境的适应情况，因此基于复杂度进行复杂电磁环境构设必须具有一定的应用场景，例如，在装备复杂电磁环境适应性试验中，设置不同复杂等级的电磁环境，可以分析出不同复杂等级下电磁环境对装备的影响程度；在装备性能边界测试中，设置不同复杂等级的电磁环境，可以对武器装备效能指标的上限和下限进行摸边探底。基于逼真度构设复杂电磁环境，强调构设的电磁环境与想定战场电磁环境的多域特征、装备技术参数和战术运用上的相似程度。按照相似程度，逼真度也可以进行分级量化。

针对复杂电磁环境的不同应用需求，从复杂电磁环境训练应用和复杂电磁环境装备试验应用两个方面建立复杂电磁环境构设规划模型。

1) 训练应用复杂电磁环境构设规划模型

在实战化训练中，为创设逼真的训练环境，通常以实际战场上面临的电磁环境为参考构设复杂电磁环境。由此，确定复杂电磁环境构设规划的目标就是：在一定的构设资源条件下，使得构设的复杂电磁环境与实际战场电磁环境差距最小。表征复杂电磁环境信号的特征包括时域特征、频域特征、空域特征和能域特征，由此，描述训练应用复杂电磁环境构设规划的目标为：在一定的构设资源条件下，使构设电磁环境与实际战场电磁环境在时域特征、频域特征、空域特征和能域特征方面的差值最小，依此思想，建立构设规划模型考虑如下。

构设电磁环境与实际战场电磁环境的时域、频域、空域和能域特征值差值最小、构设电磁环境装备与实际战场电磁装备技术参数特征值差值最小、构设电磁环境装备与实际战场电磁装备战术运用差值最小，约束条件为一定数量的构设装备(设备)、构设人力、构设财力等。

由以上规划模型构建来看，训练应用复杂电磁环境构设规划模型为多目标规划模型，该模型可依据训练应用需求做简化，例如，在实际构设工作中，只追求构设电磁环境与实际战场电磁环境在时域特征、频域特征、空域特征、能域特征等方面差值最小，则多目标规划模型转化为单目标规划模型。

2) 装备试验应用复杂电磁环境构设规划模型

装备试验应用中，为摸清装备复杂电磁环境适应性底数，检验装备在不同复杂等级电磁环境下的效能指标，需要构设不同复杂等级的复杂电磁环境。由此，描述装备试验应用复杂电磁环境构设规划的目标是：在一定的构设资源条件下，构设可动态调整复杂等级的电磁环境。依此目标，建立构设规划模型考虑如下。

构设目标函数重点考虑构设电磁环境复杂等级动态可控。约束条件为具体类别和一定数量的构设资源，即一定的构设装备(设备)、构设人力、构设财力等。

由以上规划模型可看出，装备试验应用复杂电磁环境构设规划模型为单目标规划模型，但该模型中目标函数相对于传统静态目标函数来说，具有动态变化的特点。

归纳起来，基于最优化算法的复杂电磁环境规划方法和程序如下。

(1) 根据企图立案和基本想定对作战想定的战场电磁环境进行量化解析，输出要构设的目标电磁环境的特征参数，包括电磁环境空域特征、时域特征、频域特征和能域特征参数，以及作战对手的各种用频装备技术性能参数、战术运用特点和环境复杂度等，把这些特征参数作为生成目标函数的参考。

(2) 对己方的构设资源进行分析，包括构设装备(设备)的类别和数量、构设力量的规模大小以及构设的时效性要求，把这些条件因素作为约束条件分析的参考。

(3) 根据试验训练实际应用需求，构建基于逼真度准则或复杂度准则的目标函数，确定构设的具体约束条件，并选择合适的最优化算法。

(4) 利用最优化算法，形成电磁环境构设方案，确定具体的构设力量、构设内容、构设方法和构设手段。

(5) 利用仿真推演工具，对形成的电磁环境构设方案进行方案推演，生成模拟电磁环境，输出电磁环境构设仿真数据。

(6) 基于模拟生成的电磁环境数据进行复杂度和逼真度评估，与目标电磁环境进行环境特征值相似性或复杂度偏差量计算，将所述偏差量反馈到规划调整模块中。

(7) 规划调整模块在接收到偏差量后，分别利用电磁环境特征表示要素，对宏观的构设力量、构设内容、构设方法、构设手段以及微观的特征参数和工作方式进行调整，将调整后的规划控制规则作为校正的依据。

(8) 将调整后的规划控制规则转换为对电磁环境规划控制量的校正量，并将其输入电磁环境构设方案制定模块中。

(9) 电磁环境构设方案制定模块根据接收到的规划控制校正量，重新调整电磁环境模拟模块中的构设力量、构设内容、构设方法、构设手段以及各类构设单元的工作状态，生成新的电磁环境构设方案，完成对复杂电磁环境的循环规划调控。

基于最优化算法的复杂电磁环境规划方法和程序，得到复杂电磁环境最优化规划控制原理框图，如图 4-1 所示。

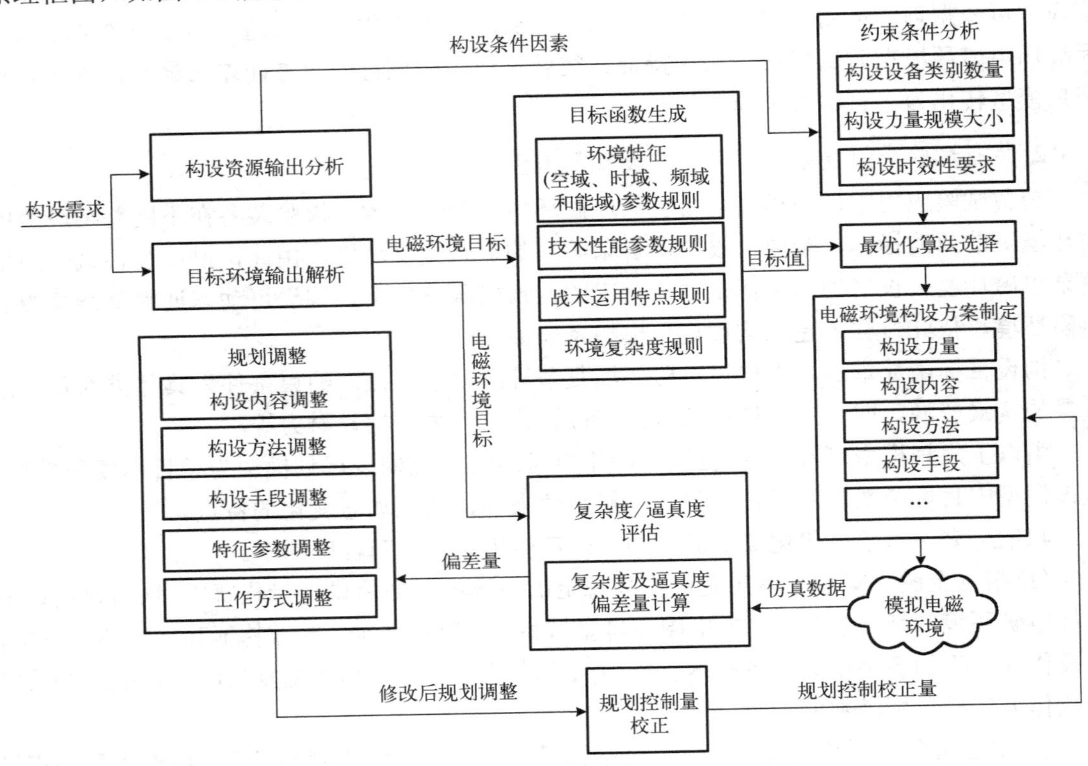

图 4-1　复杂电磁环境最优化规划控制原理框图

4.1.3　复杂电磁环境构设规划最优化算法

在确定好复杂电磁环境构设规划模型后，选取合适的最优化算法以得到最优规划方案是实现复杂电磁环境构设规划的关键。下面以传统优化算法中典型的线性规划算法、智能优化算法中典型的遗传算法、粒子群优化算法和混合优化算法为例介绍最优化算法在复杂电磁环境构设规划中的应用。

1. 线性规划算法

线性规划算法是在线性不等式或线性方程约束下寻求线性函数的极大值或极小值的数学算法。运用线性规划算法解决的问题通常具有以下共性特征：

(1) 问题求解的目标函数能用数值指标来反映，常常是使某个量最大化或最小化，并且为线性函数；

(2) 问题的求解都存在多种解决方案；

(3) 问题求解的目标都是在一定约束条件下实现的，且这些约束条件可以用线性等式或不等式来描述。

在复杂电磁环境构设中，有很多应用线性规划算法解决实际问题的例子，例如，不同构设装备(设备)产生的信号样式和信号数量是不同的，在一定数量的构设设备约束下，如何配置构设设备使得总的信号样式和信号数量最多？这样的问题常常可以采用线性规划算法得到最优规划方案来解决。运用线性规划算法求解实际问题时，线性规划模型多种多样，需要采用引入松弛变量、转换约束条件、引入自由变量等方法，将线性规划模型变换为标准型后再求解，线性规划标准型数学模型的一般形式为

$$
\max f = \sum_{j=1}^{n} c_j x_j
$$
$$
\text{s.t.} \begin{cases} \sum_{j=1}^{n} a_{ij} x_j = b_i, & i = 1,2,\cdots,m \\ x_j \geqslant 0, & j = 1,2,\cdots,n \end{cases} \tag{4-1}
$$

式中，f 为目标函数；x_j 为决策变量；a_{ij}、b_i、c_j 均为常数，且 $b_i \geqslant 0$。采用矩阵形式描述式(4-1)可得

$$
\max f = \boldsymbol{C}^{\mathrm{T}} \boldsymbol{X}
$$
$$
\text{s.t.} \begin{cases} \boldsymbol{AX} = \boldsymbol{b} \\ \boldsymbol{X} \geqslant \boldsymbol{0} \end{cases} \tag{4-2}
$$

式中，

$$
\boldsymbol{A} = (a_{ij})_{m\times n} = \begin{bmatrix} a_{11} & a_{12} & \cdots & a_{1n} \\ a_{21} & a_{22} & \cdots & a_{2n} \\ \vdots & \vdots & & \vdots \\ a_{m1} & a_{m2} & \cdots & a_{mn} \end{bmatrix}, \quad \boldsymbol{X} = \begin{bmatrix} x_1 \\ x_2 \\ \vdots \\ x_n \end{bmatrix}, \quad \boldsymbol{C} = \begin{bmatrix} c_1 \\ c_2 \\ \vdots \\ c_n \end{bmatrix}, \quad \boldsymbol{b} = \begin{bmatrix} b_1 \\ b_2 \\ \vdots \\ b_m \end{bmatrix}
$$

为得到线性规划标准型数学模型的最优解，通常可采用图解法、枚举法、单纯形法等方法来进行求解。

(1) 图解法。利用几何特征来求线性规划问题最优解的方法称为图解法，该方法只适用于求解线性规划问题中含有两个或三个变量的问题(在二维或三维空间中)，求解过程简单直观，不需要写出问题的标准型。

(2) 枚举法。当决策变量的取值有限时，可以把它们全部枚举出来，分别计算它们的目标函数值来获得最优解。当决策变量连续取值或取值无限时，枚举法就无法使用了，枚举法适合于决策变量取整数且取值较少的线性规划问题。

(3) 单纯形法。单纯形法是求解线性规划问题的主要方法，可以解决成千上万个决策变量或约束条件的线性规划问题，其实质是一个迭代过程，即从可行域的一个顶点移动到另一个邻近的顶点，直到判定某一个顶点为最优解为止。

2. 遗传算法

遗传算法(Genetic Algorithm，GA)是模拟达尔文生物进化论的自然选择和遗传学机理的生物进化过程的计算模型，也是一种通过模拟自然进化过程搜索最优解的方法。其主要特点是直接对结构对象进行操作，不存在求导和函数连续性的限定，具有更好的全局优化能力。

构设遗传算法是从代表问题可能潜在的解的一个初代种群开始的，在复杂电磁环境规划中，一个种群对应的潜在解为构设装备(设备)的所有可能部署位置或战术运用方式等的一个子集。而一个种群则由经过基因编码的一定数目的个体组成，每个个体实际上是染色体带有特征的实体，问题空间中的所有潜在解都能编码为染色体，而每个个体的染色体也都能对应问题空间的一个潜在解。染色体作为遗传物质的主要载体，即多个基因的集合，其内部表现(即基因型)是某种基因组合，它决定了个体的外部表现，例如，某一装备的部署位置是由染色体中控制这一参数的某种基因组合决定的。

初代种群产生之后，按照适者生存和优胜劣汰的原理，逐代演化产生越来越好的近似解，根据问题空间中个体的适应度选择个体，在这里个体的适应度即为个体对应的部署参数所对应的目标函数的值，并借助于自然遗传学的遗传算子进行组合交叉和变异，产生代表新的解的种群。该种群比前代更加适应环境，种群中的最优个体经过解码，可以作为问题近似最优解，算法过程详细描述如下。

1) 编码

在遗传算法开始时需要实现从表现型到基因型的映射，即编码工作，由于仿照基因编码的工作很复杂，往往需要进行简化，一般采用二进制编码。在复杂电磁环境构设规划中一般把构设装备(设备)的部署位置参数或战术运用方式等个体参数直接编码进染色体中。以部署中的一个装备(设备)部署位置或个体参数为例：假设有 200 个可以部署的位置，可以用 8 位的二进制码来表示，其中第 120 个点位可以简单地表示为 01111000。

2) 选择

从群体中选择优胜的个体，淘汰劣质个体的操作叫选择。选择算子有时又称为再生算子。选择的目的是把优胜的个体(或解)直接遗传到下一代或通过配对交叉产生新的个体再遗传到下一代。选择操作是建立在群体中个体的适应度评估基础上的。

3) 交叉

在自然界生物进化过程中起核心作用的是生物遗传基因的重组(加上变异)。同样，遗传算法中起核心作用的是遗传操作的交叉算子。交叉是指把两个父代个体的部分结构加以替换重组而生成新个体的操作。通过交叉，遗传算法的搜索能力得以飞速提高。

4) 变异

变异算子的基本内容是随机对种群中的个体的某些基因值做变动。

3. 粒子群优化算法

粒子群优化(Paricle Swarm Optimization，PSO)算法是受人工生命研究结果启发，通过模拟鸟群觅食过程中的迁徙和群聚行为而提出的一种基于群体智能的全局随机搜索算法。粒子群优化算法具有收敛速度快、参数少、算法简单且易实现的特点，对于高维度优化问题比遗传算法更快收敛于最优解。

在粒子群优化算法中，每个优化问题的潜在解都是搜索空间中的一只鸟，称为粒子。所有的粒子都有一个目标函数决定的适应值，每个粒子还有一个速度决定它飞翔的方向和距离。然后其他粒子就追随当前的最优粒子在解空间中进行搜索。粒子群优化算法初始化为一群随机粒子(随机解)，而后通过迭代找到最优解。在每一次迭代中，粒子通过跟踪两个极值来更新自己：一个就是粒子本身所找到的最优解，这个解称为个体极值；另一个是整个种群目前找到的最优解，这个极值是全局极值。另外，也可以不用整个种群而只是用其中一部分作为粒子的邻居，那么在所有邻居中的极值就是局部极值。

假设在一个 D 维的目标搜索空间中，有 N 个粒子组成一个群落，其中第 i 个粒子表示为一个 D 维的向量：

$$\boldsymbol{X}_i=(x_{i1},x_{i2},\cdots,x_{iD}),\quad i=1,2,\cdots,N \tag{4-3}$$

第 i 个粒子的“飞行”速度也是一个 D 维的向量，记为

$$\boldsymbol{V}_i=(v_{i1},v_{i2},\cdots,v_{iD}),\quad i=1,2,\cdots,N \tag{4-4}$$

第 i 个粒子迄今为止搜索到的最优位置称为个体极值，记为

$$\boldsymbol{P}_{i\text{best}}=(p_{i1},p_{i2},\cdots,p_{iD}),\quad i=1,2,\cdots,N \tag{4-5}$$

整个粒子群迄今为止搜索到的最优位置为全局极值，记为

$$\boldsymbol{g}_{\text{best}}=(p_{g1},p_{g2},\cdots,p_{gD}) \tag{4-6}$$

在找到这两个最优位置后，粒子根据如下的公式来更新自己的速度和位置：

$$\begin{gathered}v_{id}=v_{id}+r_1\times c_1\times(x_{id}-p_{id})+r_2\times c_2\times(x_{id}-p_{gd})\\x_{id}=x_{id}+v_{id},\quad d=1,2,\cdots,D\end{gathered} \tag{4-7}$$

式中，c_1 和 c_2 为学习因子，也称加速常数；r_1 和 r_2 为[0,1]范围内的均匀随机数。速度更新函数由三部分组成：第一部分为“惯性”或“动量”部分，反映了粒子的运动“习惯”，代表粒子有维持自己先前速度的趋势；第二部分为“认知”部分，反映了粒子对自身历史经验的“记忆”或“回忆”，代表粒子有向自身历史最佳位置逼近的趋势；第三部分为“社会”部分，反映了粒子间协同合作与知识共享的群体历史经验，代表粒子有向群体或邻域历史最佳位置逼近的趋势。

在复杂电磁环境构设规划中，各个构设装备(设备)的部署位置参数或战术运用方式可以独立为搜索空间的一维，目标函数设置为复杂电磁环境构设规划的目标函数，最后通过迭代直到找到符合要求的构设规划方案。

4. 混合优化算法

混合优化算法即将两种或者多种最优化算法结合，综合算法中的优点，规避其缺点，构造出更强大的最优化算法，混合优化算法种类很多，以一种基于遗传算法的粒子群优

化(GA-PSO)算法为例给出算法原理。遗传算法和粒子群优化算法都有其优点，例如，粒子群优化算法全局搜索能力强，遗传算法局部收敛速度快并具有逃脱局部最优解的能力。该方法通过在粒子群优化算法中导入遗传算法的一些操作，让算法同时具有两者的优点。

通过上面关于遗传算法与粒子群优化算法的解释，可以看出两种算法的不同主要体现在以下两个方面。

(1)遗传算法通过某种选择策略选出若干个个体两两配对进行繁衍，而粒子群优化算法将所有个体与群体最佳个体进行繁殖，产生下一代个体。

(2)遗传算法有变异操作，而粒子群优化算法没有，这导致粒子群优化算法很难逃脱局部最优解。

GA-PSO 算法综合遗传算法和粒子群优化算法的优点，具体实现时该算法针对遗传算法和粒子群优化算法的主要改进如下。

(1)选择、交叉过程。首先，按照某种选择策略选出 M（偶数）个个体，然后，对选出的个体两两配对，以概率 p_c 执行下面的交叉：

$$
\begin{aligned}
\hat{\boldsymbol{X}}_1^g &= r\times\boldsymbol{X}_1^g+(1-r)\times\boldsymbol{X}_2^g\\
\hat{\boldsymbol{X}}_2^g &= r\times\boldsymbol{X}_2^g+(1-r)\times\boldsymbol{X}_1^g\\
\hat{\boldsymbol{V}}_1^g &= r\times\boldsymbol{V}_1^g+(1-r)\times\boldsymbol{V}_2^g\\
\hat{\boldsymbol{V}}_2^g &= r\times\boldsymbol{V}_2^g+(1-r)\times\boldsymbol{V}_1^g
\end{aligned}
\tag{4-8}
$$

式中，g 为迭代次数；r 为一个[0, 1]的随机数；$\boldsymbol{X}_1^g$、$\boldsymbol{X}_2^g$ 和 $\boldsymbol{V}_1^g$、$\boldsymbol{V}_2^g$ 分别为选出的两个父代的位置向量与速度向量；$\hat{\boldsymbol{X}}_1^g$、$\hat{\boldsymbol{X}}_2^g$ 和 $\hat{\boldsymbol{V}}_1^g$、$\hat{\boldsymbol{V}}_2^g$ 分别为经过交叉后得到的子代个体的位置向量与速度向量。

(2)变异操作。以概率 p_m 对每个个体 X_k^{g+1} 执行下面的变异操作：

$$
\begin{aligned}
X_k^{g+1} &= \begin{cases}\hat{X}_k^g+c_k, & \text{Fitness}(\hat{X}_k^g+c_k)>\text{Fitness}(\hat{X}_k^g)\\ \hat{X}_k^g, & \text{其他}\end{cases}\\
V_k^{g+1} &= \hat{V}_k^g
\end{aligned}
\tag{4-9}
$$

式中，c_k 为区间 $[X^L-\hat{X}_k^g, X^U-\hat{X}_k^g]$ 上均匀分布的随机数，X^L 和 X^U 分别为搜索区间的上、下限；$\text{Fitness}(\cdot)$ 为构设规划的目标函数。

GA-PSO 算法的具体实现流程如下：

(1)初始化粒子群中所有 N 个个体的位置及其速度，搜索群体最佳个体位置 $\boldsymbol{P}_{i\text{best}}$，将个体的历史最佳位置 $\boldsymbol{g}_{\text{best}}$ 设定为初始位置，设置迭代次数 $g=0$；

(2)按粒子群优化算法更新每个粒子的速度和位置，并计算它们的适应度；

(3)如果满足终止条件，则输出最优解，终止程序，否则继续步骤(4)；

(4)按适应度随机选出 M 个个体，对它们执行交叉操作，得到 M 个新个体；

(5)对所有个体执行变异操作，在 $M+N$ 中选择 N 个适应度高的个体返回步骤(2)。

4.2　复杂电磁环境生成技术

基于复杂电磁环境构设方案，生成电磁环境信号是开展复杂电磁环境构设的重要环节。传统单一的生成电磁环境信号的方法，如实装电磁环境信号生成方法、半实物电磁环境信号生成方法，都存在成本高、资源共享较难等局限。综合运用实装实物模拟、半实物模拟和数字仿真手段，采用 LVC（实况 Live、虚拟 Virtual、构造 Constructive）虚实一体生成技术，将分散在不同地域的实装、半实物和模拟系统互联起来生成复杂电磁环境信号，是解决复杂电磁环境生成问题的有效方法。虚实一体生成技术综合了实装实物模拟、半实物模拟和数字仿真三者的优点。采用该技术生成复杂电磁环境具有三个方面的优势：①打破地域限制，整合电磁环境信号生成资源，快速生成满足任务需求的复杂电磁环境信号；②虚实结合，将内场数字仿真、半实物仿真与外场实装有效结合，实现内外场资源的相互补充；③资源共享重组，通过统筹规划实现内场仿真资源、数据资源的充分共享以及外场实装资源的统一调度，有效避免重复建设。

4.2.1　电磁信号生成方法

依据电磁信号产生的来源不同，生成复杂电磁信号的方法包括实物生成方法、半实物生成方法和数字仿真生成方法。

1. 实物生成方法

实物生成方法基于实物生成电磁信号，是指研制实体模型，重现原系统状态，即按照真实系统的物理特性来建立模型，生成电磁信号的设备全部是实际物理设备或真实设备的缩比模型。利用实物生成电磁信号有着相当高的逼真度，其突出特点是能很好地生成一个动态的、充满对抗性的电磁环境，是复杂电磁环境下作战训练和武器装备效能检验中运用最有效、最直接的一种电磁信号生成方法，且具有直观、形象、逼真的优点；缺点是模型改变困难，费效比较高。

实物生成方法的核心在于各种类型的实装和模拟器材，完全利用实装生成电磁信号存在成本高和组织协调困难的问题，因此，通常将实装和模拟器材结合起来使用，以降低费效比。实物生成方法主要由以下三部分组成。

(1) 生成电磁信号的装备器材：实装、模拟器材等。

(2) 数据通信网。

(3) 信号生成控制平台：监视、控制生成状态和进程的装置，包括电磁信号监视系统、设备控制系统和进程控制系统等。

实物生成方法结构框图如图 4-2 所示，整个电磁信号生成过程的指挥控制由信号生成控制平台通过数据通信网实现。模拟器材和实装必须建立统一的时间标准，通常使用统一的时统系统，也可以使用 GPS 提供的时间标准。生成状态和进程数据，可以通过数据通信网进行传输，实时显示在信号生成控制平台上，便于及时调整生成部署。

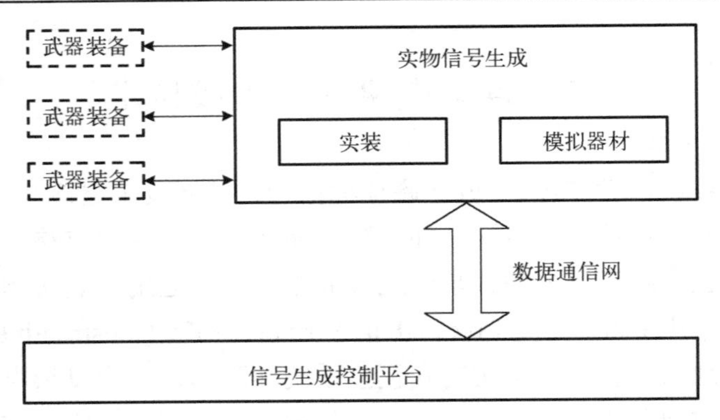

图 4-2　实物生成方法结构框图

采用实物生成方法生成电磁信号，其效果取决于参与生成电磁信号的设备与目标在技术特性、作战运用等方面的相似程度。在具体实施中，选择实装还是模拟器材，是由生成任务和目标特性综合决定的。例如，在实兵对抗演练时，一般运用实装来生成一些信号密度不高，但极其重要的敌方电磁威胁信号；而对于一些信号密度高、体制类型多、空间分布广、不便于通过大量实装来生成的集群电磁环境信号，就运用模拟器材来生成。虽然实物生成方法能够达到很好的逼真度，但是由于生成密集、动态、多变的电磁信号需要汇集大量的大型电子装备或器材，其操作难度较大，耗费的人力、物力、财力也较大，因此实物生成方法存在一定的局限性。

2. 半实物生成方法

半实物生成方法基于半实物仿真生成电磁信号，又称为物理-数学仿真，其将系统中比较简单的部分或对其规律比较清楚的部分以数学模型描述，并把它转化为计算机仿真模型；而相对复杂的部分或对其规律尚不十分明确的部分则采用实物(或物理)模型。一方面，虽然随着计算机技术的发展和对仿真领域的深入认识，数学模型开始逐步代替物理模型，但是仍有一些仿真试验需要物理设备参与；另一方面，由于数学模型在很大程度上对模型构建做了简化，因此，在条件允许的情况下应尽可能在仿真系统中嵌入实物以取代相应的数学模型，可提高生成电磁信号的置信水平。

半实物生成方法利用半实物器材(设备)生成电磁信号，半实物器材可以在计算机软件的控制下，根据预定的信号源、调制样式、调制参数产生不同的信号。相比实物生成方法，半实物生成方法作为实物生成方法的完善和补充，不仅可以减少大型实装的动用，节约成本，也可比较全面地检验真实电子装备在复杂电磁环境下的作战效能。因此，半实物生成方法既解决了实物生成方法中的规模问题，又满足了内场、外场试验训练的电磁信号生成需求。

半实物生成方法主要由以下四部分组成。

(1)半实物模拟器：各种目标模拟器、仿真计算机、信号生成器等。

(2)接口设备：模拟量接口、数字量接口、实时数字通信接口等。

(3)信号生成控制平台：监视、控制生成状态和进程的装置，包括生成状态信号监视系统、设备控制系统和进程控制系统等。

(4) 数字支持服务系统：以计算机软件为主，主要有态势处理、数据记录、文档处理以及后期处理等软件。

半实物生成方法结构框图如图 4-3 所示。

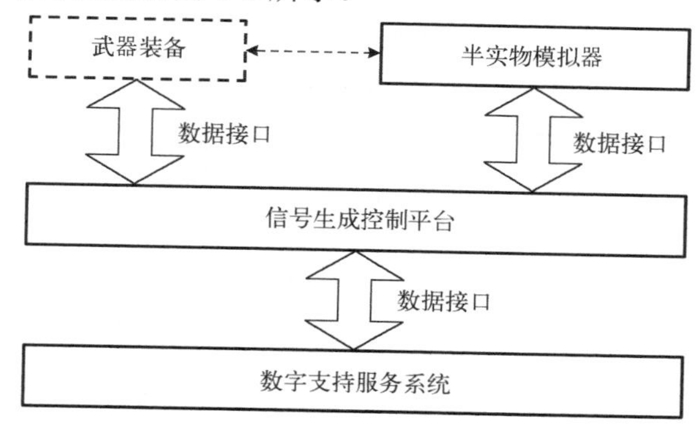

图 4-3　半实物生成方法结构框图

信号注入作为半实物生成电磁信号的一种典型手段，一般通过软件无线电技术的射频硬件和独立开发的支撑软件搭建电磁信号生成系统。信号注入主要有两种形式：一种是辐射式信号注入；另一种是线缆直接信号注入。

辐射式的信号注入主要运用在仿真暗室、实验室等内场环境下。各种信号发生器产生的信号经功率放大器后，通过不同的发射天线注入内场实验室生成电磁信号。利用电磁环境监测系统对内场空间的电磁信号进行监测和记录，以评估半实物生成方法生成的电磁信号，如图 4-4 所示。

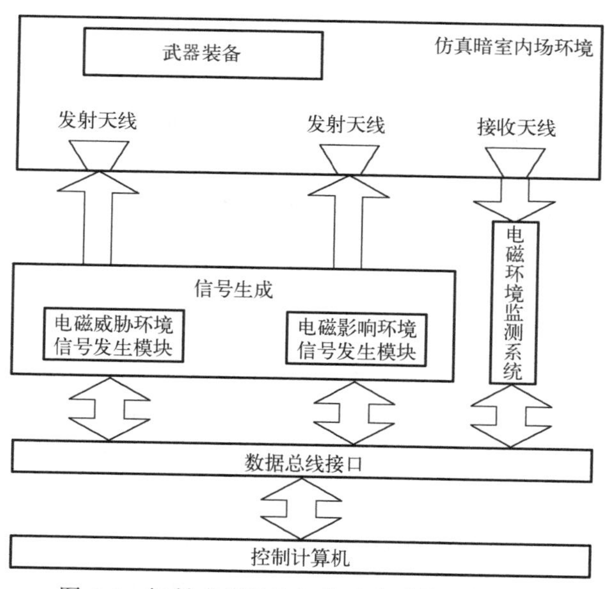

图 4-4　辐射式信号注入生成电磁信号示意图

线缆直接信号注入是指各种信号发生器产生的信号经信号合成器后，通过馈线直接注入武器装备和电磁环境监测装备的一种手段。利用电磁环境监测系统对合成信号进行监测和记录，并对生成的电磁环境进行评估。图 4-5 为线缆直接信号注入生成电磁信号示意图，由于该方法通过馈线直接注入信号，因此对环境要求不高，内场、外场均适用。

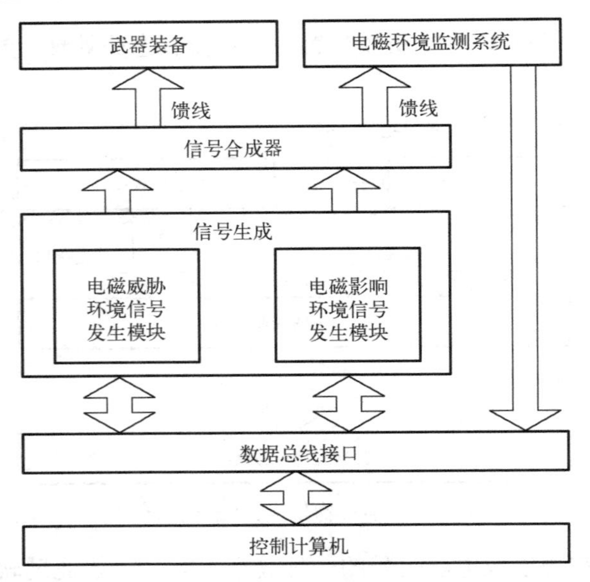

图 4-5　线缆直接信号注入生成电磁信号示意图

信号注入具有以下特点：一是可从武器装备各基准信号，如本振等同步触发信号；二是所产生的射频模拟信号注入灵活，可从射频端、视频端、中频端任一处注入相应的输入端口；三是一部设备可同时产生运动目标、回波信号及环境杂波；四是模拟信号均利用计算机数字技术实时产生，它采用计算机软、硬件以及射频器件生成各类相干或非相干信号，模拟的电磁信号较精细和周全，对于一些特定样式的信号可以定制生成，并具有足够高的逼真度。

但信号注入也存在一些不足：辐射式的信号注入由于受场地限制，只能在内场条件下进行；线缆直接注入虽然对场地的要求不高，但缺少信号传输过程这一单元，导致生成的电磁信号不够逼真，并且通过信号注入生成的电磁信号，信号是单方面的注入武器装备的，因此生成的电磁信号缺乏对抗性，难以展现实际作战条件下各作战单元之间的实时交互过程。

3. *数字仿真生成方法*

数字仿真生成方法是基于数学仿真的一种电磁信号生成方法。数字仿真也称为计算机仿真，是指对实际系统进行抽象，并将其特性用数学关系加以描述而得到系统的数学模型，对数学模型进行试验的过程。计算机技术的发展为数字仿真创造了环境，使得数字仿真变得方便、灵活、经济。

数字仿真生成方法是依靠在计算机系统上建立的各种电磁信号模型来生成电磁环境信号的。随着计算机技术的飞速发展，数字仿真生成电磁信号的过程越来越方便、快捷、灵活，且由于没有场地限制，其重复操作性好，价格也更为低廉。数字仿真生成电磁信号的方法分为两种类型：一种是功能仿真；另一种是信号仿真。其中，功能仿真能够对电磁环境的功能、特性参数进行描述，不对具体信号的频率、相位进行描述，它建立的是统计模型；信号仿真建立的是精确的数学模型，能够对具体信号的频率、相位进行仿真。这两种仿真类型各有优缺点，相对而言，功能仿真的优点是运算量较小、构建较为简便，缺点是无法获得电磁信号的具体信息；信号仿真的优点是能得到信号的具体信息，缺点是由于运算量大，对计算机速度和运算能力的要求高。

数字仿真生成方法生成电磁信号有三个特点：一是环境模型与装备模型可通过程序模块方便地拼装，模型与模型之间有很好的独立性，并通过特定接口进行通信；二是生成模拟电磁信号时，只需根据实际需要对相应的装备、信号模型进行拼装组合，这就使数字仿真生成具有很大的灵活性；三是该方法有很强的扩展能力，能够方便地补充尚未建模的信号模块，而对原模型的影响很小。

依托计算机网络，结合分布式交互仿真技术，数字仿真生成方法可以满足大规模电磁信号生成需求，生成较为逼真的多武器平台对抗电磁信号。但是，全数字仿真也有一定的局限：一是由于其生成的电磁信号是虚拟信号，它的置信度取决于影响作战进程、作战结果的电子装备、兵力兵器和战场态势等模型设计的准确性与逼真度。通常模型建模都是对原型进行了一定程度的抽象，并不能做到完全精确，在模型逼真度与模型可行性上进行合理设计是数字仿真的一大难点；二是必须考虑到系统开销问题，虽然数字仿真生成是利用计算机系统产生虚拟信号的，可不用考虑器材硬件成本，但要生成大量电磁信号会造成软件规模大、数据吞吐量高，导致计算负荷重对计算机软、硬件的要求也高。同时，复杂的分布式仿真系统对网络承载能力的要求也提高了。

4.2.2　复杂电磁环境虚实一体生成技术架构

鉴于信号实物生成方法、半实物生成方法和数字仿真生成方法各有优缺点，扬长避短，最大化发挥各种方法的效益，就成了复杂电磁环境信号生成技术追求的目标，基于 LVC 的复杂电磁环境虚实一体生成技术为该目标的实现提供了技术路线。复杂电磁环境虚实一体生成技术采用标准化、开放式体系结构生成电磁环境信号，支持实物、半实物、数字仿真集成和异地多区域联合，实现各类电磁信号生成资源的互联互通互操作和组合式应用。在具体实施时，应重点实现互操作、可重用和可组合。互操作是指参与生成电磁信号的实物、半实物、数字仿真资源的互操作；可重用是指电磁信号生成设备、资源和各类基础数据的重用；可组合是指环境信号生成设备、资源和仿真模型实现“搭积木式”集成，可快速构建完整环境生成系统，同时所有资源以标准组件形式存在，以便快速按需集成。虚实一体生成技术融合了实装实物模拟、半实物模拟和数字仿真各自的优势，把内场仿真的虚拟电磁信号和外场实装辐射的电磁信号以及模拟器信号集成在同一任务环境中，为联合训练指挥员、参谋人员、装备操作人员、装备试验人员等提供了满足试验训练需求的灵活电磁环境信号。

在技术架构上，复杂电磁环境虚实一体生成技术架构分为 4 层：资源层、中间件层、基础平台服务层和应用层，如图 4-6 所示。

(1) 资源层是完成电磁环境生成的基础设施和基础数据，涵盖内外场的虚实一体电磁环境信号生成资源，包括数据资源、基础资源、实装资源、模拟器资源以及仿真资源等。数据资源主要包括资源仓库和数据档案库，其中资源仓库存放电磁环境生成资源的对象模型、组件模型和构设工具等，数据档案库存放电磁环境生成方案、数据和结果等。基础资源主要包括传输网络、时空基准等。传输网络可以是专线网络、自建网络等可信可靠信息传输网络，通过高性能加密安全机制，统一规划 IP 地址，实施网络性能实时动态监测，支持电磁环境生成任务。时空基准是完成电磁环境生成资源时空对准的基础，是在统一数据空间里表示各生成资源空间位置和时间的基准。

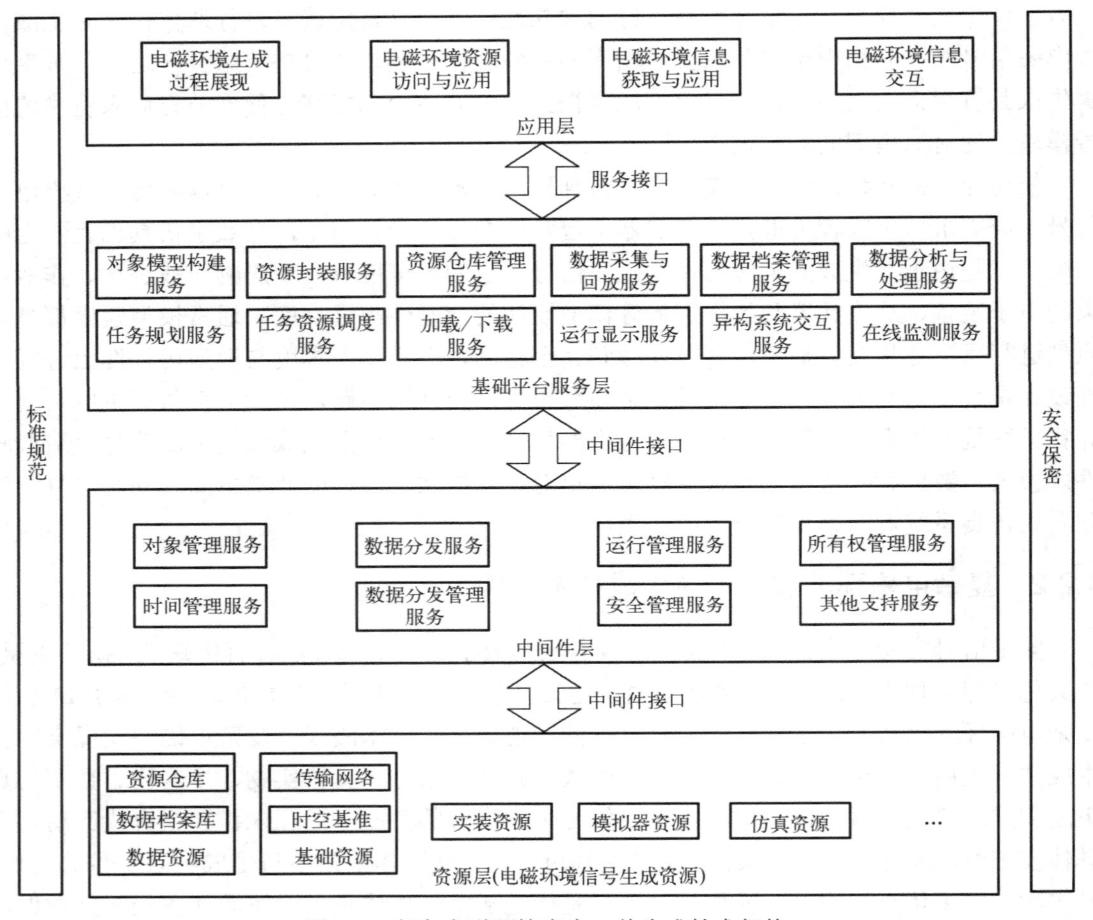

图 4-6　复杂电磁环境虚实一体生成技术架构

(2) 中间件层也是交互服务层，以面向服务模式向基础平台服务层提供中间件接口，实现可互操作的、实时的、面向对象的分布式系统应用的建立，支持应用层软件快速高效集成及系统运行。中间件层具备在保证安全的条件下实现信息传输的能力。该层采用基于对象模型的信息传输模式，在各电磁环境生成系统的运行过程中，所有通信都依据对象模型定义实现资源间的互操作。该层采用基于发布/订阅的数据交换机制，并支持以动态加载模式扩展的远程资源访问接口。中间件层以标准 API 模式向应用系统提供基本服务，主要包括对象管理服务、数据分发服务、运行管理服务、所有权管理服务、时间管理服务、数据分发管理服务、安全管理服务以及其他支持服务。

(3) 基础平台服务层主要通过工具软件为电磁环境生成系统创建、集成、部署、运行监控、数据管理等提供相应的服务，服务主要包括对象模型构建服务、资源封装服务、资源仓库管理服务、数据采集与回放服务、数据档案管理服务、数据分析与处理服务、任务规划服务、任务资源调度服务、加载/下载服务、运行显示服务、异构系统交互服务以及在线监测服务等。该层支持组装式和编译式的任务系统构建与运行过程。

(4)应用层主要面向用户，依托基础平台服务层提供的服务接口和中间件功能，实现电磁环境生成过程展现、电磁环境资源访问与应用、电磁环境信息获取与应用、电磁环境信息交互，支持各类数据梳理，支撑各类生成任务。

4.2.3　复杂电磁环境虚实一体生成支撑技术

复杂电磁环境虚实一体生成技术需要将不同的信号生成系统集成在同一个时空环境下运行，由于各系统的分布位置不同，各自的时间基准不同，生成电磁环境信号的方法手段不同，系统与系统之间在数据对象和运行方式等方面都可能存在差异，要将这些系统集成起来进行复杂电磁环境虚实一体生成，需要时空对准、实时通信和异构系统互联等关键技术的支撑。

1. 时空对准

时空一致是复杂电磁环境虚实一体生成技术最基本的要求，但是在大规模的系统集成中，时空不一致现象是普遍存在的。利用虚实一体生成技术生成复杂电磁环境时存在“大、广、多、长、异”的特点，即仿真规模大、试验地域广、参与实体多、运行时间长、体系结构各异的特点。产生时空不一致问题的原因主要包括：

(1)各个信号生成系统硬件的差异、精度的不同导致时钟信号上的不一致；

(2)数据传输过程中的滞后，如通信网不稳定，以及通信支撑平台运行的时间消耗；

(3)各个信号生成系统之间未使用相同的空间描述方式；

(4)信息转换标准的不统一；

(5)数据协议本身不一致。

1)基于定位导航系统授时的时间同步策略

基于定位导航系统授时的时间同步策略的具体实现通常有以下三种方法。

(1)基于软件的时间同步。该方法是完全基于软件来实现的，保证各个成员的时间一致。但是这种方法的不足之处是时间信号的传送会有较大的时延，而且时延长短取决于网络的性能，除此之外，软件同步会大幅增加处理器计算处理的开销，对于实时性要求高的系统，单纯靠软件方法，并不能满足要求。

(2)基于硬件的时间同步。该方法主要是通过在仿真设备上，安装时钟板卡，接收北斗系统或者GPS发射的时间信号来实现的。这种方法实现的精度非常高，不足之处在于成本较高，每个信号生成系统都需配备时间信号接收设备，信号生成成本将大幅增加。

(3)分层混合同步，即综合基于软件和基于硬件的时间同步方法，最终实现各信号生成系统时间上的差异在允许的范围内。该方法综合了上述两种方法的优点，是一种较为经济，精度也能符合要求的方法。具体实施时在参与信号生成的关键系统上配置时间信号接收设备，采集精确的时钟信号，然后以该系统为中心，向周围的系统发送时间信号，最终使所有系统保持时间一致。时钟信号可通过高速实时网络发送给每个系统，负责接收时间信号的结点称为时钟服务器，设计方案如图 4-7 所示。

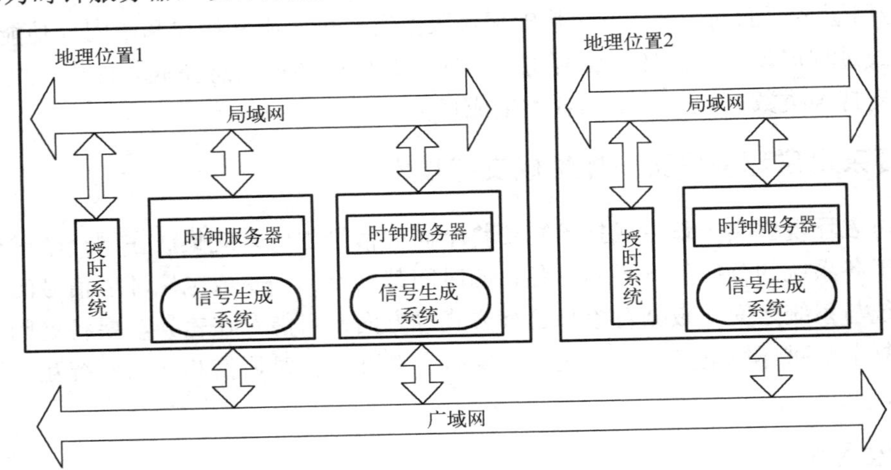

图 4-7　基于定位导航系统授时的时间同步设计方案

北斗系统或者 GPS 发射的时间脉冲信号都是固定频率的，一直保持 1Hz。很明显，对于实时性要求高的信号生成系统而言，这是不可接受的，所以需要将 1Hz 的信号进行分时处理，从而产生能够满足信号生成系统需求频率的信号，具体实现时通过系统中的时钟服务器依据自身的仿真步长，将 1Hz 的时钟信号进行分割，生成所需精度的分时信号，据此完成时间同步。同时，系统中的其余成员也将接收该同步信号，最终实现整个系统的时间同步。

2) 空间同步策略

空间同步策略主要运用空间坐标转换方式实现，其主要目的是保证各信号生成系统对同一实体的位置信息描述相一致。以实体目标信息属性在局部和全局的坐标系间的转换为例讨论空间坐标转换方法。

假设全局坐标系中任一目标的位置由坐标 (X_E,Y_E,Z_E) 表示，局部坐标系——大地坐标系中同一点的位置用经度、纬度、高度 (L,B,H) 表示，两种位置表示的转换方法如下：

$$\begin{bmatrix} X_E \\ Y_E \\ Z_E \end{bmatrix} = \begin{bmatrix} (N+H)\cos B\cos L \\ (N+H)\cos B\sin L \\ [N(1-e^2)+H]\sin B \end{bmatrix} \tag{4-10}$$

$$\begin{aligned} L &= \arctan(Y_E / X_E) \\ B &= \arctan\left[(Z_E + Ne^2 \sin B) / \sqrt{X_E^2 + Y_E^2} \right] \\ h &= \left(\sqrt{X_E^2 + Y_E^2} / \cos B \right) - N \end{aligned} \tag{4-11}$$

式中，N 为地球曲率半径，$N = \dfrac{a}{\sqrt{1-e^2\sin^2 B}}$；$a$ 为赤道半径；e 为地球扁率。

2. 实时通信

实时通信技术可采用基于数据分发服务(Data Distribution Service，DDS)的通信机制，其分为建立连接与数据传输两部分。在发布者与订阅者建立连接之前，DDS 应用程序必须通过某种中间介质或某种分布式方案发现另一个应用程序。在发现过程中，如果双方主题匹配且服务质量兼容，则会自动建立连接；建立连接后，通信双方可进行数据传输。DDS 通信过程中，建立连接是通信的基础，也是DDS通信服务器主要需要解决的问题。当前DDS主要有两种建立连接的方式：基于信息仓库的方式和基于实时流传输协议发现的方式。

基于信息仓库的方式是一种集中式发现和建立连接的方式，如图 4-8 所示。首先运行 DDS 中间件提供的信息仓库，各 DDS 参与者向该信息仓库发送主题信息和服务质量(Quality of Service，QoS)策略信息，信息仓库对信息进行匹配并建立应用程序发布者和订阅者之间的连接。

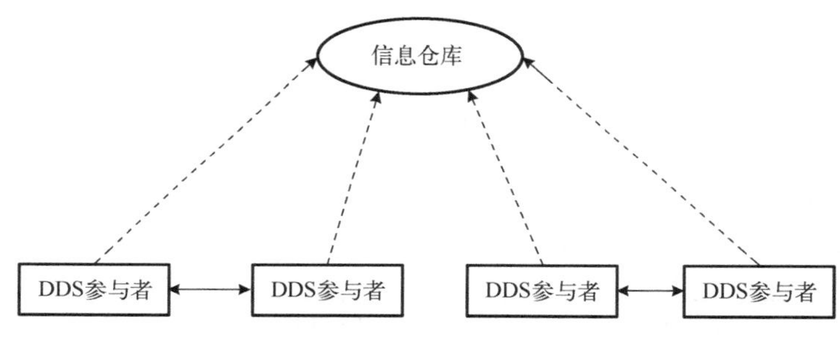

图 4-8　基于信息仓库的方式建立通信连接示意图

基于实时流传输协议发现的方式是一种对等发现和建立连接的方式，当每个参与的进程激活数据写入者和数据读取者的发现机制时，利用默认或者配置的网络端口，网络末端才能被创建，DDS 参与者可以公布数据写入者和数据读取者的可用性。在一段时间后，基于数据标准相互寻找的参与者将发现彼此，并建立起连接。

从系统管理的角度看，基于信息仓库的方式更容易实现信息的采集与分析，因为各 DDS 参与者都必须通过信息仓库与其他 DDS 参与者建立连接；而基于实时流传输协议发现的方式由于 DDS 参与者之间通过实时流传输协议建立连接，各 DDS 参与者的信息分散，不利于系统的集中管理。从安全性的角度看，基于信息仓库的方式由于采用的是集中式的发现与建立连接的方式，因此，一旦信息仓库所在服务器出现故障，将导致整个 DDS 系统的崩溃；基于实时流传输协议发现的方式由于采用的是点对点的发现与建立连接的方式，因此不存在该安全隐患。从异地试验互联的角度看，基于信息仓库的方式需要将信息仓库设置在广域网的某个局域网中，如果所有的 DDS 参与者都必须通过广域网消息传输建立连接，那么这将严重降低其他局域网的 DDS 参与者建立连接的速度与可靠性；同样，基于实时流传输协议发现的方式也存在这样的问题。

为了解决基于信息仓库的方式和基于实时流传输协议发现的方式面临的问题，可以采用一种分布式的信息仓库联合运行模式，较好地满足系统管理、安全性以及异地试验互联等方面的需求。多信息仓库联合运行技术是通过运行多个信息仓库实现冗余的一种方法，其目的是提高 DDS 参与者采用信息仓库通信方式的安全性，模型如图 4-9 所示。DDS 参与者可以通过信息仓库 1 进行发现与建立连接；如果信息仓库 1 失效，则通过信息仓库 2 进行；如果信息仓库 2 也失效，则通过信息仓库 3 进行；如果一直到信息仓库 n 也失效，那么 DDS 通信系统才会崩溃。

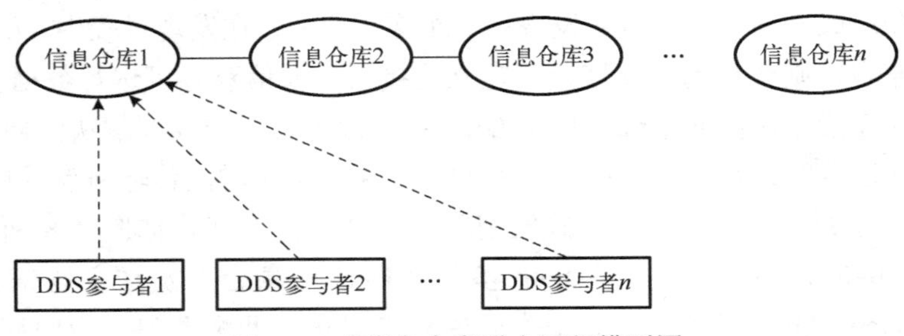

图 4-9　多信息仓库联合运行模型图

复杂电磁环境虚实一体生成技术涉及的场地范围通常较大，可采用基于分布式的多信息仓库联合运行模式建立通信连接，其示意图如图 4-10 所示。在参与电磁环境构设的 DDS 系统所在的各个局域网中都建立一个信息仓库，各局域网内的 DDS 参与者将主题信息与 QoS 策略等建立连接的匹配条件发送至本地信息仓库，由本地信息仓库负责建立其与其他 DDS 参与者之间的连接。其具有以下两个方面的优点。

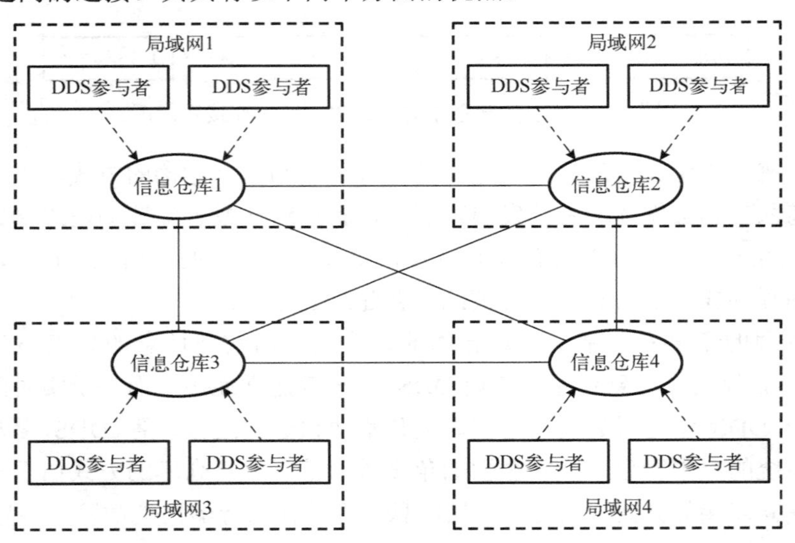

图 4-10　基于分布式的多信息仓库联合运行模式建立通信连接示意图

(1) 通信安全性增强。通过在不同的局域网内建立信息仓库，从更大的层面上提高了信息仓库的冗余。

(2) DDS 参与者建立连接的效率更高。各 DDS 参与者通过本地信息仓库建立与其他参与者的连接，其建立连接的速度比通过其他局域网的信息仓库要更快。

基于分布式的多信息仓库联合运行需要对信息仓库进行编号以及对 DDS 参与者进行信息仓库选择配置。将不同的信息仓库按照某种顺序进行编号，DDS 参与者设置好仓库选择顺序，用于当前信息仓库失效时的其他信息仓库选择，各 DDS 参与者的运行步骤如下。

(1) 读取配置文件。配置文件中配置好 DDS 参与者的信息仓库选择顺序，通过读取配置文件中的内容确定优先选择的信息仓库以及备用信息仓库的选择顺序，一般配置本地信息仓库为优先选择的信息仓库。

(2) 判断能否使用本地信息仓库进行发现和建立连接。如果本地信息仓库运行良好，则可以通过其进行发现和建立连接，建立 DDS 参与者与其他 DDS 参与者的连接之后，它们之间可以互相进行消息的传输；如果不能使用本地信息仓库进行发现和建立连接，则通过配置好的信息仓库选择顺序选择第一个备用信息仓库进行发现和建立连接。

(3) 如果第一个备用信息仓库不能使用，则使用第二个备用信息仓库；如果还不行，则一直试探直到最后一个备用信息仓库；如果还不行，则输出错误提示信息，并结束程序；如果可以使用，则通过其与其他参与者建立连接，并传输消息。

(4) 结束运行。判断此 DDS 参与者是否还要继续传输消息，如果不需要，结束程序；如果需要，则继续运行并进行消息传输。

3. 异构系统互联

由于各信号生成系统缺乏统一的信息传输标准，且各个系统之间没有公共的运行平台支撑，需要借助异构系统互联实现系统间信息的实时高效传输。实现异构系统互联的手段主要包括网关技术、中间件技术以及 Web 技术。

1) 网关技术

网关技术是实现不同系统之间信息传输的一种常用方法。网关的核心是代理与转换器，代理的作用是实现不同系统的连接，转换器的作用是实现信息的转换。网关技术示意图如图 4-11 所示，网关内的代理 A 和代理 B 作为系统 A 与系统 B 的成员加入不同的信号生成系统，代理所加入系统的一个成员可以与系统内的其他应用进行信息交互，例如，代理 A 可与应用 1 进行信息交互，而代理 B 可与应用 2 进行信息交互，代理 A 和代理 B 之间通过转换器进行信息交互，从而间接实现了系统 A 中的应用 1 与系统 B 中的应用 2 的信息交互。

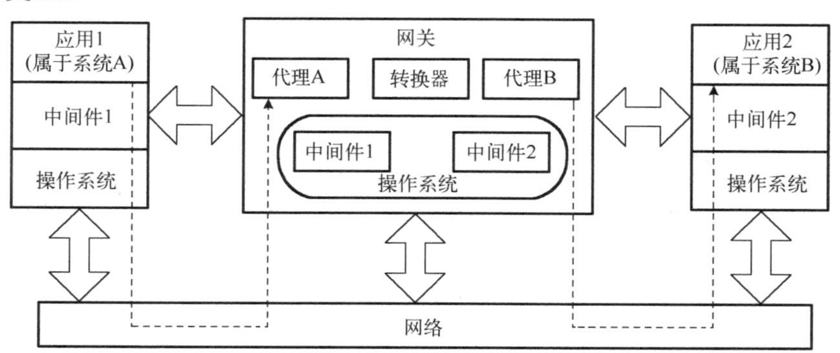

图 4-11　网关技术示意图

从网关的应用上，常用结构包括不同系统两两之间建立网关、建立通用网关、建立与单一系统的网关三种。不同系统两两之间建立网关是最直接的结构，当系统较多时，网关数量会急剧增多，该结构适用于系统较少的情况；通用网关结构的目的是建立一种能互联所有信号生成系统的网关，网关数量最少，但技术较为复杂，而且往往需要在已知所有信号生成系统的情况下进行建立，可扩展性不强；建立与单一系统的网关是以某个系统作为中心系统，其他系统建立与中心系统的网关，这种结构的网关数量适中，当有新系统加入时只需再加一个网关即可，可扩展性强。

2) 中间件技术

中间件是位于应用程序和操作系统之间的一个软件层，其将应用程序从基础计算机架构、操作系统等细节中隔离开，应用程序直接在中间件的基础上开发而无须使用底层编程结构，从而简化应用程序的开发。中间件技术具有以下几个方面的功能：

(1) 屏蔽了底层的、复杂的、易出错的、与平台相关的细节；

(2) 提供一个高层抽象集合；

(3) 满足大量应用的需要；

(4) 支持标准的协议、接口等。

由国际联盟对象管理组织制定的一套应用编程接口与互操作协议规范的数据分发服务中间件是典型的中间件技术。数据分发服务中间件是基于发布/订阅式通信模型的网络中间件，它以一种直观的方式分发数据，将创建和发送数据的软件与接收和使用数据的软件分离开。除了模型的简便性，基于发布/订阅式通信模型的中间件还可以处理复杂的信息流模式，它可以自动处理所有的网络细节，包括连接、失败和网络变化，具有实现更简单、更模块化的特点。

3) Web 技术

Web 技术将服务与实现进行了分离，其把实现服务的细节进行了隐藏，使得服务的使用与实现分离成为可能，使用服务的过程是独立的，不依赖于实现服务时所基于的软硬件平台以及所使用的编程语言。Web 技术的交互模型如图 4-12 所示。

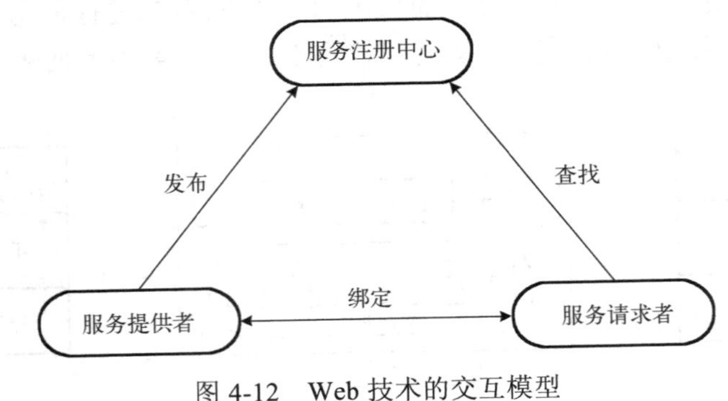

图 4-12　Web 技术的交互模型

Web 技术为各信号生成系统间的信息传输提供了一条路径，其具有以下两个方面的优点。

(1) 实现基于 Internet 的共享平台。在电磁环境信号生成中，电磁环境信号生成资源的共享使用问题是其面临的一个重要问题，Web 技术作为当前使用最广泛的资源共享平台，能够实现资源的共享。

(2) 实现电磁环境信号生成资源的跨平台使用。由于 Web 技术本身具有跨平台性，因此，基于 Web 技术的电磁环境生成资源同样可以实现跨平台使用，从而摆脱底层平台的限制。

4.3 复杂电磁环境构设控制技术

在复杂电磁环境构设的实施过程中，通常存在一定的随机性和不确定性，例如，参与构设工作的装备、设备等系统的结构或参数未知；系统工作时的扰动量或误差量无法测量；当环境变化或工作时间变化时，系统发生了改变而无法获知改变的规律等。如何应对这些随机性和不确定性，使构设实施依据规划方案展开，确保构设的电磁环境满足试验训练要求，是开展复杂电磁环境构设工作的关键。参与复杂电磁环境构设工作的装备、设备等通常因其系统复杂而难以实现准确建模，除此之外，系统即使可以获得其精确模型，但由于阶次过高或所处环境难以预测，也不利于构设控制工作的展开。将特征模型思想运用于复杂电磁环境构设控制领域，可以将难以建模的参与复杂电磁环境构设工作的各系统转换为只具有输入/输出的特征模型，实现对电磁环境的自适应控制。

4.3.1 系统特征建模

1. 模型建立

特征建模是指将对象特征、环境特征和控制性能要求相结合进行建模，主要抓住系统控制量与要求输出变量之间的关系，具有以下几个方面的特点：

(1) 在相同的控制输入作用下，对象的特征模型和实际对象在输出上是等价的，也就是说在动态过程中，系统能保持在允许的误差范围内，稳定情况下的输出是相等的；

(2) 特征模型比被控对象原模型简单，易于控制器的设计和工程实现；

(3) 在考虑对象的特征时，特征模型的形式和阶次主要取决于被控对象的控制性能要求；

(4) 相对于高阶系统的降阶模型，特征模型不存在信息丢失问题，而是把高阶模型的有关信息全部压缩在几个特征参量里。

由于参与复杂电磁环境构设工作的各系统的组成与结构各不相同，要建立精确的数学模型相当复杂。特征建模思想可以有效解决系统建模复杂的问题，考虑一个线性时变系统，其数学模型表示如下：

$$\begin{aligned} & a_n(t)y^{(n)}(t)+a_{n-1}(t)y^{(n-1)}(t)+\cdots+a_2(t)y^{(2)}(t)+a_1(t)y^{(1)}(t)+a_0(t)y^{(0)}(t) \\ & =b_m(t)u^{(m)}(t)+\cdots+b_2(t)u^{(2)}(t)+b_1(t)u^{(1)}(t)+b_0(t)u^{(0)}(t) \end{aligned} \tag{4-12}$$

式中，$y(t)$ 为输出；$u(t)$ 为输入，且 $m<n$；$a_n(t)$、$b_m(t)$ 为系统特征参数。

假设式 (4-12) 可控且 $y(t)$、$\dot{y}(t)$ 和 $\ddot{y}(t)$ 可测，输入 $u(t)$、输出 $y(t)$、$a_i(t)(i=0,1,2,\cdots,n)$ 和 $b_j(t)(j=0,1,2,\cdots,n)$ 及 $a_i(t)$、$b_j(t)$ 的导数有界，且满足：

$$\begin{aligned} & |a_i(t+\Delta t)-a_i(t)|<M_1\Delta t \\ & |b_i(t+\Delta t)-b_i(t)|<M_2\Delta t \end{aligned} \tag{4-13}$$

当 $t \to \infty$ 时，$a_i(t)$ 和 $b_j(t)$ 为常数，M_1 和 M_2 为正常数。

将式(4-12)写成如下形式：

$$y^{(2)}(t) + \dot{h}(t)y^{(1)}(t) + a_0(t)y^{(0)}(t) = b_0(t)u(t) + \dot{l}(t)u^{(1)}(t) + F_1 + F_2 \tag{4-14}$$

式中，

$$\dot{h}(t) = a_1(t), \qquad \dot{l}(t) = b_1(t)$$
$$F_1(t) = -[y^{(n)}(t) + a_{n-1}(t)y^{(n-1)}(t) + \cdots + (a_2(t)-1)y^{(2)}(t)]$$
$$F_2(t) = b_m(t)u^{(m)}(t) + b_{m-1}(t)u^{(m-1)}(t) + \cdots + b_2(t)u^{(2)}(t)$$

根据假设可知 $F_1(t)$ 和 $F_2(t)$ 为有界函数，利用前后差相结合的近似离散化方法，式(4-14)可以写成

$$\begin{aligned}&\frac{y(k+1)-2y(k)+y(k-1)}{\Delta t^2} + \frac{h(k)-h(k-1)}{\Delta t}\cdot\frac{y(k)-y(k-1)}{\Delta t} + a_0(k)y(k)\\ &= b_0(k)u(k) + \frac{l(k)-l(k-1)}{\Delta t}\cdot\frac{u(k)-u(k-1)}{\Delta t} + F_1(k) + F_2(k)\end{aligned} \tag{4-15}$$

根据微分中值定理知

$$\frac{h(k)-h(k-1)}{\Delta t} = a_1(k-\varDelta_1), \qquad 0 \leqslant \varDelta_1 \leqslant 1$$
$$\frac{l(k)-l(k-1)}{\Delta t} = b_1(k-\varDelta_2), \qquad 0 \leqslant \varDelta_2 \leqslant 1$$

整理式(4-15)得到

$$\begin{aligned}y(k+1) &= [2-\Delta t a_1(k-\varDelta_1) - \Delta t^2 a_0(k)]y(k) - [1-\Delta t a_1(k-\varDelta_1)]y(k-1)\\ &\quad + [\Delta t^2 b_0(k) + \Delta t b_1(k-\varDelta_2)]u(k) - [\Delta t b_1(k-\varDelta_2)]u(k-1) + \Delta t^2[F_1(k)+F_2(k)]\\ &= f_1(k)y(k) + f_2(k)y(k-1) + g_0(k)u(k) + g_1(k)u(k-1)\end{aligned} \tag{4-16}$$

式中，

$$\begin{aligned}f_1(k) &= 2-\Delta t a_1(k-\varDelta_1) - \Delta t^2 a_0(k) + \frac{y(k)\Delta t^2[F_1(k)+F_2(k)]}{y^2(k)+y^2(k-1)+u^2(k)+u^2(k-1)}\\ f_2(k) &= -[1-\Delta t a_1(k-\varDelta_1)] + \frac{y(k-1)\Delta t^2[F_1(k)+F_2(k)]}{y^2(k)+y^2(k-1)+u^2(k)+u^2(k-1)}\\ g_0(k) &= \Delta t^2 b_0(k) + \Delta t b_1(k-\varDelta_2) + \frac{u(k)\Delta t^2[F_1(k)+F_2(k)]}{y^2(k)+y^2(k-1)+u^2(k)+u^2(k-1)}\\ g_1(k) &= -\Delta t b_1(k-\varDelta_2) + \frac{u(k-1)\Delta t^2[F_1(k)+F_2(k)]}{y^2(k)+y^2(k-1)+u^2(k)+u^2(k-1)}\end{aligned} \tag{4-17}$$

由上述推导可知，在满足假设条件时，选取适当的采样周期，当要实现系统状态控制或保持时，线性时变系统可以用一个二阶时变差分方程描述。

2. 建模实现

对参与复杂电磁环境构设工作的各系统的特征建模，就是运用差分方程建立各系统输

入与输出之间的关系。由于参与构设工作的各系统大多为非线性系统，首先考虑如下一类非线性单输入单输出系统：

$$\begin{cases} \dot{x}(t) = f(x(t)) + b(x(t))u(t) \\ y(t) = cx(t), \quad c \in \mathbf{R} \end{cases} \tag{4-18}$$

式中，$x(t)$、$u(t)$、$y(t)$ 分别为系统的状态变量、控制输入和控制输出，并且系统的状态变量和输出的一阶、二阶导数存在，因此，可以得到

$$\dot{y}(t) = c\dot{x}(t) \tag{4-19}$$

$$\begin{aligned} \ddot{y}(t) &= c\ddot{x}(t) \\ &= [\dot{f}(x(t)) + \dot{b}(x(t))u(t)] + b(x(t))\dot{u}(t) \end{aligned} \tag{4-20}$$

假设系统可控，只有 $y(t)$、$\dot{y}(t)$ 和 $\ddot{y}(t)$ 是可测的，且输入与输出有界。利用前差和后差相结合的近似离散化方法，可将式(4-20)写为

$$\begin{aligned} \frac{y(t+1) - 2y(t) + y(t-1)}{\Delta t^2} &= [\dot{f}(x(t)) + \dot{b}(x(t))u(t)]\frac{y(t) - y(t-1)}{\Delta t} \\ &\quad + b(x(t))\frac{u(t) - u(t-1)}{\Delta t} \end{aligned} \tag{4-21}$$

整理式(4-21)可得

$$y(t+1) = a_1(t)y(t) + a_2(t)y(t-1) + a_3(t)u(t) + a_4(t)u(t-1) \tag{4-22}$$

式中，

$$\begin{aligned} a_1(t) &= \dot{f}(x(t))\Delta t + \dot{b}(x(t))u(t)\Delta t + 2 \\ a_2(t) &= -\dot{f}(x(t))\Delta t - \dot{b}(x(t))u(t)\Delta t - 1 \\ a_3(t) &= b(x(t))\Delta t \\ a_4(t) &= -b(x(t))\Delta t \end{aligned} \tag{4-23}$$

因此，系统可由一个二阶时变差分方程形式的特征模型描述。同理，根据实际需要，可以将参与构设工作的各系统表示为一阶或更高阶的特征模型。

对于多输入多输出系统，在保证系统的状态变量、控制输入和控制输出的各阶导数存在的情况下，根据各输出与各输入之间存在的联系，可获得多输入多输出系统的特征模型表达式：

$$\begin{aligned} y_k(t+1) &= a_{11}y_1(t) + \cdots + a_{1k}y_k(t) + a_{21}y_1(t-1) + \cdots + a_{2k}y_k(t-1) \\ &\quad + a_{31}u_1(t) + \cdots + a_{3k}u_k(t) + a_{41}u_1(t-1) + \cdots + a_{4k}u_k(t-1) \end{aligned} \tag{4-24}$$

式中，$a_{11},\cdots,a_{1k},a_{21},\cdots,a_{2k},a_{31},\cdots a_{3k},a_{41},\cdots,a_{4k}$ 为待辨识的模型参数。

从上面的特征模型表达式可以看出，相对于参与构设工作的各系统的实际模型，特征模型的形式更为简单，在工程上的实现更容易、方便。最重要的是，特征模型并不丢失系统的信息，模型的精确度由辨识参数的准确度决定，系统的所有信息都包含在模型参数中。

4.3.2　特征参数辨识算法

由式(4-24)可知，特征模型中存在了未辨识的特征参数，需要通过系统辨识的方法求

解该特征参数获得具体模型，即实现对未辨识特征参数的合理取值。系统辨识是假设已知系统的控制输入和控制输出，求出系统的传递函数，也就是通过采集系统的输入和输出，研究确定系统模型的理论和方法，是实现对参与构设工作的各系统自适应控制的基础。在求解模型参数的方法中，最小二乘算法是比较经典的一种方法，以单输入单输出系统的模型参数为例给出最小二乘算法特征参数辨识方法的原理。

根据式(4-24)，对单输入单输出系统，输出变量 $y(t+1)$ 与一组变量 $x(t)=[y(t),y(t-1),u(t),u(t-1)]$ 呈线性关系，即

$$y(t+1)=a_1y(t)+a_2y(t-1)+a_3u(t)+a_4u(t-1) \tag{4-25}$$

式中，a_1、a_2、a_3、a_4 为未知的一组辨识参数，如图 4-13 所示。

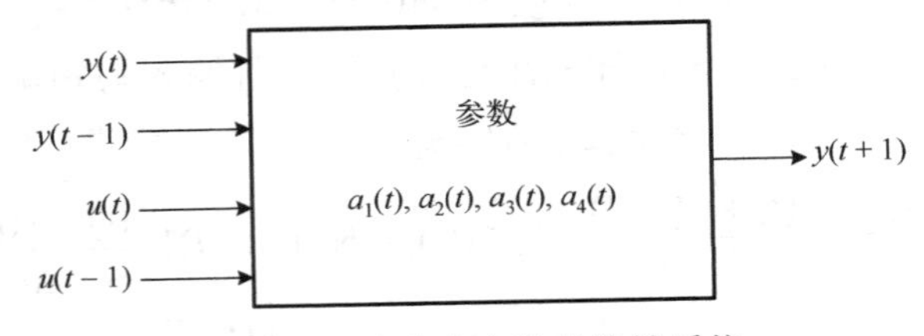

图 4-13　含多个参数的线性系统

在 $t_1,t_2,\cdots,t_m$ 时刻对 $y(t+1)$、$y(t)$、$y(t-1)$、$u(t)$ 做 m 次观测，用以下 m 个线性方程来建立这些数据的关系：

$$y(t_i+1)=a_1y(t_i)+a_2y(t_i-1)+a_3u(t_i)+a_4u(t_i-1),i=1,2,\cdots,m \tag{4-26}$$

写为矩阵形式：

$$\boldsymbol{Y}(t+1)=\boldsymbol{X}(t)\boldsymbol{A} \tag{4-27}$$

其中：

$$\boldsymbol{Y}(t+1)=\begin{bmatrix} y(t_1+1) \\ y(t_2+1) \\ \vdots \\ y(t_m+1) \end{bmatrix},\quad \boldsymbol{A}=\begin{bmatrix} a_1 \\ a_2 \\ a_3 \\ a_4 \end{bmatrix}$$
$$\boldsymbol{X}(t)=\begin{bmatrix} y(t_1) & y(t_1-1) & u(t_1) & u(t_1-1) \\ & & \vdots & \\ y(t_m) & y(t_m-1) & u(t_m) & u(t_m-1) \end{bmatrix} \tag{4-28}$$

定义矢量误差 $\boldsymbol{\varepsilon}=(\varepsilon_1,\varepsilon_2,\cdots,\varepsilon_m)^{\mathrm{T}}$，且令

$$\boldsymbol{\varepsilon}=\boldsymbol{Y}(t+1)-\boldsymbol{X}(t)\boldsymbol{A} \tag{4-29}$$

选择判据 J 并使其最小：

$$\begin{aligned} J&=\sum_{i=1}^{m}\varepsilon_i^2=\boldsymbol{\varepsilon}^{\mathrm{T}}\boldsymbol{\varepsilon}=(\boldsymbol{Y}(t+1)-\boldsymbol{X}(t)\boldsymbol{A})^{\mathrm{T}}(\boldsymbol{Y}(t+1)-\boldsymbol{X}(t)\boldsymbol{A}) \\ &=\boldsymbol{Y}^{\mathrm{T}}(t+1)\boldsymbol{Y}(t+1)-\boldsymbol{A}^{\mathrm{T}}\boldsymbol{X}^{\mathrm{T}}(t)\boldsymbol{Y}(t+1)-\boldsymbol{Y}^{\mathrm{T}}(t+1)\boldsymbol{X}(t)\boldsymbol{A}+\boldsymbol{A}^{\mathrm{T}}\boldsymbol{X}^{\mathrm{T}}(t)\boldsymbol{X}(t)\boldsymbol{A} \end{aligned} \tag{4-30}$$

为获得 J 的最小值，将 J 对 $\boldsymbol{A}$ 求偏导并使其等于零，即

$$\left.\frac{\partial J}{\partial \boldsymbol{A}}\right|_{A=\hat{A}} = -2\boldsymbol{X}^{\mathrm{T}}(t)\boldsymbol{Y}(t+1) + 2\boldsymbol{X}^{\mathrm{T}}(t)\boldsymbol{X}(t)\hat{\boldsymbol{A}} = 0 \tag{4-31}$$

求解式(4-31)可得

$$\hat{\boldsymbol{A}} = (\boldsymbol{X}^{\mathrm{T}}(t)\boldsymbol{X}(t))^{-1}\boldsymbol{X}^{\mathrm{T}}(t)\boldsymbol{Y}(t+1) \tag{4-32}$$

式(4-32)称为 $\boldsymbol{A}$ 的最小二乘估计量，$\boldsymbol{\varepsilon}$ 在统计学中称为残差。

4.3.3　自适应控制器设计

自适应控制是指系统能够在外界发生变化或者系统产生不确定时，利用系统可调的输入、状态和输出来衡量某一性能指标，并通过自适应机构来自行调整参数或产生控制作用，使系统达到期望的性能指标。在系统动态未知或不确定的情况下，自适应控制仍能保持系统的性能指标。自适应控制可以在线、实时了解被控对象，不断检测和处理信息，并进行性能准则的优化，使系统运行在最优或次最优的状态。以设计复杂电磁环境构设工作中单输入单输出系统的自适应控制器为例，给出自适应控制器的设计方法，将系统一阶特征模型描述用矩阵形式重写为如下：

$$\boldsymbol{y}_i(k+1) = \boldsymbol{A}_i(k)\boldsymbol{W}_i(k) + \boldsymbol{B}_i(k)\boldsymbol{U}_i(k) \tag{4-33}$$

式中，

$$\begin{aligned} \boldsymbol{A}_i(k) &= [a_{i,1}(k), a_{i,2}(k)] \\ \boldsymbol{W}_i(k) &= [y_i(k), y_i(k-1)]^{\mathrm{T}} \\ \boldsymbol{B}_i(k) &= [a_{i,3}(k), a_{i,4}(k)] \\ \boldsymbol{U}_i(k) &= [u_i(k), u_i(k-1)]^{\mathrm{T}} \end{aligned} \tag{4-34}$$

其中，i 表示迭代次数；k 表示采样时间。

式(4-34)满足所有系统参数 $\boldsymbol{A}_i(k)$ 和 $\boldsymbol{B}_i(k)$ 未知且有界，系统每次迭代的初始值未知且任意，系统的输入/输出可测。考虑系统的探测目标为实际输出尽可能精确地跟踪期望轨迹，因此，可以设计一类以完全跟踪为目标的自适应迭代学习控制器，即考虑如下控制目标：

$$\lim_{k\to\infty}(\boldsymbol{y}_i(k) - \boldsymbol{y}_d(k)) = 0, \quad i = 1,2,3,\cdots,M \tag{4-35}$$

式中，M 为迭代总次数，设计控制器为

$$\boldsymbol{U}_i(k) = \boldsymbol{F}_i(k)\boldsymbol{W}_i(k) + \boldsymbol{G}_i(k)\boldsymbol{y}_d(k+1) \tag{4-36}$$

选择自适应增益为 $\boldsymbol{F}_i(k) = -\boldsymbol{B}_i^{-1}(k)\boldsymbol{A}_i(k)$，$\boldsymbol{G}_i(k) = \boldsymbol{B}_i^{-1}(k)$。由于参数 $\boldsymbol{A}_i(k)$、$\boldsymbol{B}_i(k)$ 是由辨识所得到的，所以设计如下控制器使得 $\boldsymbol{y}_i(k+1) = \boldsymbol{y}_d(k+1)$：

$$\boldsymbol{U}_i(k) = -\boldsymbol{B}_i^{-1}(k)\boldsymbol{A}_i(k)\boldsymbol{W}_i(k) + \boldsymbol{B}_i^{-1}(k)\boldsymbol{y}_d(k+1) \tag{4-37}$$

4.4　复杂电磁环境数据处理技术

在复杂电磁环境构设总结阶段，通过对采集的电磁环境构设过程数据和结果数据的处理，可达到两个方面的目的：一是分析比较不同构设方法之间的优缺点；二是分析构设控制技术对参与构设工作的各系统的控制效果。复杂电磁环境数据来源各异、组成多样，各环境数据采集设备采集的数据格式纷繁复杂，大大增加了复杂电磁环境数据处理的难度。近年来提出的大数据处理技术是处理类型多样、时效强、来源可靠性低的数据的一种很好的方法，为复杂电磁环境数据处理提供了可靠的技术方案。

4.4.1　复杂电磁环境数据特点分析

大数据(Big Data)也称巨量数据，是具有规模庞大、类型多样、处理时效紧、数据来源可靠性低等综合属性的数据集合。大数据是需要新处理模式才能具有更强的决策力、洞察力和流程优化能力的高增长率和多样化的信息资产，通常具有如下四个特征。

(1)数据规模庞大。数据量级已经从 TB 发展至 PB 乃至 ZB，所需收集、存储、分发的数据规模远超传统信息管理技术的管理能力。

(2)数据类型多样化。所需处理的对象类型繁多，既包括数字、表格等结构化数据，也包括网页、图片、视频、图像与位置等半结构化数据和非结构化数据，数据的关联度一般较低。

(3)数据处理要求响应速度快。各类数据流、信息流往往高速产生，需要进行快速、持续的实时传输和处理。

(4)数据价值密度低。大数据往往意味着极高的价值，但由于规模巨大和类型多样，数据的价值密度很低，因此也增加了价值挖掘的难度。

目前，大数据处理相关技术和工具取得了长足的发展，形成了比较完善的大数据处理生态体系，包括流处理技术、内存计算技术、大规模分布式计算技术等，相应的软件产品有流处理框架(Storm)、内存计算框架(Spark)、大规模分布式计算框架(Hadoop)等，各种处理技术的特点如图 4-14 所示。

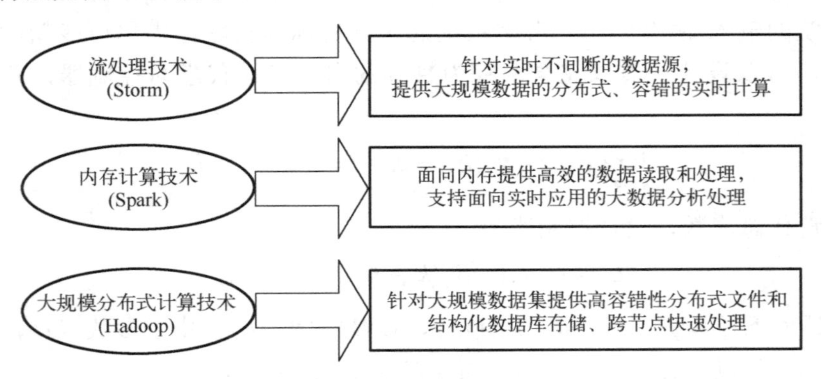

图 4-14　大数据处理技术的特点

复杂电磁环境数据处理是指对电磁环境监测的数据进行整理、鉴别、综合、研判的过程，目的是分析所构设的电磁环境信号特性，为电磁环境评估提供准确可靠的数据支撑。电磁环境数据分析旨在实现环境数据分析处理过程的自动化操作，为环境构设用户提供对各种电磁信号进行整编、分析、综合、挖掘和提炼数据信息的平台，电磁环境数据处理过程如图 4-15 所示，包括数据采集、数据预处理、数据分析等步骤。

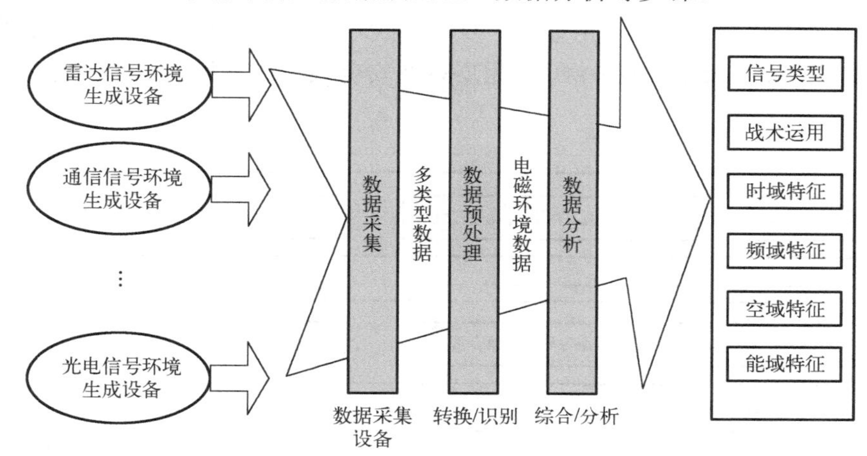

图 4-15　电磁环境数据处理过程

复杂电磁环境数据来源各异、数据格式纷繁复杂，使得在处理构设的电磁环境数据时面临一系列挑战，主要表现如下。

(1) 环境数据更加多元化。环境数据来源包括实装信号生成平台、模拟器信号生成平台、半实物信号生成平台、计算机仿真信号生成平台等，同时，环境数据的类型也千差万别，包括雷达信号数据、通信信号数据、光电信号数据、敌我识别信号数据、雷达干扰信号数据、通信干扰信号数据、民用电磁信号数据、自然电磁信号数据等，各种数据的样式、格式千差万别。

(2) 环境数据分析结果的获取更加困难。为构设出满足试验训练需求的复杂电磁环境，电磁环境数据量大大增加，同时需要在短时间内对大量环境数据进行有效分析，对分析处理的时效性要求更高，远远超过传统数据处理技术的能力限度。

(3) 传统环境数据处理和应用模式无法满足应用需求。随着复杂电磁环境信号空间范围和维度的不断扩展，环境信号类型层出不穷，环境数据在来源、时间、空间和内容维度上都呈现出广域分布的特点。在环境数据处理模式上，传统的集中式“处理-分发”模式无法满足海量数据实时处理的需要；在环境数据应用模式上，传统的“烟囱式”点对点数据通信无法满足随遇接入、按需获取的服务化应用需求。

综上所述，复杂电磁环境数据完全符合大数据的特点，使得传统数据分析已经无法满足复杂电磁环境数据处理的需求。因此，充分利用大数据处理、网络通信和服务化技术，开展复杂电磁环境数据分析的研究工作，是复杂电磁环境数据处理工作的迫切需求，也是复杂电磁环境构设工作的一个重要方面。

4.4.2　复杂电磁环境大数据处理技术架构

复杂电磁环境大数据处理技术架构首先需要面向海量异构环境数据的分析应用需求，

提供面向环境数据的搜集、分析、综合处理、数据服务等业务应用，为复杂电磁环境构设提供数据和服务支撑；然后为解决环境数据体系多节点之间的资源共享与协同应用问题，应充分考虑架构的开放性和灵活性，实现数据与平台、平台与应用之间的松散耦合；最后需要充分遵循或者参考相关的军事系统标准和技术规范，以实现与现有军事信息系统的无缝连接，提高现有信息系统的利用效率。复杂电磁环境大数据处理技术架构可划分为六个方面，包括资源层、支撑层、服务层、应用层以及安全保密体系和技术标准规范，如图 4-16 所示。

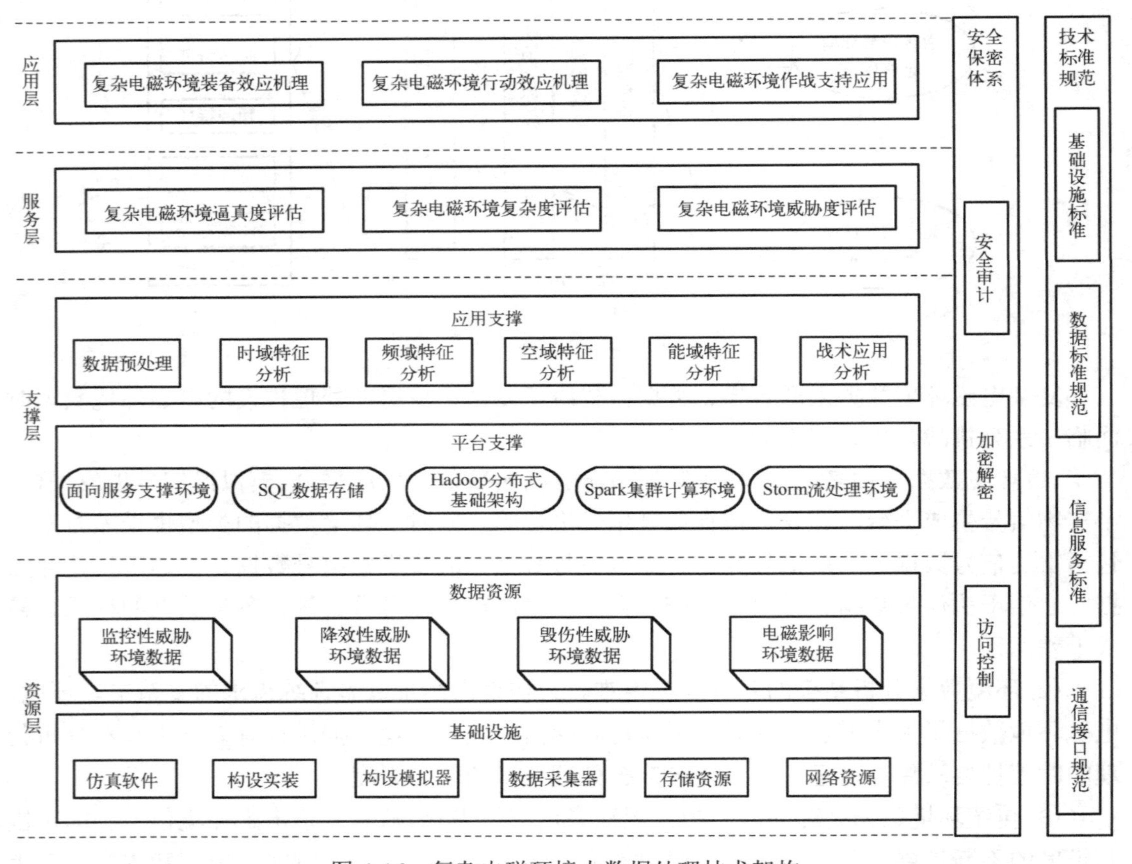

图 4-16　复杂电磁环境大数据处理技术架构

(1) 资源层是整体架构的最底层，提供系统运行的信号生成环境和物理支撑环境，包括基础设施和数据资源两部分。基础设施部分是为构设电磁环境所提供的仿真软件、构设实装、构设模拟器、数字采集器、存储资源、网络资源等；数据资源部分集系统中各类复杂电磁环境数据资源为一体，提供统一的数据资源搜集、整合和逻辑描述能力，主要由组成复杂电磁环境的各信号要素组成，包括监控性威胁环境数据、降效性威胁环境数据、毁伤性威胁环境数据、电磁影响环境数据。

(2) 支撑层提供复杂电磁环境大数据分析处理和服务化应用的支撑环境，包括平台支撑和应用支撑两部分。平台支撑部分为复杂电磁环境大数据处理技术架构的构建和运行提供平台环境，包括面向服务支撑环境、SQL 数据存储、Hadoop 分布式基础架构、Spark 集群计算环境和 Storm 流处理环境。面向服务支撑环境支持以面向服务的体系架构进行系统开发，SQL 数据存储用于支撑海量环境数据资源的存储和管理，Hadoop 分布式基础架构、Spark 集群计算环境和 Storm 流处理环境提供海量大数据的分布式并行处理环境。应用支撑部分为复杂电磁环境大数据处理技术架构的构建和运行提供基础业务支撑，为服务层和应用层提供共性功能模块支持，包括数据预处理、时域特征分析、频域特征分析、空域特征分析、能域特征分析、战术应用分析等应用服务。

(3) 服务层依托支撑层提供的数据处理环境与环境资源应用服务，在实现特定数据处理功能的同时，提供数据应用领域的信息服务，包括复杂电磁环境逼真度评估、复杂电磁环境复杂度评估和复杂电磁环境威胁度评估，为复杂电磁环境评估应用提供服务支撑。

(4) 应用层以支撑层提供的相关业务服务为基础，是面向具体应用的实现层，用于分析复杂电磁环境装备效应机理、复杂电磁环境行动效应机理、复杂电磁环境作战支持应用。

(5) 安全保密体系和技术标准规范贯穿整个架构设计。安全保密体系从技术与机制的角度确保架构的安全和保密运行，主要包括安全审计、加密解密、访问控制等。技术标准规范提供各阶段数据和使用技术的参考标准，主要包括基础设施标准、数据标准规范、信息服务标准和通信接口规范等。

(6) 复杂电磁环境大数据处理技术架构总体设计采用分层和面向服务的思想，通过提供标准化的服务接口、服务组件和服务访问方式，保证开放性和灵活性，实现服务组件在各类业务应用中的重用；采用成熟的大数据处理技术框架构建分布式平台支撑，满足环境数据分析业务的需求；通过实现各类环境数据分析业务的流程化和组件化，遵循相关的系统接口规范，充分保证与现有军事应用软件的集成能力。

复杂电磁环境大数据处理技术架构的运行模式如图 4-17 所示。根据环境数据分析需求，动态采集和接收多种电磁环境的数据信息，包括监控性威胁环境、降效性威胁环境、毁伤性威胁环境、电磁影响环境的电磁信号数据，也包括报文、战术行动信息等多种类型的数据，在分析处理得到复杂电磁环境空域、时域、频域、能域等数据结果的基础上，根据复杂电磁环境逼真度或复杂度评估需求，分析得到复杂电磁环境评估结果并按照用户制定的发布/订阅关系自动推送给联合指挥所、区域指挥所、电磁环境构设部(分)队、复杂电

图 4-17 复杂电磁环境大数据处理技术架构运行模式

磁环境下训练部(分)队以及装备电磁环境试验用户等，为分析复杂电磁环境装备试验、实战化训练和作战支持应用提供支撑。

4.4.3　复杂电磁环境大数据处理支撑技术

为保证复杂电磁环境大数据处理技术架构的高效运行，需要数据预处理和数据分析等关键技术的支撑。

1. 数据预处理

由于复杂电磁环境数据的来源众多、类型差异较大，数据处理存在很大的不确定性。在采集的环境数据中去粗取精、去伪存真，是复杂电磁环境数据处理面临的关键挑战。根据数据来源和格式的不同，开展时域、频域、空域、能域等多元数据分析，提取环境数据的时域、频域、空域、能域要素，将不同来源的环境数据相互关联、印证，形成多层次、全方位的环境信息，保障数据分析结果的精准性和有效性。在数据处理模式上，可采用云计算的分层服务模式理念，对系统中的各结点计算和存储资源、各类通用数据分析处理服务进行统一运行管理，通过网络将松散耦合的数据服务组件进行分布式部署、组合和使用，提高数据处理的实时性。

复杂电磁环境数据预处理实现流程如图 4-18 所示，分为异常检测、数据清洗、数据集成、质量评估等步骤。异常检测，对冗余型、差异型、冲突型、错误型数据等进行准确定位和追踪；数据清洗，对原始数据进行滤重和归一、冲突消解以及错误修正，形成清洁数据；数据集成，通过规则、相似性度量、深度学习等方法对数据进行关联处理，获得更为全面的数据资源；质量评估，对环境数据的一致性、精确性、完整性、时效性等进行分析。

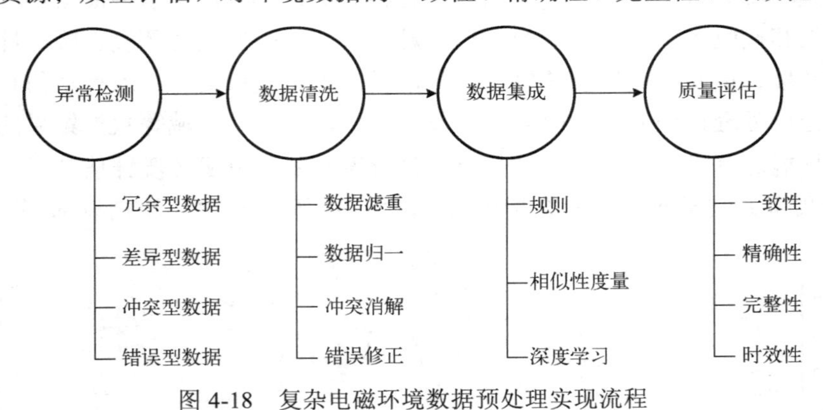

图 4-18　复杂电磁环境数据预处理实现流程

2. 数据分析

传统的数据分析方法面临着数据海量、瞬息万变、价值密度低等诸多挑战，研究适用于大数据的复杂电磁环境数据分析方法，可以将数据优势转化为决策优势。知识图谱是一种用图模型描述实体、概念间关系的技术方法，可以从数据中识别、发现和推断事物的关联关系，提升决策推理的智能化水平。知识图谱的构建流程如图 4-19 所示，主要包括知识抽取、知识融合和知识推理 3 个步骤。

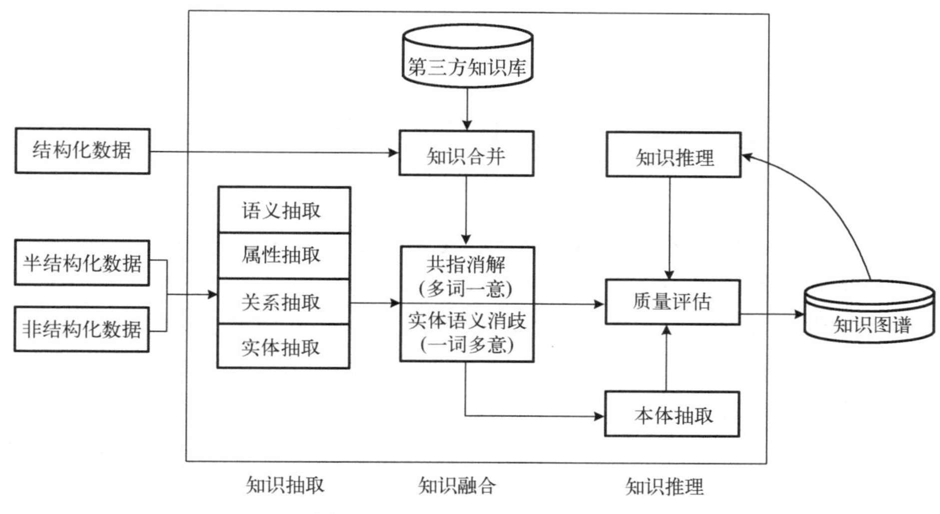

图 4-19　知识图谱的构建流程

(1) 知识抽取，主要从大量环境数据中抽取和识别目标知识单元，包括目标实体、对应关系以及属性 3 个知识要素，并以此为基础形成一系列高质量的事实表达。例如，在降效性威胁环境体系知识图谱中，辐射降效性威胁环境的实体包括通信干扰、雷达干扰、敌我识别干扰等各类产生干扰信号的装备，其属性包括装备型号、属性、任务、工作参数、作用距离、作战方向和平台类型等，其实体关系包括部署、协同、保障和指挥等。知识抽取自动从结构化、半结构化和非结构化的监测数据中抽取上述实体、属性及实体关系。

(2) 知识融合，来自不同知识源的知识在同一框架规范下进行数据融合，达到数据、信息、方法、经验以及人的思想的融合，形成高质量目标知识库，包括实体配准和知识合并两方面的内容。实体配准主要将由不同采集器采集的不同标识实体关联到同一目标上，实现对同名、多名和缩写等多种实体语义的消歧与共指消解。对新抽取的知识与实体库进行实体、关系和属性关联，排除概念实体、上下位关系和属性等冲突，实体关联通过计算字符串相似度、计算词典语义相似度和语料统计等方法实现匹配与解模糊。通过知识融合，可以对不同环境监测设备监测的环境数据实现信号配对，分析所构设的复杂电磁环境信号的密度要素、强度要素、样式要素和分布要素，进而精确得到复杂电磁环境信号的时域特征、频域特征、空域特征、能域特征和战术运用特点，为开展复杂电磁环境评估和部队作战试验训练应用提供数据支撑。

(3) 知识推理，采用基于图或逻辑的推理方法，在已有目标知识库的基础上进一步挖掘隐含知识，从而丰富和扩展目标知识库。知识推理对象可以是目标、目标属性、目标间关系和目标关联本体库中的概念层次结构等。对于推理规则的挖掘，主要关注实体以及其关联情况，推理功能通过可扩展规则引擎实现。知识推理的规则主要包括：①针对属性的规则，即通过数值分析获取其属性值，例如，知识图谱中某环境信号频率为 1.03MHz，可通过分析判断其为典型敌我识别信号；②针对关系的规则，即通过链式规则发现实体间的隐含关系，例如，复杂电磁环境构设中新增了某一新型环境信号，通过监测发现该信号，并且信号特征与新型信号相似，推理构设中增加了该新型环境信号。

第 5 章　复杂电磁环境评估技术

对复杂电磁环境本身及环境中的活动进行定量评估是复杂电磁环境认知和控制利用的重要部分，也是开展复杂电磁环境试验训练和作战支持应用研究的关键。复杂电磁环境评估按照“环境量化、效能计算、能力评估、综合评判”的理念，以评估复杂电磁环境下的武器装备作战效能和行动效果为目的，以电磁环境信号参数、用频装备工作状态和作战行动过程数据为支撑，分特征层、装备效能层和行动效果层三个层次进行评估，确立相应的评估指标体系，建立科学合理的评估算法模型，对影响武器装备效能和作战行动效果的电磁环境进行度量分析与效应评估，进而为复杂电磁环境装备试验、部队训练和作战支持等应用提供支撑。

5.1　复杂电磁环境特征层评估技术

复杂电磁环境特征层评估是对复杂电磁环境本身进行量化评估的行为，包括复杂度评估、逼真度评估和威胁度评估三个方面内容。其中，复杂度评估和逼真度评估主要为武器装备试验与部队实战化训练复杂电磁环境构设提供服务；威胁度评估主要通过战场电磁威胁分析，为指挥员战场辅助决策提供依据。复杂电磁环境是各种电磁波在空间、时间、频谱和功率上的复杂分布与变化情况的一种综合反映，通常可用空域特征、时域特征、频域特征和能域特征等来描述复杂电磁环境的基本特征，它反映在特定的空间内电磁能量随时间和频率的分布，电磁环境复杂度评估、逼真度评估和威胁度评估的研究通常应基于电磁环境的各域特征展开。

5.1.1　电磁环境复杂度评估技术

1. 复杂度评估思想

电磁环境复杂度评估是对构设的电磁环境复杂程度进行量化计算的行为，可服务于武器装备试验和部队训练工作。电磁环境复杂度评估所涉及的指标体系和评估方法必须实用、科学。实用是指在当前电磁环境监测或仿真条件下，评估行为能够依据电磁环境复杂度指标体系，给出复杂度评估结论；科学是指复杂度评估结果能够充分、准确体现构设电磁环境在时域特征、频域特征、空域特征、能域特征等上的复杂程度。复杂度评估要关注以下两个方面的问题。

一是要从整体宏观上把握电磁环境复杂性，即要求在评估过程中体现指标的宏观性，电磁环境的宏观特征主要体现在时域特征、频域特征、空域特征、能域特征上。因此，在建立复杂度评估指标时要从电磁环境在上述四类特征上的整体表现入手，对其进行客观的、共同的、宏观的量化描述。

二是要从个体微观上把握电磁环境复杂性，即要求在评估过程中体现对具体装备的针对性，从对装备“影响”的角度评估复杂度，因此，复杂度评估要体现对装备可能的影响程度。

2. 复杂度评估指标

评估或描述电磁环境首先要考虑环境的宏观特征，即从一定的空间、频段和时间段内的信号功率变化特征来描述或评估电磁环境，可用在一定的空间 V_Ω、频段 $[f_1,f_2]$、时间段 $[t_1,t_2]$ 内的时变功率密度谱 $\boldsymbol{S}(\boldsymbol{r},t,f)$ 的分布来进行描述和评估。其次，针对用频装备受电磁环境影响的程度，设置电磁环境门限，用 S_0 表示，S_0 的取值取决于具体评估需求，若评估以描述一定空间内的整体电磁环境复杂度，通常可以取一客观值；若评估以针对一类装备的受影响程度，通常可以根据装备接收机灵敏度确定 S_0 值。

图 5-1 示意了空间任一位置 $\boldsymbol{r}\in\Omega$ 处，电磁环境功率密度谱 $\boldsymbol{S}(\boldsymbol{r},t,f)$ 与时间和频率的关系，即时频分布，定义下列指标来评估电磁环境复杂度。

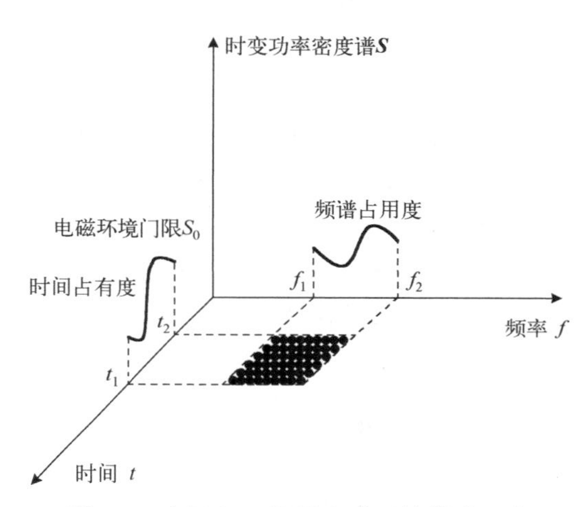

图 5-1　空间任一位置电磁环境描述示意

1) 平均功率密度谱

在一定时间段、空间和频段内，电磁环境信号功率密度谱的平均值 AP 计算公式为

$$\mathrm{AP}=\frac{\int_\Omega\int_{f_1}^{f_2}\int_{t_1}^{t_2}\boldsymbol{S}(\boldsymbol{r},t,f)\mathrm{d}t\mathrm{d}f\mathrm{d}\tau}{(t_2-t_1)(f_2-f_1)V_\Omega}\tag{5-1}$$

式中，$\boldsymbol{S}(\boldsymbol{r},t,f)$ 为时变功率密度谱；$[t_1,t_2]$ 为工作时间段；$[f_1,f_2]$ 为工作频段；V_Ω 为区战场空间。

2) 频谱占用度

在一定的时间段和空间内，电磁环境信号功率密度谱的平均值超过指定的环境电平门限所占有的频带与工作用频范围的比值称为频谱占用度，计算公式为

$$\mathrm{FO}=\frac{1}{f_2-f_1}\int_{f_1}^{f_2}U\left[\frac{1}{(t_2-t_1)V_\Omega}\int_\Omega\int_{t_1}^{t_2}\boldsymbol{S}(\boldsymbol{r},t,f)\mathrm{d}t\mathrm{d}\tau-S_0\right]\mathrm{d}f\tag{5-2}$$

式中，$U(\cdot)$ 是单位阶跃函数；其他参数含义同式(5-1)。

3) 时间占有度

在一定的空间和频段内，电磁环境信号功率密度谱的平均值超过指定的电磁环境门限所占用的时间与工作时间段的比值称为时间占用度，计算公式为

$$\mathrm{TO}=\frac{1}{t_2-t_1}\int_{t_1}^{t_2}U\left[\frac{1}{(f_2-f_1)V_\Omega}\int_\Omega\int_{f_1}^{f_2}\boldsymbol{S}(\boldsymbol{r},t,f)\mathrm{d}f\mathrm{d}\tau-S_0\right]\mathrm{d}t \tag{5-3}$$

式中，参数含义同式(5-1)。

4) 空间覆盖率

空间覆盖率是指在一定的时间段和频段内，电磁环境信号功率密度谱的平均值超过指定的电磁环境门限所占用的空间范围与区域空间范围的比值。空间覆盖率计算公式为

$$\mathrm{SO}=\frac{1}{V_\Omega}\int_\Omega U\left[\frac{1}{(f_2-f_1)}\frac{1}{(t_2-t_1)}\int_{t_1}^{t_2}\int_{f_1}^{f_2}\boldsymbol{S}(\boldsymbol{r},t,f)\mathrm{d}f\mathrm{d}t-S_0\right]\mathrm{d}\tau \tag{5-4}$$

式中，参数含义同式(5-1)。

采用前述四个参数来描述电磁环境信号特征是一种相对简捷的方法，同时它也提供了一定的灵活性，设置待定的区域空间V_Ω、频段$[f_1,f_2]$、时间段$[t_1,t_2]$以及电磁环境门限S_0，即可开展电磁环境评估和描述。大到一个战场空间，小到一个简单的通信链路信号环境，都可以用这种方法来描述。需要指出的是，区域空间V_Ω、频段$[f_1,f_2]$、时间段$[t_1,t_2]$可以是离散的，离散情况下，各指标计算公式中的积分采用分段区域进行，同时S_0大小并不是固定的，它根据不同应用场景或不同装备进行设置。

3. 复杂度评估方法

根据上面的分析，采用时间占有度、空间覆盖率、频谱占用度来评估电磁环境与处在这一环境中的受体对象在时域、频域、空域上的冲突，占用度越大，冲突越严重，同时使用平均功率密度谱来评价电磁环境的强度。评价电磁环境复杂度的具体步骤如下：

(1) 确定区域空间，计算区域空间的体积V_Ω，例如，对于一台固定装备，其空间就是一个点；

(2) 通过测量所构建的电磁环境信号，得到各种电磁环境数据；

(3) 计算电磁环境信号的时变自相关函数，然后对时变自相关函数进行傅里叶变换得到信号时变功率密度谱$\boldsymbol{S}(\boldsymbol{r},t,f)$；

(4) 根据用频装备情况，确定总的频段$[f_1,f_2]$，每个用频装备的用频范围可以是离散的，离散情况下，采用分段求和；

(5) 根据用频装备情况，确定总的工作时间段$[t_1,t_2]$，时间段也可以是离散的，离散情况下，采用分段求和；

(6) 根据用频装备的灵敏度确定环境电平门限大小，并以此确定电磁环境门限S_0的数值；

(7) 计算频谱占用度；

(8) 计算时间占有度；

(9) 计算空间覆盖率；

(10) 计算平均功率密度谱；

(11) 依据计算的频谱占用度、时间占有度、空间覆盖率以及平均功率密度谱，综合等级划分界限，得出电磁环境复杂度。

依据表 5-1 确定电磁环境的复杂度。

表 5-1　电磁环境复杂度评价

电磁环境复杂等级划分	复杂度评价
Ⅰ级（简单电磁环境）	$\mathrm{FO}\times\mathrm{TO}\times\mathrm{SO} < a_1$ 或 $\mathrm{AP} < b_1S_0$
Ⅱ级（轻度复杂电磁环境）	$a_1 \leqslant \mathrm{FO}\times\mathrm{TO}\times\mathrm{SO} < a_2$ 或 $b_1S_0 \leqslant \mathrm{AP} < b_2S_0$
Ⅲ级（中度复杂电磁环境）	$a_2 \leqslant \mathrm{FO}\times\mathrm{TO}\times\mathrm{SO} < a_3$ 或 $b_2S_0 \leqslant \mathrm{AP} < b_3S_0$
Ⅳ级（重度复杂电磁环境）	$\mathrm{FO}\times\mathrm{TO}\times\mathrm{SO} > a_3$ 或 $\mathrm{AP} \geqslant b_3S_0$

这样就得到电磁环境复杂等级划分，其中划分界限 a_1、a_2、a_3 的数值根据评估需求确定，例如，考虑到 70%×70%×70%=34.3%，均达到 70%的冲突已相当大，所以认为是重度复杂电磁环境，a_3 数值设为 35%。值得注意的是，在时域、空域、频域占用度方面三个指标都采用等价考虑，没有区分哪个指标更重要而给予更高的权重。在评价复杂度中，增加了平均功率密度谱的“或”关系条件，是因为考虑到部分电磁环境可能在某一维度上高度集中，例如，电磁脉冲在时域上高度集中，窄带强干扰在频域上高度集中。对于这一类电磁环境，单纯从时域、频域、空域的冲突来考虑是不够的，必须考虑功率的影响，其门限 b_1、b_2、b_3 的确定也是根据实际情况而定的，例如，以单维占有度达到 30%、50%、70%作为简单、轻度、中度复杂电磁环境来考虑，然后按照正态分布确定其平均值，从而确定门限大小。

需要指出的是，电磁环境门限 S_0 代表着处在这一环境中的受体对象的灵敏度，显然，上述分级结果与 S_0 有关，对于不同的 S_0，分级结果是不一样的，但这并不影响本评估方法从整体上评估电磁环境的复杂度，其原因在于 S_0 的选择可以在不考虑任何装备的情况下，客观地确定为一定值，从而得到整体复杂度的客观评估结果；当需要评估电磁环境对特定武器装备的影响时，只需要考察武器装备对电磁环境的响应特性与 S_0 的关系，就可以得到电磁环境相对该武器装备的复杂度评估结果。

5.1.2　电磁环境逼真度评估技术

1. 逼真度评估思想

电磁环境逼真度评估是对构设电磁环境逼真度进行量化评估的行为，可服务于武器装备试验和部队训练工作。电磁环境逼真度评估可采用相似性评价思想，将构设的试验训练电磁环境与想定背景中的实际战场电磁环境进行相似性分析计算。根据相似性科学原理，当系统间存在共有特性时，其特征值有差异，对应共有的特性称相似特性；当系统间存在相似特性时，认为系统间存在相似性。构设的电磁环境不可能完全等价于想定战场电磁环境，二者之间只能存在相似性。相似程度用 Q 表示，相异的 Q 值为 0，相同的 Q 值为 1，相似的 Q 值则介于 0 和 1 之间，如图 5-2 所示。将构设电磁环境和想定电磁环境视为一对具有相似特性的系统，运用相似性分析方法，确立

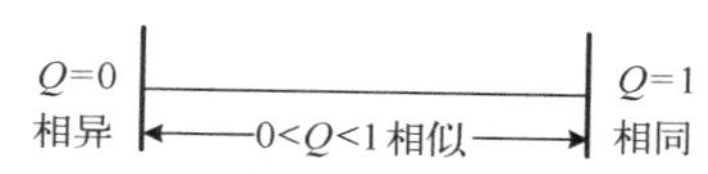

图 5-2　电磁环境相异、相似、相同的量化关系

相似系统相似元作为逼真度评估指标，从系统角度全面分析构设电磁环境与想定电磁环境的系统相似性。

电磁环境逼真度评估通常从两个维度进行：一是从辐射源维度对构设电磁环境逼真度进行评估；二是从时间维度对构设电磁环境逼真度进行评估。

如图 5-3 所示，构设电磁环境逼真度 S_{Ω} 通过聚合各辐射源逼真度 S_j 得出，辐射源逼真度 S_j 通过计算对应的想定战场电磁环境中的辐射源和构设战场电磁环境中的辐射源在具体工作参数或工作状态上的相似程度 q_i 得出。在聚合过程中，通常应分析辐射源在对应阶段的重要程度，分别设定聚合权重。

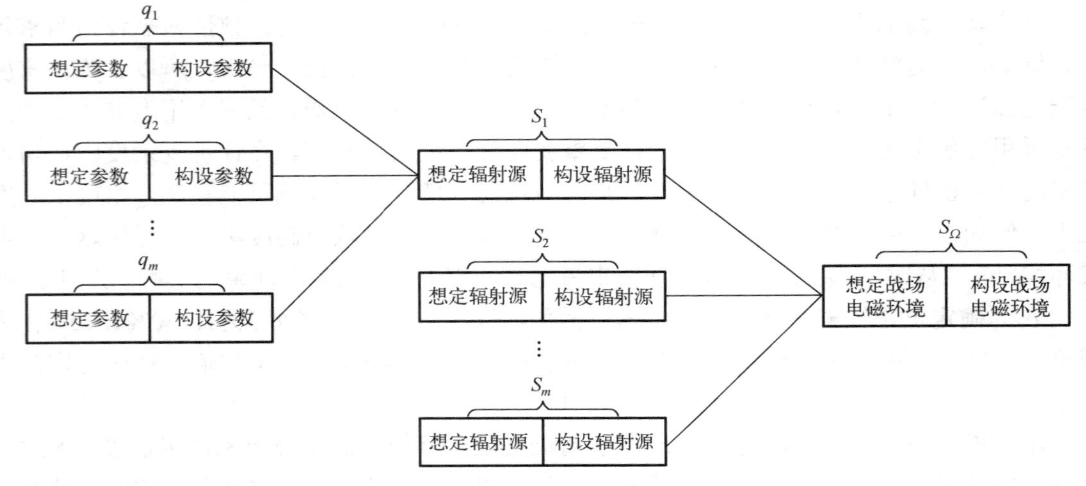

图 5-3　辐射源逼真度评估示意

在时间维度上的构设电磁环境逼真度评估就是对构设电磁环境在频域、空域和能域等方面的特征随构设活动时间推进的逼真度总体情况进行评估，称为构设过程逼真度。构设过程逼真度示意见图 5-4。图中，$q(t_0)$ 表示 t_0 时刻的构设电磁环境逼真度；$\frac{1}{t}\int_0^t q(t)\mathrm{d}t$ 表示在不考虑过程权重的情况下，用平均逼真度来描述构设电磁环境逼真度的总体情况。

2. 逼真度评估指标

逼真度评估指标就是从系统 A 和系统 B 中提取的对应相似元，相似元的相似度就是对应的逼真度评估指标值。电磁环境逼真度评估指标需要依据具体评估需求和评估可行性，从想定辐射源和构设辐射源对应的工作参数或工作状态特征中选取。不同专业方向的辐射源逼真度评估指标有其自身的特点，但均能体现各辐射源在时域、空域、频域、能域等方面的特征。在具体评估过程中，通常要根据构设对象的专业属性灵活确定逼真度评估指标。图 5-5 以雷达信号环境为例，建立逼真度评估指标。

1) 时域相似元

时域相似元如图 5-6 所示，可以从两个层面考虑：一是信号级时域相似元，描述的是雷达脉冲的时域特征，主要通过脉冲宽度、重复周期以及占空比表征；二是功能级时域相似元，主要是指构设辐射源和想定辐射源在辐射时间段上的相似程度。

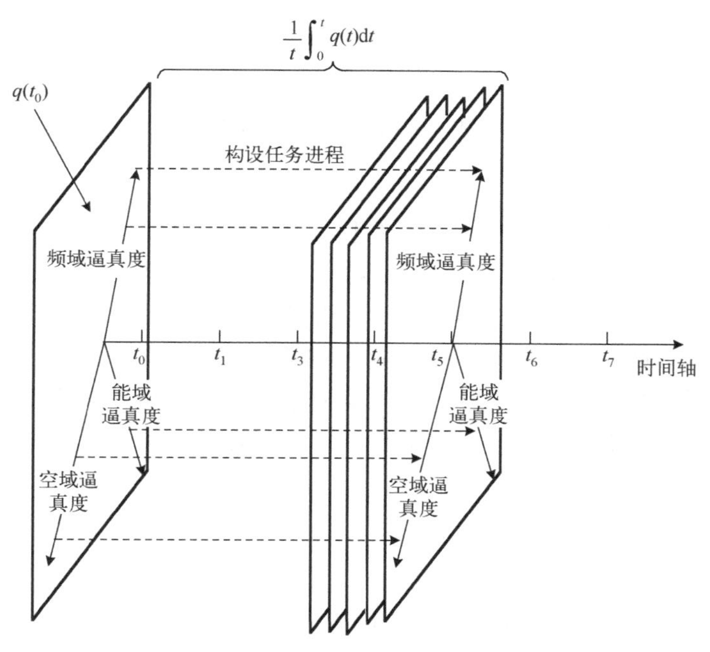

图 5-4　构设过程逼真度示意

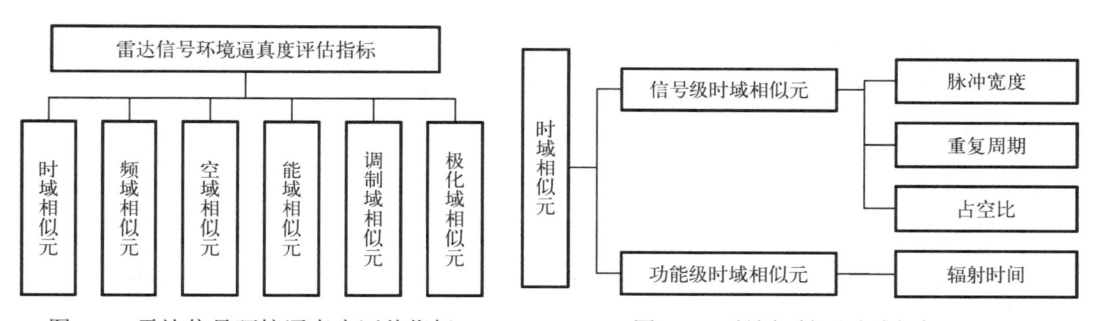

图 5-5　雷达信号环境逼真度评估指标

图 5-6　雷达辐射源时域相似元

(1) 信号级时域相似元。

$$r = \frac{\tau}{T_r} \tag{5-5}$$

式中，τ 为信号脉冲宽度；T_r 为重复周期。

根据相似性原理，占空比相似度可表示为

$$q_r = 1 - |r - r_0| \tag{5-6}$$

式中，r 为构设电磁环境信号占空比；r_0 为想定电磁环境信号占空比。脉冲宽度、重复周期相似度的计算可参照式(5-5)占空比相似度的计算方法进行。

(2) 功能级时域相似元。

构设辐射源和想定辐射源的辐射时间表示的是区间值。根据相似性原理，辐射时间的相似度可表示为

$$q_t = \frac{T_A \cap T_B}{T_A} \tag{5-7}$$

式中，q_t 为工作时间相似度；T_A 为想定辐射源工作时间段，T_B 为构设辐射源工作时间段。

2) 频域相似元

频域相似元如图 5-7 所示，包含信号类型、信号载频、信号带宽等要素。根据雷达辐射源的特点，不同的信号类型，其具体频率特性均会发生变化，例如，当信号类型为单载频信号时，信号载频是一固定值；当信号类型为捷变频信号时，信号载频在一范围内随机捷变。因此，计算频域相似元相似度时，应结合辐射源频域要素特点。

依据相似性原理和构设工作实际，信号类型相似度描述的是构设辐射源拥有想定辐射源在整个构设工作中所拥有的信号类型的程度，故信号类型相似度可表示为

$$q_{ft} = \frac{ft_A \cap ft_B}{ft_A} \tag{5-8}$$

式中，q_{ft} 为信号类型相似度；ft_A 为想定辐射源信号类型集，ft_B 为构设辐射源信号类型集。

频域相似元通常还要考虑信号载频和信号带宽的大小。当信号载频为固定值时，其相似度计算公式可参考式(5-6)；当信号载频为捷变频变化时，其相似度计算公式可参考式(5-7)。

在计算相似度过程中，通常先对信号类型进行相似性分析，然后对同类型信号载频、带宽等频域相似元进行分析。例如，频率分集、频率参差、脉组捷变频等信号类型，其频域相似元相似度的计算方法要根据其具体载频类型和具体频率特性分别进行分析讨论。

3) 空域相似元

空域相似元如图 5-8 所示，可以从两个角度考虑：一是天线方向特性，主要用描述天线特性的相关参数表征，包括天线类型、天线扫描参数、波束指向；二是空间位置关系，主要是指想定辐射源和目标之间的空间位置关系与构设辐射源和目标之间的空间位置关系，可通过相对方位角相对俯仰角来表征。

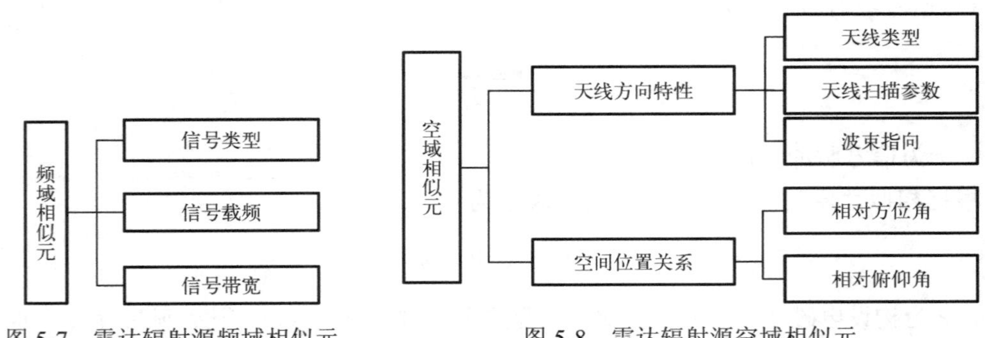

图 5-7　雷达辐射源频域相似元　　图 5-8　雷达辐射源空域相似元

4) 能域相似元

能域特征可用接收点信号强度特征向量来表征，信号强度特征向量包含信号场强和信号功率密度谱，表示为

$$\boldsymbol{R}_P = \{\boldsymbol{E}, \boldsymbol{S}\} \tag{5-9}$$

式中，$\boldsymbol{E}$ 为信号场强；$\boldsymbol{S}$ 为信号功率密度谱。

依据相似性原理，能域相似元可用信号强度特征向量的近似程度度量，近似程度越高，相似程度越大，反之越小，信号强度特征相似程度可参考式(5-6)的相关定义。

5) 调制域相似元

调制域相似元如图5-9所示，可用调制样式类型和调制参数两个要素来表征。调制域相似元分析方法和频域相似元分析类似，需要根据辐射源的具体调制样式类型进行研究。

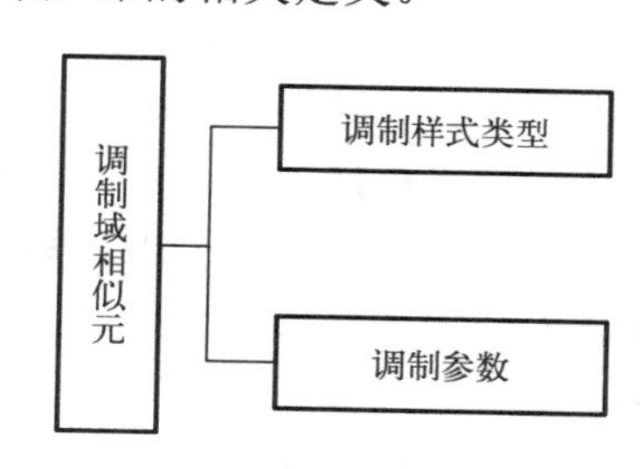

图5-9　雷达辐射源调制域相似元

6) 极化域相似元

极化域相似元通常用极化类型来描述，雷达辐射源的极化类型主要有水平极化、垂直极化、圆极化等。极化域相似元相似度计算可参考频域相似元中信号类型相似度的计算方法。

3. 逼真度评估算法

(1) 计算 t 时刻的辐射源 i 相似度 $S_i(t)$：

$$S_i(t) = \sum_{j=1}^{J} a_j q_j(t) \tag{5-10}$$

式中，J 为想定辐射源 i 的辐射源状态参数相似元数；$q_j(t)$ 为想定辐射源 i 在其相似元 j 上与构设辐射源的相似度；a_j 为相似元的权重。

(2) 遍历所有辐射源，计算 t 时刻的电磁环境相似度 $S(t)$：

$$S(t) = \frac{1}{L}\sum_{i=1}^{N} S_i(t) \tag{5-11}$$

式中，L 为想定辐射源的数量；N 为相似元的数量。

(3) 计算整体逼真度 S_Ω，计算公式如下：

$$S_\Omega = \frac{1}{T}\int_0^T S(t)\mathrm{d}t \tag{5-12}$$

式中，T 为环境构设活动的总时长。

在实际操作过程中，逼真度关于 t 的变化函数不容易获得，通常采用离散取时间点的方式来获取 t 信息，并评估整体逼真度 S_Ω，则式(5-12)变换为

$$S_\Omega = \frac{1}{T}\sum_{t=0}^{T} S(t) \tag{5-13}$$

式中，T 为离散时间点数。在计算整体逼真度时，通常需要根据各个时间段在整个构设活动中的重要程度去进行权重配置。

5.1.3 电磁环境威胁度评估技术

1. 威胁度评估思想

电磁环境威胁度评估是指通过预测分析战场空间内作战对手对己方形成的电磁环境威胁进行威胁等级评判的行为，可服务作战中电磁筹划和威胁预警的辅助决策。根据电磁环境威胁作用机理分析，只有对方电磁对抗行为涉及的时域、频域和空域与己方电磁应用活动有关联，且超过己方设备或系统承受的范围，才可能形成威胁。因此，在考虑电磁环境威胁度的评估要素时，可以从空间范围、时间跨度、频段覆盖、定位精度、识别精度和时效性等方面展开。

从电磁环境威胁应用的角度，通常将电磁环境威胁类型划分为监控性威胁、降效性威胁和毁伤性威胁三类。在开展电磁环境威胁度评估时，可按形成监控性威胁的侦察威胁源、降效性威胁的干扰威胁源和毁伤性威胁的电子摧毁威胁源三大类进行具体分析。处于作战空间、作战频段和作战时间范围内的电子侦察、电子干扰和电子摧毁是重点关注的威胁对象，在进行电磁环境威胁度评估时，应根据确定的评估要素，建立相应的威胁度评估指标体系和威胁度评估算法模型，评估威胁等级。

2. 威胁度评估指标体系

依据电磁环境威胁本质属性特征分析，确定威胁度评估要素，根据三类不同的电磁环境威胁类型构建电磁环境威胁度评估指标体系，如图 5-10 所示。

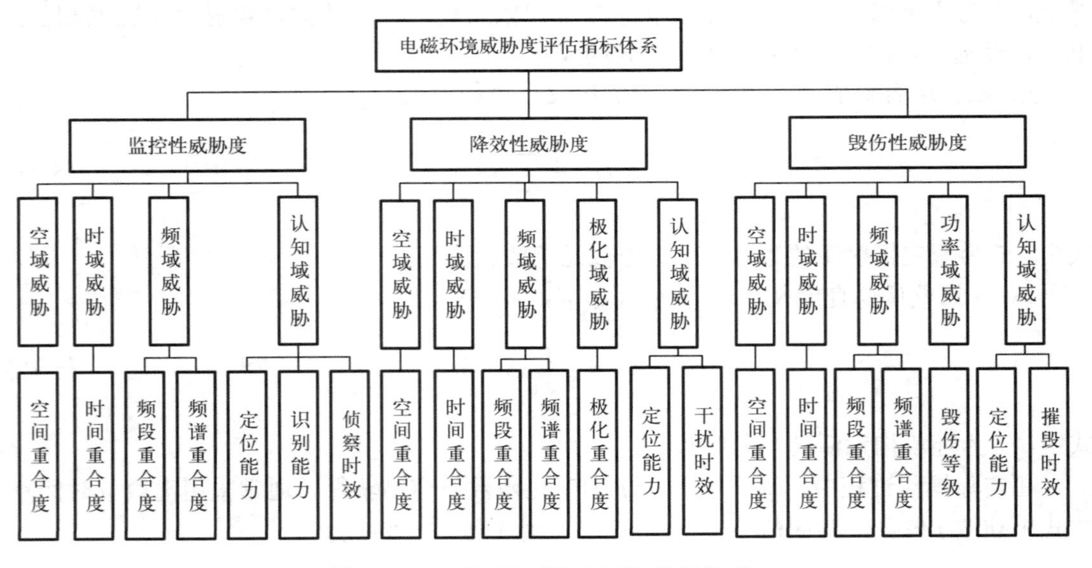

图 5-10 电磁环境威胁度评估指标体系

1) 监控性威胁度评估指标

监控性威胁表现出平时和战时的不同特征。面对敌方的平时监控性威胁，必须本着“宁可信其有，不可信其无”的原则，针对敌监控范围、频段、时间，结合我军行动和部署情况，建立空间重合度、时间重合度、频段重合度、频谱重合度、定位能力、识别能力和侦察时效 7 个底层指标。

空间重合度反映的是威胁源监控范围与目标位置之间的重合程度。

时间重合度反映的是威胁源监控行动与目标活动时间的吻合程度。

频段重合度反映的是威胁源监控行动在频段上对目标电磁辐射的监测能力。

频谱重合度反映的是威胁源监控行动对目标电磁辐射的频谱特征识别程度。

定位能力反映的是威胁源监控目标位置的精确程度。

识别能力反映的是威胁源对目标特征的识别能力。

侦察时效反映的是目标受到威胁源监控之时起(通常可以从目标进入敌方侦察范围之内时开始计算)，我方采取有效的规避、掩护行动所需的时间与敌方发起下步行动所需的时间的比值，当比值大于等于 1 时，说明我方根本无法在敌方攻击前采取有效措施保护目标安全，均记为 1。若我方采取有效措施迟滞敌方攻击准备时间，则按敌方迟滞后的攻击准备时间计算。

2) 降效性威胁度评估指标

降效性威胁度的评估可根据威胁源电子进攻的能力进行，并将敌方电子进攻手段的战技性能与我方目标电磁性能进行比对，包括空间重合度、时间重合度等指标，具体如下。

空间重合度反映的是威胁源电子进攻行动对目标产生实质降效作用的威力范围与该目标位置的重合程度。

时间重合度反映的是目标进入敌方威胁源威力范围内的时间吻合程度。

频段重合度反映的是威胁源电子进攻行动在频段上与目标电磁辐射的重合度。

频谱重合度在这里理解为调制重合度，主要反映威胁源电子进攻的干扰、欺骗信号调制样式与目标电磁辐射和接收信号的调制样式吻合程度。

极化重合度反映的是电子干扰信号的极化类型与目标的吻合程度。

定位能力反映的是对敌方目标位置判断的精确程度，对于电子进攻行动而言并不要求很精确，只要目标引导的方向精度值小于其最小干扰扇面角度即可。

干扰时效反映的是我方目标即将受到敌方电子进攻实际危害的时间紧迫性。

3) 毁伤性威胁度评估指标

毁伤性威胁度的评估既需要对电子摧毁或反辐射攻击武器的攻击距离、行动进行分析，又需要对其以前侦察活动的分析判断，并对比我方目标电磁辐射参数与敌方反辐射导引头参数，包括空间重合度、时间重合度等指标，具体如下。

空间重合度反映的是反辐射武器、高功率微波等电子摧毁类武器的有效攻击范围与目标位置的重合程度。

时间重合度反映的是威胁源电子摧毁行动与目标用频装备在工作时间上的重合程度。

频段重合度反映的是威胁源电子摧毁行动在频段上与目标电磁辐射频段的重合度。

频谱重合度在这里理解为调制重合度，主要反映反辐射武器所适应的信号调制样式与目标电磁信号的调制样式的吻合程度。

毁伤等级反映的是电子摧毁或反辐射攻击造成的毁伤程度，与摧毁效果相关。

定位能力理解为毁伤性威胁源攻击精准度，对于反辐射攻击而言，关键在于其攻击过程能够得到目标电磁辐射的引导，最终攻击精度在米级之内。若中途目标关机，由于反辐射武器具有记忆功能，因此，可将敌方反辐射武器的最大攻击误差距离与其最大杀伤半径的比值判定为攻击精准度。

摧毁时效反映的是目标即将受到敌方电子进攻实际危害的时间紧迫性。

3. 威胁度评估算法模型

1) 指标计算模型

(1) 重合度指标计算。

监控性威胁源、降效性威胁源、毁伤性威胁源的空间重合度、时间重合度、频段重合度等威胁度指标具有相同的特性，都是通过威胁源和目标在对应威胁域工作范围的重合程度与目标工作范围之比计算的。工作范围通常可用区间值和类型数两种形式表达。

例如，频段重合度定义为目标工作频段中受到威胁的频段与目标总的工作频段之比，频段用区间值表达，重合度计算如下：

$$F = \frac{F_s \cap F_o}{F_o} \tag{5-14}$$

式中，F 为频段重合度；F_s 为电磁威胁作用的频段，即监控的频段、降效的频段和毁伤的频段；F_o 为受威胁对象工作的频段。

极化重合度定义为受威胁对象工作极化类型中受到威胁的极化类型数量与受威胁对象总的工作极化类型数量之比，重合度计算如下：

$$P = \frac{|P_s \cap P_o|}{|P_o|} \tag{5-15}$$

式中，P 为极化重合度；P_s 为电磁威胁拥有的干扰信号极化类型集合；P_o 为受威胁对象工作的极化类型集合。

(2) 能力类指标计算。

定位能力和识别能力威胁度既取决于电磁威胁源的定位精度与识别精度，也与目标工作范围和外形特征有关，其计算方法类似。计算公式如下：

$$L = \begin{cases} 1, & L_s \leqslant R_o \\ \dfrac{R_o}{L_s}, & L_s > R_o \end{cases} \tag{5-16}$$

式中，当 L 描述监控性威胁定位能力时，L_s 为电磁威胁的定位精度，即电子侦察的定位精度、电子干扰的定位精度和电子摧毁的定位精度，R_o 为目标的工作等效半径；当 L 描述降效性威胁定位能力时，L_s 为威胁源目标引导的角度精度，R_o 为威胁源最小干扰扇面；当 L 描述毁伤性威胁定位能力时，L_s 为威胁源攻击精度，R_o 为威胁源最大杀伤半径。

(3) 时效类指标计算。

监控性、降效性、毁伤性威胁源的侦察时效、干扰时效和摧毁时效的计算，主要考虑采取有效措施保护被威胁目标的时长与威胁源完成威胁任务的时长之比。具体计算模型可参照能力类指标计算方法。

例如，毁伤性威胁源摧毁时效，是以我方采取有效措施消除敌方反辐射攻击危害所需的时间与目标即将进入敌方有效攻击范围的时间之比。当比值大于等于1时，说明我方根本无法在敌方攻击前采取有效措施，威胁度记为1。

(4) 毁伤等级计算。

毁伤等级是威胁等级划分的底层指标之一，它的高低与电子摧毁效果有关。对摧毁效果的表示通常可取定义等级的方式来进行标定，例如，可以定义三级毁伤等级 E。当使受威胁对象永久失效时威胁最大，E 的值为 1；当使受威胁对象暂时失效时威胁次之；E 的值为 0.5；当使受威胁对象性能下降时威胁最小，E 的值为 0.3。

2) 威胁度量与等级评估模型

威胁度是电磁威胁程度的数值化度量，依据电磁环境威胁度评估指标体系，采用相应的指标体系聚合模型对指标体系逐层聚合，最终得到威胁度评估结果，为威胁等级转化奠定基础。

(1) 监控性威胁度计算。

依据监控性威胁度评估指标体系，采取复合加权法，监控性威胁度计算公式为

$$T_r = S_d^{\omega_1} T_d^{\omega_2} F_d^{\omega_3} C_d^{\omega_4} \tag{5-17}$$

式中，T_r 为监控性威胁度；S_d 为空域威胁；ω_1 为空域威胁权重；T_d 为时域威胁；ω_2 为时域威胁权重；F_d 为频域威胁；ω_3 为频域威胁权重；C_d 为认知域威胁；ω_4 为认知域威胁权重。

空域威胁即空间重合度：

$$S_d = \frac{S_s \cap S_o}{S_o} \tag{5-18}$$

式中，参数含义同前。

时域威胁即时间重合度：

$$T_d = \frac{T_s \cap T_o}{T_o} \tag{5-19}$$

式中，参数含义同前。

频域威胁由频段重合度和频谱重合度两个下级指标聚合而成：

$$F_d = \alpha_1 F + \alpha_2 M \tag{5-20}$$

式中，α_1 为频段重合度权重；F 为频段重合度；α_2 为频谱重合度权重；M 为频谱重合度。

认知域威胁由定位能力、识别能力和侦察时效三个下级指标聚合而成：

$$C_d = \beta_1 L + \beta_2 C + \beta_3 R \tag{5-21}$$

式中，β_1为定位能力权重；L为定位能力；β_2为识别能力权重；C为识别能力；β_3为侦察时效权重；R为侦察时效。

(2) 降效性威胁度计算。

依据降效性威胁度评估指标体系，采取复合加权法，降效性威胁度计算公式为

$$T_j = S_d^{\omega_1} T_d^{\omega_2} F_d^{\omega_3} P_d^{\omega_4} C_d^{\omega_5} \tag{5-22}$$

式中，T_j为降效性威胁度；S_d为空域威胁；ω_1为空域威胁权重；T_d为时域威胁；ω_2为时域威胁权重；F_d为频域威胁；ω_3为频域威胁权重；P_d为极化域威胁；ω_4为极化域威胁权重；C_d为认知域威胁；ω_5为认知域威胁权重。

其中，空域威胁、时域威胁、频域威胁可参照监控性威胁计算。

极化域威胁即极化重合度：

$$P_d = \frac{|P_s \cap P_o|}{|P_o|} \tag{5-23}$$

式中，参数含义同前。

认知域威胁由定位能力、识别能力和干扰时效三个下级指标聚合而成，计算公式为

$$C_d = \beta_1 L + \beta_2 C + \beta_3 J \tag{5-24}$$

式中，β_1为定位能力权重；β_2为识别能力权重；β_3为干扰时效权重；J为干扰时效；其他参数含义同前。

(3) 毁伤性威胁度计算。

依据毁伤性威胁度评估指标体系，采取复合加权法，毁伤性威胁度计算公式为

$$T_r = S_d^{\omega_1} T_d^{\omega_2} F_d^{\omega_3} G_d^{\omega_4} C_d^{\omega_5} \tag{5-25}$$

式中，T_r为毁伤性威胁度；S_d为空域威胁；ω_1为空域威胁权重；T_d为时域威胁；ω_2为时域威胁权重；F_d为频域威胁；ω_3为频域威胁权重；G_d为能域威胁；ω_4为能域威胁权重；C_d为认知域威胁；ω_5为认知域威胁权重。

其中，空域威胁、时域威胁可参照监控性威胁计算，能域威胁G_d即三级毁伤等级E。

频域威胁即频段重合度：

$$F_d = \frac{F_s \cap F_o}{F_o} \tag{5-26}$$

式中，参数含义同前。

认知域威胁由定位能力、识别能力和摧毁时效三个下级指标聚合而成：

$$C_d = \beta_1 L + \beta_2 C + \beta_3 D \tag{5-27}$$

式中，β_1为定位能力权重；β_2为识别能力权重；β_3为摧毁时效权重；D为摧毁时效；其他参数含义同前。

(4) 威胁等级评估模型。

为了使数值化的指标体系聚合结果具备易理解性，可采用模糊综合评判法对评估结果进行处理，将电磁环境威胁度评估的数值化威胁度转换为威胁等级，便于使用和理解。

5.2　复杂电磁环境装备效能层评估技术

装备效能层评估技术的目的是摸清装备在复杂电磁环境下的战技性能受到什么影响、影响到什么程度、可靠性如何。评估活动通常运用计算机仿真或外场试验等方式进行，一般需要经过多次试验，记录不同想定下装备在复杂电磁环境下的性能表现，最后经过试验结果分析给出评估结论。

在实际试验中，装备性能发挥受多种因素影响，同时需要在二维、三维甚至多维情况下考察参数变化，这就使得装备性能分布表达式变得复杂，且在大多数情况下，装备的性能参数所服从的统计学分布及参数是未知的，因此需要在置信度允许的情况下考虑简化的解法，马尔可夫链蒙特卡罗方法即是一种统计分布的简化解法。另外，考虑到试验成本和组织试验的难度，往往不能进行大量的外场试验，这就使得评估过程中获得的试验数据样本有限，需要借助统计学方法生成一些样本数据，以便于试验结果分析和论证，小子样实验方法即是一种用计算机扩展样本容量的方法。

5.2.1　装备效能仿真评估技术

受时间、成本等因素的限制，实际的装备效能试验往往只能得到有限的样本数量，有限样本得出的装备效能评估结果从统计学的角度看，会存在较大的偏差。应用数值化计算方法，在计算机仿真辅助下，产生满足目标概率分布的样本是解决装备效能试验样本数据不足的问题的有效手段。根据大数定理，扩大样本容量可以在很大程度上减少小样本数据产生的结果偏差，这里阐述两种常用的样本扩容方法：马尔可夫链蒙特卡罗方法，利用平稳马尔可夫过程估计样本分布后，再通过蒙特卡罗抽样生成新样本；而小子样统计评估方法并不求解样本的分布，而是通过已有样本排列组合后重抽样生成新的样本，两种方法适用于不同的场景。

1. 马尔可夫链蒙特卡罗方法

蒙特卡罗方法也称为统计模拟方法，是通过从概率模型的随机抽样进行近似数值计算的方法。马尔可夫链蒙特卡罗方法则是以马尔可夫链为概率模型的蒙特卡罗方法。马尔可夫链蒙特卡罗方法构建一个马尔可夫链，使其平稳分布就是要进行抽样分布，首先基于该马尔可夫链进行随机游走，产生样本序列，之后使用该平稳分布的样本进行近似的数值计算。Metropolis-Hastings(M-H)算法是最基本的马尔可夫链蒙特卡罗方法，Metropolis 等在 1953 年提出原始的算法，Hastings 在 1970 年对之加以推广，形成了现在的形式。吉布斯抽样是更简单、使用更广泛的马尔可夫链蒙特卡罗方法，1984 年由 S. Geman 和 D. Geman 提出。

1) 蒙特卡罗方法

统计模拟中有一个重要的问题就是给定一个概率分布 $p(x)$，如何在计算机中生成它的样本，通过抽样求解复杂的科学和工程问题。

例如，求 π 的问题，假设 $f(x,y)$ 在 $S=[0,1]\times[0,1]\in\mathbf{R}^2$ 服从均匀分布，重复在 S 中进行

N 次抽样，当 $C: x^2+y^2 \leqslant 1$ 时接受该样本，并记满足条件 C 的样本数目为 n，该过程如图 5-11 所示。

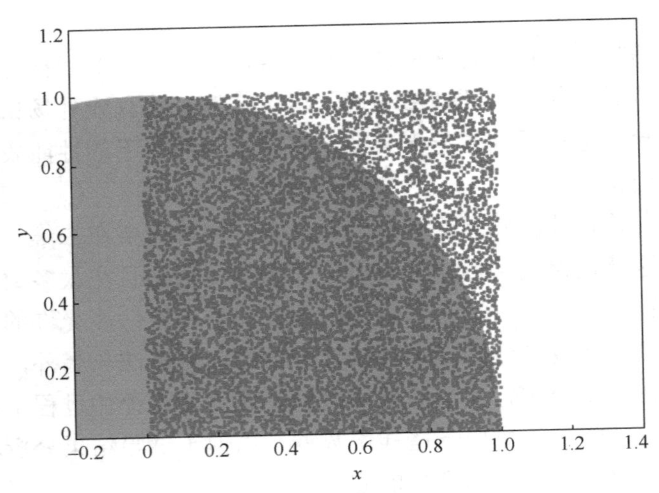

图 5-11　蒙特卡罗方法估算圆周率示意图

因为 $f(x,y)$ 在 S 内服从均匀分布，易知 S 内任意点落在扇形区域的概率满足几何分布条件，即为其面积之比，此时有

$$P((x,y)\in C)=\frac{S_{\text{circle}}}{S_{\text{rectangle}}}=\frac{\pi}{4}=\frac{n}{N},\quad N\to\infty \tag{5-28}$$

此时得到 $4n/N$ 即为 π 的一个估算值，并且 N 越大，估算精度越高。

从上述过程可以看出，蒙特卡罗方法的特征在于大量产生服从已知分布的样本，并对这些样本的概率特征进行统计和变换，从而计算出兴趣变量或解决工程问题。

2) 马尔可夫链及其平稳分布

蒙特卡罗方法需要大量样本，但在无法产生可用样本的情况下，可利用本部分所述的马尔可夫链(简称马氏链)辅助产生样本。

考虑一个随机变量序列 $X=\{X_0,X_1,\cdots,X_t,\cdots\}$，每个随机变量取值集合称为状态空间 S，假设在初始时刻的随机变量 X_0 遵循概率分布 $P(X_0)=\pi_0$，称为初始状态分布。在某个时刻 t 的随机变量 X_t 与前一个时刻的随机变量 X_{t-1} 之间有条件分布 $P(X_t\mid X_{t-1})$，X_t 只依赖于 X_{t-1}，而不依赖于过去的随机变量 $\{X_0,X_1,\cdots,X_{t-2}\}$，这一性质称为马尔可夫性，即

$$P(X_t|X_{t-1})=P(X_t|X_{t-1},X_{t-2},\cdots,X_0),\quad t=1,2,\cdots \tag{5-29}$$

具有马尔可夫性的随机变量序列 $X=\{X_0,X_1,\cdots,X_t,\cdots\}$ 称为马尔可夫链，条件概率分布 $P(X_t|X_{t-1})$ 称为马尔可夫链的转移概率分布。

先来看马氏链的一个具体的例子。社会学家经常把人的经济状况分成 3 个层次：下层(Lower-Class)、中层(Middle-Class)、上层(Upper-Class)，用 1、2、3 分别代表这三个层次。社会学家发现决定一个人的收入层次的重要的因素是其父母的收入层次[①]。如果一个人的

① 此例子仅用于解释马尔可夫链的稳态，即承认该假设的合理性。

收入属于下层类别，那么他的孩子属于下层收入层次的概率是 0.65，属于中层收入层次的概率是 0.28，属于上层收入层次的概率是 0.07。事实上，从父代到子代，父代子代收入层次变化概率表如表 5-2 所示。

表 5-2　父代子代收入层次变化概率表

	子代			
	状态	1	2	3
父代	1	0.65	0.28	0.07
	2	0.15	0.67	0.18
	3	0.12	0.36	0.52

将父代子代收入层次变化概率表表示成状态转移图，如图 5-12 所示。

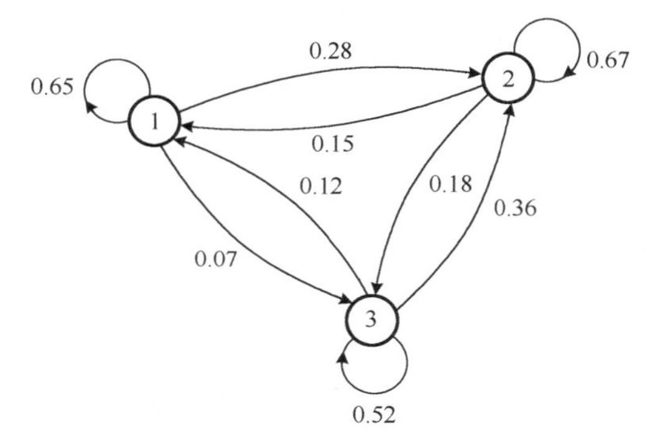

图 5-12　父代子代收入层次状态转移图

使用矩阵的表示方式，转移概率矩阵记为

$$\boldsymbol{P}=\begin{bmatrix}0.65 & 0.28 & 0.07\\0.15 & 0.67 & 0.18\\0.12 & 0.36 & 0.52\end{bmatrix} \tag{5-30}$$

假设当前这一代人中处在下层、中层、上层的人的比例是概率分布向量 $\boldsymbol{\pi}_0=(\pi_0(1),\pi_0(2),\pi_0(3))$，那么他们的子女的分布比例将是 $\boldsymbol{\pi}_1=\boldsymbol{\pi}_0\boldsymbol{P}$，他们的孙子代的分布比例将是 $\boldsymbol{\pi}_2=\boldsymbol{\pi}_1\boldsymbol{P}=\boldsymbol{\pi}_0\boldsymbol{P}^2$，…，第 n 代子孙的收入分布比例将是 $\boldsymbol{\pi}_n=\boldsymbol{\pi}_{n-1}\boldsymbol{P}=\boldsymbol{\pi}_0\boldsymbol{P}^n$。

假设初始概率分布向量 $\boldsymbol{\pi}_0=[0.210,0.680,0.110]$，则可以计算前 n 代人的分布状况，如表 5-3 所示。

表 5-3　前 n 代人的经济收入分布状况

第 n 代人	下层	中层	上层
0	0.210	0.680	0.110
1	0.252	0.554	0.194
2	0.270	0.512	0.218
3	0.278	0.497	0.225
4	0.283	0.492	0.226
5	0.285	0.489	0.226

续表

第 n 代人	下层	中层	上层
6	0.286	0.489	0.225
7	0.286	0.489	0.225
8	0.286	0.489	0.225

可以看出，从第 7 代人开始，这个分布就稳定不变了，这个是偶然的吗？换一个初始概率分布向量 $\boldsymbol{\pi}_0' = (0.750, 0.150, 0.10)$，继续计算前 n 代人的分布状况，如表 5-4 所示。

表 5-4　改变初始概率分布后前 n 代人经济收入分布状况

第 n 代人	下层	中层	上层
0	0.750	0.150	0.100
1	0.522	0.347	0.132
2	0.407	0.426	0.167
3	0.349	0.459	0.192
4	0.318	0.475	0.207
5	0.303	0.482	0.215
6	0.295	0.485	0.220
7	0.291	0.487	0.222
8	0.289	0.488	0.225
9	0.286	0.489	0.225

发现，到第 9 代人的时候，分布又收敛了，同时可以看出，最终分布都收敛于 $\boldsymbol{\pi} = (0.286, 0.489, 0.225)$，也就是说收敛行为及收敛终态与初始概率分布无关，那么说明这个收敛行为主要是由概率转移矩阵 $\boldsymbol{P}$ 决定的。计算 $\boldsymbol{P}^n$：

$$\boldsymbol{P}^{20} = \boldsymbol{P}^{50} = \cdots = \boldsymbol{P}^{100} = \begin{bmatrix} 0.286 & 0.489 & 0.225 \\ 0.286 & 0.489 & 0.225 \\ 0.286 & 0.489 & 0.225 \end{bmatrix} \tag{5-31}$$

可以发现，当 n 足够大的时候，这个 $\boldsymbol{P}^n$ 矩阵的每一行都是稳定地收敛到 $\boldsymbol{\pi} = (0.286, 0.489, 0.225)$ 这个概率分布的。自然地，这个收敛现象并非是这个马氏链独有的，而是绝大多数马氏链的共同行为，关于马氏链的收敛有如下定理。

马氏链定理：如果一个非周期马氏链具有转移概率矩阵 $\boldsymbol{P}$，且它的任何两个状态是连通的，那么 $\lim\limits_{n\to\infty} P_{ij}^n$ 存在且与 i 无关，记 $\lim\limits_{n\to\infty} P_{ij}^n = \pi(j)$，有

(1) $\lim\limits_{n\to\infty} \boldsymbol{P}^n = [\boldsymbol{\pi}\cdots\boldsymbol{\pi}\cdots\boldsymbol{\pi}]^{\mathrm{T}}$，其中 $\boldsymbol{\pi} = (\pi(1), \pi(2), \cdots, \pi(j), \cdots)^{\mathrm{T}}$，且 $\sum\limits_{i=0}^{\infty} \pi(i) = 1$；

(2) $\pi(j) = \sum\limits_{i=0}^{\infty} \pi(i) P_{ij}$；

(3) $\boldsymbol{\pi}$ 是方程 $\boldsymbol{\pi} P = \boldsymbol{\pi}$ 的唯一非负解。

并称 $\boldsymbol{\pi}$ 为马氏链的平稳分布。

马氏链定理是马尔可夫链蒙特卡罗方法的理论基础，其中注意几点：

(1) 该定理中马氏链的状态不要求有限，可以是有无穷多个的；

(2) 绝大多数马氏链都是非周期的；

(3) 两个状态 i 、 j 连通并非指 i 可以直接一步转移到 j ，即 $P_{ij}>0$ ，而是指 i 可以通过有限的 n 步转移到达 j ，即 $P_{ij}^{n}>0$ 。更一般地，$\exists n$ ，使得 $\forall i,j$ ， $P_{ij}^{n}>0$ 。

可以看出，当马氏链到达平稳状态后其概率转移矩阵 $\boldsymbol{P}$ 即为固定的概率分布，若通过一定的构造使得该马氏链的平稳分布恰为概率分布 $p(x)$，那么从任何一个初始状态 x_0 出发沿着马氏链转移，得到一个转移序列 $x_0,x_1,\cdots,x_n,x_{n+1},\cdots$ ，如果马氏链在第 n 步已经收敛了，那么就得到了服从 $\pi(x)$ 的样本 $x_n,x_{n+1},\cdots$ 。如何能做到这一点呢？主要使用如下的定理。

细致平稳条件：如果非周期马氏链的转移矩阵 $\boldsymbol{P}$ 和分布 $\pi(x)$ 满足：

$$\pi(i)P_{ij}=\pi(j)P_{ji},\quad \forall i,j \tag{5-32}$$

则 $\pi(x)$ 是马氏链的平稳分布，式(5-32)称为细致平稳条件。

假设已经有一个转移矩阵 $\boldsymbol{Q}$ ，马氏链 $q(i,j)$ 表示从状态 i 转移到状态 j 的概率，通常情况下 $p(i)q(i,j)\neq p(j)q(j,i)$ ，即不满足细致平稳条件，那么 $p(x)$ 不太可能是这个马氏链的平稳分布，一种直接的做法是对该马氏链做一个改造，使其细致平稳条件成立，为此引入算子 $\alpha(i,j)$ ，使得

$$p(i)q(i,j)\alpha(i,j)=p(j)q(j,i)\alpha(j,i) \tag{5-33}$$

根据对称性，取

$$\alpha(i,j)=p(j)q(j,i),\quad \alpha(j,i)=p(j)q(i,j) \tag{5-34}$$

于是式(5-33)就成立了，所以有

$$p(i)\underbrace{q(i,j)\alpha(i,j)}_{Q'(i,j)}=p(j)\underbrace{q(j,i)\alpha(j,i)}_{Q'(j,i)} \tag{5-35}$$

如此把原来具有转移矩阵 $\boldsymbol{Q}$ 的一个很普通的马氏链，改造成了具有转移矩阵 $\boldsymbol{Q}'$ 的马氏链，而 $\boldsymbol{Q}'$ 恰好满足细致平稳条件，由此马氏链 $\boldsymbol{Q}'$ 的平稳分布就是 $p(x)$ 。

不难看出， $\alpha(i,j)$ 的物理意义为接受率，可以理解为在原来的马氏链上，从状态 i 以 $q(i,j)$ 的概率转移到状态 j 的时候，以 $\alpha(i,j)$ 的概率接受这个转移，于是得到新的马氏链 $\boldsymbol{Q}'$ 的转移概率为 $q(i,j)\alpha(i,j)$ 。但是按照上述方式选择的接受率很小，极易造成新的马氏链收敛缓慢，此时可以在保持式(5-35)成立的前提下，等号两边等比放大，并保证 $\alpha(i,j)$ 和 $\alpha(j,i)$ 中最大者为 1，即取

$$\alpha(i,j)=\min\left\{\frac{p(j)q(j,i)}{p(i)q(i,j)},1\right\} \tag{5-36}$$

这就得到了经典的 Metropolis-Hastings 算法，算法步骤见表 5-5。

表 5-5　Metropolis-Hastings 算法步骤

Metropolis-Hastings 算法
Step1：初始化马氏链初始状态 $X_0=x_0$ 。
Step2：对于 $t=0,1,2,\cdots$ ，按照如下过程循环采样。

Step2.1：t 时刻马氏链的状态为 $X_t = x_t$，采样得到 $y \sim q(x \mid x_t)$。

Step2.2：生成均匀分布随机数 $u \sim U(0,1)$。

Step2.3：如果 $u < \alpha(x_t, y) = \min\left\{\dfrac{p(y)q(x_t \mid y)}{p(x_t)p(y \mid x_t)}, 1\right\}$，则接受转移，$X_{t+1} = y$

假设目标平稳分布是一个均值为 3，标准差为 2 的正态分布，而选择的马尔可夫链状态转移矩阵 $\boldsymbol{Q}(i,j)$ 的条件转移概率是以 i 为均值，方差为 1 的正态分布在位置 j 的值。迭代 5000 次，得到的样本分布如图 5-13 所示。

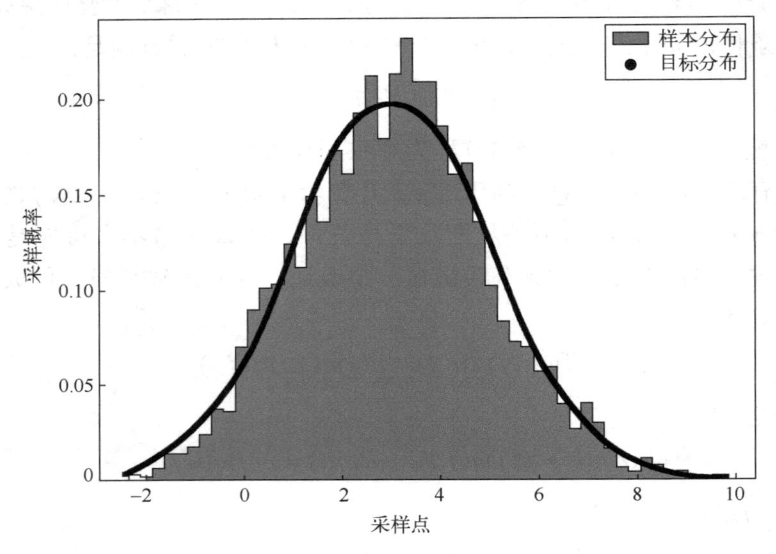

图 5-13　Metropolis-Hastings 算法示例图

当 M-H 算法应用到高维数据时，接受率的计算开销过大而变得不实用，此时可采用 Gibbs 算法，算法步骤见表 5-6。

表 5-6　Gibbs 算法步骤

Gibbs 算法
Step1：给定平稳分布 $p(x_1, x_2, \cdots, x_n)$，设定状态转换次数阈值 n_1，需要样本个数 n_2。 Step2：初始化初始状态 $X_0 = (x_1^0, x_2^0, \cdots, x_n^0)$。 Step3：对于 $t = 0,1,2,\cdots, n_1 + n_2 - 1$，执行以下步骤。 Step3.1：从条件概率分布 $p(x_1 \mid x_2^t, x_3^t, \cdots, x_n^t)$ 采样得到 x_1^{t+1}。 Step3.2：从条件概率分布 $p(x_2 \mid x_1^{t+1}, x_3^t, \cdots, x_n^t)$ 采样得到 x_2^{t+1}。 ⋮ Step3.j：从条件概率分布 $p(x_j \mid x_1^{t+1}, x_2^{t+1}, \cdots, x_{j-1}^{t+1}, x_{j+1}^t, \cdots, x_n^t)$ 采样得到 x_j^{t+1}。 ⋮ Step3.n：从条件概率分布 $p(x_n \mid x_1^{t+1}, x_3^{t+1}, \cdots, x_{n-1}^{t+1})$ 采样得到 x_n^{t+1}

最后样本集 $\{(x_1^{n_1}, x_2^{n_1}, \cdots, x_n^{n_1}), \cdots, (x_1^{n_1+n_2-1}, x_2^{n_1+n_2-1}, \cdots, x_n^{n_1+n_2-1})\}$ 即为满足条件的样本集。

假设采样的是一个二维正态分布 $N(\boldsymbol{\mu},\boldsymbol{\Sigma})$，其中 $\boldsymbol{\mu}=(\mu_1,\mu_2)=(5,-1)$，$\boldsymbol{\Sigma}=\begin{bmatrix}\sigma_1^2 & \rho\sigma_1\sigma_2\\ \rho\sigma_1\sigma_2 & \sigma_2^2\end{bmatrix}=\begin{bmatrix}1 & 1\\ 1 & 4\end{bmatrix}$，过程中用到的状态转移分布为

$$p(x\mid y)=N\left(\mu_1+\frac{\rho\sigma_1}{\sigma_2(y-\mu_2)},(1-\rho^2)\sigma_1^2\right) \tag{5-37}$$

$$p(y\mid x)=N\left(\mu_2+\frac{\rho\sigma_2}{\sigma_1(x-\mu_1)},(1-\rho^2)\sigma_2^2\right) \tag{5-38}$$

采用二维 Gibbs 算法采样的结果如图 5-14 和图 5-15 所示。

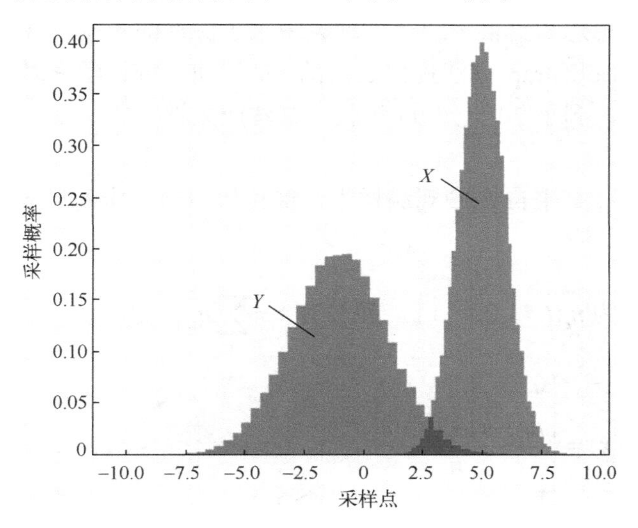

图 5-14　二维 Gibbs 算法采样示例二维图

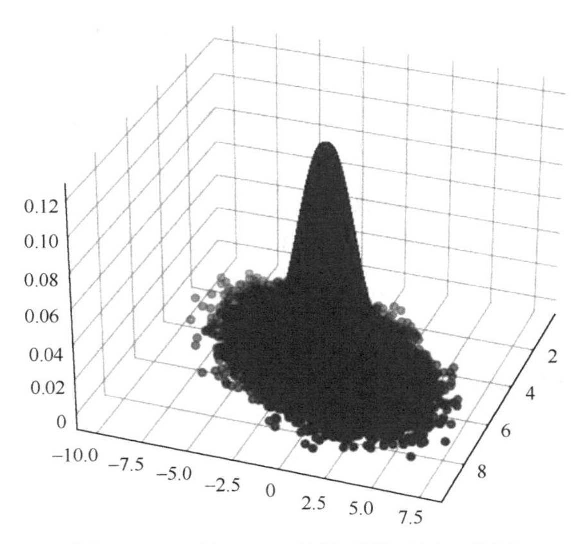

图 5-15　二维 Gibbs 算法采样示例三维图

2. 小子样实验方法

设总体的分布 F 未知，但通过试验有一个容量为 n 的来自 F 的数据样本，实际中由于试验条件和成本的制约，可获得的样本数目较小，此时利用这 n 个样本得出的关于 F 的估计可能出现较大的偏差。然而，这 n 个样本包含了 F 分布的信息，通过放回再抽样的方式增加样本容量来提高对 F 估计的质量，这就是 Bootstrap 方法原始的动机。

Bootstrap 方法是一种常用的小子样实验方法，该方法最初由美国斯坦福大学统计学教授 Bradley Efron 在 1977 年提出。作为一种崭新的增广样本统计方法，Bootstrap 方法为解决小子样试验评估问题提供了很好的思路。Bootstrap 的思想很纯粹，但后来大量的事实证明，这样一种简单的思想却给很多统计学理论带来了深远的影响，并为一些传统难题提供了有效的解决办法。Bootstrap 方法提出之后的 10 年间，统计学家对它在各个领域的扩展和应用做了大量研究，到了 20 世纪 90 年代，这些成果被陆续呈现出来，而且论述更加全面、系统。

设 $x=\{x_1,x_2,\cdots,x_n\}$ 是来自 F 的观测样本，将其从小到大排列形成新的样本顺序，满足

$$x_1 < x_2 < \cdots < x_n \tag{5-39}$$

并将 x_i 出现的频次记为 $n_i(i=1,2,\cdots,r)$，显然有 $n=\sum_1^r n_i$，记

$$F_n(x)=\begin{cases}0, & x<x_1\\ \dfrac{n_1+n_2+\cdots+n_k}{n}, & x_k \leqslant x \leqslant x_{k+1};k=1,2,\cdots,r-1\\ 1, & x>x_r\end{cases} \tag{5-40}$$

为观测样本 X 的经验分布函数。根据格里汶科定理，当 n 很大时，F_n 接近 F，因此可根据 F_n 近似地对样本 X 进行再采样：从原始样本 x 中随机进行一次放回抽样，得到一个容量为 n 的新样本集 $x^*=\{x_1^*,x_2^*,\cdots,x_n^*\}$，并称为 Bootstrap 样本。

设 $R=R(x)$ 是感兴趣的随机变量，它依赖于样本 x，假设希望去估计 R 分布的某些特征，此时 Bootstrap 方法过程如下。

(1) 自原始样本 $x=\{x_1,x_2,\cdots,x_n\}$ 按放回抽样的方法，抽得容量为 n 的 Bootstrap 样本 x^*；

(2) 独立求出 $B(B\geqslant 1000)$ 个容量为 n 的 Bootstrap 样本 $x^{*i}=\{x_1^{*i},x_2^{*i},\cdots,x_n^{*i}\}$（$i=1,2,\cdots,B$），对于第 i 个 Bootstrap 样本，计算统计变量 R 的值 $R_i^*=R(x^{*i})$，并称 R_i^* 为 R 的第 i 个 Bootstrap 估计；

(3) 计算感兴趣的 R 的特征，即 $\dfrac{1}{B}\sum_{i=1}^{B}R_i^*$。

Bootstrap 方法目前已经广泛应用于统计和机器学习等领域，常用的统计软件、编程语言，如 MATLAB、R 语言等，都已经有高效的实现，也可以根据需要在定制软件中实现。

5.2.2　装备效能试验评估技术

检验复杂电磁环境下装备效能发挥的程度或者装备实现作战目标的能力，例如，研究

导弹是否命中目标或者研究导弹射程等问题，一般需要在不同想定背景下进行多次试验，记录不同条件下装备的效能，最后通过试验结果分析评估给出试验结论。引入成败型和连续空间取值型试验评估技术来分析解决这类问题。

1. 成败型试验评估技术

单次随机试验仅有成功或失败两种结果的试验称为成败型试验，例如，研究复杂电磁环境下导弹是否命中目标、引信点火是否成功、装备可靠性试验检验等问题。独立地进行多次成败型试验，若每次成功或失败的概率不变，那么成功的次数可以用二项式分布进行表示。

对于二项式分布参数 $\theta = p$，$\Theta \in [0,1]$，当试验子样、试验消耗与试验成本密切相关或者安全风险较高时，利用序贯验后加权检验(Sequential Posterior Odd Test，SPOT)方法将先验信息应用于试验方案设计中，可以在满足试验条件的情况下进一步减少试验子样。给出假设：$H_0:\theta \in \Theta_0$，$H_1:\theta \in \Theta_1$，其中对于 $\forall \theta_0 \in \Theta_0$，$\forall \theta_1 \in \Theta_1$，都满足 $\theta_0 < \theta_1$，且 $\Theta_0 \cup \Theta_1 = \Theta$，$\Theta_0 \cap \Theta_1 = \varnothing$，对于独立同分布的样本集 $X = (X_1, X_2, \cdots, X_n) \in R_n$，做似然函数在 Θ_0、Θ_1 上的后验加权比：

$$O_n = \frac{\int_{\Theta_1} \pi(\theta \mid X)\mathrm{d}\theta}{\int_{\Theta_0} \pi(\theta \mid X)\mathrm{d}\theta} = \frac{\int_{\Theta_1} \left[\prod_{i=1}^{n} f(X_i \mid \theta)\right]\mathrm{d}F^{\pi}(\theta)}{\int_{\Theta_0} \left[\prod_{i=1}^{n} f(X_i \mid \theta)\right]\mathrm{d}F^{\pi}(\theta)} = \frac{\int_{\Theta_1} L(X \mid \theta)\mathrm{d}F^{\pi}(\theta)}{\int_{\Theta_0} L(X \mid \theta)\mathrm{d}F^{\pi}(\theta)} \tag{5-41}$$

式中，$F^{\pi}(\theta)$ 为 θ 的先验分布函数。引入常数 A、$B(0 < A < 1 < B)$，运用以下检验规则：

(1) 当 $O_n \leqslant A$ 时，终止试验并采纳假设 H_0；

(2) 当 $O_n \geqslant B$ 时，终止试验并采纳假设 H_1；

(3) 当 $A < O_n < B$ 时，继续下一次试验。

在样本空间 R_n 上关于样本集 X 利用极大似然法，可以得到 A、B 值的计算结果：

$$\begin{cases} A = \dfrac{\beta_{\pi_1}}{P_{H_0} - \alpha_{\pi_0}} \\ B = \dfrac{P_{H_1} - \beta_{\pi_1}}{\alpha_{\pi_0}} \\ P_{H_0} = \int_{\theta \in \Theta_0} \mathrm{d}F^{\pi}(\theta) \\ P_{H_1} = 1 - P_{H_0} \end{cases} \tag{5-42}$$

式中，$\beta_{\pi_1} = \int_{\theta \in \Theta_1} \beta(\theta)\mathrm{d}F^{\pi}(\theta)$，$\beta(\theta)$表示$\theta \in \Theta_1$采纳假设$H_0$的概率；$\alpha_{\pi_0} = \int_{\theta \in \Theta_0} \left[\int_{O_n \geqslant B_n} L(X \mid \theta)\mathrm{d}X\right] \cdot \mathrm{d}F^{\pi}(\theta)$。如果在 $N-1$ 次试验后仍未做出决策，那么第 N 次试验结果将试验区分割为两个区域：

$$D_0 = \{X : A < O_n \leqslant C\}, \quad D_1 = \{X : C < O_n < B\} \tag{5-43}$$

当子样 X 落在 D_0 时采纳假设 H_0；当子样 X 落在 D_1 时采纳假设 H_1，如此在第 N 次试验后必定要终止试验，并做出决策。

对于二项分布 $x \sim b(n,p)$，选取 p 的先验分布为贝塔分布 $\mathrm{Be}(\alpha_\pi,\beta_\pi)$，其后验分布仍为贝塔分布 $\mathrm{Be}(\alpha_1,\beta_1)$，此时对于上述假设：

$$H_0: p < p^*,\quad H_1: p \geqslant p^* \tag{5-44}$$

有 $\Theta_0=\{p: p<p^*\}$，$\Theta_1=\{p: p\geqslant p^*\}$，那么有

$$P_{H_0}=\mathrm{Be}_{p^*}(\alpha_\pi,\beta_\pi),\quad P_{H_1}=1-\mathrm{Be}_{p^*}(\alpha_\pi,\beta_\pi) \tag{5-45}$$

2. 连续空间取值型试验评估技术

连续空间取值型试验包含范围很广，如导弹射程试验、导弹命中精度试验、炮弹落地密度试验等，其参数空间从一维到多维，这里仅以射程试验技术为例，介绍连续空间取值型试验评估技术。

最大射程一般认为其服从正态分布 $L\sim N(\mu,\sigma^2)$，实际试验之前其分布参数 (μ,σ^2) 未知，此时需用联合充分统计量 $(\bar{X},S^2)$，记 $\theta=(\mu,\sigma^2)$，则 $\pi(\theta\,|\,X)=\pi(\theta\,|\,\bar{X},S^2)$，当 $\theta=(\mu,\sigma^2)$ 给定之时，$\bar{X}\,|\,\theta: N(\mu,\sigma^2/n)$，从而有

$$f(\bar{X}\,|\,\theta)\propto(\sigma^2)^{-\frac{1}{2}}\exp\left(-\frac{n}{2\sigma^2}(X-\mu)\right)(\sigma^2)^{(-\beta_1+1)}\exp\left(-\frac{\alpha_1}{\sigma^2}\right) \tag{5-46}$$

再记 $\sigma^2=D$，则 $S^2(\mu)$ 的密度函数为

$$f(u\,|\,\theta)\propto u^{\frac{n-3}{2}}\mathrm{e}^{-\frac{n\mu}{2D}}D^{-\frac{n-1}{2}},\quad u\geqslant 0 \tag{5-47}$$

由于 $(\bar{X},S^2)$ 独立，$(\bar{X},S^2)$ 的联合密度（θ 给定时）为

$$f(\bar{X},u\,|\,\theta)\propto D^{-\frac{n}{2}}\exp\left(-\frac{n}{2D}(X-\mu)^2\right)u^{\frac{n-3}{2}}\mathrm{e}^{-\frac{n\mu}{2D}}D^{-\frac{n-1}{2}} \tag{5-48}$$

在无先验信息情况下，根据 Jeffreys 准则有

$$\pi(\mu)\propto 1,\quad \pi(D)\propto\frac{1}{D} \tag{5-49}$$

将 μ、D 看作独立的随机变量，则有

$$\pi(\mu,D)\propto\frac{1}{D} \tag{5-50}$$

$\theta=(\mu,D)$ 的后验密度为

$$\pi(\mu,D\,|\,\bar{X},u)\propto D^{-\frac{1}{2}}\exp\left(-\frac{n}{2D}(X-\mu)^2\right)\exp\left(-\frac{\alpha_1}{D}\right)D^{(-\beta_1+1)} \tag{5-51}$$

式中，

$$\alpha_1=\frac{nu}{2}=\frac{1}{2}\sum_{i=1}^{n}(X_i-\bar{X})^2,\quad \beta_1=\frac{n-1}{2} \tag{5-52}$$

这样 $\theta=(\mu,D)$ 的后验分布为正态-逆伽马分布，由此得

$$\pi(\mu,D\,|\,\bar{X},S^2)=f(\mu\,|\,D)\cdot g(D;\alpha_1,\beta_1) \tag{5-53}$$

式中，

$$f(\mu \mid D)=N\left(\bar{X},\frac{D}{n}\right),\quad g(D;\alpha_1,\beta_1)=\frac{\alpha_1^{\beta_1}}{\Gamma(\beta_1)}D^{-(\beta_1+1)}\exp\left(-\frac{\alpha_1}{D}\right) \tag{5-54}$$

对正态均值进行统计推断，需对 $\theta=(\mu,D)$ 的后验分布进行积分：

$$\pi(\mu \mid \bar{X},S^2)=\int_0^{\infty}\pi(\mu,D \mid \bar{X},S^2)\mathrm{d}D=\int_0^{\infty}\exp\left(-\frac{n(X-\mu)^2+2\alpha_1}{2D}\right)D^{-(\beta_1+1.5)}\mathrm{d}D$$

$$\propto\left[1+\frac{1}{2\beta_1}\frac{(X-\mu)^2}{\dfrac{\alpha_1}{n\beta_1}}\right]^{-\frac{2\beta_1+1}{2}} \tag{5-55}$$

式(5-55)为自由度为 $2\beta_1$ 的 t 分布——$t\left[2\beta_1,\bar{X},\left(\dfrac{\alpha_1}{n\beta_1}\right)^{0.5}\right]$ 的核，从而有

$$\pi(\mu \mid X)\sim t\left[2\beta_1,\bar{X},\left(\frac{\alpha_1}{n\beta_1}\right)^{0.5}\right] \tag{5-56}$$

成败型和连续空间取值型是装备试验的两种主要分类，在实际应用中试验数据采集完成后，根据上述原理即可对数据进行分析并计算兴趣变量，从而分析装备是否达到战技性能要求。

5.2.3　装备效能综合评估技术

装备电磁环境适应性评价分为指标性能评价和综合效能评估，分别对应不同的评估技术。静态评估的技术适用于指标性能评价，典型的技术有经典统计理论、Bayes 小子样实验鉴定理论、Petri 网、排队论、层次分析法、模糊综合评判法等；而动态评估的技术适用于综合效能评估，典型的方法有兰彻斯特(Lanchester)方程、影响图、SEA 方法、ADC 方法、作战模拟等。这里重点介绍 SEA 方法和 ADC 方法。

1. *SEA 方法*

SEA(System Effective Analysis)方法是 1984 年 MIT 信息与决策系统实验室提出的一种动态评估方法。这种方法研究部件特性、系统结构、操作方法与系统可用性及性能之间的关系，选择描述系统的属性，并通过一定的数学模型和算法计算属性值，系统的有效性度量是通过使命要求的能力与系统提供的能力之比给出的。该方法适用于通过特定作战任务来评估系统的效能。

SEA 方法可以结合体系自顶向下的使命分解和自底向上的能力聚合进行效能度量，弥补了以往静态评估方法评估体系作战效能的局限性。该方法的实质就是将系统的实际运行情况和系统应该达到的使命要求进行对比分析，通过观察系统的运行轨迹与系统使命要求的轨迹相吻合的程度得出系统的效能。系统运行轨迹与使命轨迹重合度高，则系统效能高，

反之，则系统效能低。SEA 方法基于六个基本概念：系统、使命、环境、原始参数、性能量度和系统效能。

系统是由相互关联的各个部分组成并协同动作的有机整体；使命是用户赋予系统必须完成的一组目标和任务；环境是与系统发生作用而又不属于系统的元素的集合，环境提供了使命存在和系统运行的空间以及系统运行受到的约束条件，原始参数是一组描述系统、使命及环境的独立的基本变量，它又划分为系统原始参数、环境原始参数和使命原始参数；性能量度(Measure of Performance，MOP)是描述系统完成使命品质的“量”，它与系统使命的含义密切相关，在一个多使命的系统中，性能量度是一个集合{MOP}；系统效能是指在一定环境下，系统完成特定使命任务的程度。上述六个概念中，前三个概念用于提出问题，后三个概念用于确定分析问题过程中的关键量。

当系统在一定环境下运行时，系统运行状态可以由一组系统的原始参数值来描述。对于一个实际系统而言，由于受系统运行不确定性因素的影响，系统的运行状态可能有很多个(系统越复杂，可能的运行状态越多)。在这些状态所组成的集合中，如果某一状态所呈现的系统完成预定任务的情况满足使命要求，就可以说系统在这一状态下可以达成使命要求。由于系统在运行时处于何种状态是随机的，因此，在系统运行状态集中，系统处于可以完成预定任务的状态的概率就反映了系统达成使命要求的可能性，即系统效能。而为了能对系统在任一状态下完成预定任务的情况与使命要求进行比较，必须把它们放在同一空间中，这一空间恰好可采用性能量度空间{MOP}。其评估流程如图 5-16 所示。

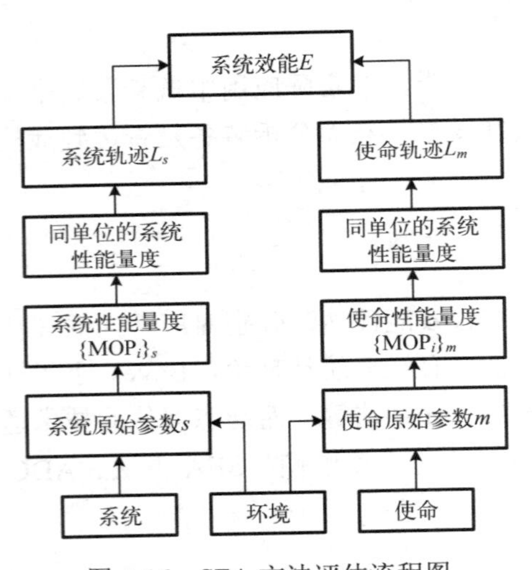

图 5-16　SEA 方法评估流程图

根据上述分析，SEA 方法的基本步骤如下。

(1) 定义系统、环境和使命，并确定它们的原始参数，这些原始参数之间应该是相互独立的。

(2) 确定分析中所需的系统性能量度。系统性能量度是系统原始参数的函数，其值可以通过模型处理、函数计算、计算机仿真等方法得到。一个性能量度是由原始参数的一个子集确定的，系统任何特定的运行都可用性能量度空间上的一个点来表示。

(3) 根据系统的结构和参数以及其在环境中的运行规律，分析系统的工作行为过程，建立系统映射，即建立系统原始参数到系统性能量度的映射。

(4) 用同样的方法建立使命映射。

(5) 将系统性能量度和使命性能量度变换成一组由公共性能量度空间规定的公共性能量度。因为根据前面四步计算得到两个空间：系统性能量度和使命性能量度，它们是用不同性能量度或不同比例的性能量度定义的，使它们成为有相同单位的性能量度，并进一步对其值进行归一化，使性能量度值在[0,1]范围内，这样的公共性能量度空间就是一个单位超立方体。

(6)根据系统原始参数的取值范围，由系统映射和使命映射分别产生系统轨迹 L_s 和使命轨迹 L_m，如图 5-17 所示。

利用各分系统的 L_s、L_m 可计算该系统完成使命的能力，即系统效能 E：

$$E=\frac{V(L_s\cap L_m)}{V(L_m)},\quad s=1,2,\cdots,n;\ m=1,2,\cdots,n \tag{5-57}$$

式中，V 表示归一化属性空间的一种测度；E 量化描述了系统与使命的匹配程度。

2. ADC 方法

ADC 方法是美国工业界评价武器系统用的一种方法，根据有效性(即战备状态)、可依赖性(即可靠性)和能力三大要素评价装备系统，把三个要素组合成一个表示装备系统总效能的单一效能度量。该方法适用于评估单件或同类武器装备的效能，如导弹、枪支、火炮、雷达等。

ADC 效能评估的基本模型为

$$\boldsymbol{E}=\boldsymbol{A}\cdot\boldsymbol{D}\cdot\boldsymbol{C} \tag{5-58}$$

式中，矩阵 $\boldsymbol{E}$(Effectiveness)表示待评估武器系统的综合作战效能指标，是对武器系统完成所赋予它的使命任务的能力的综合量度，通常用概率表示；矩阵 $\boldsymbol{A}$(Availability)表示待评估武器系统的可用度(有效性)指标，是对系统在开始执行任务时处于可工作状态或可承担任务状态的程度的量度，反映了系统战备情况的优劣；矩阵 $\boldsymbol{D}$(Dependability)表示待评估武器系统的可信度(可依赖性)指标，是对系统在执行任务前后状态转移性指标的度量，反映了系统可靠性的好坏；矩阵 $\boldsymbol{C}$(Capability)表示武器系统的固有能力，是对系统在各种不同状态条件下完成所赋予使命任务的能力的量度，反映了设计能力与作战实际要求能力之间的符合程度。

ADC 效能模型是一个基于过程的动态的系统概念，能较全面地反映武器系统状态及随时间变化的多项战技性能指标在作战使用中的动态变化和综合应用，因而比较适用于较为复杂的武器系统的效能评估。其求解过程的流程图可以用图 5-18 表示。

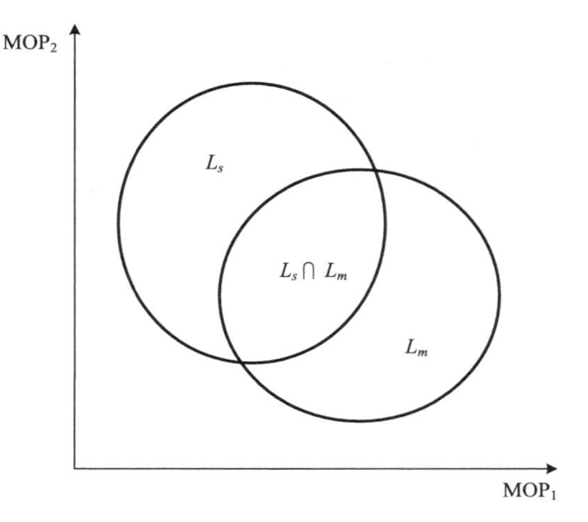

图 5-17　系统轨迹和使命轨迹图

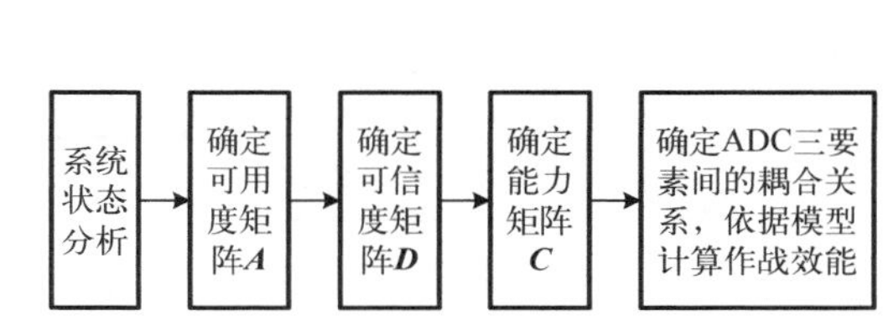

图 5-18　ADC 方法计算作战效能流程图

对于电子信息装备电磁环境适应性评价，由于装备处于试验场构建的不同复杂程度的战场电磁环境下，且装备的运用可能受操作人员水平影响，所以在研究电子信息装备作战效能时，必须综合考虑电磁环境因素和人为因素，因此，ADC 模型可修改为

$$\boldsymbol{E}=\boldsymbol{A}\cdot\boldsymbol{D}\cdot\boldsymbol{C}\cdot\boldsymbol{H}\cdot\boldsymbol{P} \tag{5-59}$$

式中，$\boldsymbol{H}$ 为电磁环境系数，由电磁环境复杂度、逼真度、威胁度等因素综合衡量得到；$\boldsymbol{P}$ 为操作人员水平系数。

5.3　复杂电磁环境行动效果层评估技术

复杂电磁环境下作战行动效果评估包括行动质量评估和行动效果分析两个方面的内容。复杂电磁环境下部队行动受战场电磁环境影响大，其评估过程中的模糊性、动态性和不确定性较一般情况下大幅提升，需要重点关注这些问题。

5.3.1　行动效果层评估技术架构

行动效果评估一般分行动质量评估和行动效果分析两个层次。行动质量评估包括单项指标评定和行动质量综合评估两个方面的内容，单项指标评定的结果作为行动质量综合评估的基础数据，经加权处理或模糊评判形成行动质量综合成绩；而行动质量评估的结果又作为行动效果分析的输入元素，通过解剖分析或仿真处理查找出影响行动质量的关键因素。因此，复杂电磁环境行动效果评估结果由行动效果分析和行动质量评估的结果共同表征。

典型的评估技术运用步骤是：首先运用未确定测度分析法进行单项指标评定，其次形成指标权重进行多项指标成绩综合，再运用模糊综合评判法得出成绩等级，最后运用主成分分析法，对环境构设逼真度、武器装备面临的电子目标复杂度、受训对象单要素行动质量评估结果和全要素综合评估结果等多重影响因素进行分析，确定影响行动质量的主要因素。行动效果评估技术架构如图 5-19 所示。

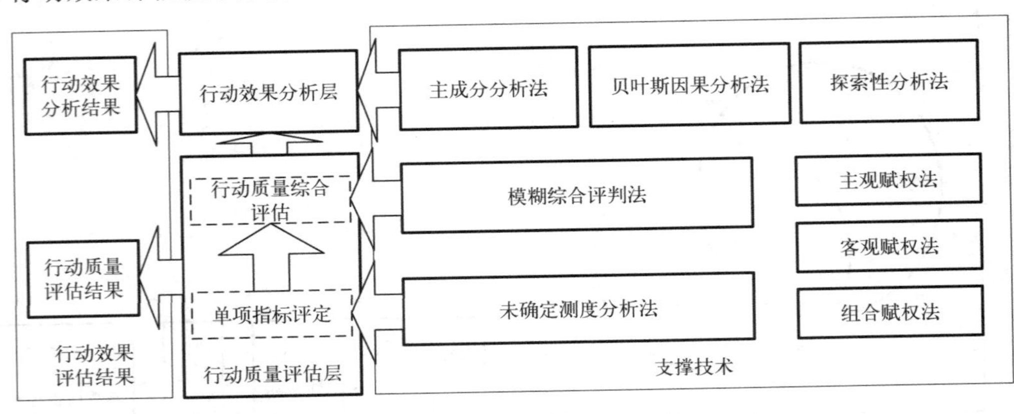

图 5-19　行动效果评估技术架构

5.3.2　行动质量评估技术

1. 指标权重赋权法

指标权重的确定是行动质量综合评估的核心步骤，如何科学、合理地确定指标权重，关系到行动质量评估的结果可靠性与正确性。以往拟定指标权重的方法存在着主观因素影响大、逻辑性和一致性难以保证等问题，而组合赋权法及其一些拓展方法能够较好地解决此类问题。

1) 主、客观赋权法

根据指标权重确定的来源不同，指标权重的计算方法可分为主观赋权法和客观赋权法。主观赋权法是由专家(评估人员)给出偏好信息的方法，如计算重要性权重的专家调查法(Delphi 法)、环比系数法和层次分析法(AHP)等。客观赋权法是基于指标矩阵信息的方法，根据指标之间的联系程度以及各指标所提供的信息量的大小、对其他指标的影响程度来度量指标权重，如计算信息量权重的信息熵法、离差最大化方法和独立性权重的相关矩阵判别法等。

主观赋权法的优点是专家可以根据实际的评估问题和专家自身的知识经验，合理地确定各指标的权重排序，即虽然不能准确确定各指标的权重，但可以有效地确定各指标按重要程度给出的权重的先后顺序，不至于出现指标权重与人们的主观愿望或实际情况相悖的情况。其存在的缺点是主观赋权法确定的权重是由专家根据自己的经验和对实际的判断主观给出的，因而方案的排序可能有很大的主观随意性，同时受到评估专家的知识或经验缺乏的影响，部分指标的内在联系存在人的主观意识很难识别的情况。

客观赋权法的优点是客观赋权法计算权重的客观性强，且不增加决策者的负担，该方法具有较强的数学理论依据，便于计算机处理。然而，客观赋权法没有考虑决策者的主观意向，因此确定的权重可能与人们的主观愿望或实际情况不一致，使人感到困惑。理论上，在效能评估中，最重要的指标不一定使所有评估方案的指标值具有最大差异，而最不重要的指标却可能使所有评估方案的指标值具有较大差异。这样，按客观赋权法确定权重时，最不重要的指标可能具有较大的权重，而最重要的指标却不一定具有较大的权重。另外，对于同一指标体系下的两个不同待评方案集，即使用同一客观赋权法确定各个指标权重，结果都会有差异。各种具体的客观赋权法有一定的适用范围，例如，熵值法虽然对决策方案数及指标个数无限制，然而在应用中会出现当某个指标的指标值离散程度较大时，该指标的权重会很大，导致单一指标影响最终的评估结果。

2) 组合赋权法

在行动质量评定过程中，各项评定指标的权重是影响成绩结果的重要因素之一。前面简要介绍了主、客观赋权法和其各自的优缺点。组合赋权法综合考虑了这两类赋权法的优势，兼顾评定者对评定指标的偏好，同时又力争减少赋权的主观随意性，使对评定指标的赋权达到主观与客观的统一，进而使成绩评定结果更加真实、可靠。这种赋权法体现了系统分析的思想，集成了主观赋权法和客观赋权法的优点，获得的权重更为科学。

现有组合赋权法的研究成果主要集中在两个方面。第一方面是主要以组合权重与主、客观权重之间的差异为目标函数设计优化模型。例如，以偏差平方和最小化，或以组合权重向量分别与主、客观权重向量距离最小化，或以主观权重与组合权重的偏差平方和及组合权重下各个方案的决策信息与理想方案之间的偏差平方和最小化，或以各权重与组合权重的距离平方和最小化并且各属性的决策值与理想点的距离平方和最小化，或以权重向量离差最小化等构建优化模型。第二方面是在充分决策信息的基础上，基于评价值来设计优化模型。例如，以组合权重下决策信息离差最大化，或以各方案的决策信息与理想方案广义距离和最小化，或以各方案与理想方案的加权广义距离和最小化等为目标设计优化模型。

组合赋权法已经在很多领域得到了运用，例如，利用客观赋权的熵权法和主观赋权的G1法对指标进行组合赋权，对我国的科技发展水平进行评价；运用变异系数和AHP组合赋权法，对我国各地区科技成果转化进行评价研究；利用基于主观层次分析法和客观熵权法的组合赋权法，对产业集群竞争力进行综合评价、对水利工程建设方案的优选进行决策等。另外，在城轨车辆产业集群发展评价、软件可信性评估、旧工业建筑再生利用潜力评价、建设项目群优选、招投标过程中的项目评标、采矿方法优选、城镇固定避难场所选址、泥石流灾害危险度评价等许多实际场合中，组合赋权法都得到了实例应用及验证。

(1) 基于离差平方和的最优组合赋权法。

假设在评定中，对于 n 个评定指标，有 l 种赋权法对其赋值。设第 k 种赋权法给出的权重向量值为 $\boldsymbol{w}_k=(w_{1k},w_{2k},\cdots,w_{nk})^{\mathrm{T}}(k=1,2,\cdots,l)$，其中 $w_{jk}\geqslant 0$，$\sum_{j=1}^{n}w_{jk}=1(j=1,2,\cdots,n)$。

为综合各种赋权法的特点，考虑如下组合赋权：

$$\boldsymbol{W}_c=\theta_1W_1+\theta_2W_2+\cdots+\theta_lW_l \tag{5-60}$$

称 $W_c=(w_{c1},w_{c2},\cdots,w_{cn})^{\mathrm{T}}$ 为组合赋权系数向量。其中 $\theta_1,\theta_2,\cdots,\theta_l$ 为组合系数，$\theta_k\geqslant 0$（$k=1,2,\cdots,l$），且满足单位化约束条件：

$$\sum_{k=1}^{l}\theta_k^2=1 \tag{5-61}$$

令分块矩阵 $\boldsymbol{W}=(W_1,W_2,\cdots,W_l)$，$\boldsymbol{\Theta}=(\theta_1,\theta_2,\cdots,\theta_l)^{\mathrm{T}}$，则式(5-60)和式(5-61)可表示为

$$\begin{aligned}&\boldsymbol{W}_c=\boldsymbol{W\Theta}\\&\boldsymbol{\Theta}^{\mathrm{T}}\boldsymbol{\Theta}=1\end{aligned} \tag{5-62}$$

根据线性加权法，由组合赋权系数向量 $\boldsymbol{W}_c$ 计算而得的第 i 个决策方案 S_i 的多属性综合评价值可表示为

$$D_i=\sum_{j=1}^{n}b_{ij}w_{cj},\quad i=1,2,\cdots,m \tag{5-63}$$

一般而言，D_i 总是越大越好，D_i 越大，表示决策方案 S_i 越优。但是在多属性决策中，如果各属性的权系数选取不当，致使各决策方案的多属性综合评价值的差别很小，这样将不利于决策方案的排序。所以选择组合赋权系数向量 $\boldsymbol{W}_c$ 的一个基本思想是使各决策方案的多属性综合评价值 D_i 尽可能分散。

设 $v_i(\boldsymbol{W}_c)$ 表示第 i 个决策方案与其他各决策方案综合评价值的离差平方和，则有

$$v_i(\boldsymbol{W}_c)=\sum_{l_1=1}^{m}\left[\sum_{j=1}^{n}(b_{ij}-b_{l_1j})w_{cj}\right]^2,\quad i=1,2,\cdots,l \tag{5-64}$$

根据前述基本思想，应该使 m 个决策方案总的离差平方和达到最大。于是可构造如下目标函数：

$$\begin{aligned}J(\boldsymbol{W}_c)&=\sum_{i=1}^{m}v_i(\boldsymbol{W}_c)=\sum_{i=1}^{m}\sum_{i_1=1}^{m}\left[\sum_{j=1}^{n}(b_{ij}-b_{i_1j})w_{cj}\right]^2\\&=\sum_{i=1}^{m}\sum_{i_1=1}^{m}\left[\sum_{j_1=1}^{n}\sum_{j_2=1}^{n}(b_{ij_1}-b_{i_1j_1})w_{cj_1}(b_{ij_2}-b_{i_1j_2})w_{cj_2}\right]\\&=\sum_{j_1=1}^{n}\sum_{j_2=1}^{n}\left[\sum_{i=1}^{m}\sum_{i_1=1}^{m}(b_{ij_1}-b_{i_1j_1})(b_{ij_2}-b_{i_1j_2})w_{cj_1}w_{cj_2}\right]\end{aligned} \tag{5-65}$$

若令矩阵 $\boldsymbol{B}_1$ 为

$$\boldsymbol{B}_1=\begin{bmatrix}\sum\limits_{i=1}^{m}\sum\limits_{i_1=1}^{m}(b_{i1}-b_{i_11})(b_{i1}-b_{i_11}) & \sum\limits_{i=1}^{m}\sum\limits_{i_1=1}^{m}(b_{i1}-b_{i_11})(b_{i2}-b_{i_12}) & \cdots & \sum\limits_{i=1}^{m}\sum\limits_{i_1=1}^{m}(b_{i1}-b_{i_11})(b_{in}-b_{i_1n})\\ \sum\limits_{i=1}^{m}\sum\limits_{i_1=1}^{m}(b_{i2}-b_{i_12})(b_{i1}-b_{i_11}) & \sum\limits_{i=1}^{m}\sum\limits_{i_1=1}^{m}(b_{i2}-b_{i_12})(b_{i2}-b_{i_12}) & \cdots & \sum\limits_{i=1}^{m}\sum\limits_{i_1=1}^{m}(b_{i2}-b_{i_12})(b_{in}-b_{i_1n})\\ \vdots & \vdots & & \vdots\\ \sum\limits_{i=1}^{m}\sum\limits_{i_1=1}^{m}(b_{in}-b_{i_1n})(b_{i1}-b_{i_11}) & \sum\limits_{i=1}^{m}\sum\limits_{i_1=1}^{m}(b_{in}-b_{i_1n})(b_{i2}-b_{i_12}) & \cdots & \sum\limits_{i=1}^{m}\sum\limits_{i_1=1}^{m}(b_{in}-b_{i_1n})(b_{in}-b_{i_1n})\end{bmatrix} \tag{5-66}$$

显然 $\boldsymbol{B}_1$ 为 n 阶对称方阵，易证 $\boldsymbol{B}_1$ 为非负定矩阵，则目标函数 $J(\boldsymbol{W}_c)$ 可表示为

$$J(\boldsymbol{W}_c)=\boldsymbol{W}_c^{\mathrm{T}}\boldsymbol{B}_1\boldsymbol{W}_c \tag{5-67}$$

要求出组合赋权系数向量 $\boldsymbol{W}_c$，由式(5-60)可知只要求出组合系数的系数向量即可。于是基于 m 个决策方案总的离差平方和的最优组合赋权法即为如下最优化问题：

$$\begin{aligned}&\max F(\boldsymbol{\Theta})=\boldsymbol{\Theta}^{\mathrm{T}}\boldsymbol{W}^{\mathrm{T}}\boldsymbol{B}_1\boldsymbol{W}\boldsymbol{\Theta}\\&\text{s.t.}\begin{cases}\boldsymbol{\Theta}^{\mathrm{T}}\boldsymbol{\Theta}=1\\ \boldsymbol{\Theta}>0\end{cases}\end{aligned} \tag{5-68}$$

在不考虑 $\boldsymbol{\Theta}$ 的非负性的情况下，该最优化问题可简化为如下无约束优化问题：

$$\max F(\boldsymbol{\Theta})=\boldsymbol{\Theta}^{\mathrm{T}}\boldsymbol{W}^{\mathrm{T}}\boldsymbol{B}_1\boldsymbol{W}\boldsymbol{\Theta}/\boldsymbol{\Theta}^{\mathrm{T}}\boldsymbol{\Theta} \tag{5-69}$$

根据矩阵理论，$F(\boldsymbol{\Theta})$ 是线性表出系数向量 $\boldsymbol{\Theta}$ 的 Rayleigh 商。显然 $\boldsymbol{W}^{\mathrm{T}}\boldsymbol{B}_1\boldsymbol{W}$ 是对称矩阵，则由 Rayleigh 商的性质可知，$F_1(\boldsymbol{\Theta})$ 存在最大值。

设 $\lambda_{\max}$ 为矩阵 $\boldsymbol{W}^{\mathrm{T}}\boldsymbol{B}_1\boldsymbol{W}$ 的最大特征根，$\boldsymbol{\Theta}^*$ 为最大特征根所对应的单位化特征向量，则 $F_1(\boldsymbol{\Theta})$ 的最大值为 $\lambda_{\max}$，且 $\boldsymbol{\Theta}^*$ 为式(5-60)的最优解。

由于矩阵 $\boldsymbol{W}^{\mathrm{T}}\boldsymbol{B}_1\boldsymbol{W}$ 是对称非负定的，根据非负不可约矩阵的 Perron - Frobenius 定理，

$\lambda_{\max}$ 为单根，且它对应的 $\boldsymbol{\Theta}^*$ 的分量全部为正实数。

求出 $\boldsymbol{\Theta}^*$ 后，把它代入式(5-60)即得最优组合赋权系数向量：

$$\boldsymbol{W}_c^* = \boldsymbol{W}\boldsymbol{\Theta}^* \tag{5-70}$$

由于传统的加权向量一般都满足归一化约束条件，因此还需要对 $\boldsymbol{W}_c^* = (w_{c1}^*, w_{c2}^*, \cdots, w_{cn}^*)^{\mathrm{T}}$ 进行归一化处理，即令

$$w_{cj}^{**} = \frac{w_{cj}^*}{\sum_{j=1}^{n} w_{cj}^*}, \quad j = 1, 2, \cdots, n \tag{5-71}$$

(2)组合赋权法检验。

组合赋权法理论上可以综合集成主、客观信息，但还是有必要探讨运用组合赋权法的前提条件及效果，即探讨组合赋权法的检验问题。组合赋权法的事前检验主要用来印证主、客观赋权法的结果是否一致。这可以采用 Kendall 一致性系数检验法进行检验。为了验证组合赋权法的合理性，同样有必要研究它的事后检验问题，此时可采用 Spearman 等级相关系数检验法对组合赋权法进行事后检验。

2. 单项指标评定法

评价指标体系中由于主观评价单项指标带来的不确定性，称为未确知性问题。未确知性是不同于随机性、模糊性和灰性的一种新的不确定性，它的不确定性主要是评判者不能完全认识事物的真实状态或确定数量关系而产生的主观的、认识上的不确定性。

(1)基本原理。

设 $x_1, x_2, \cdots, x_n$ 表示体系结构的 n 个评价指标，指标空间记为 $X = \{x_1, x_2, \cdots, x_n\}$。$x_i$ 表示第 i 个评价值，对 x_i 有 p 个评价等级 $c_1, c_2, \cdots, c_p$，则评价空间为 $U = \{c_1, c_2, \cdots, c_p\}$。设 c_k 表示项目风险等级，则 k 级风险优于 $k+1$ 级风险，记为 $c_k > c_{k+1}$。若 $\{c_1, c_2, \cdots, c_p\}$ 满足 $c_1 > c_2 > \cdots > c_p$，则称 $c_1, c_2, \cdots, c_p$ 是评价空间 U 的一个有序分割类。

令 $\mu_{ik} = \mu(x_i \in c_k)$ 表示评价值 x_i 属于第 k 个评价等级 c_k 的程度，μ 满足：

$$\begin{aligned} & 0 \leqslant \mu(x_i \in c_k) \leqslant 1 \\ & \mu(x_i \in U) = 1 \\ & \mu\left| x_i \bigcup_{i=1}^{k} c_i \right| = \sum_{i=1}^{k} \mu x_i \in c_k \end{aligned} \tag{5-72}$$

式中，$i = 1, 2, \cdots, n$；$k = 1, 2, \cdots, p$。

称矩阵

$$(\mu_{ik})_{n \times p} = \begin{bmatrix} \mu_{11} & \mu_{12} & \cdots & \mu_{1p} \\ \mu_{21} & \mu_{22} & \cdots & \mu_{2p} \\ \vdots & \vdots & & \vdots \\ \mu_{n1} & \mu_{n2} & \cdots & \mu_{np} \end{bmatrix}, \quad i = 1, 2, \cdots, n \tag{5-73}$$

为指标测度评价矩阵。

(2) 多指标综合测度评价矩阵。

$\mu_{ik}=\mu(x_i \in c_k)$ 表示项目 x_i 属于第 k 个评价等级 c_k 的程度，w_i 为指标权重，则有

$$\mu_k=\sum_{i=1}^{n} w_i \mu_{ik}, \quad i=1,2,\cdots,n;\ k=1,2,\cdots,p \tag{5-74}$$

由于 $0 \leqslant \mu(x_i \in c_k) \leqslant 1$，并且 $\sum_{k=1}^{p}\mu_k=1$，所以 μ_k 是未确知测度。称向量 $\boldsymbol{\mu}=(\mu_1,\mu_2,\cdots,\mu_p)$ 为 x_i 的综合测度评价向量。

(3) 识别准则。

设 λ 为置信度（$0.5 \leqslant \lambda \leqslant 1$，一般取 0.6～0.7），若 $c_1>c_2>\cdots>c_p$，令

$$k_0=\min\left|k:\sum_{i=1}^{k}\mu_i>\lambda, k=1,2,\cdots,p\right| \tag{5-75}$$

则 x_i 属于第 k_0 个评价等级 c_{k_0}。

评估系统中使用的基于未确知测度的体系结构评价模型满足归一性条件及可加性原则，并提供比较合理的置信度识别准则，与其他评价方法相比，使评价结果更清晰、更合理。

3. 模糊 TOPSIS 评估法

依据多个评估指标对部队行动质量进行综合评估，属于多属性决策(Multiple Attribute Decision Making，MADM)理论主要解决的有限方案排序问题。20 世纪 90 年代以来，MADM 问题日益引起人们的重视，目前多属性决策方法已经广泛应用于社会、经济、管理等各个领域。逼近理想解的排序(Technique for Order Preference by Similarity to Ideal Solution，TOPSIS)法要求属性具有单调递增或递减特性。由于 TOPSIS 方法概念清晰、简单、计算量小，因此得到了较为广泛的应用。由于评估指标体系中，有的指标值是用实数表示的，有的指标值是用区间数表示的，而有的指标值只能定性描述，就为行动质量的评估引入了模糊情况。混合 TOPSIS 方法很好地解决了这一问题，为部队行动质量综合评估问题提供了一个解决办法，本部分首先介绍经典 TOPSIS 方法的原理，在此基础上再对模糊 TOPSIS 方法的实现进行阐述。

1) TOPSIS 原理

设 $R=\{X_1,X_2,\cdots,X_n\}$ 为多属性决策问题的方案集，$F=\{f_1,f_2,\cdots,f_m\}$ 为属性集(指标集)，方案 X_i 关于属性(指标) f_j 的评价值为 $a_{ij}(i \in N; j \in M)$，其中 $N=\{1,2,\cdots,n\}$，$M=\{1,2,\cdots,m\}$。由于指标集中可能含有不同类型、不同量纲的指标，因此必须对指标集进行规范化处理并消除量纲。设指标评价值规范化处理后变为 $\bar{R}=(r_{ij})_{n\times m}$。若已知权重向量为 $\boldsymbol{W}=\{w_1,w_2,\cdots,w_m\}^{\mathrm{T}}$，加权后的标准化规范决策矩阵为 $\bar{\boldsymbol{R}}_w=(v_{ij})_{n\times m}$，则有如下解。

正理想解：

$$X^+=\{(\max_i v_{ij} \mid j \in J),(\min_i v_{ij} \mid j \in J' \mid i \in N)\} \tag{5-76}$$

负理想解：

$$X^- = \{(\min_i v_{ij} \mid j \in J), (\max_i v_{ij} \mid j \in J' \mid i \in N)\} \tag{5-77}$$

可见正理想解 X^+ 是一设想的最好解，它的指标值都达到各被选方案中的最好值，而负理想解 X^- 是一设想的最坏解，它的指标值都达到各备选方案中的最坏值。基于相对贴近度的 TOPSIS 方法的基本步骤如下。

(1) 对于多属性决策问题，设其决策矩阵 $\boldsymbol{A}$ 为

$$\boldsymbol{A} = \begin{bmatrix} a_{11} & a_{12} & \cdots & a_{1m} \\ a_{21} & a_{22} & \cdots & a_{2m} \\ \vdots & \vdots & & \vdots \\ a_{n1} & a_{n2} & \cdots & a_{nm} \end{bmatrix} \tag{5-78}$$

式中，$a_{ij} = f_i(x_i)(i \in N; j \in M)$，则标准化规范决策矩阵 $\overline{\boldsymbol{R}} = (r_{ij})_{n\times m}$。其中，

$$r_{ij} = \frac{a_{ij}}{\sqrt{\sum_{i=1}^{n} a_{ij}^2}}, \quad i \in N; j \in M \tag{5-79}$$

(2) 构造加权的标准化规范决策矩阵 $\overline{\boldsymbol{R}}_w = (v_{ij})_{n\times m}$。其中，

$$v_{ij} = w_j r_{ij}, \quad i \in N; j \in M \tag{5-80}$$

式中，$w_j (j \in M)$ 为第 j 个属性的权重。

(3) 确定正理想解 X^+ 和负理想解 X^-：

$$X^+ = \{(\max_i v_{ij} \mid j \in J), (\min_i v_{ij} \mid j \in J' \mid i \in N)\} \tag{5-81}$$

$$X^- = \{(\min_i v_{ij} \mid j \in J), (\max_i v_{ij} \mid j \in J' \mid i \in N)\} \tag{5-82}$$

式中，J 是效益型属性的下标集；J' 是成本型属性的下标集。

(4) 计算每个方案到理想解的距离。

到正理想解的距离是

$$S_i^+ = \sqrt{\sum_{j=1}^{M} (v_{ij} - v_j^+)^2}, \quad i \in N \tag{5-83}$$

到负理想解的距离是

$$S_i^- = \sqrt{\sum_{j=1}^{M} (v_{ij} - v_j^-)^2}, \quad i \in N \tag{5-84}$$

(5) 计算每个方案对理想解的相对贴近度指数 C_i：

$$C_i = \frac{S_i^-}{(S_i^- + S_i^+)}, \quad i \in N \tag{5-85}$$

显然，$0 \leqslant C_i \leqslant 1$，若方案 $X_i = X^+$，则 $C_i = 1$；若 $X_i = X^-$，则 $C_i = 0$。若 X_i 与 X^+ 越接近，则 C_i 越接近于 1。

(6) 按 C_i 由大到小的顺序排列方案的优先次序。

2) 模糊 TOPSIS 基础

定义 5.1　设 U 是论域，给定映射 $\mu_{\tilde{A}}:U\to[0,1]$，使得

$$x\in U\to\mu_{\tilde{A}}(x)\in[0,1] \tag{5-86}$$

则称 $\mu_{\tilde{A}}$ 确定了一个论域 U 上的一个模糊子集 $\tilde{A}$，简称模糊集。映射 $\mu_{\tilde{A}}$ 称为 $\tilde{A}$ 的隶属度函数，$\mu_{\tilde{A}}(x)$ 称为隶属于 $\tilde{A}$ 的隶属度。

定义 5.2　设 $\tilde{A}$ 是 $\mathbf{R}$ 上的模糊子集，其隶属度函数为 $\mu_{\tilde{A}}$。如果 $\tilde{A}$ 满足条件：

(1) 对任意 $\alpha\in[0,1]$，$\tilde{A}$ 的 α 截集都是凸集；

(2) $\mu_{\tilde{A}}$ 是上半连续函数；

(3) $\tilde{A}$ 的支集是 $\mathbf{R}$ 中的有界集。

那么 $\tilde{A}$ 称为一个模糊数。

定义 5.3　实数域 $\mathbf{R}$ 上的模糊数 $\tilde{A}$ 称为梯形模糊数，如果其隶属度函数 $\mu_{\tilde{A}}$ 可表示为

$$\mu_{\tilde{A}}(x)=\begin{cases}0, & x\leqslant a^l \text{或} x\geqslant a^u\\ \dfrac{x-a^l}{a^{m_1}-a^l}, & a^l\leqslant x<a^{m_1}\\ 1, & a^{m_1}\leqslant x<a^{m_2}\\ \dfrac{a^u-x}{a^u-a^{m_2}}, & a^{m_2}<x<a^u\end{cases} \tag{5-87}$$

梯形模糊数 $\tilde{A}$ 可记为 $(a^l,a^{m_1},a^{m_2},a^u)$，当 $a^{m_1}=a^{m_2}=a^m$ 时，$\tilde{A}$ 变为三角模糊数 (a^l,a^m,a^u)，当 $a^l=a^{m_1}$ 且 $a^{m_2}=a^u$ 时，$\tilde{A}$ 为区间数 $[a^l,a^u]$。

设存在两个梯形模糊数 $\tilde{M}=(l,m_1,m_2,u)$ 和 $\tilde{N}=(t,n_1,n_2,r)$，则运算法则见表 5-7。

表 5-7　梯形模糊数的运算法则

运算方式		运算结果
$-\tilde{N}$		$(-r,-n_2,-n_1,-t)$
$\tilde{N}^{-1}$		$(1/r,1/n_2,1/n_1,1/t)$
$\tilde{M}+\tilde{N}$		$(l+t,m_1+n_1,m_2+n_2,u+r)$
$\tilde{M}-\tilde{N}$		$(l-r,m_1-n_2,m_2-n_1,u-t)$
$\lambda\cdot\tilde{N}$	$\lambda>0$	$(\lambda t,\lambda n_1,\lambda n_2,\lambda r)$
	$\lambda<0$	$(\lambda r,\lambda n_2,\lambda n_1,\lambda t)$

定义 5.4　设 $a=[a^L,a^U]$，$b=[b^L,b^U]$ 是任意两个正区间数，则

$$|a-b|=|a^L-b^L|+|a^U-b^U| \tag{5-88}$$

为区间数 $a=[a^L,a^U]$ 到区间数 $b=[b^L,b^U]$ 的距离。

定义 5.5　设 M、N 为两个模糊数，其构成的极大模糊数和极小模糊数分别记为 $\max(M,N)$ 和 $\min(M,N)$，模糊极大与模糊极小的隶属函数分别定义为

$\forall x,y,z\in\mathbf{R}$

$$\mu_{M(\wedge)N}(Z)=\sup_{x,y:Z=x\vee y}\max\{\mu_M(x),\mu_N(y)\} \tag{5-89}$$

$$\mu_{M(\wedge)N}(Z)=\sup_{x,y:Z=x\wedge y}\min\{\mu_M(x),\mu_N(y)\} \tag{5-90}$$

定义 5.6　设 M 、 N 为两个模糊数，则其 Hamming 距离 $\mathrm{d_H}(M,N)$ 定义为

$$\mathrm{d_H}(M,N)=\int_{x\in s}\left|\mu_M(x)-\mu_N(x)\right|\mathrm{d}x \tag{5-91}$$

定义 5.7　对任意模糊数 M ，相应于 M 的左、右模糊集，分别记为 M_L 和 M_R ，其隶属函数定义为

$$\mu_{M_\mathrm{L}}(x)=\sup_{x\geqslant y}\mu_M(y) \tag{5-92}$$

$$\mu_{M_\mathrm{R}}(x)=\sup_{x\leqslant y}\mu_M(y) \tag{5-93}$$

3) 模糊 TOPSIS 评估方法实现

定性与定量相结合的模糊 TOPSIS 评估方法实现步骤如下。

(1) 求标准化矩阵 $\boldsymbol{B}=(b_{ij})_{n\times m}$ ：

$$\boldsymbol{B}=\begin{bmatrix}\boldsymbol{b}_1^\mathrm{T}\\ \boldsymbol{b}_2^\mathrm{T}\\ \vdots\\ \boldsymbol{b}_n^\mathrm{T}\end{bmatrix}=\begin{bmatrix}b_{11} & b_{12} & \cdots & b_{1m}\\ b_{21} & b_{22} & \cdots & b_{2m}\\ \vdots & \vdots & & \vdots\\ b_{n1} & b_{n2} & \cdots & b_{nm}\end{bmatrix} \tag{5-94}$$

其中，标准化算法为

$$b_{ij}=\frac{a_{ij}}{\|a_i\|},\quad i\in T_1;j\in N \tag{5-95}$$

$$b_{ij}=\frac{(1/a_{ij})}{\|1/a_i\|},\quad i\in T_2;j\in N \tag{5-96}$$

式中， $\|a_i\|=\sqrt{\sum_{j=1}^{n}a_{ij}^{\ 2}}$ ； $\|1/a_i\|=\sqrt{\sum_{j=1}^{n}(1/a_{ij})^2}$ ； $T_i(i=1,2)$ 分别表示效益型、成本型的下标集。

(2) 确定正理想解 X^+ 和负理想解 X^- 。

①对精确实数型指标，有

$$V_j^+=\max_{1\leqslant i\leqslant n}b_{ij},\quad j\in N_1 \tag{5-97}$$

$$V_j^-=\min_{1\leqslant i\leqslant n}b_{ij},\quad j\in N_1 \tag{5-98}$$

②对区间数型指标，有

$$t_j^-=\max_{1\leqslant i\leqslant n}b_{ij}^L,\quad t_j^+=\max_{1\leqslant i\leqslant n}b_{ij}^U \tag{5-99}$$

$$S_j^-=\min_{1\leqslant i\leqslant n}b_{ij}^L,\quad S_j^+=\min_{1\leqslant i\leqslant n}b_{ij}^U \tag{5-100}$$

③对模糊数型指标，有

$$M_j^+ = \max\{b_{1j}, b_{2j}, \cdots, b_{ij}\} \tag{5-101}$$

$$M_j^- = \min\{b_{1j}, b_{2j}, \cdots, b_{ij}\} \tag{5-102}$$

则正理想解为

$$X^+ = (V_1^+, \cdots, V_{h_1}^+, [t_{h_1+1}^-, t_{h_1+1}^+], \cdots, [t_{h_2}^-, t_{h_2}^+], M_{h_2+1}^+, \cdots, M_m^+) \tag{5-103}$$

负理想解为

$$X^- = (V_1^-, \cdots, V_{h_1}^-, [S_{h_1+1}^-, S_{h_1+1}^+], \cdots, [S_{h_2}^-, S_{h_2}^+], M_{h_2+1}^-, \cdots, M_m^-) \tag{5-104}$$

(3) 分别计算各个方案指标值到理想解指标的距离，并分别将实数型、区间数和模糊数的距离归一化。

距离计算公式为

$$d_{ij}^+ = \begin{cases} (V_j^+ - r_{ij}), & i \in N; j = 1, 2, \cdots, h_1 \\ \left|r_{ij}^- - t_j^-\right| + \left|r_{ij}^+ - t_j^+\right|, & i \in N; j = h_1+1, h_1+2, \cdots, h_2 \\ d(r_{ijL}, M_{jL}^+) + d(r_{ijR}, M_{jR}^+), & i \in N; j = h_2+1, h_2+2, \cdots, m \end{cases} \tag{5-105}$$

$$d_{ij}^- = \begin{cases} (r_{ij} - V_j^-), & i \in N; j = 1, 2, \cdots, h_1 \\ \left|r_{ij}^- - S_j^-\right| + \left|r_{ij}^+ - S_j^+\right|, & i \in N; j = h_1+1, h_1+2, \cdots, h_2 \\ d(r_{ijL}, M_{jL}^-) + d(r_{ijR}, M_{jR}^-), & i \in N; j = h_2+1, h_2+2, \cdots, m \end{cases} \tag{5-106}$$

归一化计算为实数型距离、区间数型距离、模糊数型距离分别除以各自距离的最大值，得到的值记为 d_{ij}^+、d_{ij}^-。

(4) 计算每个行动的质量到理想解的加权距离。

每个行动的质量 X_i 到正理想解 X^+ 的加权距离为

$$d_i^+ = d(X_i, X^+) = \sqrt{(w_1 d_{i1}^+)^2 + (w_2 d_{i2}^+)^2 + \cdots + (w_m d_{im}^+)^2} \tag{5-107}$$

每个行动的质量 X_i 到负理想解 X^- 的距离为

$$d_i^- = d(X_i, X^-) = \sqrt{(w_1 d_{i1}^-)^2 + (w_2 d_{i2}^-)^2 + \cdots + (w_m d_{im}^-)^2} \tag{5-108}$$

(5) 计算每个行动结果的相对贴近度指数：

$$C_i = \frac{d_i^-}{(d_i^- + d_i^+)}, \quad i = 1, 2, \cdots, n \tag{5-109}$$

(6) 按照 C_i 确定行动综合质量的优劣次序。

5.3.3　行动效果分析技术

复杂电磁环境下影响行动效果的主要因素有环境构设逼真度、武器装备面临的威胁度、对抗行动裁决结果等，各因素对装备效能发挥和部队作战能力提升的影响也不尽相同。因此，进行复杂电磁环境下的部队行动效果评估时，需要在行动质量评估结果的基础上充分分析复杂电磁环境对部队行动的影响效果，确定影响部队行动效果的主要因素。

1. 主成分分析法

主成分分析法是将多数指标化为少数指标的数学变换方法，它的基本思想是对多维变量进行降维，把给定的多个变量通过线性变换转成较少的不相关变量，这些新的变量能够反映原变量绝大部分的信息。在数学变换中保持变量的总方差不变，将新变量按照方差依次递减排列，第一变量具有最大的方差，称为第一主成分；第二变量的方差次大，并且和第一变量不相关，称为第二主成分。以此类推，一个变量就有一个主成分。这种方法通过主成分的方差贡献率来表示变量的作用，避免了权重确定的主观性和随意性，使权重的分配更加合理，尽可能地减少重叠信息的不良影响，克服变量之间的多重相关性，使分析简化，且评价结果比较符合实际情况。

1) 基本原理

部队行动效果评估的主成分分析法基本思路：首先找出部队在复杂电磁环境下行动的过程中可能会影响行动质量的所有因素；之后将每个影响因素记作一个影响变量，利用降维技术将多个相关的变量组合后划分为少数几个不相关的综合指标；最后对不相关综合指标的方差进行排序，选取排名靠前的几个指标进行综合质量分析。

记影响质量因素分析的变量指标为 $x_1,x_2,\cdots,x_p$，它们的综合指标，即新变量指标为 $z_1,z_2,\cdots,z_q$，则有

$$\begin{cases} z_1 = l_{11}x_1 + l_{21}x_2 + \cdots + l_{p1}x_p \\ z_2 = l_{12}x_1 + l_{22}x_2 + \cdots + l_{p2}x_p \\ \qquad\vdots \\ z_q = l_{1q}x_1 + l_{2q}x_2 + \cdots + l_{pq}x_p \end{cases} \tag{5-110}$$

式中，各组合系数 l_{ij} 和指标 $z_j(i,j=1,2,\cdots,q)$ 满足下列条件：

$$l_{1j}{}^2 + l_{2j}{}^2 + \cdots + l_{pj}{}^2 = 1 \tag{5-111}$$

z_1 是 $x_1,x_2,\cdots,x_p$ 的一切线性组合中方差最大者，z_2 是与 z_1 不相关的 $x_1,x_2,\cdots,x_p$ 的所有线性组合中方差最大者，以此类推，z_j 是与 $z_1,z_2,\cdots,z_{j-1}$ 都不相关的 $x_1,x_2,\cdots,x_j$ 的所有线性组合中方差最大者。z_i 与 z_j $(i\neq j; j=1,2,\cdots,q)$ 互不相关。

$z_1,z_2,\cdots,z_q$ 分别称为原变量指标 $x_1,x_2,\cdots,x_p$ 的第 1、第 2、…、第 q 主成分，在实际问题的分析中，常挑选前几个最大的主成分。

设 $X=(x_1,x_2,\cdots,x_p)'$，X 的协方差阵，λ_i 是 Σ 的非零特征根 $\Sigma(\lambda_1\geqslant\lambda_2\geqslant\cdots\geqslant\lambda_p\geqslant 0)$，$u_i$ 为 λ_i 对应的标准特征向量，数学定理已证明，第 i 个主成分为 $z_i=u_i'\boldsymbol{X}(i=1,2,\cdots,p)$。

$\alpha_k=\dfrac{\lambda_k}{\sum_{j=1}^{p}\lambda_j}$ 为主成分 z_k 的方差贡献率，$\sum_{k=1}^{m}\alpha_k$ 为主成分 $z_1,z_2,\cdots,z_m$ 的累积贡献率，累积

贡献率越大，丢失的数据信息就越少，但后续计算量也会相应增大。因此，主成分分析法一般只取前面 m 个主分量，通常 m 取值标准是使得累积贡献率达到85%以上，即

$$\sum_{i=1}^{m}\left(\frac{\lambda_i}{\sum_{i=1}^{p}\lambda_i}\right)\geqslant 85\% \tag{5-112}$$

2) 基于主成分分析法的行动效果评估步骤

主成分分析法的引入要求评价对象的个数，即方案集，要大于指标的个数。基于主成分分析法的行动效果评估一般包含以下几个步骤。

(1) 根据复杂电磁环境下行动效果评估的现状，选取影响质量分析的因素，作为分析指标与数据。

(2) 为了消除各指标之间因度量单位不同引起的差异，进行数据标准化。将原始决策矩阵 $\boldsymbol{X}=(x_{ij})_{m\times n}$ 中的样本值 $x_{ij}\,(i=1,2,\cdots,m;\,j=1,2,\cdots,n)$ 采用 Z-Score 法进行标准化处理：

$$Z_{ij}=(x_{ij}-\overline{x}_j)/\sigma_j \tag{5-113}$$

式中，$\overline{x}_j=\frac{1}{m}\sum_{i=1}^{m}x_{ij}$，$\sigma_j=\sqrt{\frac{1}{m}\sum_{i=1}^{m}(x_{ij}-x_j)^2}$。得到标准化样本决策矩阵 $Y=(y_{ij})_{m\times n}$。

(3) 计算所有样本的指标相关矩阵 $\boldsymbol{R}=(r_{jk})_{m\times n}$，其中，

$$r_{jk}=\frac{1}{m-1}\sum_{i=1}^{m}y_{ij}\cdot y_{ik},\quad j,k=1,2,\cdots,n \tag{5-114}$$

进行指标之间的相关性判定。

(4) 求指标相关矩阵 $\boldsymbol{R}$ 的特征值：

$$\lambda_1\geqslant\lambda_2\geqslant\cdots\geqslant\lambda_n\geqslant 0 \tag{5-115}$$

及其特征向量 $\boldsymbol{\alpha}_j=(\alpha_{j1},\alpha_{j2},\cdots,\alpha_{jn})^{\mathrm{T}}\,(j=1,2,\cdots,n)$。

(5) 计算各分量的方差贡献率：

$$p_i=\lambda_i\Big/\sum_{j=1}^{n}\lambda_j,\quad i=1,2,\cdots,n \tag{5-116}$$

(6) 确定主成分个数，选取满足 $\sum_{i=1}^{p}\lambda_i\Big/\sum_{i=1}^{n}\lambda_j\geqslant e$（一般取 $e=0.85$）的前 p 个主成分作为新的决策指标，得到低维指标的主成分决策矩阵 $\boldsymbol{Z}=(z_{ij})_{m\times p}=[z_1\ \ z_2\ \ \cdots\ \ z_p]$。

(7) 根据主成分分析结果，得到主成分指标权重：

$$\mu_j=\lambda_j\Big/\sum_{k=1}^{p}\lambda_k,\quad j=1,2,\cdots,p \tag{5-117}$$

(8) 构造主成分加权决策矩阵 $\boldsymbol{U}=(u_{ij})_{m\times p}=[\mu_1 z_1\ \ \mu_2 z_2\ \ \cdots\ \ \mu_p z_p]$，计算综合主成分值并进行评价与研究。

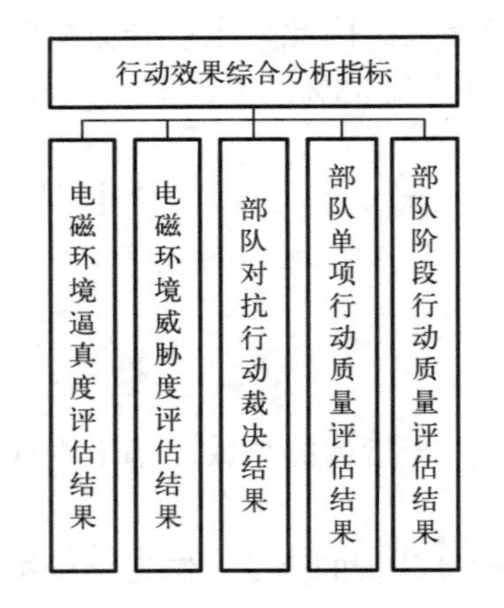

图 5-20　行动效果综合分析指标

3) 基于主成分分析的行动效果综合分析指标体系建立

在行动效果综合分析的过程中，影响因素的分析结果是行动效果的直接反映，应综合考虑不同行动层次、不同任务、不同背景下的部队行动质量的所有影响因素。依据对复杂电磁环境下部队行动过程中的评估需求和影响因素的分析，行动效果综合分析指标如图 5-20 所示。

依据此五项裁决结果，对数据进行标准化和相关性判定，依据计算结果，选定几项指标作为评价主成分，同时确定主成分的贡献率和累积贡献率，以此为基础，找出部队在行动过程中存在的薄弱环节并提供支撑。

主成分分析法的优点主要体现在两个方面：一是权重确定的客观性；二是评价结果真实可靠。但是这种方法仅适用于备选方案较多的场合，一般的样本数量大于指标个数的 2 倍。而且，变换后的分量失去了原有指标的物理意义，因此不便于对评价结果进行解释和变换。

2. 贝叶斯因果分析法

复杂电磁环境下行动效果的分析基于行动质量评估的结果，由于行动质量评估涉及多项评估指标，因此使用行动质量评估结果很难精确地描述对象的行动效果，也很难看出影响行动质量的主要因素。

贝叶斯因果分析法是对象行动效果分析的重要技术，其目的是分析对象行动过程中各项评估指标与对象行动效果评估的因果关系，这包括了两个方面的分析：一个是由因到果的分析；另一个是由果溯因的分析。其中，因是指影响行动质量的因素，果是指部队行动质量。因果分析的本质是对影响行动质量的因素和与行动质量之间的关系进行辨识，主要分为两个阶段：第一个阶段是建立因果模型；第二个阶段是基于该因果模型进行因果分析。其一般步骤是识别关键要素、建立粗略的因果关系网络、对网络中的因果关系进行定量分析。

1) 贝叶斯网络分析方法

贝叶斯网络(Bayesian Networks，BN)又称信度网。它以概率论和图论为基础，结点表示随机变量，结点间的有向边表示变量之间的因果关系，变量间影响的程度用网络中依附在父、子结点对上的条件概率来表示。BN 的定义如下。

一个贝叶斯网络是一个二元组 $B=\langle G,P\rangle$，其中：

(1) $B=\langle V,A\rangle$ 是一个有向无环图，其结点为 $V=\{V_i\}_{i=1}^n$，$A\subseteq V\times V$ 是有向边的集合；

(2) $P=\{P(V_i\mid P_a(V_i)),V_i\in V\}$ 是一组条件概率的集合。

此处 $P_a(V_i)$ 是结点 V_i 在 G 中的父结点集合。

通过以上定义可以看出，贝叶斯网络由以下两部分构成。

(1) 一个具有 n 个结点的有向无环图。

图中的结点代表随机变量，结点间的有向边代表结点间的相互关系。

每一个结点变量有一组有限的排他状态，其似然分配表示为信度值。结点间的有向边表达一种因果关系，表示变量之间的相关或推论关系。尤其重要的是，有向图蕴涵了条件独立性假设，贝叶斯网络规定图中的每个结点 V_i 条件独立于由 V_i 的父结点给定的非 V_i 后代结点构成的任何结点子集，即如果用 $A(V_i)$ 表示非 V_i 后代结点构成的任何结点子集，用 $P_a(V_i)$ 表示 V_i 的直接父结点，则有

$$P(V_i \mid A(V_i), P_a(V_i)) = P(V_i \mid P_a(V_i)) \tag{5-118}$$

(2) 一个与每个结点相关的条件概率表可以用 $P = \{P(V_i \mid P_a(V_i))\}$ 来描述，它表达结点同其父结点之间的相关关系——条件概率。没有任何父结点的结点(称其为叶结点)的条件概率为其先验概率。

有了结点及其相互关系、条件概率表，贝叶斯网络就可以表达网络中所有结点的联合概率，并可以根据先验概率信息或结点的取值(证据)计算其他任意结点的概率信息。将条件独立性应用于链式规则，可以得到

$$P(V_1, V_2, \cdots V_n) = \prod_{i=1}^{n} P(V_i \mid P_a(V_i)) \tag{5-119}$$

在贝叶斯网络中，结点 V_i 条件独立于给定父结点集的其他任意非子结点集，正是由于这种条件独立性假设，大大简化了贝叶斯网络中的计算和推理问题。

贝叶斯网络具备三种基本的推理模式——诊断推理、预测推理和支持推理，其中支持推理涉及共同结果网络，如图 5-21 所示。

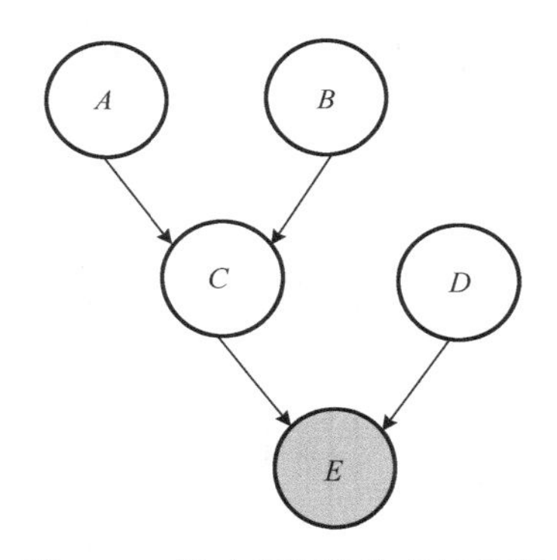

图 5-21　贝叶斯网络的支持推理

假设结点都是二元结点，也就是真或者假。以复杂电磁环境下部队训练效果评估为例，图 5-21 中的结点 E 代表部队训练效果的某种评估指标，结点 C 和结点 D 代表结点 C 的引发因素指标，如果知道了 E 为真(例如，某部队的训练成绩为差)，而且知道 C 和 D 引起了 E(例如，部队此次训练的成绩差可能由防侦察监视能力差(C)和电子对抗防护能力差(D)引起)，通过 E 为真的这一事实，就可以溯源寻找 C 和 D 也是真的概率。假设 C 为真，这就表示 D 发生的概率实际上降低了，即部队此次训练的成绩差由防侦察监视能力差(C)引起，从而找出部队训练的薄弱环节。

贝叶斯网络的支持推理可很好地映射部队训练效果的溯源分析，因此可以基于贝叶斯网络的支持推理模式建立相应的因果模型。

2) 基于贝叶斯网络的因果模型

同样以部队训练效果评估为例，训练成绩评估的各项指标和训练效果所组成的因果关系是一个网状结构，这与贝叶斯网络有向无环图结构能够很好地吻合。例如，训练成绩评估所涉及的各底层单项指标可以对应贝叶斯网络中无父结点的结点，训练成绩评估涉及的专项综合指标可以对应贝叶斯网中既有父结点又有子结点的结点，训练效果评估的结果可以对应贝叶斯网络中无子结点的结点，指标之间的连接对应贝叶斯网络结点之间的连接。这样指标之间的关系就可以用贝叶斯网络中的条件概率表示。也就是说，贝叶斯网络与评估指标体系具备完全一致的结构。

基于贝叶斯网络的因果模型(Bayesian Networks Based Causal Model，BNCM)本质上是一个贝叶斯网络模型，该模型表征了从底层单项指标到中间层专项综合指标，再到最终训练效果综合评估指标的定量的相互影响关系，其作用是以目标为驱动，利用其证据解释能力对影响训练效果的指标进行溯源查找，从而找出部队在训练过程中存在的薄弱环节。

BNCM 的结点类型有四类，分别是定量评估单项指标结点、定性评估单项指标结点、专项综合评估指标结点和训练效果评估指标结点。以某部队进行生存防护能力训练进行分析，其结点类型和相互关系如图 5-22 所示。

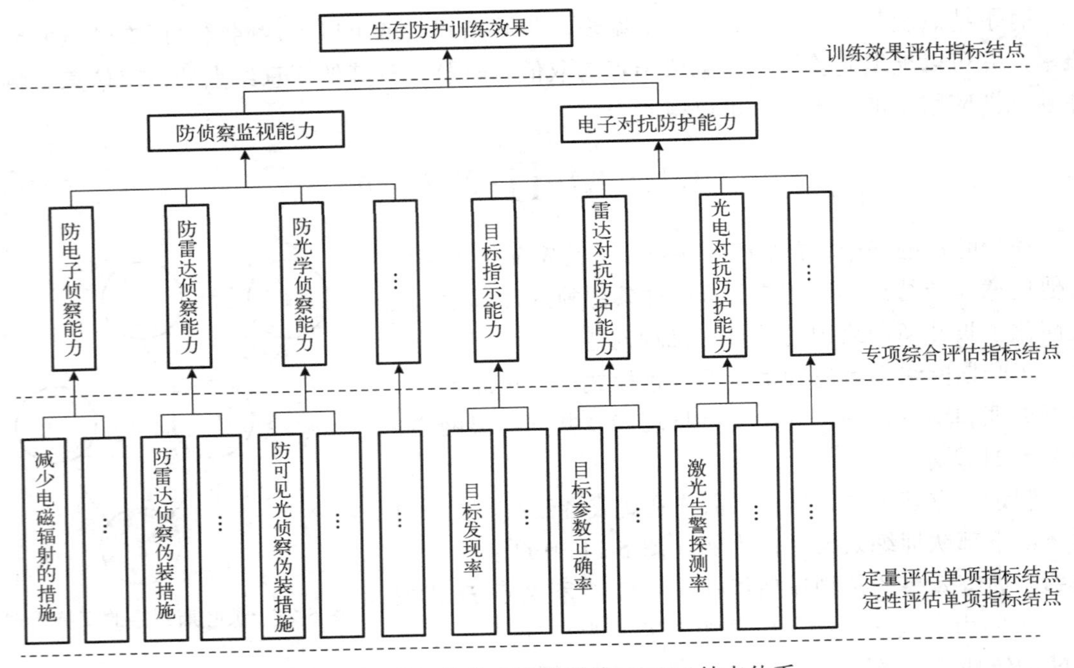

图 5-22　某部队生存防护训练 BNCM 结点体系

(1) 定量评估单项指标结点：该类指标结点是可以受用户完全控制的结点，即用户能够确定地指定其取值，如目标发现率、目标参数正确率等指标，用户可精确获得其计算结果。

(2) 定性评估单项指标结点：该类指标结点在评估中一般会带有一定的主观判断，如减少电磁辐射的措施、防雷达侦察伪装措施等指标，用户获取的评估结果带有一定的模糊性和不确定性。

定量评估单项指标结点和定性评估单项指标结点在 BNCM 中都对应于贝叶斯网络中的叶结点(不存在父结点的结点)，因为这两类结点都在训练任务确定的条件下不受其他因素的影响。

(3) 专项综合评估指标结点：该类指标结点受各底层单项指标评定结果和聚合因子的影响。中间要素结点通常对应训练效果评估过程中某项专项能力评估指标，如防电子侦察能力、光电对抗防护能力等指标。

(4) 训练效果评估指标结点：评估人员所关心的需要重点考察的表征训练效果的指标。

BNCM 同一般的贝叶斯网络一样，每个结点都会对应于一个条件概率表，用于表征结点间的定量关系。

BNCM 建模流程共分为三个阶段，五个步骤，如图 5-23 所示。

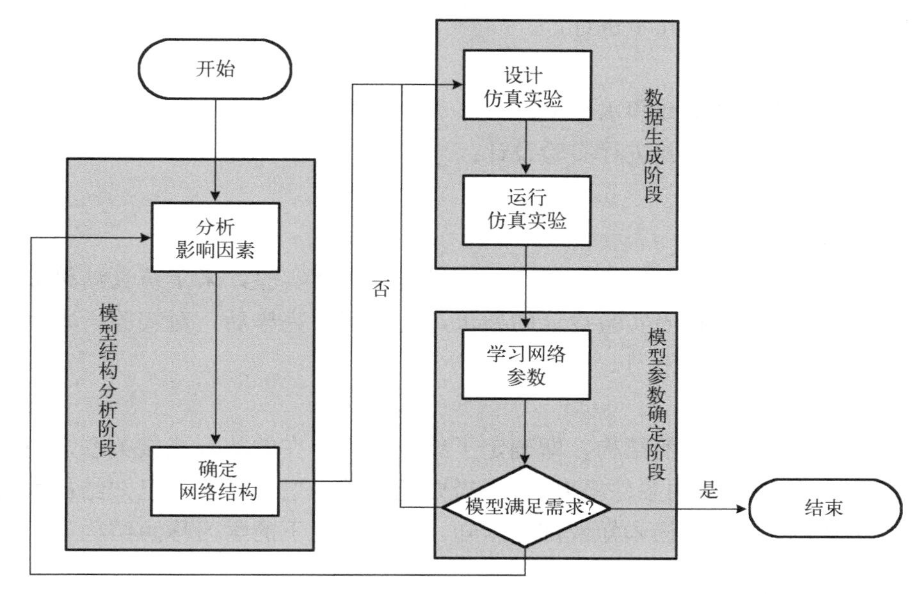

图 5-23　BNCM 建模流程图

三个阶段分别是模型结构分析阶段、数据生成阶段和模型参数确定阶段。模型结构分析阶段的主要任务是确定贝叶斯网络模型的结构，具体包括分析模型所包含的结点、对结点进行归类(按照方案结点、态势结点、中间要素结点和评估指标结点进行归类)和确定结点之间的连接关系;数据生成阶段的主要任务是通过仿真实验生成确定模型参数(贝叶斯网络中各个结点的条件概率表)所需要的数据;模型参数确定阶段的主要任务是通过机器学习算法，根据仿真数据学习贝叶斯网络的参数，并且对所生成的模型进行验证。每个阶段又分为以下子步骤。

(1)分析影响因素。

分析影响因素的主要目的是确定 BNCM 的组成结点以及每个结点的状态空间。结点的分析顺序一般是先分析方案结点和评估指标结点，后分析态势结点和中间要素结点。分析影响因素的难点在于如何得到合理的中间要素结点。

(2)确定网络结构。

在确定了网络结点以后，需要建立结点之间的因果关联关系，如何正确完整地对结点进行关联，是决定最终分析有效性的关键。这个步骤需利用专家经验。

(3)设计仿真实验。

实验设计是一种利用有限的资源通过所安排的实验，最大限度地获得所需的有用信息的方法，它通过科学的方法帮助研究人员分析和理解实验问题，减少冗余信息，并根据不同的实验目的合理安排实验，高效且经济地获取有效数据，同时对所获得的数据进行合理的分析，帮助实验人员重新认识问题，调整实验及其方法，最终达成实验目的或解决实验问题。

在进行仿真实验之前进行仿真实验设计的目的：一方面是提高通过对仿真数据进行学习所得到的贝叶斯网络模型的准确度和对不确定空间的探索能力；另一方面是满足大批量重复闭环仿真的需要。

仿真实验设计分为以下几步进行：

①确定实验设计因子；

②确定实验因子的水平数和水平值；

③确定实验设计方法，并进行实验设计；

④设计数据采集单。

(4)运行仿真实验。

仿真实验设计完毕后，就可以根据设计结果进行仿真实验，采集仿真结果数据用于贝叶斯网络的参数学习。当按照实验设计的要求，仿真运行完毕后，对实验所采集的结果进行整理，用于下一步的参数学习。

(5)学习网络参数。

确定了贝叶斯网络模型的结构，即确定了结点之间存在的相互连接关系，但是这种连接关系的强度(各结点对应的条件概率表)还需要通过数据进行学习。已知结构学习条件概率表称为参数学习；如果结构未知或部分未知，这种情况下的学习称为结构学习。

3. 探索性分析法

探索性分析法是 Rand 公司在策略分析中逐步总结出来的一种面向高层系统论证的分析方法。探索性分析法是利用仿真模型和定性定量相结合的分析模型，探索和研究复杂系统中众多不确定性因素及其对结果的影响的一种新的科学方法，它是复杂系统分析方法和计算机技术发展的产物。探索性分析法以“自外而内”的分析视角，在深入细节之前，首先获得对系统宏观的整体认识；再通过构建高层次、低分辨率模型进行大规模、交互式探索分析，充分考虑系统运行中的各种不确定性，发现其对模型输出结果的影响，以此掌握各要素间的影响关系；最终得出有价值的分析结论，形成对系统全面和准确的认知。

复杂电磁环境下的行动效果评估主要有两个内涵：一是对武器系统的效能评估；二是对各种电磁环境条件下部队反应能力与处置能力的评估。两者是一个辩证的综合体。前者属于微观层面的评估，是复杂电磁环境下行动效果评估的基础；后者属于宏观层面的评估，是复杂电磁环境下行动效果评估的重点和最终目标。可见，复杂电磁环境下的行动具有多层次、多要素、多角度、大范围等特点，其蕴含的复杂性、动态性和不确定性对行动效果评估方法提出了很高的要求。探索性分析法利用低分辨率模型解决高层复杂问题的策略非常适合应用于解决行动效果评估问题，构建的探索性分析模型抽象层次高，且只有有限参数，在评估进行时运行速度快，因此探索性分析法不仅可以满足复杂电磁环境下行动效果评估在解决复杂性、动态性和不确定性等问题上的要求，同时在时效性上也具有一定的优势，能够快速、准确地实现对行动效果的全面、客观评估。

探索性分析一般由问题分析、不确定性因素分析、探索性建模、探索实验、结果分析、撰写结论等几个步骤组成，分析过程如图 5-24 所示。

(1)问题分析。明确探索性分析的研究目标，尽可能地获取关于系统和研究目标的信息。

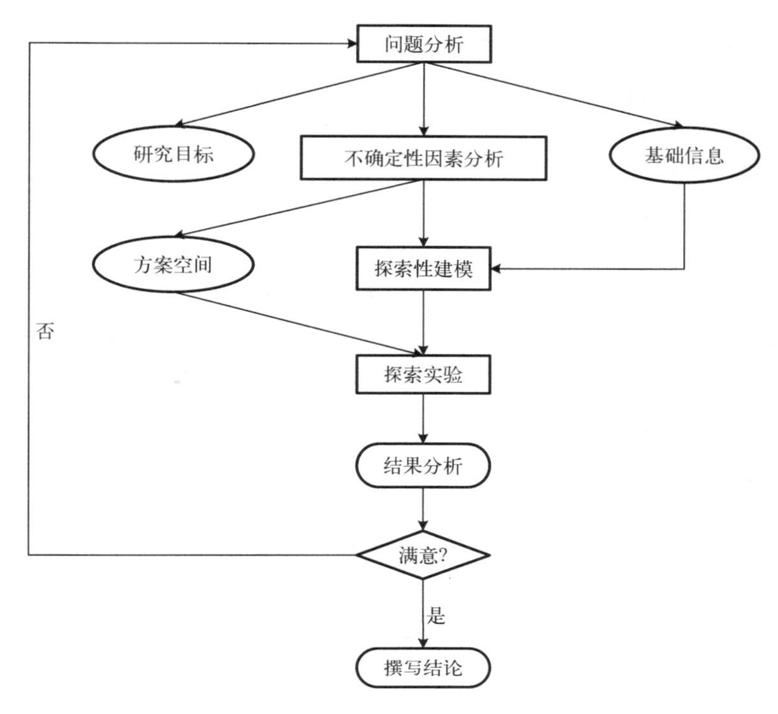

图 5-24　探索性分析过程

(2) 不确定性因素分析。找出可能对问题结果有较大影响的不确定性因素，并分析各个不确定性因素可能的取值范围，形成由多种取值的组合方案构成的方案空间。

(3) 探索性建模。构建反映系统宏观特征的高层低分辨率模型和反映系统细节特征的底层高分辨率模型，将各种不确定性因素与系统目标联系起来，这种联系可以只是定性描述，建模过程可以是自顶向下或自底向上的，也可以是两种方式混合的。

(4) 探索实验。根据建立的多分辨率模型，进行探索性计算，在方案空间内广泛测试各种不确定性因素组合导致的系统结果。

(5) 结果分析。通过数据可视化等技术对实验计算结果进行分析，挖掘数据中隐藏的系统信息，这个工作有时候也和探索实验结合在一起，通过交互式的双向探索分析不确定性因素与结果的关系。

(6) 撰写结论。根据分析结果，提出系统优化的建议或给出适应问题不同条件的措施。

探索性分析的两个重要难题是探索性建模和结果分析，探索性建模的关键是建立多分辨率模型，多分辨率模型的特点是高分辨率模型能够抓住事物的细节而低分辨率模型能更好地揭示事物宏观的特性，主动元建模技术是建立多分辨率模型的有效方法；探索性分析过程中会产生大量的数据，需要对探索数据进行有效的管理、处理及分析，从中找出隐藏的规律，数据可视化及输入与输出之间的双向探索有利于快速得出分析结论。

基于探索性分析基本思想和分析过程，探索性分析法应用于复杂电磁环境下的行动效果分析是自顶向下分解和自底向上综合相结合的过程。自顶向下分解是评估的基础，主要是指在评估之前首先分析复杂电磁环境条件下行动过程中的不确定性，需要能够构造出这种不确定性或反映出其基本的不确定性特征，即让探索性分析模型能够产生“意料之外，情理之中”的行为。通过不确定性的构造与归纳，结合专家意见和评估经验，形成层次分明、反映全面的行动效果评估指标体系。自底向上综合是评估的核心，主要是指对评估过程中建立的各层级模型的结果综合。行动效果评估所建立的模型包括实体模型、任务模型和评估模型，如图 5-25 所示。结果综合即首先对实体模型探索的结果进行综合，进而向上对任务模型探索的结果进行综合，最终形成对评估模型探索的结果进行综合。对评估模型的探索是建立在对实体模型的探索基础上的。

探索性分析的基础是模型，多分辨率的探索性分析模型是探索性分析法应用于行动效果评估的核心和关键所在，探索的方法通过实验设计规定，探索的过程就是进行仿真的过程。基于探索性分析的行动效果评估方法涉及三层探索和三类模型，三层探索包括要素层探索、能力层探索和效果层探索，对应建立的三类模型包括实体模型、任务模型和评估模型。在要素层探索中，探索的对象是实体模型，实体模型描述的是系统的内在的工作原理与行为逻辑；在能力层探索中，探索的对象是任务模型，任务模型描述的是在行动过程中单个或多个实体组合形成的武器装备的某种效能或人员的某种能力；在效果层探索中，探索的对象是评估模型，评估模型描述的是由评估想定所涉及的所有武器系统与人员所凸显出的效能和能力特性的聚合。基于探索性分析的行动效果评估方法示意图如图 5-25 所示。

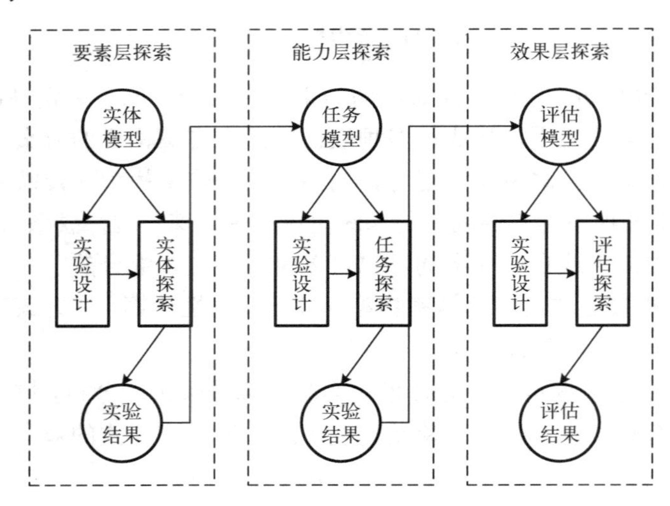

图 5-25　基于探索性分析的行动效果评估方法示意图

探索性分析法强调对复杂、多变、不确定性问题的分析思想，没有固定的应用模式，应针对具体问题展开分析。以下以复杂电磁环境下的雷达对抗训练效果评估为例，简要说明探索性分析法在行动效果评估过程中两个阶段的应用方法。

(1) 自顶向下的分解阶段。

探索性分析的过程一般从顶层分析开始，运用分辨率比较低的模型建立顶层指标变量与较低层指标变量的关联，较低层的指标变量进一步通过分辨率较高的模型建立与更底层指标变量的关联，此过程沿着指标变量关系树按深度或广度遍历，一直到树的叶结点为止。一般随着指标树向叶结点延伸，表征下级结点变量与上级结点变量之间关系的模型分辨率将不断提高，但反映的体系的边界则在不断缩小。这种逐层分解的过程不仅是指标体系形成的过程，也是不确定性因素分析查找的过程。

侦察能力作为一个复杂电磁环境下的雷达对抗训练效果评估的一级指标，可以分解为搜索目标能力、截获目标能力、参数测量能力、识别目标能力、跟踪目标能力等二级指标，其中，反映截获目标能力的主要指标是截获概率，它与噪声统计特性、回波功率、噪声功率、门限电压、雷达的性能参数等底层要素密切有关，基本涵盖了可导致训练效果发生变化的不确定性因素。

(2) 自底向上的综合阶段。

通过自顶向下的分解，形成了对复杂系统和不确定性问题的宏观认识，将源系统划分为面向高层仿真到低层仿真的多个建模层次，即针对训练效果评估问题，它实现了对要素层探索、能力层探索和效果层探索的多分辨率建模。自底向上的综合是依次对要素层探索、能力层探索和效果层探索所建立的模型进行大规模、交互式仿真探索分析，在多维不确定空间上进行广泛试探，充分关注不确定性因素在其整个取值范围内变动时的一系列输出结果的变化情况，低层次探索分析形成的分析结果作为高层次探索分析模型的输入，继续向上一层进行探索，直到最后在顶层形成评估结论。探索性分析法运用到训练效果评估中，不仅可以得到评分结果，更重要的是形成有价值的分析结论，即通过构建高层次、低分辨率模型并充分展开仿真试验，发现各种不确定性因素对模型输出结果的影响，掌握各因素间的影响关系，结合贡献度的相关计算方法，分析得出影响复杂电磁环境下雷达对抗训练效果和制约训练水平提升的关键因素。

第三部分　实 践 应 用

第 6 章　复杂电磁环境装备试验应用

随着新军事变革持续迅猛发展，武器装备信息化、无人化和智能化趋势日渐突出，如何综合应对未来信息化战争中复杂电磁环境的影响，趋利避害，确保武器装备作战效能发挥，将直接影响作战进程与结局。武器装备试验作为武器装备研制的重要方面，是平时检验武器装备效能的有效手段。在复杂电磁环境下，武器装备试验在理念、方法和组织等方面呈现出新的特点。紧贴军事斗争准备，遵循高新技术装备发展的客观规律，以作战需求为牵引，着眼于武器装备的论证、研制、定型、使用的全寿命周期，建立健全的复杂电磁环境武器装备试验应用技术体系具有重要的意义。开展复杂电磁环境装备试验应用技术研究，要立足于强敌干预背景下的高威胁电磁环境，构建贴近实战的装备试验复杂电磁环境，大力推动武器装备试验考核由一般环境向复杂电磁环境转变，摸清武器装备在复杂电磁环境中的性能边界，验证复杂电磁环境下武器装备的战技性能、作战效能和适用性，确保新型武器装备在复杂电磁环境下的实战能力，为基于信息系统的体系作战能力生成奠定装备技术基础。

6.1　复杂电磁环境装备试验应用需求

6.1.1　武器装备与试验鉴定

1. 武器装备概述

一般情况下，武器又称兵器，即直接用于杀伤有生力量和破坏军事设施的器械与装置。随着科学技术的飞速发展，武器装备越来越复杂，内涵逐步扩展，相继出现了武器系统、信息系统、保障系统。武器系统是为遂行一定的作战及其他军事任务，由若干功能上相互关联的武器及配套使用的技术装备组成，具有一定的作战功能的有机整体，主要包括武器本身及其发射或投掷的运载工具、观瞄装置和指挥、控制、通信等技术装备，如导弹武器系统、舰载武器系统、机载武器系统等；信息系统是用于军事行动的综合电子信息系统、数据链等电子信息装备，主要包括信息获取、信息处理、信息传输和指挥控制等分系统；保障系统主要指各类保障装备和相关配套器材，如运输装备、工程装备、测绘装备、防险救生装备以及各类维护、检测、修理装备和维修器材等。

武器装备在原始社会晚期已经出现。随着冶炼、火药、蒸汽机、内燃机以及机器制造等科学技术在军事上的应用，武器装备得到进一步发展，经历了冷兵器、热兵器到机械化武器装备、核武器的发展历程，20 世纪末逐步向信息化武器装备阶段发展。以信息技术为核心的高技术武器装备的地位作用日趋重要。指挥信息系统成为武器装备体系的神经中枢；信息战装备成为夺取战场信息优势的战略要素；精确制导武器成为现代陆、海、空战场的主角；以卫星为主体的军用航天系统成为直接支援军事行动的主要装备。

随着高技术条件下的局部战争日益成为现代战争的基本形态，高技术武器装备纷纷登场并大量运用于战争，使传统的军事力量得到重塑。军队的武器装备、组织结构、教育训练、军事理论发展等各个方面都发生了深刻变化。新军事变革促使武器装备向机械化、信息化和智能化的“三化”融合式创新发展。“三化”融合式创新发展涉及领域广、层次广、周期长，尤其是科学技术的突破对发展目标、路径和模式产生的影响巨大，有时甚至是颠覆性的。这就要求装备的“三化”融合式创新发展既要突出作战牵引、以战领建，也要符合“三化”融合的内在机理与发展规律，还要兼顾当前与长远、重点与全局、理论与应用、战术与技术、训练与试验。

2. 试验鉴定概述

装备试验鉴定活动伴随着武器装备的诞生而产生，并随着武器装备的发展不断完善。现代意义上的装备试验鉴定始自欧洲。彼时，法国在大革命战争、拿破仑战争等实战中大规模使用火炮，期间暴露了不少火炮质量问题。1836 年，法国组建了世界上最早的炮兵试验场，以改进火炮质量性能。之后德国、美国等相继建立了专业的武器试验场。人类战争实践在极大地推动武器装备发展的同时，也极大地推动了装备试验鉴定的发展演进。

装备试验鉴定最基本的任务是检验评估装备，发现装备问题缺陷，提升装备性能，确保装备实战适用性和有效性。在此基础上，装备试验鉴定逐步演变为装备建设决策的重要支撑、装备采购管理的重要环节，以及检验评估装备能否满足作战使用要求的重要活动。装备试验鉴定贯穿于装备全寿命周期，在装备建设发展乃至军队战斗力生成中发挥着不可替代的作用。

军事技术不断迭代发展的今天，装备试验鉴定不仅是武器装备建设发展的支撑与保障，更是先导和引领。原因在于，新型武器装备技术含量越来越高，而试验鉴定技术往往需要达到相应甚至超出被试对象的技术水平，才能对其进行检验、验证和评估。例如，要进行毫米级精度的测量，试验设备必须达到微米级以上的精度。也就是说，要对先进的军事装备实施有效的测试、测量和科学分析、评估、鉴定，试验技术与手段必须更加先进。

武器装备现代化，要求试验鉴定率先实现现代化。纵观世界军事强国，往往都高度重视试验鉴定在军事技术发展和武器装备建设过程中的关键引领作用。以美军为例，近年来他们通过一系列的试验鉴定投资计划，支持无人和自主试验项目研发，大力开发仿真技术手段，推动军事智能试验鉴定技术发展，为武器装备现代化升级提供了技术支撑。实践证明，试验鉴定现代化作为武器装备现代化的重要组成部分，不仅是推动武器装备现代化的先导支撑和重要保障，也是实现武器装备现代化的重要标志。

6.1.2　复杂电磁环境与装备试验

1. 装备试验分类

根据武器装备试验的对象、目的、进程和重点等不同，结合武器装备全寿命周期不同阶段的装备试验鉴定的特点要求，武器装备试验从不同角度可以有多种不同的分类方法。按照武器装备试验的目的，它可以分为科研试验、定型试验和鉴定试验等；按照试验的组织方式，可以分为工厂试验、基地试验、部队试验和部队使用等；按照试验手段的不同，可分为数字仿真试验、半实物模拟试验和实装试验；按照场地的不同，可分为内场试验和外场试验；按照试验内容的不同，可分为战技性能试验、系统效能试验、作战效能试验和适用性试验等。下面按照性质和目的的不同，将装备试验分为性能试验、作战试验和在役考核。

1) 性能试验

性能试验是指在典型环境或复杂环境和边界条件下，为验证装备技术方案、检验装备主要战技性能指标及其性能边界、确定装备技术状态等开展的试验活动。试验环境和条件一般依据装备研制总要求、任务书或试验总案规定设置。性能试验又细分为性能验证试验和性能鉴定试验。

性能验证试验主要验证技术方案的可行性和装备性能指标的符合程度，为检验装备研制总体技术方案和关键技术是否可行提供依据，通常由装备研制管理部门组织，由装备研制单位实施；性能鉴定试验主要考核装备性能的符合程度，确定装备技术状态，为状态鉴定和列装定型提供依据，通常由装备试验鉴定管理部门组织，由试验单位实施。

性能试验重点考核装备战技性能达标度，其核心是面向装备，解决“能用”问题，具体包括各类科研过程试验和以鉴定定型为目的的试验等。

2) 作战试验

作战试验是指在近似实战战场环境和对抗条件下，对装备完成作战使命任务的作战效能和适用性等进行考核与评估的装备试验活动。其中，作战效能是装备在一定条件下完成作战任务时所能发挥有效作用的程度；适用性通常包括作战适用性、体系适用性、在役适用性等，而作战试验以考核武器装备的作战适用性为主，即装备作战使用的满意程度，主要由装备的战备完好性、任务成功性和服役期限等体现。作战试验主要依托部队、军队装备试验基地，军队院校及科研机构等联合实施，验证装备完成规定作战使命任务的能力，摸清装备在典型作战任务剖面下的作战效能和适用性底数，并探索装备作战运用方式等。

作战试验主要评估武器装备的作战效能、保障效能、部队适用性、作战任务满足度，以及质量稳定性等，其核心是面向作战，解决“管用”问题。

3) 在役考核

在役考核是指在装备列装服役期间，为检验装备满足部队作战使用与保障要求的程度所进行的试验鉴定活动。在役考核作为一项持续性的装备试验鉴定活动，针对不同的关注问题，可在装备列装到退役全程中多次开展，主要依托列装部队、相关院校等装备使用单位，结合作战、正常战备训练、联合演训、日常使用管理及教学等任务，或针对装备专项问题专门组织实施，为装备后续采购决策、装备改进或改型提供基本依据。

在役考核主要跟踪掌握部队装备的使用、保障、维修情况，验证装备作战效能与保障效能，发现问题缺陷，考核部队适编性和经济性等，其核心是面向部队，解决“好用”问题。

2. 复杂电磁环境下装备试验呈现的新特点

当前，世界新军事革命迅猛发展，以信息技术为核心的军事高新技术日新月异，武器装备远程精确化、智能化、隐身化、无人化的趋势更加明显，战争形态加速向信息化、智能化演变，复杂电磁环境作为战争形态机械化、信息化和智能化演变的产物，对武器装备发展和作战训练都有较大的影响。与此相适应，复杂电磁环境下装备试验也必将发生新的变化，呈现新的特点。

一是试验内涵延伸。复杂电磁环境下装备试验将主要围绕“复杂电磁环境对被试电子装备战技性能、作战使用性能和作战效能造成的影响”的测试、检验和考核工作展开。试验内涵延伸了，试验鉴定从试验装备到试验作战概念、实验战争进行拓展。装备试验不仅要贯穿装备全寿命周期，更要贯穿从军事需求到国防科研、装备战斗力生成的全过程，充分发挥其在军事需求、国防科研、装备战斗力生成中的桥梁作用，更好更快地推动先进技术成果向战斗力转化。

二是试验范围拓展。复杂电磁环境下试验性质也将从以定型试验为主向定型试验、训练演练和作战检验相结合的作战试验方向转变，要求更贴近实战，更不受场地限制，要能适应电磁威胁的改变，并期望通过试验来预估装备未来的军事能力。复杂电磁环境下装备试验对靶场使用新技术、发现变化、区别变化原因、将试验结果与实战环境联系起来的能力提出了更高的要求。同时，复杂电磁环境下装备试验拓展了试验的范围，对提高试验质量、缩短试验周期、降低试验成本和风险的要求也将更加严格与普遍。

三是试验要求更严。复杂电磁环境下装备试验环境要考虑面对战争未知性、不确定性、未被发现的和不可预料的威胁因素的影响，要适应从单靶场独立试验环境向多靶场联合试验环境的过渡。同时，新的试验模式和内容促使试验靶场与其他试验单位、使用部队之间的协同向更宽的广度及更深的深度发展。这就对试验场软硬件环境建设、试验理论和方法改进、试验人才队伍建设等方面提出了更为迫切的需求。

6.1.3　装备试验复杂电磁环境应用需求分析

复杂电磁环境下装备试验要求在具有一定实战背景的战场复杂电磁环境条件下进行，试验的目的是对在不同复杂程度的电磁环境下装备的战技性能、作战使用性能、作战效能及因果联系进行验证和评定。与常规条件下的试验相比，复杂电磁环境下装备试验在试验规划设计、试验条件建设和试验组织实施等方面对复杂电磁环境均有明确的需求。

1. 试验规划设计中的复杂电磁环境应用需求分析

按照运用系统工程方法开展装备试验工作的客观规律，试验规划应与立项论证、方案设计同步协调推进。在武器装备立项论证与方案设计初期，应同步启动试验规划工作，从一开始就要回答如何考核验证、在什么条件下考核验证的问题，起到对武器装备立项论证、方案设计提出的指标体系提前进行“闭环验证”的作用，既可有效避免武器装备立项论证出现部分指标不可验证的风险，还能准确识别出缺乏的试验条件，特别是实战化复杂环境试验保障条件，及时启动建设。

试验规划应当在准确把握装备作战使命和担负的主要任务的基础上，分析装备完成规定的作战使命任务应具备的主要能力和评价装备能力的战技性能指标与效能指标。通常在试验准备阶段，要根据被试装备的性能、功能特点以及面临的作战任务背景开展试验战情想定设计，进行贴近实战的试验电磁环境构设规划，确定装备战技性能指标考核的典型环境，以及性能边界测试的复杂电磁环境的构成、特征、条件设置和评价指标；确定作战试验复杂电磁环境和对抗条件，制定复杂电磁环境构设的初步方案。例如，设置蓝军兵力，选择或研制与威胁对象性能接近的装备模拟蓝军装备，同时开展威胁对象的作战策略研究，由蓝军按照威胁对象的作战策略操作蓝军装备来构设对抗条件。

此外，在试验设计安排上要做到由简单到复杂，先内场后外场，先训练后演练，先单靶场后联合靶场。复杂电磁环境下装备试验的内容较复杂，试验周期较长，试验过程中必须及时对试验计划进行反馈调整，以实现对试验进度和试验质量的有效控制，计划、执行、检查、反馈、调整，再到计划，必须形成完整的改进循环，以持续促进试验质量的提高。

2. 试验条件建设中的复杂电磁环境应用需求分析

在常态的装备研制、试验和鉴定中，主要依靠外场进行试验。而在复杂电磁环境下，由于外场试验需要布设大量的配试电子装备和威胁环境来提供所需的贴近实战的电磁环境，这样试验代价大，周期长，信号的复杂度和参数也不易改变，难以紧贴战场实际，而且由于试验条件和手段的限制，很多外场试验场景无法提供。因此，仅仅依靠外场试验的方法对复杂电磁环境下的装备进行试验是不现实的，必须充分发挥外场实装试验和内场计算机仿真试验、半实物仿真试验相结合的优势，各种方法扬长避短、综合集成，在更加贴近实战的试验环境中考核被试装备的作战效能。

为了更好地营造激烈对抗的电磁态势，复杂电磁环境下装备试验大多会考虑在红蓝对抗条件下进行复杂电磁环境的动态构设。由于红蓝对抗过程中试验场的电磁环境动态多变，需要在采集大量而繁杂数据的基础上，对试验场内的电磁环境进行监测和管控，对试验战情进行导调，这些都需要专门的试验导调控制系统和复杂电磁环境应用系统来支撑。试验导调控制系统必须具备红蓝对抗试验战情想定设计和试验过程中双方电磁态势的战情导调功能，以及针对各个试验项目的试验规划功能；复杂电磁环境应用系统必须具备实战化电磁环境的模拟功能、控制功能、监测功能和评估功能，以适应复杂电磁环境下装备试验应用的需要。

复杂电磁环境装备试验的试验模式多样，要做到对复杂电磁环境下装备作战效能的适应性试验与状态鉴定，要求试验靶场在完成装备战技性能、作战使用性能考核的同时，增加复杂电磁环境下装备对抗的训练演练、贴近实战的红蓝实兵对抗、跨靶场的一体化联合试验功能。因此，在试验条件建设中，必须充分发挥内外场一体的多种试验方法和试验手段结合的优势，做到扬长避短，综合集成多种试验方法和试验手段，以高效的手段开展复杂电磁环境下装备的试验鉴定。

3. 试验组织实施中的复杂电磁环境应用需求分析

从试验组织实施中的复杂电磁环境应用的角度来看，复杂电磁环境装备试验主要体现为适应性试验。适应性试验包括装备的战技性能指标电磁环境适应性检验和装备的作战适用性评估。前者属于性能试验的范畴，后者属于作战试验的内容。在性能试验中检验装备的战技性能指标是否满足设计要求时，战技性能的测试应当在充分论证装备作战使命的基础上将装备置于其未来作战运用时典型的战场环境中进行；同时，为了掌握装备在复杂环境和边界条件下的性能边界，还需要在性能试验中设计和构设复杂电磁环境。

过去，装备性能试验对装备运用的复杂电磁环境缺乏充分的考虑。在试验条件保障上，常常将典型环境弱化为简单环境、“理想”环境，既没有体现未来战场上电磁态势的分布特征，又没有突出作战对手的作战运用方式。这样测试出的装备战技指标难以真实反映装备的实际作战效能的。

武器装备的性能试验要以研制总要求为依据，对包括复杂环境、对抗条件等方面在内的武器装备战技性能指标进行设计、研制与验证，并通过规范化的组织形式和试验活动，对武器装备主要战技指标做出可信的鉴定评估结论。要设置典型的作战环境，考核武器装备性能的达标度，为武器装备列装状态的确定提供依据；并在复杂的实战环境和战场对抗条件下，全面考核装备的性能边界，摸清复杂电磁环境、地理环境和气象环境与边界条件下武器装备的性能、效能、作战适用性等底数。

总之，复杂电磁环境下装备试验内容多，试验过程复杂，不可预知事件时有发生，这就要求试验前做好突发事件处置预案，试验过程中全面掌控试验场发展态势。在依据想定战情进行战场电磁环境构设时，应不间断地对整个试验过程中的电磁态势进行监测、控制和评估，并根据试验过程，对试验的内容以及对抗强度进行调整，满足不同复杂程度下的装备试验测试、检验和考核要求。同时，还应对试验组织指挥的质量和试验实施的质量进行监控，促使试验指挥员周密计划、科学组织指挥，实现对试验过程中的各个关键环节质量的科学监控。

6.2　复杂电磁环境装备性能试验应用

6.2.1　装备性能试验特点

长期以来，武器装备定型阶段的试验鉴定主要是在典型条件下考核武器装备性能的达标度，为武器装备列装状态的确定提供依据。但武器装备在复杂的实战环境和战场对抗条件下，作战能力的试验鉴定与评估更为迫切和重要，也更需要摸清复杂环境与边界条件下武器装备的性能、效能、作战适用性等底数。

典型环境与条件下的性能检验是指在规定的典型环境和条件(通常体现为典型目标和作战想定)下，为检验装备的主要战技指标进行的试验验证，主要对系统方案的可行性以及装备性能指标的阶段达到程度进行验证，支撑武器装备工程研制按照“设计-验证-改进”的迭代闭环持续推进，也是试验鉴定阶段回答武器装备作战性能基本状态问题的必经过程。复杂环境与边界条件试验是在典型条件试验鉴定的基础上，以面向实战、摸清武器装备底数为目标的试验活动，具体包括复杂环境与边界条件构设、建模仿真与实装试验综合运用以及提出基于作战能力的复杂环境与边界条件试验鉴定规划方法等。

在装备试验鉴定工作中，典型环境与条件下的性能验证和复杂环境与边界条件试验验证不是完全割裂的，二者的关系如图 6-1 所示。典型环境与条件下性能验证是复杂环境与边界条件试验验证的重要基础，主要体现为：①典型环境与条件下性能验证以典型目标、典型作战想定为背景，所设置的条件与装备研制要求对应性强，装备在试验鉴定阶段的部分主要战技性能指标可直接进行验证考核，确定武器装备的基本技术状态；②典型环境与条件下性能验证得到的试验数据结果可作为高置信度仿真与综合评估模型校验的数据基础，为真实试验条件难以达到的边界条件下的武器装备评估提供一种重要支撑手段。

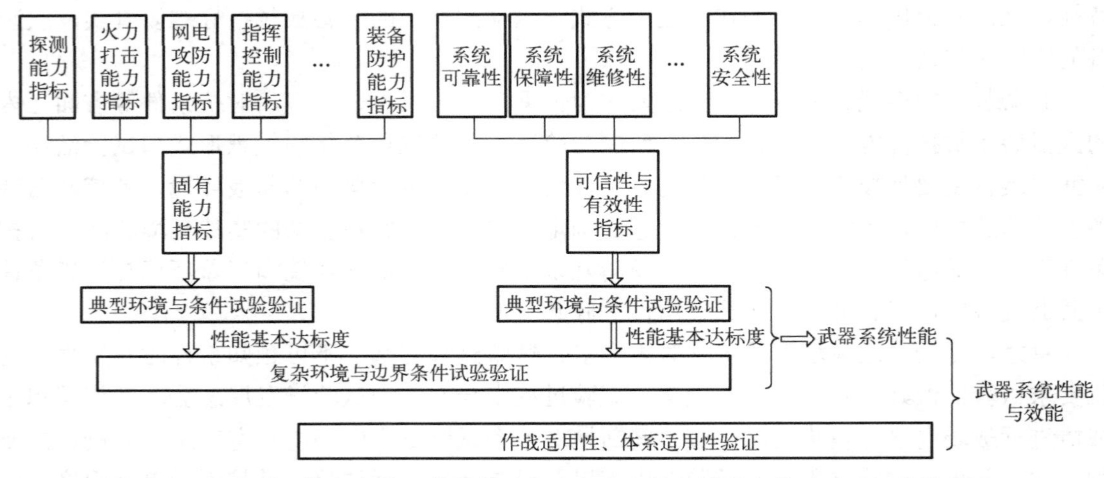

图 6-1　典型环境与条件下的性能验证和复杂环境与边界条件试验验证的关系

综上所述，典型环境与条件下的性能验证作为试验鉴定阶段中不可或缺的一环，是复杂环境与边界条件试验验证的重要基础。在典型环境与条件下的性能鉴定的基础上，进一步深化开展复杂环境与边界条件下的试验鉴定是十分重要和必要的。

6.2.2　性能试验的复杂电磁环境构设应用需求

武器装备复杂电磁环境边界试验验证结果与所构设的电磁环境关系紧密，不同复杂程度的电磁环境影响下，装备的边界性能表现往往不同。逼真性原则仍是复杂环境边界试验电磁环境构设的首要原则，在此前提下，尽可能地贴近被试装备将要遂行作战任务的实际战场电磁环境，构设不同复杂程度的电磁环境进行边界试验验证。

1. 性能试验的复杂电磁环境构设内容要求

本着突出电磁威胁影响的原则，在确定装备性能试验的复杂电磁环境构设内容时，应重点考虑辐射源的装载平台、工作频率、信号密度、信号强度、信号样式、辐射功率和信号分布等描述电磁环境信号特征的关键要素。

在辐射源平台种类方面，性能试验要考虑用不同空域维度威胁辐射源进行电磁环境的构设。长期以来，通过设置地面威胁辐射源完成的环境适应性性能验证试验，有效暴露了装备问题，并成为开展性能鉴定试验的前提和基础，但也存在着即使在地面性能试验从难从严的情况下，装备交付部队后暴露的问题仍然较多的情形，很多问题都未在地面性能试验中暴露出来，严重影响了用户体验。因此，特别要求做好空地威胁辐射源统筹考虑。

在干扰信号样式方面，重点考虑通信干扰样式中的瞄准式压制式干扰、宽带阻塞式压制式干扰、调频跟踪式干扰、调频拦阻式干扰等样式，雷达干扰样式中的瞄准式干扰、宽带阻塞式干扰、扫频式干扰、有源欺骗式干扰、无源干扰等样式。在进行装备性能试验的复杂电磁环境构设时，设计电磁环境模拟设备应考虑可模拟多种样式。

在干扰信号强度方面，要根据对手电子战运用特点，重点考虑各干扰设备对用频装备形成的电磁威胁大小，并根据传播损耗、空间衰减和环境影响对干扰强度进行估算。

在模拟背景信号环境方面，要依据主要方向典型战场电磁环境的电磁信号种类和密度进行构设，设计的背景信号模拟设备要能同时辐射多路无线电信号，模拟构设背景辐射环境。

2. 性能试验的复杂电磁环境构设手段要求

性能试验中复杂电磁环境构设手段包括实装替代、半实物模拟和数字仿真三种。

电磁环境实装替代是利用真实的武器装备产生贴近实战的电磁环境。利用性能接近的真实装备，严格按照规定的战技性能指标要求，根据性能试验需要构建典型的复杂电磁环境。实装构设手段产生的电磁环境真实，试验数据准确度高，电磁环境影响效果直观可信，但是实装构设组织实施复杂、费用高、制约因素多，能形成的电磁环境种类有限，并存在频谱安全隐患。实装构设中武器装备模拟的对象往往是一些特定的国外先进信息化武器装备，在实际操作过程中通常用同类装备进行等效替代。

电磁环境半实物模拟是用实装的辐射源部件或模拟器代替实装，采用空间辐射或电缆注入方式模拟电波传播，生成复杂电磁环境。其具有模拟装备种类多、信号参数可控制、使用方式机动灵活等特点，模拟的信号环境可以准确地反映出实际电磁环境中的距离、时间、空间几何关系，电磁波大气传输特性、天线扫描特性以及其他因素的影响等。在性能试验中采用半实物模拟，能够在可控的各种状态下进行大量重复性、探索性的仿真试验，对系统的某些性能指标提供验证与测试环境，可以获取大量的试验数据及其统计分析结果。

电磁环境数字仿真是利用系统建模和仿真手段，通过构建辐射源和电波传播数学模型来实现虚拟的复杂电磁环境。利用电磁环境数字仿真既可进行典型场景下信号级的电磁干扰与抗干扰性能试验，又可实现多种干扰的综合对抗试验，乃至系统级对抗和体系对抗试验，同时，还可以获取大量的、可信的仿真数据。全数字模拟仿真试验成本低、效率高，能模拟的电磁环境丰富，能够为复杂电磁环境下的被试装备战技性能研究提供灵活可靠的仿真环境，解决实装替代、半实物模拟试验评估应用的局限性问题，但对模型逼真度和数据积累的要求高，而且实验室建设的前期投资大。

6.2.3　性能试验的复杂电磁环境构设

1. 复杂电磁环境的数字仿真

在精确建模与参数辨识的基础上，仿真试验是武器装备试验鉴定不可或缺的手段。越是宏大复杂的系统，如防空反导体系，越是需要用仿真试验作为重要试验评估手段。用于武器装备鉴定的仿真试验具有以下特点：一是武器装备运行模型采用工程级粒度模型，例如，制导精度仿真中的导弹飞行控制一般采用实装模型；二是武器装备运行的客观物理环境模型采用本领域多方验证的基础模型，如大气模型等；三是客观物理环境作用于武器装备的影响规律建模所依据的物理机理清晰准确、试验数据可信；四是利用有限次数的武器装备实装试验数据支撑仿真系统的模型校验。

数字仿真试验在国防采办中的应用已日趋广泛，基本贯穿了武器装备的全寿命周期，例如，用于装备论证与效能分析、装备研制设计、装备试验与评价、装备训练等。目前，仿真试验手段已成为评估装备对复杂电磁环境的适应能力最为有效的方法。仿真试验中的电磁环境信号模型有两种：一种是粗略性的功能级参数模型；另一种是精细性的信号级数学模型，分别支撑不同用途的功能级仿真和信号级仿真，例如，某新型雷达的体系贡献率分析用电磁环境的参数模型就能满足需求，而该雷达的抗扰模式的效能评估往往需要电磁信号的精确仿真。

在开展电磁环境建模时，根据具体的试验需求选择合适的电磁环境建模方式，建立的用频装备模型要与装备模型内部的决策逻辑以及装备效能的评价指标协调一致，这称为仿真建模的协调一致原理。在考虑建模和计算能力的约束条件下，应当重点对给试验对象带来显著影响的部分辐射源进行精细建模，对典型传播途径形成的电磁环境进行仿真。电磁环境的生成往往对实时性有很高的要求，电波传播过程又可能会受各种传播因素的影响，涉及大量的电磁计算，随着仿真实体的增加，计算量呈几何级数增长，在实时或超实时仿真环境中，要重视电磁环境仿真对算力的苛刻要求，做充分的评估与设计。

1) 电磁环境建模内容与方法

由于区域空间内任一位置的电磁环境信号都是各辐射源辐射的电磁信号经由传播途径在该处合成的结果，开展电磁环境建模要重点关注辐射源模型和传播模型。电波传播建模可参考国际电信联盟(ITU)系列规范，这些规范覆盖甚低频～极高频(VLF～EHF)，建议的主要传播模型的频段及应用如表 6-1 所示。

表 6-1　主要传播模型的频段及应用

频段	频率范围	传播模型	ITU 建议	应用
VLF	3～30kHz	地-电离层波导传播	P.684	全球、远程无线电导航和战略通信
LF	30～300kHz	地波传播和天波传播	P.368、P.1147	全球、远程无线电导航和战略通信
MF	300～3000kHz	地波传播和天波传播	P.368、P.1147	中程点对点通信、广播通信和海事移动通信
HF	3～30MHz	地波传播和天波传播	P.533	远程与短程点对点通信、广播通信、移动通信

续表

频段	频率范围	传播模型	ITU 建议	应用
VHF	30～300MHz	空间波传播、绕射传播、对流层散射传播	P.1546、P.617	远程与中程点对点通信、移动通信、局域网(LAN)通信、音频和视频广播通信、个人通信
UHF	300～3000MHz	空间波传播、绕射传播、对流层散射传播、视距传播	P.1546、P.530、P.617、P.618、P.452、P.1238、P.1411	短程、中程与远程点对点通信，移动通信，音频和视频广播通信，个人通信，卫星通信
SHF	3～30GHz	视距传播	P.530、P.618、P.452、P.1410、P.1411	中程到短程点对点通信、音频和视频广播通信、LAN 通信、移动通信、个人通信、卫星通信
EHF	30～300GHz	视距传播	P.618、P.1238、P.1410、P.1411	短程点对点通信、微波蜂窝通信、LAN 通信和个人通信、卫星通信

(1) 地-电离层波导传播。

地-电离层波导传播是电波在以地球表面和电离层下边缘为边界的类波导空间中传播的传播方式，能以较小的衰减绕地球实现全球传播，电离层的下边缘对 VLF 频段能量传播起重要作用，电离层和地面对 VLF 传播有着重要的影响。

(2) 地波传播。

沿地球表面传播的无线电波受地面和对流层的影响，地波包括除电离层波和对流层波以外的在地球上传播的无线电波的所有分量，是直达波、地面反射波和表面波的合成量。

(3) 天波传播。

天波传播又称电离层反射传播，是一种利用无线电波在电离层中反射而返回地面进行传播的传播方式，由电离层的随机、色散、各向异性的介质特性引起的多径传输、多普勒频移、极化面旋转、非相干散射等现象，对信号有较大影响。

(4) 空间波传播。

空间波传播是一种直达波、地面反射波合成的传播方式，是一种地波传播的特殊形式，主要受地面和对流层的影响。

(5) 绕射传播。

绕射传播是一种当收/发两点间存在障碍时，电波绕过障碍传播的方式。

(6) 对流层散射传播。

对流层散射传播是一种利用对流层中介质的不均匀性对电波的散射作用实现超视距传播的传播方式，传播损耗很大。

(7) 视距传播。

视距传播是在发射天线和接收天线间能够相互“看得见”的距离内，电波直接从发射点传播到接收点的传播方式。

基于针对上述电波传播方式建立的模型，可建立具备自适应能力的复杂电磁环境传播模型。以超短波微波地表传播模型为例，其地表业务涉及视距传播、空间波传播、绕射传播和对流层散射传播等模型。可根据对应的传播参数进行识别，建模流程如图 6-2 所示。

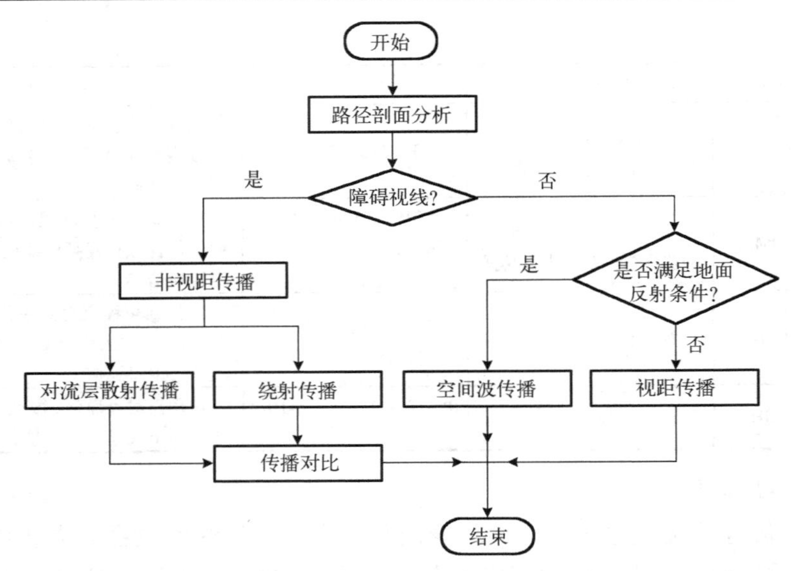

图 6-2　超短波微波地表传播模型建模流程

2) 模型校核验证与确认

仿真试验相对于实装试验的置信度问题，始终是试验鉴定中各方最为关心的问题，在复杂环境与边界条件试验建模仿真中尤为重要。仿真可信度和仿真逼真度并非相同的概念。仿真逼真度表示仿真系统与真实世界中的仿真对象在表现上的吻合程度。如果仿真系统能够准确地对所仿真的事务做出响应或准确地表现所仿真的体验，可以说仿真系统是逼真的，这样的仿真模型用户通常给予较高的信任，即仿真可信度较高。因而仿真逼真度和仿真可信度是密切相关的两个概念，在很多关于仿真的讨论中，这两个概念并没有仔细地加以区别。

建模与仿真的校核、验证与确认(Verification，Validation and Accreditation，VV&A)是可信度评估工作的基础，它通过仿真系统生命周期中的有关活动，对各阶段工作及其成果的正确性、有效性进行全面的评估，从而保证仿真系统达到足够高的可信度水平以满足应用目标的需要。校核(Verification)是确定模型与仿真系统是否准确地代表了研制者的概念描述和设计规范的过程。校核主要回答模型与仿真系统是否正确反映研制者的意图或设计规范的问题。即使模型与仿真系统可能真实地反映了设计规范，但是不等于其能真实地反映现实系统，而验证(Validation)是从模型与仿真系统的最终应用目的出发，确定模型与仿真系统代表真实世界的准确程度的过程。校核、验证(V&V)过程针对的是建模仿真过程的产品，而确认(Accreditation)则针对 V&V 过程的产品，主要回答仿真系统是否可用的问题。

VV&A 是建立仿真系统可信性的重要途径。通过 VV&A，可以评价数字仿真系统对于设计规范与真实世界的符合程度。VV&A 过程应贯穿于数字建模与仿真的全过程。在建模与仿真过程的早期就应当开展 VV&A，以降低建模仿真过程的风险，尽早发现问题，减少开发费用与周期。

应在仿真建模工作之前就制定 VV&A 工作计划。其内容主要包括：用文件形式记录模型预期的用途、识别建模仿真应用的需求，给出可接受性准则以及针对这些准则的 VV&A

方法等。其中，可接受性准则是指数字仿真模型能够应用而应满足的一组标准。这些准则应说明仿真模型的每一项需求以及如何对其进行评价。可接受性准则实际上规定了需要通过 VV&A 确认的数字仿真模型的能力，并且从需求的角度提供对建模仿真进行评价的途径。

VV&A 工作包括数据 V&V、概念模型验证、设计校核、实现校核和结果验证 5 个方面的活动。

(1) 数据 V&V。

在仿真系统中应用的各种数据将影响建模结果的准确性和可信性，因此应当对数据进行 V&V。数据的可信性取决于数据的来源、维护过程和处理过程。数据的校核用于保证所选择的数据是合适的，并且得到了正确的处理。数据的验证用于保证数据准确地反映真实世界的情况。

(2) 概念模型验证。

概念模型是连接建模需求和设计的桥梁，用于说明仿真模型应当做什么和需要什么样的输入数据。对概念模型验证的目的主要是验证模型的功能元素是否准确完整地反映了模型的需求，识别模型的假设、局限性和体系结构对模型预期仿真应用的影响。此外，还应校核概念模型与需求之间的可追溯性，并将验证的结果记录到 V&V 报告中。通常，在建模开始时就应当进行概念模型验证。对于新的模型，概念模型验证有助于较早地发现模型的缺陷。

(3) 设计校核。

设计校核主要用于确保系统的规范、功能设计与经过验证的概念模型保持一致。通过设计校核，保证概念模型中表述的所有功能、行为、算法、界面等都已完全正确地反映到系统规范和设计文件中。

(4) 实现校核。

数字模型的设计是通过软件予以实现的，在实现过程中，需要经过部件试验并集成为整个系统。实现校核主要是确保集成的仿真系统准确地反映了概念模型和仿真模型的需求。实现校核是一种正式的试验与评价过程，一般包括代码校核和集成系统校核。如果在建模过程中进行了充分的测试，则在模型实现校核中可以考虑不再进行重复的测试。

(5) 结果验证。

结果验证是指根据已知的或期望的行动，比较仿真模型做出的响应，以确定其准确性。因此，结果验证主要是将仿真应用的性能与真实世界相比较而进行的严格测试。在结果验证时，一般应用具有权威性的参考数据对期望的仿真结果与实际的仿真结果进行比较。当实际数据难以获得时，可以由领域专家评估模型仿真结果的可信性，进行结果验证，也可以用经过验证的类似仿真结果进行比较评估。

通常，在进行性能试验时，可利用武器装备试验靶场较为完善的试验条件和评估条件对被试装备进行较为全面的试验，从而产生丰富的试验数据。基于这些试验数据对仿真模型进行校核、验证，完善系统，提升模型的置信度。

2. 试验靶场的复杂电磁环境构建

1) 靶场试验的目的作用

装备试验靶场一般经过长期的试验设施持续建设和试验经验积累总结，具备良好的试验条件和先进的测试手段，可满足装备试验对典型环境和复杂环境的构设需求。试验靶场所拥有的半实物配试设备和实物装备资源能够逼真地构建试验所需的复杂电磁环境，对复杂电磁环境下装备的战技性能指标进行全面考核，充分暴露被试装备的各种问题，进而给出试验结论与装备能否定型的建议。试验靶场技术人员具有丰富的实践经验，能对存在的问题做出正确的分析判断，这对研制单位改进装备设计、提高装备质量起到重要的作用。

装备的靶场试验可以认为是装备使用训练的初始阶段。装备试验中取得的经验能够转换为部队用户的训练方法和作战方法。装备试验靶场的试验与评价所反映的装备战技性能，为部队用户装备的编配、维修、训练与作战使用等提供基本参考依据，并使装备的操作使用和维护管理条例、作战原则和战术指南等规范的制定有切实可行的依据。

装备靶场试验的复杂电磁环境构设手段以半实物模拟和实装构设为主，构建贴近试验需求的电磁信号环境，可以在时域、空域、频域、能域、信号样式、极化方式、传播途径等多个维度逼真地模拟电磁环境。复杂电磁环境的半实物模拟和实装构设手段在构设方案规划、构设过程控制、信号环境监测与构设效果逼真评价等方面的技术路线基本是一致的。

2) 靶场试验电磁环境构设的等效原理

靶场试验中，通过电磁环境生成设备或实际装备辐射电磁信号，模拟装备试验所需的战场电磁环境信号。为准确预测、检验被试装备在真实战场电磁环境作用下的战技性能和装备效能，模拟的电磁环境在被试装备的输入端的作用效果应与想定战场电磁环境的作用效果一致，具体表现为进入被试装备接收机的电磁信号应保证能量等效、时间一致、空间一致、频率一致、密度等效、样式一致和极化方式一致等。

(1) 能量等效。

电子目标环境和电磁干扰环境的构建是靶场试验复杂电磁环境构建的主要内容，此类电磁环境的信号能量的大小是至关重要的因素。电子目标环境能量和电磁干扰环境能量要达到被模拟对象对试验对象的影响效果。因此要求在装备试验中，各类信号与真实战场条件下相应电磁信号到达装备接收机时的能量大小一致。在试验靶场，构设装备和设备布设的空间往往有限，设备的输出功率与真实目标装备也有差异，必须在研究电磁波空间传播特性的基础上，综合场地限制、战术运用要求和构设设备性能，合理选择构设设备部署阵位和辐射功率以达到能量等效，这是靶场电磁环境逼真构设需要仔细规划的首要问题，也是难点问题，通常可借助电磁环境构设应用系统的辅助计算功能来支持。

(2) 时间一致。

电磁环境构设设备或装备生成电磁环境的时间节点应与想定战场电磁环境中目标装备的工作节点保持一致，这既是保障装备试验科目顺利进行的需要，又反映模拟对象的工作运用方式。只要在电磁环境构设规划中，把电磁环境构设活动的时间节点设置得细致合理，在试验过程中保持时间一致的技术难度就不大，只需要保持通畅的试验指挥链路和严谨的构设控制过程即可。

(3) 空间一致。

电磁信号的空间特性主要表现为目标或干扰信号相对于被试装备的方位角和俯仰角，其变化规律反映着模拟目标的运动规律，通常与模拟目标的战术运用方式有关。一般信息化装备在战场运用时，都会设置作战任务方向，保持电磁信号的空间一致，才能在被试装备的典型运用方式中，实现被试装备的战技性能和作战效能的检测与评定。

当装备在体系中运用时，由于体系内其他装备的电磁活动可能会影响被试装备或被该装备影响，因此，需要在试验中检验装备的体系适用性。为了检验装备体系作战部署的电磁兼容性，用于模拟体系内其他用频装备的电磁环境生成设备的布设也应当尽可能与装备体系的典型作战部署保持空间的一致。

当靶场电磁环境构设设备或装备受平台的限制，不能动态模拟空中运动目标的俯仰特性时，也应当尽可能在点位上选择高地或通过架高更好地贴近模拟目标。相对于俯仰角，方位角往往是更为重要的信号空间属性，应当在阵位选取上尽可能优先满足方位角上的模拟需求。

(4) 频率一致。

由于信息化武器装备对信号的频率都具有选通特性，仅能针对特定的电磁目标，处理特定频段的电磁信号，因此，靶场电磁环境构设装备模拟的电磁信号在频率上应当与想定目标电磁信号保持一致。尤其是测试被试装备的频率选择特性等性能指标时，模拟的电磁信号的频率特征必须足够精准。

(5) 密度等效。

电磁信号的密度特征往往用于检测装备的信号处理分析能力，是反映装备适应复杂电磁环境能力的重要参考依据。例如，雷达能够同时识别、跟踪目标的数量，雷达对抗装备能够分选、识别雷达脉冲的个数等都是反映雷达和雷达对抗装备电磁环境适应能力的重要指标。为验证装备是否满足设计的指标要求而构建典型战场电磁环境，或为测试装备性能边界而构设复杂电磁环境，都需要对战场电磁环境进行细致分析和预测评估，估计目标环境的密度特征，如辐射源的数目或每秒雷达脉冲的个数等，并在环境构设中尽可能等效模拟。

(6) 样式一致。

对电磁干扰环境而言，信号样式相同或相近的电磁干扰环境更容易对被试装备形成有效干扰。欺骗式干扰手段就是通过接收、存储、延迟转发来自被干扰目标的电磁信号，达到欺骗对手的目的的，转发的电磁信号在样式上要与原电磁信号完全一致。很多用频装备对目标的识别也是通过分析目标电磁信号的样式特征而实现的。因此，在掌握电磁环境构设目标样式特征的情况下，构设的电磁干扰信号的样式应当与目标电磁信号样式保持一致。

电磁信号样式的逼真构设是最受限于构设设备性能的因素，如果构设设备不具备产生与目标电磁信号样式相同的电磁信号的能力，样式一致也就无从谈起。当装备试验确需某种特定的信号样式，而现有的构设条件无法满足时，就需要在试验总案论证时尽早地规划构设条件建设工作。

(7) 极化方式一致。

电磁信号的极化方式包括线极化、圆极化和椭圆极化等。通常，到达的电磁信号只有与接收天线相匹配，才能进入接收机为被试装备接收处理，因此，构设电磁信号的极化方式应当与目标电磁信号的极化方式一致，通过选择同一极化类型的天线可以实现这一点。极化方式的匹配程度直接影响到进入被试装备接收机的信号的功率大小，对于确实无法满足极化方式一致要求的情况，需要时可以通过构设设备的信号辐射功率补偿来解决极化方式不一致的问题。

3) 典型靶场试验电磁环境构设方法

(1) 地面固定干扰源构设实现。

地面固定干扰源构设实现如图 6-3 所示。可以看出，在遵从功率等效原理的前提下，当接收端、构设设备和干扰源在地面同一直线上时，构设更易实现。

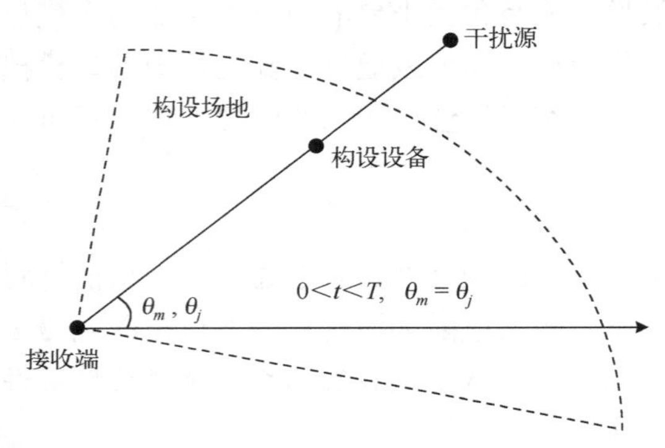

图 6-3　地面固定干扰源构设实现

①地面短波通信干扰。

地面短波通信干扰传播方式可分为地波传播和天波传播，其功率等效计算公式不同。

地面短波通信干扰源干扰信号采用地波传播时，可看作平面地上的地波，不考虑地面对地波的吸收作用，传播损耗为

$$L_j(R_j)=\frac{R_j^{\ 2}}{2.45^2}\times10^3 \tag{6-1}$$

式中，R_j 为地面短波通信干扰源干扰距离。同理，地面短波通信干扰模拟器干扰信号的传播损耗为

$$L_m(R_m)=\frac{R_m^{\ 2}}{2.45^2}\times10^3 \tag{6-2}$$

式中，R_m 为地面短波通信干扰模拟器干扰距离。由于通信接收机天线增益因接收机天线的方向特性不同而不同，在没有实测数据的时候，只能用简化模型进行估算，为规避天线增益带来的计算精度问题，通常构设设备相对通信接收机的信号辐射方向应当与干扰源相对通信接收机的信号辐射方向相同，即

$$\theta_j=\theta_m \tag{6-3}$$

此时有

$$G_r(\theta_m)=G_r(\theta_j) \tag{6-4}$$

根据通信电磁威胁环境功率等效原理，地面短波通信干扰模拟器干扰信号采用地波传播时的干扰距离 R_m 应满足式(6-5)：

$$R_m=\left(\frac{P_m G_m}{P_j G_j}\right)^{\frac{1}{2}} R_j \tag{6-5}$$

地面短波通信干扰源干扰信号采用天波传播时，通信干扰信号的传播损耗可以用式(6-6)的天波传播损耗的数学模型来计算

$$L_b=L_{bf}+L_g+L_a+Y_p \tag{6-6}$$

式中，L_{bf} 为自由空间基本传播损耗，单位为 dB；L_g 为地球表面反射损耗，单位为 dB；L_a 为电离层吸收损耗，单位为 dB；Y_p 为额外系统损耗，单位为 dB。

为了便于理论推导，这里忽略地球表面反射损耗、电离层吸收损耗、额外系统损耗的影响，仅考虑天波的自由空间基本传播损耗 L_{bf}，其数学计算模型如下：

$$L_{bf}=32.45+20\lg f+20\lg L \tag{6-7}$$

$$\begin{aligned} L&=2\sqrt{2R_e^{\ 2}+2R_e h'+h'^2-2(R_e^{\ 2}+R_e h')\cos(\phi/2)} \\ &=2\sqrt{8.115\times10^7+12740h'+h'^2-(8.115\times10^7+12740h')\cos(\phi/2)} \end{aligned} \tag{6-8}$$

式中，f 为工作频率，单位为 MHz；L 为电波传播路径长度，单位为 km；R_e 为地球半径，取值 6370km；ϕ 为 A、B 两点圆弧对应的地心角，$\phi=R/R_e$，R 为收发点距离，单位为 km；h' 为反射点虚高，是经验数据，可查表得到，单位为 km。

那么，干扰源干扰信号的传播损耗的计算公式为

$$L_{bf}=10\lg L_j(R_j) \tag{6-9}$$

由 $\theta_j=\theta_m$ 有 $G_r(\theta_j)=G_r(\theta_m)$。根据通信电磁威胁环境功率等效原理，地面短波通信干扰模拟器干扰信号采用天波传播时的干扰距离 R_m 应满足式(6-10)：

$$R_m=R_j\sqrt[4]{\frac{G_m P_m}{G_j P_j}} \tag{6-10}$$

②地面超短波通信干扰。

地面超短波通信干扰源干扰信号的传播损耗的计算公式为

$$L_y=10\lg L_j(R_j) \tag{6-11}$$

$$L_y=32.45+20\lg f_j+20\lg R_j+F \tag{6-12}$$

式中，f_j 为干扰信号频率；F 为衰减因子。

地面超短波通信干扰模拟器与通信接收机距离较近，且在实际的战术通信中，收发天线间的距离和架高多半满足：

$$h_1h_2 \leqslant \frac{\lambda R_j}{18} \tag{6-13}$$

式中，h_1、h_2 分别为发射天线和接收天线的高度，单位为 m；λ 为干扰信号波长。维建斯基公式适用，其干扰信号的传播损耗的计算公式为

$$L_m(R_m) = \frac{10^{12} {R_m}^4}{(h_1h_2)^2} \tag{6-14}$$

由 $\theta_j = \theta_m$ 有 $G_r(\theta_j) = G_r(\theta_m)$。根据通信电磁威胁环境功率等效原理，地面超短波通信干扰模拟器的干扰距离 R_m 应满足式(6-15)：

$$R_m = \left(\frac{L_j(R_j)(h_1h_2)^2}{10^{12} k_c}\right)^{\frac{1}{4}}, \quad k_c = \frac{P_jG_j}{P_mG_m} \tag{6-15}$$

③地面微波通信干扰。

地面微波通信干扰源干扰信号的传播损耗为

$$L_j(R_j) = \left(\frac{4\pi R_j}{\lambda}\right)^2 \tag{6-16}$$

式中，λ 为干扰信号波长。

地面微波通信干扰模拟器与干扰源干扰信号波长相等，其干扰信号的传播损耗为

$$L_m(R_m) = \left(\frac{4\pi R_m}{\lambda}\right)^2 \tag{6-17}$$

由 $\theta_j = \theta_m$ 有 $G_r(\theta_j) = G_r(\theta_m)$。根据通信电磁威胁环境功率等效原理，地面微波通信干扰模拟器的干扰距离 R_m 应满足式(6-18)：

$$R_m = \frac{R_j}{\sqrt{k_c}}, \quad k_c = \frac{P_jG_j}{P_mG_m} \tag{6-18}$$

④雷达干扰。

由 $\theta_j = \theta_m$ 有 $G_r(\theta_j) = G_r(\theta_m)$。根据雷达电磁威胁环境功率等效原理，雷达干扰模拟器的干扰距离 R_m 应满足式(6-19)：

$$R_m = R_j\left(k_r \frac{P_m}{P_j}\right)^{\frac{1}{2}}, \quad k_r = \frac{G_mL_j}{G_jL_m} \tag{6-19}$$

(2) 地面运动干扰源构设实现。

地面运动干扰源主要指车载干扰装备，构设实现如图 6-4 所示，从建立的极坐标系可以看出，其实现就是在遵从功率等效原理的前提下，使接收端、构设设备和干扰源在任意时刻处于地面同一直线上，也就是说，应使干扰模拟器与干扰源地面运动的角速度相等。

①通信干扰。

由 $\theta_j = \theta_m$ 有 $G_r(\theta_j) = G_r(\theta_m)$。车载通信干扰模拟器的干扰距离 $R_m(t)$ 应满足下述要求。

车载通信干扰源与通信接收机的干扰距离为 $R_j(t)$，当车载通信干扰源为短波通信干扰源，且采用地波传播方式时，车载通信干扰模拟器的干扰距离应为

$$R_m(t)=\left(\frac{P_mG_m}{P_jG_j}\right)^{\frac{1}{2}}R_j(t) \tag{6-20}$$

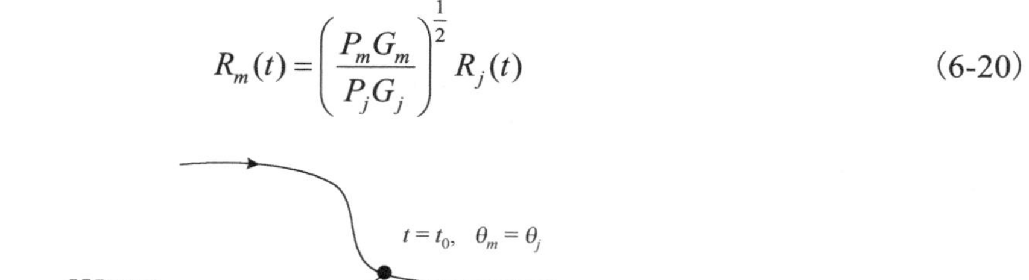
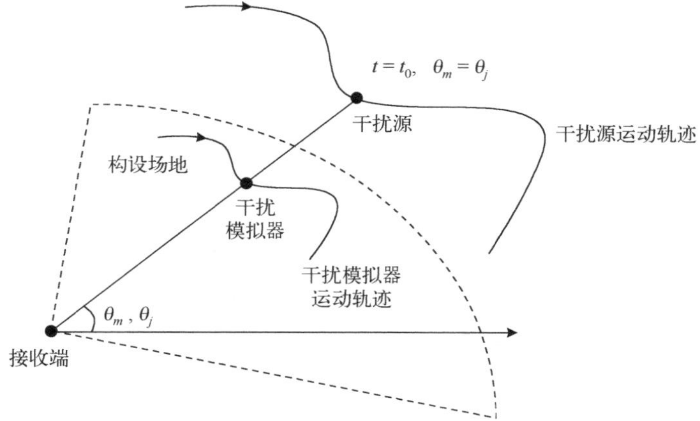

图 6-4　地面运动干扰源构设实现

当车载通信干扰源为短波通信干扰源，且采用天波传播方式时，车载通信干扰模拟器的干扰距离应为

$$R_m(t)=\left(\frac{2.45^2L_j(R_j(t))}{k_c\times 10^3}\right)^{\frac{1}{2}},\quad k_c=\frac{P_jG_j}{P_mG_m} \tag{6-21}$$

当车载通信干扰源为远距离超短波通信干扰源时，车载通信干扰模拟器的干扰距离应为

$$R_m(t)=\left(\frac{L_j(R_j(t))(h_1h_2)^2}{10^{12}k_c}\right)^{\frac{1}{4}},\quad k_c=\frac{P_jG_j}{P_mG_m} \tag{6-22}$$

当车载通信干扰源为近距离超短波通信干扰源或者微波通信干扰源时，车载通信干扰模拟器的干扰距离应为

$$R_m(t)=\frac{R_j(t)}{\sqrt{k_c}},\quad k_c=\frac{P_jG_j}{P_mG_m} \tag{6-23}$$

②雷达干扰。

由 $\theta_j=\theta_m$ 有 $G_r(\theta_j)=G_r(\theta_m)$。根据雷达电磁威胁环境功率等效原理，雷达干扰模拟器的干扰距离 $R_m(t)$ 应满足式(6-24)：

$$R_m(t)=R_j(t)\sqrt[4]{\frac{G_mP_m}{G_jP_j}} \tag{6-24}$$

(3) 机载远距离支援干扰源构设实现。

机载运动干扰是指利用飞行器作为运载平台，携带干扰机至预定空域对敌方实施干扰。机载运动干扰源的主要干扰方式按战术运用分为远距离支援干扰、自卫干扰和随队支援干扰三种。下面主要探讨远距离支援干扰源构设实现问题。

机载远距离支援干扰源构设实现如图 6-5 所示。要等效模拟运动过程中干扰源的干扰效果，应运用与运动轨迹平行的低空轨道平台，且低空轨道应位于运动轨迹与接收端确定的平面内。等效构设时，干扰模拟器在轨道上运动来模拟干扰源的运动特性，使得模拟过程中空间角度关系的变化保持一致，从而保证接收端在干扰源方向上的增益与在模拟器方向上的增益相等。

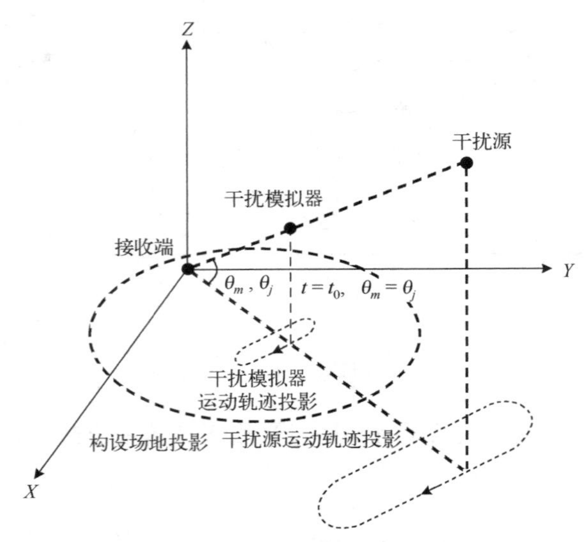

图 6-5　机载远距离支援干扰源构设实现

建立三维直角坐标系，雷达位于 O 点，干扰源做环形跑道运动，在某段时间内以速度 v_m 做水平匀速运动，飞行高度为 h_m，某时刻处于 $F(x_j, y_j, h_j)$ 点。基于以上分析，干扰模拟器应与干扰源同向做水平运动，对应该时刻的位置应为

$$\boldsymbol{M}=\left(\frac{h_m}{h_j}\cdot x_j, \frac{h_m}{h_j}\cdot y_j, h_m\right) \tag{6-25}$$

由于干扰模拟器运动轨迹与干扰源运动轨迹平行，模拟器水平运动速度的计算公式为

$$v_m=\frac{h_m}{h_j}v_j \tag{6-26}$$

由式(6-26)可知，干扰模拟器的水平运动速度由飞行器飞行高度、飞行速度及低空轨道的高度共同决定。需要指出的是，上述推断是建立在低空轨道的长度能够满足干扰模拟器运动需要的假定上的。实际上低空轨道的长度是有限的，无法模拟任意长度的干扰源运动轨迹。不妨设接收机天线高度为 H_r，在运用一个长 L，高 H，与接收端的地面垂直距离为 D 的低空轨道，来模拟飞行高度为 h 的干扰源时，能够模拟的干扰源运动轨迹为

$$R_j \leqslant \left[\left(\frac{D^2}{(H-H_r)^2}+1\right)(h-H_r)^2+\frac{L^2h^2}{4H^2}\right]^{\frac{1}{2}} \tag{6-27}$$

式中，R_j 为通信干扰源与通信接收机之间的直线距离，单位为 m。

对于通信干扰模拟器，由于通信干扰源和通信干扰模拟器皆为空对地通信干扰，所以，干扰信号的传播损耗可以用自由空间传播损耗来计算，机载通信干扰模拟器干扰信号的传播损耗为

$$L_j(R_j)=\left(\frac{4\pi R_j}{\lambda}\right)^2 \tag{6-28}$$

式中，λ 为干扰信号波长。

通信干扰模拟器与干扰源干扰信号波长相等，其干扰信号的传播损耗为

$$L_m(R_m)=\left(\frac{4\pi R_m}{\lambda}\right)^2 \tag{6-29}$$

显然，$R_j/R_m=h_j/h_m$。由 $\theta_j=\theta_m$ 有 $G_r(\theta_j)=G_r(\theta_m)$。根据通信电磁威胁环境功率等效原理，机载通信干扰模拟器的干扰功率 P_m 应为

$$P_m=\frac{P_jG_j}{G_m}\cdot\frac{{h_m}^2}{{h_j}^2} \tag{6-30}$$

同理，对于雷达干扰模拟器，由 $\theta_j=\theta_m$ 有 $G_r(\theta_j)=G_r(\theta_m)$。根据雷达电磁威胁环境功率等效原理，机载雷达干扰模拟器的干扰功率 P_m 同式(6-30)。

(4)机载自卫干扰源构设实现。

由于自卫干扰和随队支援干扰的运动路径相对干扰对象有相似性，因此，下面主要探讨自卫干扰源构设实现问题。

机载自卫干扰源构设实现如图 6-6 所示。当模拟对象为机载自卫干扰时，可利用地面升降平台进行等效模拟。具体措施是：在训练场某固定位置建造升降塔，将干扰模拟器置于升降平台上，通过模拟器垂直方向上的匀速运动，来模拟干扰源的运动特性；同时，通过实时调整模拟器的干扰功率，来等效模拟干扰源的干扰效果。

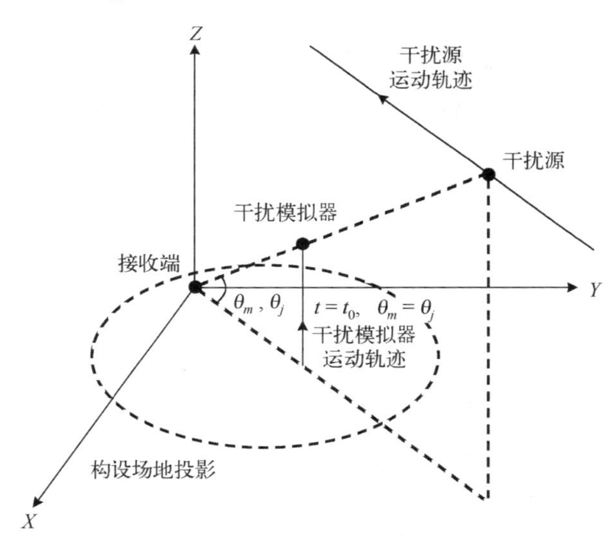

图 6-6　机载自卫干扰源构设实现

建立平面直角坐标系，干扰源以速度 v_j 向目标所在位置 O 点方向做匀速运动，飞行高度为 h，T_0 时刻处于 $F(x_j,h)$ 点，T_1 时刻到达 $F'(x_j',h)$ 点，信号波束的仰角由 θ 变为 θ'。静止升降平台与目标间的距离为 r。为等效模拟干扰源的运动特性，使信号波束仰角的变化速率相等，干扰模拟器应向上做垂直运动，T_0 时刻应处于 F 点的替代点 M，T_1 时刻后应到达 F' 点的替代点 M'。因此，可得在 T_0 到 T_1 时刻之间，干扰模拟器垂直运动速度的计算公式为

$$v_m=\frac{rhv_j}{x_j(x_j-v_j(T_1-T_0))} \tag{6-31}$$

干扰模拟器的垂直运动速度是由干扰时段、飞行器起始位置 x_j、飞行高度 h、飞行速度 v_j 及升降平台的位置 r 共同决定的。

需要指出的是，上述推导是建立在升降平台高度能够满足干扰模拟器运动需要的假定上的。实际上，升降平台的高度是有限的，无法模拟任意长度的干扰源运动轨迹。不妨设目标天线高度为 H_r，升降平台与雷达的地面距离为 D，模拟器在升降平台上运动范围的上限为 H_{high}，下限为 H_{low}。用其模拟飞行高度为 h 的干扰源时，能够模拟干扰源的运动轨迹为

$$\sqrt{h^2+\left(\frac{Dh}{H_{\text{high}}-H_r}\right)^2} \leqslant R_j \leqslant \sqrt{h^2+\left(\frac{Dh}{H_{\text{low}}-H_r}\right)^2} \tag{6-32}$$

式中，R_j 为干扰源与目标天线之间的直线距离，单位为 m。

以机载近距离自卫及随队雷达干扰模拟器为例，由 $\theta_j=\theta_m$ 有 $G_r(\theta_j)=G_r(\theta_m)$。根据雷达电磁威胁环境功率等效原理，在模拟器垂直运动的同时，机载雷达干扰模拟器的干扰功率 P_m 应为

$$P_m=\frac{r^2}{k_r(x_j-v_jt)^2}P_j,\quad k_r=\frac{G_mL_j}{G_jL_m} \tag{6-33}$$

式中，干扰功率 $P_m(t)$ 是以时间 t 为自变量的干扰功率函数。

(5) 投掷式干扰源构设实现。

投掷式干扰是利用飞机、直升机、无人驾驶飞行器等运载工具携带小型干扰机，或用火炮、火箭等兵器将干扰机发射至预定投放空域，然后启动干扰机，干扰机在降落过程中施放干扰的一种干扰方式。这种干扰机为一次性使用，落地后自爆自毁。

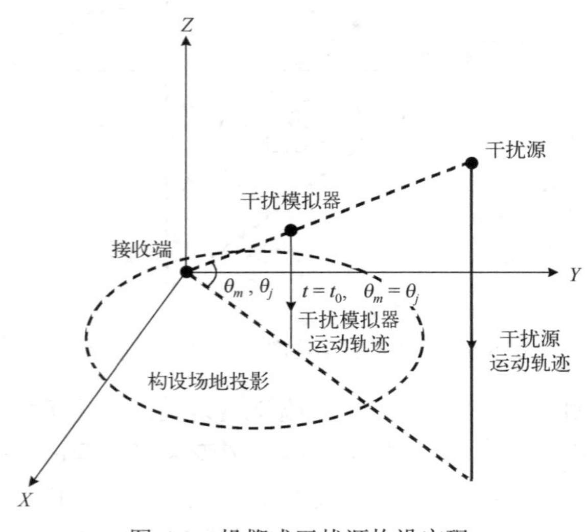

图 6-7　投掷式干扰源构设实现

在投掷式干扰源由投放到落地的过程中，接收机天线对其干扰信号方向的增益是一个随时间变化的值。因此，对投掷式干扰源干扰效果进行模拟时，可以运用地面升降平台实施垂直运动，以模拟接收端对干扰源俯仰角的变化特性，使得接收机天线对模拟器干扰信号的增益与对干扰源干扰信号的增益保持一致，以规避增益计算带来的精度问题。在随地面升降平台运动的同时，还应根据干扰源和模拟器的干扰距离随时间变化的函数，计算出模拟器的发射功率。根据上述对投掷式干扰源干扰过程和等效模拟的分析，投掷式干扰源构设实现方法如图 6-7 所示。

在图 6-7 的三维坐标系中，干扰源以速度 $v_j(t)$ 向地面做自由落体运动，起始速度为 v_0，起始高度为 h_j，起始时刻 0s 处于 $F(x_j,h_j)$ 点。地面升降平台与接收端的间距为 x_m。为等

效模拟投掷式干扰源的运动特性，干扰模拟器应向下做垂直运动，在起始时刻0s，模拟器高度应为

$$h_m = \frac{x_m}{x_j} \cdot h_j \tag{6-34}$$

干扰模拟器的垂直运动速度 $v_m(t)$ 计算公式为

$$v_m(t) = \frac{x_m}{x_j}(9.8t + v_0) \tag{6-35}$$

当干扰模拟器从 $h_m = h_j x_m / x_j$ 的高度，以速度 $(9.8t + v_0) x_m / x_j$ 向下运动时，投掷式干扰源、干扰模拟器、接收端始终处于同一直线上，因此有

$$\frac{R_m(t)}{R_j(t)} = \frac{x_m}{x_j} \tag{6-36}$$

$$G_r(\theta_m) = G_r(\theta_j) \tag{6-37}$$

需要指出的是，上述推断是建立在地面升降平台的活动范围能够满足干扰模拟器运动需要的假定上的。但现实中，能够模拟的活动范围十分有限，不能模拟过长的干扰源运动轨迹。不妨设地面升降平台的运动范围长度为 H，与接收端的地面垂直距离为 D_m。用其等效构设距离地面 D_j 高的投掷式干扰源时，能够模拟的下落轨迹长度最长为

$$L = \frac{D_j}{D_m} H \tag{6-38}$$

以空中通信投掷式干扰模拟器为例，由于投掷式通信干扰源和通信干扰模拟器皆为空对地干扰，所以其干扰信号的传播损耗可以用自由空间传播损耗计算：

$$L_j(R_j) = \left(\frac{4\pi R_j}{\lambda}\right)^2 \tag{6-39}$$

$$L_m(R_m) = \left(\frac{4\pi R_m}{\lambda}\right)^2 \tag{6-40}$$

由 $\theta_j = \theta_m$ 有 $G_r(\theta_j) = G_r(\theta_m)$。根据通信电磁威胁环境功率等效原理，空中通信投掷式干扰模拟器的干扰功率 P_m 应为

$$P_m = \frac{{x_m}^2}{{x_j}^2} \cdot \frac{P_j G_j}{G_m} \tag{6-41}$$

4) 构设方案设计

电磁环境的构设方案设计主要解决规划问题，即如何用现有的有限构设资源取得最大的电磁环境构设效益的问题。其中，构设设备作为主要的构设资源，其合理有效运用是方案设计的重点问题。受限于构设设备的性能，尤其是频率范围和信号样式，构设设备通常只能够模拟同类型的装备。当模拟对象具有多种类型的电子装备时，需要考虑复合使用多台(套)构设设备去模拟构设对象。当构设设备的平台与模拟对象的平台不同，而试验又需

要逼真模拟对象的运动特征时，往往需要考虑构设设备的架设问题。

要评价构设方案的好坏，需要定义价值函数。对于性能试验的典型电磁环境构设，逼真模拟未来战场环境是重要的，因此通常将电磁环境构设的逼真度作为价值评价的主要考量因素；对于性能边界测试，需要尽量用较小的代价构建对于被试装备而言尽量复杂的电磁环境，这时电磁环境的复杂度可以作为价值评价的主要参考。

在实现价值的同时，电磁环境构设还需要考虑很多实际的约束问题。例如，靶场的阵位选择问题，很多设备的工作需要电源、通信和数据传输条件的保障，而满足这些要求的阵位往往是有限的、固定的，而不是任意的，这就约束构设设备只能在可选的若干阵位中部署，必然对产生信号的方位、功率等产生影响；又如，构设设备的机动能力也是个重要因素，如果构设方案要求构设设备在规定时段内从一个阵位机动到另一个阵位，而此要求超出了设备的机动能力，也明显是不合理的。其他约束，如准备时间的窗口大小、完成构设所需的人力资源甚至经济成本、人员培训要求等，也是构设方案设计时不能忽视的问题。

由于电磁环境的构设是包括信号生成、环境监测、动态反馈与控制调整在内的循环过程，要保证构设的电磁环境符合设计要求，就必须建立完善的监测手段对构设的电磁环境进行监测，因此，电磁环境的监测方案也应当作为电磁环境构设方案的一部分，在方案设计时予以明确。

5) 构设评估

性能试验的电磁环境构设评估作为保障性能试验电磁环境条件符合试验要求的重要手段，是典型环境下装备性能测试和复杂环境下装备性能边界测试的基础。复杂电磁环境构设评估通常根据需要评估构设的电磁环境的逼真度和复杂度；对于战技性能测试环境构设需求而言，通常评估构设的电磁环境贴近目标战场电磁环境的逼真程度；对于装备性能边界测试，通常评估构设的电磁环境的复杂程度。

电磁环境构设的逼真度评估通常基于相似元分析法。对于不同的试验对象、不同的试验科目，相似元的选取不尽相同，但要求能够体现被试装备在实际运用时面临的电磁环境的主要特征，这应当在装备论证阶段就加以明确。

电磁环境构设的复杂度评估并非评估试验场的整体复杂度，而是评估被试装备运用的时域、空域、频域内，对被试装备有影响的电磁环境的复杂等级，例如，对于雷达装备的试验，讨论光电环境如何复杂往往会将试验结果引入歧途。复杂度评估虽然最终将电磁环境度量为一个数值，但是造成电磁环境复杂的原因却是多种多样的，可能因为敌方的电子干扰，也可能因为己方的自扰互扰，为科学地评测装备的边界性能，电磁环境的复杂度设置不是简单设计的。应当基于装备论证时对装备可能面临的复杂电磁环境表现的充分估计，在电磁环境构设时尽可能体现这种环境的复杂成因。

6.2.4　性能试验中的装备性能边界评估

装备的性能边界指的是在复杂环境和边界条件下装备边界性能的连线。装备的性能通常由多个参数表达，每一个性能参数的边界不是一个单值，而是随电磁环境复杂度变化的一条或多条曲线（即使相同复杂等级的电磁环境，复杂表现也不相同），因此，装备的性能边界可以直观地想象为装备随电磁环境复杂度变化的三维或更高维度的包络。

按照电磁环境复杂度评级标准，重度复杂的电磁环境没有进一步的细分。理论上，足够复杂的电磁环境总能使用频装备的性能无限降低。而研究极端复杂的电磁环境究竟能将被试装备的性能压缩到何等地步既不具有可测性，也没有应用价值。因此装备的性能边界评估通常有两个方向：一是评估装备保证最低作战运用需求所允许的战场电磁环境复杂程度，例如，假设警戒雷达的最小警戒距离不得小于 200km，当警戒雷达的警戒距离达不到这个指标时就失去的作战价值，则可以评估被试警戒雷达的警戒距离降低到 200km 所允许的电磁环境复杂程度；二是检验被试装备在典型复杂程度的电磁环境影响下的性能表现。这需要在装备研制论证时，对装备运用的复杂电磁环境的表现有明确的定义，例如，针对重度复杂电磁环境，具体目标环境、干扰环境要复杂到什么程度、有哪些构成，要准确描述。此时的边界性能不是只针对重度复杂电磁环境的一个数值，而是把电磁环境的复杂度作为边界性能的参量，将简单电磁环境、轻度复杂电磁环境、中度复杂电磁环境、重度复杂电磁环境下的装备性能形成一组数值。图 6-8 为某型雷达的探测距离随电磁环境复杂度变化的性能边界。

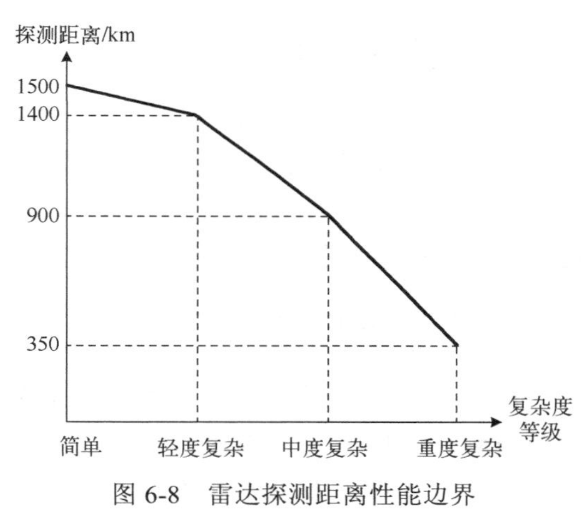

图 6-8　雷达探测距离性能边界

虽然装备的性能边界评估考察的是装备的多个性能指标，但通常并不需要将边界性能整合到一起加以描述，因为这会导致评估结果的维度过高，反而难以被人们理解和把握。只需要分别给出各个性能参数的边界即可。另外，性能边界测试也不需要针对装备所有的性能参数测试其复杂电磁环境下的边界，因为很多性能受战场电磁环境的影响较小，或者即使有影响，对装备的整体作战能力却不构成影响，为了节省试验资源，对于这样的装备性能指标是没有必要做电磁环境的性能边界测试的。

6.3　复杂电磁环境装备作战试验应用

6.3.1　装备作战试验特点

复杂电磁环境下的作战试验相比于传统作战试验，有两个显著特征：一是强调作战试验是置于未来战场复杂电磁环境这个环境要素下开展的试验；二是在作战试验中应当检验武器装备的复杂电磁环境适应性。武器装备的复杂电磁环境适应性指的是武器装备在复杂电磁环境中保持其固有能力的性能，这里的能力指作战能力，包括作战效能、作战适用性和装备体系贡献率。复杂电磁环境适应性试验是检验武器装备在贴近实战的电磁环境中保持其作战效能的能力的试验。

在传统的作战试验中，对电磁环境适应性试验的强调不够，导致武器装备的复杂电磁环境适应性得不到有效的检验。究其原因，一方面是在环境适应性考核中，试验环境没有全面涵盖电磁环境要素；另一方面是在电磁兼容性试验中，更侧重于检验武器装备受电磁辐射是否超过限值以及针对后门耦合的敏感度是否满足要求，对实战对抗条件下敌方电磁威胁环境和己方自扰互扰问题的考核不足。为解决武器装备复杂电磁环境适应性评价问题，必须重视和强化武器装备的复杂电磁环境适应性试验。

复杂电磁环境适应性试验并非独立的装备试验类别，由于其试验环境和条件设置与作战试验是一致的，复杂电磁环境适应性的考核内容属于作战适用性，是作战试验考核内容的一部分。因此，作为装备作战试验的一部分，装备复杂电磁环境适应性试验是强调复杂电磁环境要素以评估装备电磁环境适应性为目的的作战试验，既非独立于作战试验，亦非作战试验中独立的科目，其试验过程完全融于作战试验过程中，评价体系与作战试验装备效能评估体系既有区别，也有联系。

6.3.2　作战试验的复杂电磁环境构设应用需求

武器装备复杂电磁环境适应性评估结果与所构设的战场电磁环境关系紧密，不同复杂程度的电磁环境影响下，装备的作战效能表现往往不同。逼真性原则仍是适应性试验电磁环境构设的首要原则。适应性试验的电磁环境既不能是理想的，也不能是任意的，应当尽可能地贴近被试装备将要遂行作战任务的实际战场电磁环境。

1. 作战试验的复杂电磁环境构设对象要求

在未来信息化战场上，战场电磁环境主要由敌方电子装备辐射的电磁环境、己方电子装备辐射的电磁环境和作战地区民用电磁设备辐射的电磁环境组合而成。各种军民用电子装备众多，敌方电子装备进行全天候、全方位的电磁信号侦测、电磁干扰，敌我双方电磁斗争激烈，电磁环境复杂程度高。这些辐射源的电磁信号环境是装备适应性试验电磁环境构设的主体对象，必须依照作战对手的实际电磁斗争能力和未来信息化战场电磁环境的实际，提供多种类、宽频段、不同体制类型的通信、雷达、光电等干扰环境和背景信号环境。

2. 作战试验的复杂电磁环境构设战术功能要求

与性能试验中的信号模拟相比，作战试验的战场电磁环境构设更注重体现激烈的电磁对抗。所构设的战场电磁环境必须融入实际的战术背景，能反映不同战术背景下，战场电磁环境的规律和特点，体现战术意图，而不能仅仅是一片“噪声”。战场电磁环境的构设必须遵守作战样式、作战规模、作战过程的制约和规范。作战试验复杂电磁环境的设置必须切合现代战场实际、体现战术意图、满足试验需求、达到检验被试装备作战效能和作战适用性的目的，主要考虑的因素有未来战场的电磁环境要素及可能的变化情况、战场敌我双方的作战企图与可能的对抗行动、交战双方对电磁辐射活动的依赖程度或受电磁环境影响的程度等。

3. 作战试验的复杂电磁环境构设方法手段要求

在作战试验中，敌我双方及背景电磁环境的一部分是在实际作战演练地域中，由敌我双方运用的信息化武器装备的对抗行动和民用电子设备工作产生的。对抗行动产生的战场电磁环境相较于作战想定要求的战场电磁环境不足的部分，需要额外的电磁环境构设活动进行模拟，通常构设内容集中于敌方电磁威胁环境和部分民用电磁环境。构设方法通常选用实装构设法或半实物模拟构设法，以现役装备为主，辅以通用或专用模拟设备，采用等效同比或等效缩比的方法构设电磁环境，电磁信号主要采取经空间辐射的方式作用于被试装备。

4. 作战试验的复杂电磁环境构设数据要求

作战试验战场电磁环境要进行合理的构设规划，必须建立在作战试验相关的基本数据的基础上。需要考虑和运用的基本数据包括：被试装备系统可能面临的作战对象所拥有的电子装备的种类、数量、工作体制及战术运用特点，所产生的电磁信号的频率、功率、样式等；依据试验任务所拟制的战术想定中明确的被试装备系统规模、战斗样式、战斗编成和战斗任务；己方所拥有的通信、雷达等电子装备的类别、数量、性能参数、工作性质和信号特征、电磁敏感情况和作战运用情况等；未来战场地理、气象、水文等自然环境的基本数据等。

6.3.3 作战试验的复杂电磁环境构设

1. 作战试验复杂电磁环境构设LVC试验架构

现代战争是系统与系统的对抗、体系与体系的对抗，单件装备必须与其他装备联合行动、协同作战，因此，装备试验鉴定要充分覆盖网络信息体系支持下联合作战与全域作战中可能的装备组合。传统做法是，通过单一试验剖面设计，让装备性能检验做分解动作，可以检验装备的单一指标，打好“一招一式”的基本功。但实战化检验是完成装备性能的组合动作，既包括单装条件下完成自身的多功能检验，例如，相控阵雷达完成对配试目标的多模式探测与跟踪，更包括与其他装备的协同与联合行动，例如，特种飞机完成战斗机引导或与地面指挥所的指挥协同，甚至完成火力系统的交战管理。

复杂环境包括复杂电磁环境、地理环境和气象环境，特别是复杂电磁环境，在未来作战中将是一种常态，仅将装备的抗复杂电磁环境能力以一种工作模式设计，并以一种工作模式去考核，不符合装备设计与考核的实战化要求。

在强化装备实战化考核的大背景中，即使是在特定的场景、策略与环境下对某些重点能力进行考核，受限于空域、可参与的兵力资源以及时间等原因，实战化考核剖面仍然会与真实作战环境有偏差，完全通过真实配试兵力完成考核仍然是不现实的。长期以来，试验条件建设由各承试单位分批分期分别开展，试验对象、试验手段存在较大的差异。要统筹这些试验系统，实现互联互操作，不仅要在物理链路层面上保障信息的畅通和低延迟，更需要不同系统信息交互接口的统一规范，这就要依赖于一套能被所有参与者公认的标准体系加以约束。因此，基于 LVC 试验架构进行作战试验的复杂电磁环境构设是一条现实可行的途径。

在 LVC 试验架构下，要保持地形、天气、电磁及试验环境其他组成部分影响的一致性，将不同虚实结合的试验仿真实体置于统一的时空条件下进行试验。设想无线电引信干扰装备由数字仿真模型实现，在试验中对靶场半实物炮弹的引信释放干扰。如果数字仿真模型生成的无线电引信干扰环境和靶场半实物引信感受的电磁环境不一致，就不能形成真正的公平对抗，炮弹是否精确命中目标的试验结果就会偏离实际，给装备的试验评价带来负面影响甚至难以估量的损失。公平对抗就是要避免出现这种情况。虽然上述例子非常明显并且很容易识别，但真实世界中的许多关系更加细微和复杂，很难察觉到。因此，在开展作战试验复杂电磁环境构设时要避免这种情况的发生。使用统一的框架来开展复杂电磁环境的构设与应用，对完成 LVC 试验架构下各试验应用系统的运行是非常关键的。

2. LVC 试验架构复杂电磁环境数据标准化描述

要使一个规模庞大、多源异构的 LVC 分布式系统的各分系统能够相互协作，共同完成联合试验任务，一套统一框架下的标准化体系是必不可少的。过去不同的试验单位分批分期建设的系统、设备，由于缺少全局的统筹和规范的约束，存在两个方面的问题：一是大量的重复建设，已建成系统难以共享，利用效率较低；二是各系统难以互联互通，呈现出烟囱式建设局面，无法联合众多系统完成大规模的联合试验任务。试验条件的烟囱式建设的困局在外军试验发展过程中也存在，经过长期实践探索，美军摸索出一些适合一体化联合试验的架构，可以参考借鉴。

综合环境数据表示及交换规范(the Synthetic Environment Data representation and Interchange Specification，SEDRIS)在美国政府的主导下进行开发，工业部门最大限度地参与，使用了国际和商业标准，并得到商业和政府产品的支持。SEDRIS 是一个基础技术，使得信息技术能应用于环境数据的表示、理解、共享与重用。SEDRIS 提供环境数据表示的方法，以及清晰的、损失更少的、非私有的环境数据交换方法，在国际上得到认可和应用。在 SEDRIS 建立国际标准的过程中，完成了四种技术的标准化，如图 6-9 所示。

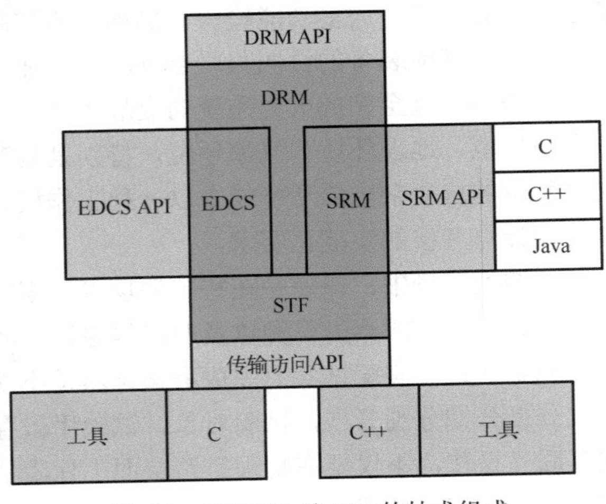

图 6-9　SEDRIS 及 API 的技术组成

环境数据编码规范(Environment Data Coding Specification，EDCS)是一个词典，主要包括用于说明数据种类、属性等的词汇，规定了词典的集合、嵌入在被推荐分类系统中的可控词汇，以确保只有通用词汇可在 SEDRIS 中定义为环境数据。

数据表示模型(Data Representation Model，DRM)定义对象模型，用于表示环境数据和数据库。这些对象使用在 EDCS 中定义的词汇并进行标注。

空间参考模型(Spatial Reference Model，SRM)提供统一的、可靠的坐标系统描述，包括转换软件。将 DRM 描述和 EDCS 标注的对象置于使用 SRM 定义的坐标系描述的通用环境中。

SEDRIS 传输格式(SEDRIS Transmittal Format，STF)提供独立于平台的数据存储和数据传输。

由此可见，标准化推进思路可以借鉴外军的成功经验，必须在顶层机构的统一领导下，由科研院所、试验单位和军工企业广泛参与制定，从元数据定义开始，设计各类数据的表示模型，制定数据的存储与传输等规范，经小范围试点检验和调整完善后加以强制推行，尽快建立 LVC 试验架构的标准体系。

3. LVC 试验架构复杂电磁环境构设应用服务

在 LVC 试验架构中，可以利用复杂电磁环境服务化的方式，集中地为所有参与试验应用的系统提供公共想定要素，从而实现作战试验中的复杂电磁环境构设应用。换句话说，复杂电磁环境作为试验应用系统共有的组成部分，不会从所有系统中收集，而是为所有参与者提供服务。复杂电磁环境服务接收和输出的数据应当转换为支持所有参与系统信息交换的数据格式。

不同于地理、气象等其他战场环境，战场电磁环境主要是由参与仿真的装备、设备或计算机仿真实体产生，又反过来作用于这些仿真实体，支撑或影响着这些仿真实体的工作运用，以服务的形式提供的复杂电磁环境。首先，电磁环境服务需要接收各仿真实体的工作状态变化，集中地更新战场复杂电磁态势；其次，电磁环境服务分析辐射源到受体的电磁波传播的途径，选择合适的传播模型，计算电磁波传播到各仿真受体处的电磁环境强度衰减、相位偏移和极化变化等；最后，电磁环境服务为所有参与仿真的虚实实体提供电磁环境数据。

复杂电磁环境服务维护每一个辐射源状态的变化，针对每一个订购了电磁环境服务的仿真实体进行电磁环境计算，并将计算结果推送给仿真实体。当仿真实体数目增加时，电磁环境服务的计算量迅速增加，其计算复杂度为 $O(n!)$，其中 n 为形成电磁环境的辐射源数目。在实时性要求较高的仿真情景中，对复杂电磁环境服务的算力要求极高，必须提前考虑和部署。一个可选的解决方案是采用边缘云架构，在仿真实体侧部署电磁环境的边端计算服务，云端统一管理各辐射源的状态，并将辐射源的状态和计算必需的地理数据、天气数据等推送到边端，由边端利用自身的计算资源计算仿真实体侧所承受电磁环境的状态。在这种边云协同计算的模式下，边端的计算复杂度为 $O(n)$，既能够充分利用边端的计算资源，保障电磁态势的实时更新，又大大降低了云端数据处理的压力。

在 LVC 试验架构下，确保事件的一致性是至关重要的。例如，对于置于同一想定同一区域下的一台实体干扰装备、一台实体敏感设备、一台数字仿真敏感设备，当干扰装备释放干扰时，改变了复杂电磁态势，该态势的变化能够直接作用于实体敏感设备，但数字仿真敏感设备不能直接感受到环境的变化。电磁环境服务应能接收干扰实体的工作数据，维护电磁态势，实时计算电磁波经传播途径到达至数字仿真敏感设备处的环境表现，并将环境数据公布给数字仿真敏感设备。电磁环境服务应能识别实体敏感设备不需要其公布环境信息，因为环境变化对其的影响已被其直接感受到。

6.3.4 作战试验中的环境适应性评估

1. 指标体系

一般来说，适用性试验是检验装备在复杂电磁环境影响下作战效能的保持能力，即相对于理想条件下装备作战效能的维持程度。理想条件下装备的效能底数通常已在装备状态鉴定时明确，在适应性试验中可以采信，因此，常常将适应性评估转换为实战化电磁环境影响下的作战效能评估。

效能指标是系统完成给定任务所达到的程度的度量。在层次结构中，由于各层次系统功能不同，应构建与其功能目标相一致的效能属性和效能指标，体现出效能的层次结构特性。各层次系统功能之间的联系决定了各层次系统效能参数之间的联系。层次结构中每一层的效能参数依赖于其下属各层的参数。各层次系统效能参数之间存在链状关系作用，因此，某一个层次系统效能参数的变化将影响其上层各层的参数，但这种影响是逐层减弱的。

按照效能指标层次由低到高，可将装备效能分为单项效能、系统效能和作战效能。

单项效能是指运用装备系统时，达到单一使用目标的程度，如防空武器装备系统的射击效能、探测效能、指挥控制通信效能等。

系统效能是指装备系统在一定条件下，满足一组特定任务要求的可能程度。它是对武器装备系统效能的综合评价，又称为综合效能。

作战效能指在规定的作战环境条件下，运用武器装备系统及其相应的兵力执行规定的作战任务时，所能达到的预期目标的程度。这里所说的执行的作战任务应覆盖武器装备系统在实战中可能承担的各种主要作战任务，且涉及整个作战过程。因此，作战效能是任何武器装备系统的最终效能和根本质量特征。

作战效能指标是关于敌我双方相互作用结果的定量描述，它用来说明装备系统效能和战斗结果之间的关系，进而评估装备系统的作战效能。

复杂电磁环境适应性指标的设计和指标体系的构建是装备电磁环境适应性试验的基础性工作，也是核心工作。复杂电磁环境适应性指标的设计有三个方面的要求：

一是指标、标准和权重的设计应当尽可能正确、全面地反映被试装备完成作战任务的能力；

二是指标体系内容与结构应尽可能与试验科目的设置协调一致，应当在试验实施过程中有方法途径采集获取指标评价所需的数据；

三是指标体系能够追溯影响被试装备电磁环境适应性的问题短板，有助于指明被试装备电磁环境适应性优化的方向。

影响装备作战效能的因素多种多样，而复杂电磁环境适应性关注的仅仅是复杂电磁环境对作战效能的影响，因此，应当从复杂电磁环境对装备作用的环节、途径和机理出发，甄选作战效能与电磁环境相关的指标形成适应性指标体系。例如，装备效能通常包括机动能力、防护能力、打击能力、信息能力和保障能力等。对于信息化装备而言，由于其信息能力、防护能力和打击能力与战场电磁环境的关系更为紧密，更易受复杂电磁环境的影响，因此，电磁环境适应性试验应重点关注战场电磁环境的作用下，被试装备信息能力、防护能力和打击能力的适应性，同时兼顾复杂电磁环境对机动能力、保障能力的综合影响。

这里，以某型主战装备作战效能指标构建为例，其作战效能由指挥信息效能、火力运用效能、战场机动效能、综合防护效能、装备保障效能和人机结合效能等下层效能聚合量化；其中火力运用效能又可分解为装备执行搜索发现、跟踪定位、火力打击和毁伤目标等任务的能力，并能够进一步细分成可量化测试的单项指标，最终通过在试验中获取数据完成装备作战效能的评价，构建的指标体系如图 6-10 所示。

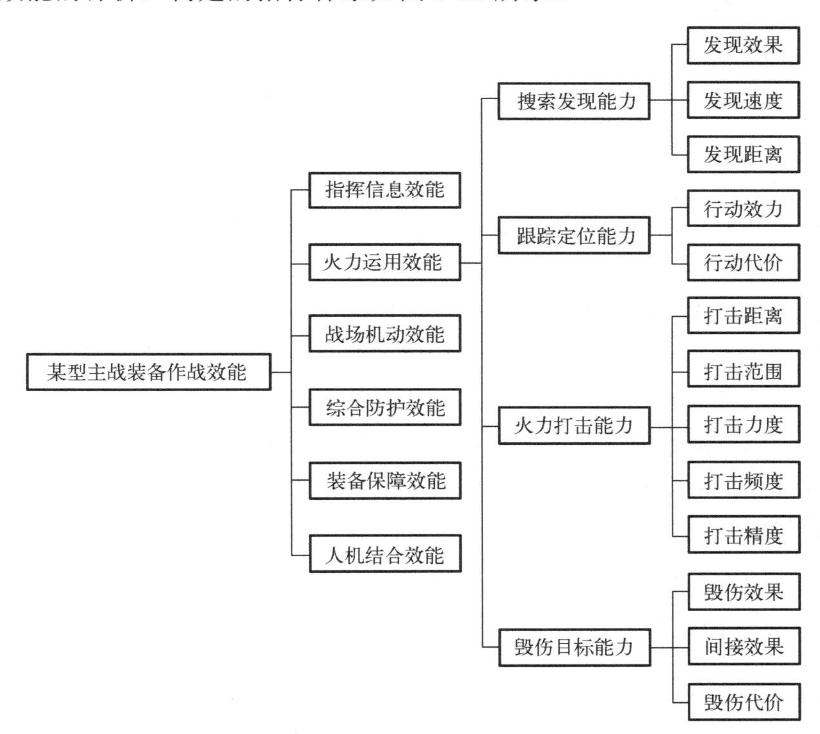

图 6-10 某型主战装备作战效能指标体系

在构建作战效能指标时，要注意以下几个方面的问题。

1) 指标体系的层次化与网络化

电子装备、具体作战任务目标、作战过程都是可以进行层次划分的，相应地可以采用树状分析技术进行效能评估指标的层次划分。在进行指标的层次划分时，应尽可能保证指标的系统性、完整性、可测性和独立性等特性，指标的物理意义明确，要避免出现某一个下层指标同时与上一层多个指标存在聚合关系的情况，要避免复杂的网络化评估指标体系的出现，为指标之间的权重计算、聚合模型提供便利条件。

2) 关于人的作用

将人作为一个复杂的系统来看，电子装备的作战行动过程严重依赖人做出的复杂估计和决定。但是决策人员的素质是不平衡的，他们有自己的经验、专业知识、心智、反应时间等特性，任何人的任何决策绝不可能是完美无缺的，另外，随着电子装备及其作战过程复杂性、不确定性的增加，人的作用比例也会增加。因此，即使从人机结合效能角度考虑人的作用，电子装备效能评估值也肯定不是一个确定值。

3) 指标值的获取与量化

为了保证效能评估结果的可信度，要重视评估指标的描述、指标值的获取和量化这些效能评估的关键环节。指标的描述分为定性和定量两种类型。在进行指标的聚合计算时，又必须将定性指标定量化，这是个较为复杂的问题，至今尚无统一的方法，目前常用的方法包括语言标度、模糊隶属度等。

4) 指标体系的检验与优化

一套科学、合理的指标体系是效能评估工作的基础和依据，针对具体的电子装备效能评估，必须确保其指标体系的全面性，但也不是包罗万象、指标越多越好。指标体系中的指标之间并非完全相互独立，完全相互独立也就形不成体系，指标体系本质上是一组相互联系的指标集合。另外，在初步选定评估指标时，有些指标往往是同形、同源的，部分指标可能不能反映评估任务，对评估结果不会产生显著影响；同时，指标体系太交织复杂，也会使指标之间的权重、聚合等计算复杂化，因此，有必要对初步选择的指标体系进行检验与优化。指标体系的检验主要包括指标的完备性、合理性、有效性等方面。其中，完备性是指评估指标已全面、无遗漏地反映了评价目标与任务；合理性是指评估指标具有代表性，能够反映作战效能评估问题的本质，不存在指标层级交叉等结构混乱问题；有效性是指评估指标能适应不同专家对于同一评估对象在认识上的差异性问题。指标体系的优化除了通过上述检验过程进行外，还可以根据具体的实际评估与分析要求，通过重点选择对评估结果影响显著的指标建立指标体系来实现。

2. 适应性试验的组织流程

1) 作战试验想定设计

作战试验想定作为一种研究性想定，是基于信息化武器装备作战效能和作战适用性评估需求，展现对抗双方装备、实体、环境、目标、事件及关系等随时间推进的概略设想的。作战试验想定侧重于装备使用事件顺序和事件流向，对被试装备的使命任务进行分解和分配。在进行作战试验想定设计时，应结合作战对象结构、武器使用规则及典型战例，将被试装备置入作战任务的实际背景，人为而又不违背科学地设想战斗进程，并构造出一些战斗模型，预测被试装备在实际运用环境下的工作情况。

作战试验想定设计就是用定性与定量相结合的设计方法，制定有依据说明的、以文字和图标表示的实现作战试验目标的装备作战运用方案构想。按照作战试验的规模和想定设计的作用，装备作战运用方案可能包括多个层次，如战术作战层次、军种战役层次和联合战役层次等，基本内容包括作战试验想定设计、战术企图拟制、基本想定拟制、补充想定拟制，如图 6-11 所示。

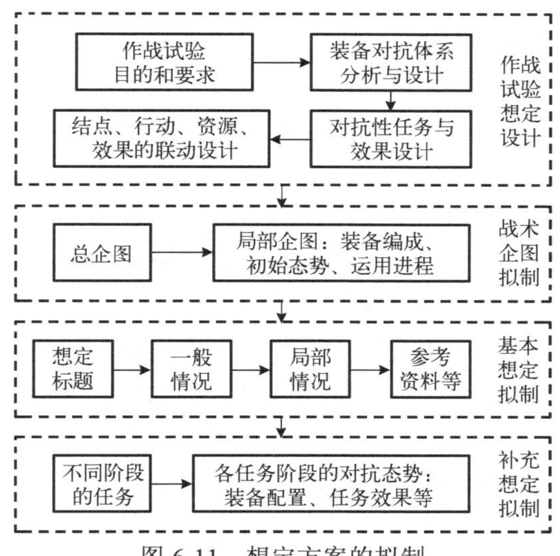

图 6-11　想定方案的拟制

拟制作战试验想定方案需要注意几个方面的问题：从完备性、可行性、适应性、时效性和风险性等方面评估想定方案是否合理；在战术企图背景的设计上，特别是确定双方装备的作战规模、交战流程时，要体现诸军兵种联合作战的思想；应根据被试装备作战试验模式及评估需要，确定合理的作战试验想定方案描述的细化程度。

2) 试验任务剖面设置

在进行复杂电磁环境装备作战试验设计时，应根据被试装备体系的作战使命设置试验任务剖面，拟定相应的试验科目。

任务剖面是装备在使用寿命周期内执行任务所经历的事件及其时序描述。例如，空地导弹的任务剖面涉及挂飞、发射、自由飞行、摧毁目标等不同的事件。通常，一个装备可能要执行多个任务，因而其任务剖面可能有多个。

装备系统效能描述装备系统完成其任务的总体能力。因此，需明确装备系统的任务轮廓。

在装备论证中，为了评价各备选系统方案在效能上的优劣，使各备选系统方案在同等条件下进行比较，在进行系统效能分析时，论证人员应对武器装备系统在未来战场上将要完成的作战任务做预先的想定。这种任务想定就是任务轮廓。确定任务轮廓的目的是给各备选系统方案提供系统效能评估的可比条件。

在装备系统概念分析中，应根据发展新型武器装备的总体要求确定武器装备系统的目标任务及其任务剖面。因此，在进行系统效能分析时，可以将所确定的任务剖面进一步细化，以获得足以用于分析系统效能的任务轮廓。

假若已经准确地规定了任务轮廓，确定效能指标的问题就简单多了。在这种情况下，可以用完成整个系统任务或完成某一部分系统任务的概率去表示效能。在其他情况下，即在不能得到一组具体任务轮廓的情况下，需要把效能与系统的实际特性联系起来，例如，与距离、信道容量、速度等联系起来。

任务是为达到作战试验目的和要求，而对被试装备及其友邻部队、作战对手指派一个或一组行动集合的命令表达。通过反向推理过程可分析出达到作战试验目的所有要求的任务。任务对应于一定的被试装备及其作战对手的作战能力，完成一个目标可能需要应用若干个不同的作战能力或作战能力的组合。

确定每一个任务所需的装备资源类型和规模，主要指被试装备、配试装备、作战对手装备以及各种试验基础设施的类型和规模。

要确定新型武器装备在作战使用过程中的任务轮廓并不是一件容易的事，因为每个武器装备在其作战使用过程中，往往要与其他同类的和不同类的武器装备进行组合编配，以遂行作战任务。为了分析研究武器装备的系统效能，必须在想定其任务轮廓时有意识地将该武器装备所完成的任务与其他相关的武器装备所完成的具体任务区分开。对此，论证人员应当了解作战任务的层次结构，以及整个武器装备系统效能的层次结构。因为从系统的观点来看，无论作战行动的效能还是武器装备的系统效能，其实都不过是战争这个复杂大系统中不同层次子系统的效能。系统的层次结构决定了不同层次之间子系统效能参数的相互联系。了解并运用这个联系是确定新型武器装备的任务轮廓并分析其系统效能的基础。

3) 电磁环境适应性指标构建

在构建电磁环境适应性指标时，要紧扣复杂电磁环境对装备效能的影响机理和途径，细化被试装备作战效能指标，从中选取被试装备电磁环境适应性指标并设置评价标准。

4) 电磁环境构设方案制定

依据试验科目和评价指标制定电磁环境构设方案，明确试验数据采集方案，包括电磁环境的监测方案，构设设备、被试装备的工作数据采集方案和红蓝双方的行动数据采集方案等。

5) 适应性试验实施

装备试验部署实施过程中，可能会发现试验方案设计不完善或局部设计不合理、试验系统不合适等问题，除在本阶段内部反馈权衡、优化外，还可能会返回到试验总体方案设计和试验资源建设阶段。另外，在本阶段还需要对评估数据是否足够、装备性能或效能评估结果和预测结果是否一致等问题进行决策，这也可能导致返回到试验总体方案设计和试验资源建设阶段，进行反复的优化迭代。

6) 电磁环境适应能力评估

根据指标体系和试验数据，采用综合评估的方法，评估被试装备电磁环境适应能力。应注重不确定性评估方法在适应性评估中的运用，注重检视被试装备效能的影响因素是环境效应、装备适用性还是人为因素。

试验任务总结阶段的主要工作是试验数据分析处理、装备性能或效能评估、试验报告编报、试验总结和试验资料归档等。

试验总结阶段的试验数据处理或装备效能评估也可能会发现试验方案设计、试验系统等的不完善或不合理的问题，必须返回到试验总体方案设计、试验资源建设或试验部署实施等阶段进行权衡、优化。

7) 问题溯源与优化建议

溯源分析被试装备应对电磁环境的薄弱点，提出被试装备改进优化的建议。

6.4　新时期适应复杂电磁环境装备试验发展展望

6.4.1　试验阶段发展特点

信息化武器装备的发展日新月异，被试武器装备从作战试验到列装定型、从配发部队到服役期满，面临的复杂电磁环境也在发展变化。为了避免被试装备一定型就落后，在预测被试装备面临的实际战场电磁环境时应当在当前实际情况的基础上有足够的前瞻性。同时，在统筹安排不同阶段试验时，可针对被试装备战技性能和使用能力情况以及作战对手情况，前移试验关口，前后拉通，尽早暴露问题，有效防控研制风险，提高试验效率。

现阶段，从时域维度上，被试装备经历性能试验、作战试验和在役考核三个阶段。这三个阶段有各自的试验目标与任务，性能试验主要解决装备功能性能的逐条验证问题，作战试验主要解决装备功能性能的综合验证问题，在役考核主要解决装备作战使用与保障要求的后期验证问题。这三个阶段层层递进、环环相扣、存在交叉，不能完全截然分开。例如，装备的作战适用性检验主要以试验部队为主体，在作战试验阶段伴随着装备的作战效能评估开展。这存在两个方面的问题。一是在作战试验阶段，装备已经完成了状态鉴定，并开始了小规模的试生产，装备已基本脱离了研发阶段而进入试用阶段，其技术路线基本固化，装备调整的时间、成本空间极其有限。这就导致即使在作战试验阶段发现适用性方面的问题，也难以修正。二是由于目前作战试验的主体试验部队的试验能力普遍不强，虽有研制单位的支撑，但大多部队仅掌握装备的简单运用，对装备工作机制的把握往往并不深刻，对装备在实战条件下暴露的问题难以准确把握，也难以排除人为因素的干扰。无论性能试验还是作战试验，都仍然是以装备实物为主开展的，而未来装备复杂度可能进一步提升，如果完全串行验证和过度依赖实物验证，装备实物与用户需求不一致的风险将更加严重。作战试验战场环境尤其是战场电磁环境的构建方法和条件经常不能全流程、全要素地检验武器装备的环境适应性，导致对装备的作战适用性评价可能不准确或不全面。

随着基于模型的系统工程(MBSE)和数字孪生技术的发展，为适应复杂电磁环境装备试验发展，装备验证将更加前移和虚拟化，各个试验阶段的界限不再区分得那么明显。将环境可靠性考核评价点向前延伸，实现试验考核评价点“左移”。为保证装备的环境适应性水平，研制期间开展的环境可靠性设计与验证工作应变“事后被动把关”为“注重早期投入”，也称为试验考核评价点“左移”，在产品方案设计、技术设计、转阶段等重要研制结点上，对产品的环境适应性水平和可靠性水平进行评价，对存在的问题尽早解决，对可能的隐患及早排除。

这不仅要求在装备立项时就明确装备的战技性能指标，还必须明确装备作战效能与作战适用性的评价指标和预期水平，以及达到指定性能、效能与适用性的战场环境的条件。这需要在分析装备的任务使命的基础上充分地论证。

装备的作战适用性试验提前到性能试验中进行，就能够在发现适用性问题时，有机会对装备设计做出调整以改善适用性问题。对于适用性的检测、调整和优化结果，应当建立完善的采信办法和流程，既避免重复试验的资源浪费，又弥补作战试验检验条件和能力的不足，更为促进装备的作战适用性有效提升奠定制度基础。

由此可见，武器装备试验不再是武器装备建设的阶段性工作，要延伸到装备寿命周期的各个阶段。虽然不同阶段的装备试验主要目的和实施主体不同，试验内容和方法模式也有所区别，但存在着相互补充、相互影响、互为验证的关系，而且最终指向都是为部队训练、演练、作战提供有用好用的装备。未来装备试验鉴定将实现研制、试验、训练、演练等阶段的无缝对接和紧密结合。

6.4.2 试验体系发展趋势

随着武器装备从单一武器装备、武器装备系统到武器装备体系的发展，武器装备体系内部各种武器装备系统之间的相互联系、相互作用的程度大大增强，武器装备的实力越来越取决于武器装备体系的整体效能，武器装备体系对抗也成为信息化、智能化战争的显著特征。

装备体系是以完成特定作战任务为目标，将性能上相互联系、功能上相互补充的一定数量的武器装备及系统，以信息交互为基础和纽带，按照一定结构综合集成的更高层次的武器装备系统，其体系适用性和装备体系作战效能检验给装备试验鉴定工作提出越来越迫切的需求。设置联合作战背景，建立一体化联合试验的试验体系，检验装备体系作战效能与作战适用性，发现装备体系短板弱项，强化装备体系实战运用，推动装备体系建设，已经成为武器装备试验体系发展的必然趋势。

(1) 体系试验需要联合的试验环境与条件。

与传统的联合作战相比，现代的战争形态是诸军种联合的包含陆、海、空、天、电的各类武器装备的体系作战，作战指挥、通信及火力打击等作战力量均呈现多维联合分布状态。基于模拟真实作战流程和同步测量保障的需求，体系试验需要构建陆、海、空、天、电多维一体的联合试验环境，并将装备体系与逼真的战场环境、典型作战样式结合起来，进行多军兵种、多武器装备联合试验，实现试验场与战场接轨、作战方式与试验方法相统一。

(2) 体系试验需要装备体系寿命过程协调统一。

装备体系能力生成有研究论证、装备试验和作战研究三个重要阶段，目前这几个阶段缺乏信息共享机制和手段，用于指标论证、试验验证、检验评估的仿真模型各有不同。体系试验要求装备研究论证、装备试验和作战研究横向合作、共享资源、优势互补，且形成良好的联合机制，共同完成研制、试验与鉴定工作。

(3) 体系化试验需要装备试验场、部队训练场、作战研练场的有机统一。

利用靶场中已经建成的贴近真实的战场环境，为开展实战化训练和演习提供环境支撑；同时，靶场在由性能试验向作战试验的转变过程中，也以此为契机，努力向支撑“研、试、训、演、战”有机合成的方向发展。具体讲，“研、试、训、演、战”有机合成就是将被试装备编配到部队，将装备试验工作融入部队训练、演练和军事任务中，充分依托训练演练等任务中的逼真课题背景、逼真战场环境、逼真对抗方式，对被试装备的相关性能进行更加贴近实战的试验。在作战试验支撑环境建设的基础上，紧密结合装备试验和部队训练，为提高部队战斗力提供重要支撑，即在装备试验过程中加入部队训练的相关内容，在部队训练过程中也加入装备试验的相关内容，试验中有训练，训练中有试验，实现二者的有机统一。这种一体化可以缩短试验周期和训练时间，提高资源效益和使用价值，是武器装备试验技术发展的一大趋势。

6.4.3　试验模式发展

随着一体化联合作战理论的提出，传统的装备试验模式已不能满足信息化条件下联合作战对武器装备试验的需求，融合不同靶场和多种设施，整合设计、试验和作战，联合不同 LVC 试验资源，结合野外试验场真实物理试验和室内试验场虚拟仿真试验的一体化联合试验，成为武器装备试验的发展趋向。一体化联合试验是一种以各种试验资源互联互通互操作（即 LVC 一体化联合试验仿真技术）为基础，以分布式协同指挥控制为特征，以一体化信息共享为前提的试验模式。

1. 一体化联合试验

一体化联合试验的一体化主要指武器装备性能试验与作战试验、装备试验与部队训练的一体化，涉及试验领导机构、试验计划、试验阶段、试验内容、试验鉴定方法、试验组织保障一体化等。通过试验统筹，实现试验资源和试验信息的共享，综合检验装备体系在装备因素、人为因素和战术因素的影响下的运用效能。一体化联合试验大力推进试验与训练、演习的联合，试训一体，试演一体，高度集成，促进训练和试验设施的共用，并在联合训练中验证装备效能、提出装备需求，在装备联合试验中创新战法、互相促进。在试验和训练基础设施的建设与改造上，更应体现共用、互操作的联合理念，重点强调联合试验能力和联合训练能力的提升。

基于 LVC 的一体化联合试验要素主要包括被试实装、装备模拟器、数学仿真资源、指控平台、靶标等，试验装备体系构建方法就是试验各要素以综合网络系统为纽带，指挥、导控、保障信息高速流动，实现互联互通互操作的试验装备体系。试验装备体系的构建是以被试装备数字化体系的使命任务为输入，按照自顶向下分解和自底向上综合集成的思路，通过分析研究最终确定满足试验需求的试验装备体系的过程，体系构建思路如图 6-12 所示。

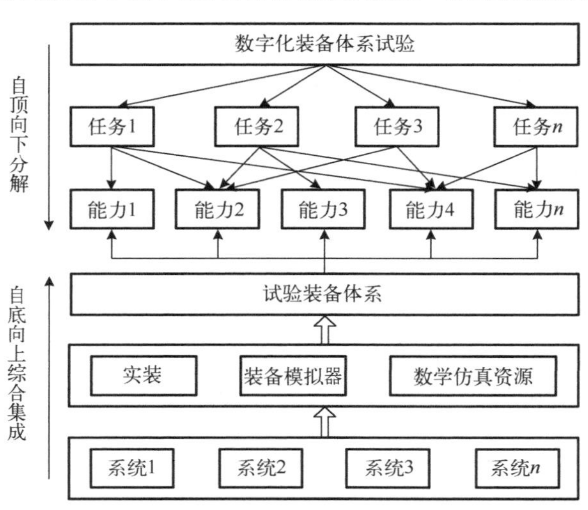

图 6-12　基于 LVC 的一体化联合试验体系构建思路

自顶向下分解的实施步骤是首先对体系试验使命任务进行分析，确定能够完成试验目标的具体可执行的试验任务，然后映射至满足使命任务需求的各种能力。自底向上综合集成的实施步骤是首先进行试验装备体系构成要素分析，然后依据能力需求进行资源整合，以满足使命任务的需求。

一体化联合试验体系需要LVC一体化联合试验仿真技术的支撑。随着战场电磁环境的日趋复杂，单纯依靠实装(L)、虚拟仿真(V)或构造仿真(C)难以满足装备体系试验的需要。通过各种LVC资源按需集成，构建合成的、分布式的装备试验环境，进行虚实结合、实时、分布式的作战试验，是适应复杂电磁环境装备试验模式发展的需要。在应用LVC一体化联合试验仿真技术进行装备试验时，根据试验想定和试验目标构建的试验环境是分布式的，数据采集、处理、信息呈现以及试验的运行控制也是分布式的，但从功能上看，这些分布式的功能系统之间通过互联互通互操作而实时协同工作。为了满足装备体系试验与作战试验在近实战条件下检验评价武器装备的需求，作战对手的部分武器装备可以采用性能相近的实装以等效替换方式实现，而其他武器装备、指挥决策、作战运用需要应用数学仿真模型、模拟器等试验资源模拟。LVC一体化联合试验仿真技术是一体化联合试验模式发展的重要技术基础，对武器装备试验的发展具有重大意义。

2. LVC一体化联合试验仿真技术

LVC一体化联合试验仿真技术支持装备试验环境中各种异构试验资源的按需集成，其技术特点可归纳为以下几个方面：一是由实况仿真、虚拟仿真和构造仿真互联互通互操作组成的分布式仿真；二是跨实况仿真、虚拟仿真和构造仿真领域的分布式仿真，而不是单纯的实况仿真或虚拟仿真或构造仿真领域的分布式仿真；三是用于装备试验的分布式仿真，以及试验信息的采集、处理，试验态势的综合显示、评估，试验的指挥与控制等功能，应用各种试验资源协同完成；四是各种实况仿真、虚拟仿真和构造仿真资源的互联互通互操作为构建基于一体化LVC资源集成的装备试验环境的关键。具体来说，LVC一体化联合试验仿真技术重点解决以下问题。

1) 接入融合问题

试验训练需要接入实装、半实物模拟器、虚拟兵力，同时还要接入各种已经开发运用的试验训练仿真系统、仪器设备等。这些系统没有统一的标准规范，体系结构、交互方式、推进机制、对实体和行动的描述粒度以及仿真步长均不同。平台应能够为这些资源和系统的接入提供通用的接口或接入手段，实现与现有资源的无缝连接。

2) 实时交互问题

平台的延时需满足“人在环”“实装在环”试验训练实时性需求。在考虑一般实时性要求的装备(如坦克、舰船等)的同时，还要考虑强实时性要求的高速武器装备(时速达到5Ma以上，如高速飞行器、导弹等)，要确保共存的多种靶场资源在战场环境中时空一致、交互实时。

3) 配置灵活问题

试验训练的流程基本相似，但是对环境、模型、数据的要求仍有较大差别，不同类型的试验训练对资源的需求也不尽相同。同一套平台既要支持训练，也要支持试验，满足不同的需求，则必须能够灵活配置环境条件，快速实现资源的柔性配置、重复利用。

4）应用兼容问题

为装备试验和部队训练提供全生命周期的工具支持、数据支持、环境支持。根据上述共性应用需求归纳总结平台的需求基线：一是实时互操作，基于统一的体系架构，对资源进行标准化封装，从而构建一个具有统一时间、空间和战场环境的逻辑靶场；二是可组合，根据不同需求，使用统一架构下具备互操作性、可重用性的各类资源，灵活、快速地构建逻辑靶场；三是可重用，按照统一体系架构所构建的试验训练资源可以在不同的逻辑靶场中与不同的试验训练资源之间实现互操作，对于按照其他体系架构所构建的系统，可以通过封装的方式适应统一的体系架构，具备互操作能力。

总之，LVC 一体化联合试验仿真技术能够对各类仿真与试验资源进行整合，将地理位置分散的靶场资源与其他资源进行互联互通互操作，为联合作战条件下的试验和训练提供资源保障。首先，为了适应一体化联合作战的发展趋势，必须进行联合作战条件下的试验和训练，然而现有靶场和设施的保障条件很难满足，只有通过网络将各种靶场和设施互联，才能达到联合作战条件下的试验和训练要求。其次，随着武器系统性能的提高，更加强调试验范围的广阔性，这就需要冲破实况、虚拟和构造（LVC）试验资源的边界限制。

LVC 一体化联合试验仿真技术对于装备试验的作用巨大，首先，它可以克服试验训练资源的数量和种类不足的困难，使用 LVC 资源集成可以更加自由、灵活地增加试验训练资源的种类、数量，可以使试验环境更逼真、更复杂。其次，它可以解决试验事件、长度和可重复性不够，分析评价不及时等问题，利用 LVC 资源集成可以进行更多的试验，对试验进行更多的重复，或增加试验的长度。然后，它可以有效支持武器装备系统规范的确认和武器装备的改进，通过 LVC 资源集成，可以将包含大多数战情、己方装备、经过确认的各种威胁、环境因素和其他限制条件或假设条件互联起来进行仿真试验，通过对照比较各种参数，用户与开发人员可以评估所提议的各种备选装备的作战效能和设计方法，从而可量化各个备选装备的作战效能。最后，它可以增加试验环境的稳健性，具有端到端试验及试验后评估的能力，使用 LVC 资源集成，可以提供各种现有试验靶场通常不能直接提供的作战试验环境，对装备进行试验，其中，被试装备的模型可使用野外靶场的试验条件下测得的数据进行确认，然后在基于 LVC 资源集成的合成试验环境下运行；试验进行期间，使用 LVC 资源集成可以将装备跟一套具有充分代表性的己方资源互联起来进行端到端的试验，以评估装备对战场目标毁伤所做的贡献；野外靶场试验完成后，可在 LVC 资源集成的装备体系试验环境中利用这种野外靶场试验所产生的真实数据进行试验，评定装备体系作战效能。

3. 国内外一体化联合试验发展状况

美军的试验鉴定采用 LVC 分布集成和仿真技术支持，贯穿不同类型、模式、阶段的装备采办过程。前期以数学模型和数字仿真为主，进行作战评估。在少量试生产之后，批量生产和全面部署之前，以实装为主，以虚拟仿真和构造仿真为辅，开展作战试验。前期仿真试验可以指导后期实弹实装试验，识别实弹实装试验的关键或高风险问题，而实弹实装试验的结果可以校核验证并提高数学模型和数字仿真的逼真度与可信度。美军主要利用LVC技术来构建用于装备试验的作战试验鉴定环境，它既包含不同类型的仿真试验资源的互操作，也包含不同地理位置的试验靶场和站点的互操作。

作战试验鉴定环境是指在作战试验鉴定实施过程中，保障作战试验鉴定工作顺利开展的相关要素和条件，主要涉及自然环境、对抗环境和电磁环境等。美军在作战试验环境建设中采用基于LVC的方法，构建了联合任务试验环境，对联合作战环境下的装备体系作战能力进行全面考核。其中，美军联合任务试验是将多个LVC试验站点连接起来，在一个分布式的环境中对系统或体系进行试验的方法。

作为联合任务试验的主要技术支撑，TENA是美军靶场和试验鉴定领域的分布式仿真体系结构标准，其核心是支持跨平台和基于标准对象模型互操作的快速、稳定、高效的中间件，仅支持实时时间，不支持逻辑时间同步和时间管理，其主要目的是集成分布的靶场试验资源，提高靶场内所有试验资源以及多个靶场之间的可重用性和互操作性，通过提出靶场试验相关应用软件或工具的标准协议架构，将许多分散的和异构的试验资源联合起来，形成能够满足多种试验需求的逻辑靶场，在近似实战的环境下满足试验需求。TENA项目首次正式提出了逻辑靶场的概念，通过提出公共体系结构为逻辑靶场的成功应用提供了技术规范和平台支撑。

近年来，武器装备联合试验的作用在国内也日益得到重视，一些单位针对武器装备联合试验的应用需求，对LVC一体化联合仿真的发展思路、基本方法、关键技术、支撑平台等方面进行了研究，取得不少的成果，并在一定范围内对研究成果进行应用验证。

目前，国内外对基于LVC一体化联合试验仿真技术的装备试验技术的研究大多集中在互操作性研究方面，主要研究如何实现LVC各类异构仿真系统的互联互通互操作，普遍没有涉及如何利用虚拟仿真试验(包括V和C两类资源)为真实物理试验提供预测分析和决策支持，以及如何利用真实物理试验的数据来提高虚拟仿真试验的准确性和可信性。这种虚实结合、相互促进的试验模式需要以LVC一体化联合试验仿真技术为基础，在实现了互联互通互操作的基础上进一步实现虚实结合的武器装备试验。

6.4.4　试验鉴定发展建议

世界范围内新军事变革持续迅猛发展，武器装备体系化、战场电磁环境复杂化日趋明显，基于网络信息体系的联合作战和全域作战将成为未来战争的基本形态，武器装备建设进入百年未有的新时期。着眼于实战化试验鉴定“能打仗、打胜仗”的战斗力标准，深度聚焦装备战斗力生成关键环节，进一步完善试验军事理论和技术方法体系，构建试验训练资源共享空间，稳步推进试验、训练一体化进程，做好新时期武器装备试验鉴定工作尤为重要。

1. 完善试验军事理论体系

试验军事理论作为军队建设理论体系不可或缺的组成部分，既有一致性，还有特殊性，必须在军队建设理论指导下不断地丰富和发展，从而有效指导试验资源的优化整合，更好地支持战斗力生成。试验军事理论包括基础理论、应用理论和技术理论等。目前，试验军事理论建设虽然取得了一些研究成果，但尚未形成理论体系，特别是复杂电磁环境下武器装备试验鉴定的理论体系还没有建立起来，关于复杂电磁环境下武器装备的试验需求、试验模式和试验方法以及试验考核的指标体系也都在逐步完善中。要以装备试验复杂电磁环境应用技术为切入点，进一步推动试验军事理论体系建设，有必要在更高的层次上和更大的范围内，将试验军事理论建设纳入良性发展轨道。

2. 推进信息技术深度应用

按照标准化指导、体系化建设、集约化控制、一体化保障的基本规律，开展试验体系的信息化建设。一是综合应用发展路线图和体系工程理论方法，搞好顶层设计，建立试验与训练体系融合的技术标准。二是以信息系统的合纵连横为“抓手”，开发通用软件体系，构建信息共享空间，实现试验系统的广域互联互通互操作。三是要以试验数据工程为突破，完善试验训练领域标准统一的数据字典，建立网络化试验训练数据中心，丰富数据体系和元数据谱系，确保试验数据能够与作战和训练数据有效衔接，能够为装备建设、作战使用和特色研究提供权威的试验数据产品。四是要发展仿真试验或虚拟试验系统，并与实装试验系统有机融合，形成虚实一体的试验资源，既可以通过网络为作战部队提供模拟训练环境，又可以提供现场的实战化训练环境。

3. 构建专业化蓝军力量体系

专业化蓝军是综合试验训练不可或缺的、神形兼备的模拟对手，是一支能够遂行海空战斗任务、能力水平出众、使命综合独特的作战军队。运用专业化蓝军，可全要素、全流程地模拟潜在对手的作战思想、作战规划、作战样式和装备运用过程。按照作战想定组织执行试验训练任务时，专业化蓝军既能履行教官与考官的职能，又能有效解决战场环境构设难、强敌对手模拟难、背靠背对抗难的重大问题。专业化蓝军力量体系建设主要是依托现有作战力量和试验训练资源体系，优选组建专业化蓝军部队，紧紧围绕陆地、水面、水下、空中、网电等对抗领域，重点突出威胁环境营造、软硬特色装备模拟、交战过程模拟、立体机动投送等能力的建设。尤其是在复杂电磁环境下，建设一支有效模拟战场电子目标体系和电子进攻手段兼备的电磁领域蓝军，逼真模拟作战对手的战场复杂电磁环境，检验和提升装备作战效能，是新时期试验鉴定发展的必然趋势。

第 7 章　复杂电磁环境实战化训练应用

复杂电磁环境条件下的实战化训练存在电子目标设置难、电磁环境逼真构设难、融入联合训练难、训练效果评估难、电磁辐射控制严等问题，已成为制约部队作战能力提升的瓶颈问题。电磁环境构设和部队训练评估作为部队训练中的重难点问题，对其应用性、完备性、客观性和准确性提出了更高的要求，必须针对复杂电磁环境下的部队训练特点，在梳理部队训练主要内容与方法的基础上，研究电磁环境构设方法，并深入探讨复杂电磁环境下部队训练评估中的评估原则、评估要素以及评估思路等问题。

7.1　实战化训练复杂电磁环境应用需求

复杂电磁环境下部队训练内容是训练的核心要素，对训练体系起着重要的支撑作用。以复杂电磁环境为本质特征的信息化战场环境对部队训练提出了更高的要求。复杂电磁环境下部队训练应当按照未来信息化作战要求，把部队置于复杂电磁环境下进行针对性技能训练、适应性战术训练和综合性实兵演练。复杂电磁环境下部队训练应根据统分结合、以统为主的基本原则，按照部队不同训练层次的训练需求统一筹划。组织复杂电磁环境下的部队训练时，应遵循从基础到应用、从技术到战术、从专项到集成、从低到高、从分到合的基本规律，按照理论学习、专业技能训练、攻防指控训练和实兵对抗演练的方法步骤，采取基础自训、专业分训、指挥合训、课题联训等形式进行。

7.1.1　复杂电磁环境与实战化训练

1. 实战化训练的本质内涵

实战化训练是实战化军事训练的简称，就是按照现代战争制胜机理，在近似实战的环境条件下进行的训练，反映了军事训练的根本属性，是衡量国防和军队现代化水平的重要标志。

实战化训练的本质就是按照实战要求训练，按训练去实战，使训练与实战达到一体化，其根本目的就是生成和提高体系作战能力，确保有效执行作战使命任务。

实战化训练的支撑条件是把基地化、模拟化、网络化作为重要支撑，为训练构建近似实战的环境，并进行科学的裁决和评估，其中复杂电磁环境由于其对抗性的本质特征，对部队实战化训练开展和训练效果评估提出了更高的要求。

2. 实战化训练中复杂电磁环境的实质

1)信息化条件下实战化训练的突出标志

战场电磁环境复杂化是各国军队信息化进程中都不容回避的客观现实，也是信息化战争区别于机械化战争的显著特征。可以认为，复杂电磁环境是信息化条件的具体化，因此，适应在复杂电磁环境下作战成为军队信息化转型的突出目标。

在信息化条件下作战，战斗力的生成模式正由武器平台主导向信息主导转变。无形的电磁波产生并作用于有形的电子设备，成为战场信息的主要载体，电磁空间成为信息活动的主体空间，广泛而深刻地影响着信息化战场上的"信息优势""信息主导""信息制胜"。制信息权的实质是制电磁权，不仅要把武器装备放到复杂电磁环境中去训练和检验，而且要在这种条件下开展带战术背景的综合演练。因而，复杂电磁环境下训练成为信息化条件下军事训练的突出标志，成为推进军事训练转变的重要"抓手"。

开展信息化条件下的军事训练，需要科学认识信息化条件下作战对电磁环境的依赖性和关联性。开展复杂电磁环境下的训练，就是以信息化武器装备为主体，突出作战筹划、侦察探测、指挥控制、武器制导等关键环节的训练，通过带战术背景的综合演练，使广大官兵真真切切地体验信息化条件的存在，实实在在地感受信息化战场的面貌，弄清未来作战面临的战场电磁环境，发现战场电磁环境对武器装备效能和部队作战行动带来的影响，从而有的放矢地找出应对措施，全面提高部队在复杂电磁环境下的作战能力。

2）信息化条件下实战化训练的基本要求

战场电磁环境是信息化条件下交战双方都必须面对的客观现实，从战场认知、指挥决策到作战实施，都需要大量使用信息化武器装备，借助电磁活动，利用电磁环境。电磁环境影响并制约着战场感知、指挥控制、武器装备效能发挥以及部队的战场生存。

实战化训练的根本目的是形成和提高部队的战斗力，实现训练的实战化，力求最大限度地贴近实战，是训练最本质的要求。过去战争"打什么仗？怎么打？"可以立即找出具体答案，进而提出训练需求，因而决定了"仗怎么打，兵就怎么练"。但现在，必须通过训练去研究"未来的仗怎么打"，成了"兵怎么练，仗就怎么打"。美军强调"像训练一样作战"，训练强度和威胁环境尽可能贴近实战，在训练中"设计"战争。美空军在年度综合演练中，将复杂电磁环境下的电子战作为重点演练课目，不仅在技术上逼真模拟敌方的信号特征，还在战术上逼真模拟敌方的反侦察行动、抗干扰行动。俄陆军在演训中，以电子战部队为主，在训练场内，逼真设置未来作战可能遇到的自然电磁现象、密集的民用电磁设备、敌方的电磁干扰压制和自身电磁设备的互扰，提高参训部队对未来在复杂电磁环境下作战的适应能力。因此，在训练中设置复杂电磁环境是信息化条件下训练贴近实战的客观要求，也是实战化训练的基本条件。

3）信息化条件下实战化训练的有效途径

信息化条件下电磁要素的凸现给作战筹划和实施都提出了新要求。一是要在作战筹划中做好用频筹划。用频筹划与兵力筹划、火力筹划紧密关联，已经成为指挥员需要高度关注的重要问题。兵力筹划要考虑兵力的合理运用，重视用频保障力量的科学分配，做好频谱资源的使用计划；火力筹划要考虑打击敌方的重要电子目标，预测复杂电磁环境下的火力效能。用频筹划会直接影响武器装备的效能发挥，并进一步影响作战力量、手段的运用，作战行动的顺利实施。二是要在作战协同中强调用频协同，做好频谱管控。用频协同与兵力协同、火力协同密不可分，必须统筹组织，使用频保障与主要兵力行动相吻合，电子攻击与火力突击相配合，干扰敌方与保障己方相协调，保证联合作战行动的协调一致。战场电磁资源有限，电磁态势多变，作战中可能出现多种用频冲突，必须着眼于作战重心，围绕主要行动，做好频谱管控，确保己方用频有序，避免自扰互扰。三是要注重反敌方电子侦察，隐蔽作战行动。强敌不断发展的电子侦察手段增加了其侦察监视的触角，延伸了其战场感知的时空，对我方战场隐蔽、战场生存构成极大威胁；必须高度重视，善用谋略，战术和技术相结合，最大可能地降低敌方电子侦察效能。四是要采取综合措施灵活应对敌方电子攻击。敌方强大的电子攻击能力是我方面临的最大威胁，也是战场电磁环境构成中最复杂的因素。必须深入研究敌方电子攻击手段、方法，采取综合措施，着眼于体系对抗，不断挖掘现有电磁装备的作战潜能，摸索多渠道综合抗扰的对策措施，进行灵活应对。五是要正确运用电子进攻，限制敌方用频。对敌方实施积极有效的电子进攻，可以剥夺敌方用频的自由，给敌方制造“复杂”的难题，从而为己方增加胜算。联合作战指挥人员需要深刻认识复杂电磁环境的本质和机理，掌握联合作战力量、手段的正确运用，突出电磁要素；指挥人员需要学会从联合作战的规律上，把握电磁环境影响机理，熟练使用各种手段。

3. 实战化训练中的复杂电磁环境要素

1) 复杂电磁环境基本理论学习

提高对复杂电磁环境的认识是开展复杂电磁环境下部队实战化训练的前提，也是提高复杂电磁环境下作战能力的基础。因此，需要把复杂电磁环境基本知识纳入基础理论学习内容，作为高科技知识学习的重点和中心，夯实广大官兵对复杂电磁环境的认知基础。为打牢复杂电磁环境下作战与训练的基础，要求部队官兵尤其是指挥人员必须掌握以下知识。

一是电子信息技术基础知识，主要包括光学、电磁学等学科知识，如电磁环境的基本概念，电磁波的产生机理、频谱区分、波形特征和传播特点，自然电磁辐射和人为电磁辐射在军事上的运用及对作战行动的影响等。

二是信息化武器装备战技性能和实战运用知识，主要包括敌军电磁领域的各种侦察、各类干扰、反辐射攻击、隐形以及病毒攻击等信息化武器装备的技术原理及其战术和技术运用知识，信息战力量武器装备、体制编制及使用原则，战场地理环境和复杂电磁环境可能对信息化武器装备作战效能造成的影响，信息化武器装备的反干扰、抗摧毁、反破坏、隐形等技术知识。

三是与本级指挥信息系统和信息化武器装备密切相关的信息技术知识，主要包括本级的信息侦察手段，指挥信息系统功能，信息化武器装备的种类、数量、战技性能参数、工作方式、运用方法以及在不同条件下和作战样式中的优点与弱点等。

2) 复杂电磁环境下的岗位技能训练

信息化武器装备的操作程序日趋严格规范，岗位人员分工也越来越细，关键岗位人员和专业技术人才的技能水平直接影响到信息化武器装备作战效能的有效发挥。特别是复杂电磁环境下，能否熟练使用信息化武器装备，发挥其最佳作战效能，取决于关键岗位人员驾驭信息化武器装备的能力。岗位技能训练的目的在于使各类人员熟练掌握本级指挥信息系统或手中信息化武器装备的战技性能，能够在各种复杂的地形、气候、电磁环境下对其进行灵活运用。因此，应紧紧围绕作战任务，立足现有编制装备，把握复杂电磁环境下训练的重点，突出关键岗位人员和专业技术人才，以及指挥信息系统和信息化武器装备抗干扰技能训练。

3) 复杂电磁环境下的指挥控制训练

复杂电磁环境对作战的影响最主要的表现为对指挥控制的影响。未来作战中，电磁空间的斗争渗透到战场的各个领域和各个方面，情报获取的难度增大，通信难以保持畅通。指挥信息系统的稳定运行受到严重威胁，对复杂电磁环境适应能力的强弱直接决定指挥控制效能的高低，对于作战胜利具有至关重要的影响。如果指挥控制不力、电磁频谱协同失调、电磁态势失控，将难以实现诸军兵种协调一致的行动。因此，必须把复杂电磁环境下的指挥控制训练作为提高实战化训练水平的关键环节突出出来。

一是突出指挥信息平台应用训练。重点掌握复杂电磁环境下的指挥信息系统操作、网络交互系统运用、通信传输系统组织以及信息攻防等技能，提高复杂电磁环境下信息获取、信息传输、信息处理、信息对抗的能力。

二是突出电磁情报搜集与处理训练。围绕采取多种手段、运用多种途径获取敌方电磁信息和实时掌握战场电磁态势，重点研练组织建立电磁情报搜集报知网、分析战场电磁态势、分析敌我双方电磁频谱分配和使用情况，为有效适应、合理利用和主动改造电磁环境提供可靠保证。

三是突出电磁频谱筹划和决策训练。围绕战时主要作战阶段、主要作战方向、主要作战行动的用频情况，重点研练组织夺取战场制信息权，电磁频谱使用、分配、协调、管理和监控力量运用等内容，提高指挥人员对电磁频谱的谋划和决断能力。

四是突出电磁频谱管理训练。围绕作战体系的综合集成和电磁兼容，重点研练制定电磁频谱使用计划、组织电磁频谱协同、监控电磁环境、综合调控消除电磁冲突等内容，不断提高电磁频谱利用水平。

4) 复杂电磁斗争实兵对抗演练

信息化战争中的电磁作战行动已经不再单纯是某一军兵种部队和业务部门自身的任务，已成为一体化联合作战中各军兵种部队共同的职责要求，是联合作战决心和指挥的重要内容。因此，加强复杂电磁环境下的军事训练是提高作战能力的关键一环，必须把电磁领域的激烈争夺作为实战化训练的主要内容，与其他联合作战训练内容紧密衔接、融为一体。重点应突出以下几方面。

一是突出电子侦察相关行动的训练。要设置复杂电磁环境下的情报信息训练内容，有针对性地设置多种目标，诱导部队使用专业力量和非专业力量，广泛获取敌方无线电通信、雷达、制导等用频设备的战技性能参数及电磁辐射源配置位置，科学分析战场电磁态势，判明敌方电子目标的活动规律和威胁程度，为组织实施一体化联合作战提供实时、正确、可靠的电子情报保障。

二是突出电子进攻相关行动的训练。要设置复杂电磁环境下的电子进攻训练内容，加大电子进攻的训练力度。围绕形成局部电磁优势的构设情况，诱导部队着眼于作战的实际需要，站在全局的高度整体筹划，科学组合和综合运用多种力量、多种手段，充分发挥作战力量的整体效能，夺取战场制电磁权，为一体化联合作战创造有利条件。

三是突出电子防御相关行动的训练。未来战争中，电子信息技术和信息化武器装备总体上敌优我劣，电子防御的任务十分繁重。要设置复杂电磁环境下的电子防御训练内容，加大电子防御的训练力度。围绕我方各种电子技术设备防敌方电子侦察、火力杀伤和精确打击，有效确保电子信息系统(设备)效能的发挥，重点研练电子防御的组织实施、电子防御手段的运用、技术和战术措施等。要有意识地设置复杂电磁环境中可能出现的各种情况，诱导部队主动采取措施加强电子防护、实施电子欺骗，有力保证一体化联合作战的顺利进行。

四是突出电磁频谱管理相关行动的训练。信息化战场上，电磁波无处不在，敌我双方各种用频装(设)备所发射的电磁波密集地拥挤在狭窄的频段之中，同一频率或相近频率电磁波的干扰、拥堵就在所难免，大大增加了电磁环境的复杂性。要设置复杂电磁环境下的电磁频谱管理训练内容，加大电磁频谱管理训练的力度。围绕一体化联合作战需要，创造和利用有利的战场电磁态势，重点研练电磁频率的统一规划、科学分配和合理使用，各种军用及民用无线电通信、雷达、导航和制导等设备的电磁辐射空间、时间、强度控制，诸军兵种部队组织电磁频谱协同等内容，促进诸军兵种作战行动实现有机融合。

7.1.2 实战化训练复杂电磁环境逼真构设需求

实战化训练要在近似实战的训练环境下开展，近似实战的训练环境就是为使实战化训练顺利实施而创造的各种客观物质条件，以及影响实战化训练的思想、社会等人文环境的总称，是提高实战化训练质量以获取最佳训练效益的重要途径，还是提高广大官兵战技水平、培养战斗精神的有效保证，也是锤炼各级指挥员驾驭信息化战争的作战指挥能力、打造部队信息化条件下的实战能力不可或缺的条件。

复杂电磁环境构设作为信息化条件下实战化训练环境构设的重要组成部分，能否客观逼真地构设特定作战背景下未来面临的复杂电磁环境，将直接关系到实战化训练效果和部队作战能力检验的客观真实性。实战化训练复杂电磁环境逼真构设就是针对主要作战行动和关键环节，利用各种技术手段和方法模拟主要电磁威胁，为训练创设逼真的电磁环境条件。电磁环境逼真构设重点要注意以下几个方面的问题。

1. 构设理念关注逼真构设

复杂电磁环境构设有基于复杂度和逼真度的两种构设理念。实战化训练中的电磁环境构设重点围绕作战对手使用的典型用频装备展开针对性构设，需要关注“模拟得像不像”的问题，因此实战化训练电磁环境构设更多地使用逼真度评估技术辅助完成构设。

2. 构设实施突出重点构设

实战化训练电磁环境构设是一项系统性、复杂性的工作，在实际电磁环境构设中，要把各种要素、各种内容都构设出来比较困难。应当根据训练方案、模拟对手和演练需要，突出重点进行构设，要着眼于主要作战方向、重点作战环节、关键作战时节等需求，有选择地确定构设内容。

3. 构设手段注重灵活可控

信息化条件下实战化训练电磁环境构设主要采用实装构设、器材模拟和信号注入三种手段，实战化训练电磁环境构设过程中，要立足现有的构设条件，注重灵活性和对抗性，科学合理地选择构设手段，从而实现为训练构设尽可能逼真的电磁环境的目标。

4. 构设系统强化迭代创新

在实际的电磁环境构设过程中，由于电磁环境构设涉及的要素多，构设规划复杂，需要充分利用电磁环境构设研究的理论成果，建设高效的复杂电磁环境构设系统。复杂电磁环境构设系统的建设是一个长期的过程，要结合实际的应用需求做好功能完善，坚持边建边用、建用结合，在应用中深化需求、反复实践、不断完善、促进发展，并在实际运用复杂电磁环境构设系统的过程中，统筹规划现有的电磁环境构设手段和条件，达成电磁环境逼真构设的目标。

7.1.3　实战化训练效果溯源评估需求

实战化的训练考评是指按照实战化标准，对部队训练质量、水平和实战能力进行的考核与评价活动；是检验指挥员、指挥机关和部队实战化训练效果，检讨实战化训练问题，总结实战化训练经验，衡量训练目标实现程度，促进实战化训练水平不断提高的重要环节；是实战化训练创新发展的重要方面。实战化训练中的复杂电磁环境要素多，因此在开展实战化训练效果评估的过程中，探寻复杂电磁环境对实战化训练效果的深层次影响原因，对科学构建完善的信息化条件下的实战化训练体系具有重要的现实意义，从而实现训练评估的检验、诊断、导向和激励功能。

实战化训练是依据综合目标任务设计训练课目，围绕训练任务确定训练内容，分阶段、分层次循序进行的训练活动，因此，要评估部队训练效果，就必须使训练效果评估具有相应的层次性、重点性、针对性和可操作性。部队实战化训练效果评估是在考虑实战化训练中的复杂电磁环境要素的基础上，通过军事规则抽取、指标体系构建、评估模型建立等方法手段，对部队实战化训练中的训练电磁环境、专项训练成绩、综合训练水平以及训练质量等评估要素进行分析，最后通过实战化训练效果评估系统，对部队训练情况进行分析评估和溯源复盘，评估基本思路如图 7-1 所示。

实战化训练效果评估以部队综合作战能力评估和训练效果溯源评估为总目标，在评估过程中要充分考虑复杂电磁环境对实战化训练的影响，遵循“环境度量、指标量化、原因查找、结果分析、综合评定”的理念，建立多层次溯源评估体系。评估体系自上而下依次分为训练效果层、电磁环境影响层和电磁环境层三个层次。其中，训练效果层包括对部队作战能力评估和对训练效果溯源评估；电磁环境影响层包括对用频装备的影响和对作战行动的影响；电磁环境层包括“四域”特征分析和复杂度度量。根据确定的评估层次，确定评估的内容如下。

一是对影响用频装备的电磁环境进行量化，量化的结果体现电磁环境的复杂性和表现特征。

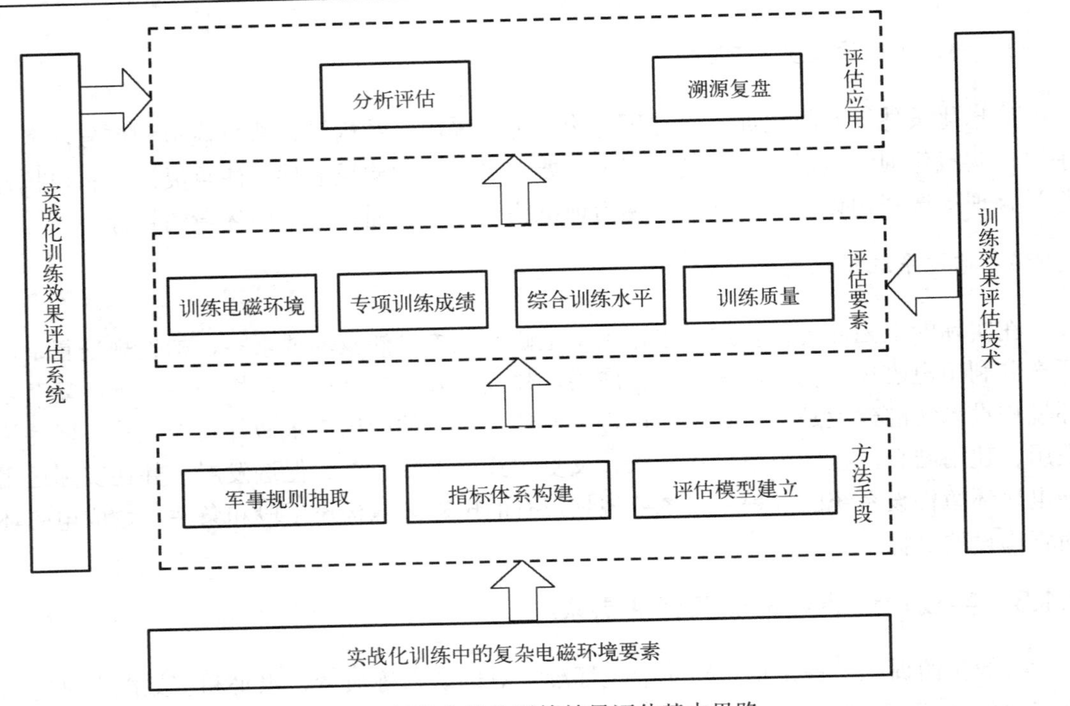

图 7-1　部队实战化训练效果评估基本思路

二是计算与用频装备直接相关的系统的效能指标。当用频装备直接与硬武器相交连时，效能指标体现了硬武器系统的效能，如射击条件、射击精度、毁伤程度等；当用频装备直接与情报系统、通信系统、指挥系统相交连时，效能指标主要用于衡量这些系统的工作质量与工作效率，如信息精度、目标遗漏、传输失真、反应时间等。

三是对部队实测训练数据和影响部队作战行动的相关效能指标按照拟采用的评估方法进行计算，形成部队在复杂电磁环境影响下作战的单项能力和综合作战能力，能够溯源查找到训练过程中存在的薄弱环节，并针对存在的薄弱环节展开复盘研练，真正实现“训一次、进一步”的目标，为部队作战能力提升提供支撑。

7.2　实战化训练复杂电磁环境逼真构设应用

信息化战场的重要特征之一就是电磁环境日趋复杂，对作战行动的影响越来越大，以电子对抗为核心的信息对抗贯穿于作战过程的始终，成为能否掌握战场主动权的关键因素。在部队实战化训练中，构设与实战近似的电磁环境，既是信息化条件下作战的需要，也是确保训练效果，提高部队复杂电磁环境下的作战能力的需要。

7.2.1　实战化训练电磁环境构设原则与要求

实战化训练电磁环境构设要以“把作战对手设像，把战场电磁环境设真”为目标，瞄准作战对象和作战方向，把握好实战化、灵活性、对抗性和等效性原则要求。

1. 紧贴实战，着眼对手

紧贴主要作战对手电子信息装备特别是电子战武器装备的战技性能和运用特点、具体作战行动、现阶段敌我作战能力对比，努力构设出在频域、空域、时域以及能域上接近实际战场的电磁环境。要针对作战对手的电子战手段及强敌可能介入的运用方式，围绕对我方作战行动产生重要影响的关键环节，突出对方电子战手段与典型目标的模拟，建立构设内容与构设手段的对应关系，力求从目标种类、数量和战技性能参数上最大限度地贴近作战对手与战场环境实际。

2. 灵活可控，客观逼真

设置复杂多变的训练电磁环境，不是杂乱无章地堆积信号，而是可根据电磁环境构设方案对生成的信号频率、信号调制样式、出现的时间、辐射方向和辐射强度等进行灵活管控。当前，在复杂电磁环境构设的认知上还存在一些误区，例如，在构设降效性威胁环境时，采用大功率、全频段电子干扰信号使受训部队用频装备瘫痪，甚至完全丧失作战能力，违背了环境构设的逼真性要求。客观逼真就是指要逼真模拟作战对手各种用频装备的电磁参数、运用方式、抗扰措施，以及电子进攻装备的干扰频段、发射功率、干扰方式和作战运用特点等情况。总之，要把武器装备电子信号特征逼真地模拟出来，把战场电磁态势逼真地设置出来，把对抗双方的电磁对抗行动逼真地展现出来，把未来作战的难局、险局、危局逼真地勾画出来，为部队训练提供近似实战的环境，真正做到“仗在复杂电磁环境下打，兵就在复杂电磁环境下训”。

3. 突出重点，体现对抗

依据训练任务设置战场位移情况，重点模拟设置侦察探测、指挥控制、火力打击等重要行动的关键时节、主要方向上的电磁干扰环境，适当兼顾设置其他辐射环境，牵引部队训练重难点问题的研究破解。

电磁环境的构设的对抗性原则包括两个方面：一是将电磁环境构设与整个训练过程结合起来，着眼于真实展现未来战场上交战双方电磁频谱争夺的全过程，充分体现复杂电磁环境冲突激烈、动态变化等特点；二是要让训练双方真正能够“抗起来”，特别是电磁环境模拟设备与参训部队的武器装备应该具有互动性，应能够根据参训部队的反侦察措施、反干扰措施，合理地确定装备运用方式，确保环境构设的有效性。

4. 立足现有，等效模拟

立足现役装备、模拟器材、技术手段和场地条件等实际情况，坚持需求与可能相结合，本着“要素齐全、以局部代全域，超常配置、功能等效模拟，环境相近、满足研究问题需要”的原则，统筹使用现有资源进行电磁环境设置。

根据电波传播的按距离等比衰减的特点，在模拟方式上，既可以采用大功率体制，与真实装备功率相当，在真实的地域、空域范围内展开训练；也可以采用小功率体制，以小功率模拟大功率，以近距离模拟远距离，等效缩比构设电磁环境。

7.2.2 训练准备阶段的电磁环境构设规划

训练准备阶段是从受领训练任务开始至训练实施前，为保障训练顺利实施所展开的各项工作。训练准备包括训练组织(导调)机构准备和部队准备。其中训练组织(导调)机构准备包括制定训练任务、编写导调实施方案、拟制训练计划、建立训练导演部、系统设备准备、组织培训、设置训练环境等。

电磁环境构设规划是训练准备阶段的重要工作之一，做好电磁环境构设规划是搞好复杂电磁环境构设、提高构设质量的首要环节。电磁环境构设规划包括构设需求分析和制定构设方案，合理的电磁环境构设方案能够使战场电磁环境构设活动针对性强、构设活动更加科学。

1. 构设需求分析

构设需求分析是复杂电磁环境构设规划组织准备的重要工作，也是逼真构建复杂电磁环境的前提条件。构设需求分析应当着眼于提高部队应对电磁威胁和适应未来战场电磁环境的能力，围绕各部队复杂电磁环境训练需求，根据训练目的和想定，对敌方电磁环境特别是敌方典型电磁目标，以及己方自扰互扰环境和战场电磁背景环境进行分析。

1) 敌方电磁环境

未来战场中，不同的作战行动，其面临的电磁威胁环境也有所不同，需要有针对性地进行分析。

(1) 陆上作战行动。

陆上作战行动主要面临的电磁威胁：一是敌方电子战飞机、地面电子战装备、我方车载通信电台形成的通信干扰威胁；二是敌方精确制导武器对我方形成的光电制导威胁；三是敌方空袭飞机机载干扰吊舱对我方防空武器雷达形成的雷达干扰威胁等。

(2) 海上作战行动。

海上作战行动主要面临的电磁威胁：一是敌方预警机、舰载警戒雷达、地面观通雷达对我方海上编队的侦察探测威胁；二是敌方电子战飞机对我方岸基雷达和海上编队的雷达、指挥通信的干扰威胁；三是敌方舰艇自卫电子战系统对我方制导武器的自卫式干扰威胁；四是敌精确制导武器对我方产生的光电制导威胁。

(3) 空中作战行动。

空中作战行动主要包括空中交战和空对地突击两部分。空中交战时，主要面临的电磁威胁：一是敌方电子战装备对我方预警机、地面预警探测雷达的干扰威胁；二是敌方电子战装备对我方地空、空空通信的干扰威胁；三是敌方机载电子战装备和地面干扰装备对我方机载火控雷达的干扰威胁；四是敌方对我方战斗机导航系统的干扰威胁。空对地突击时，主要面临的电磁威胁：一是敌方预警探测、防空导弹制导雷达等对我方的侦察探测威胁；二是敌方自卫式综合电子战系统对我方空地导弹末制导的干扰威胁。

(4) 远程火力突击行动。

远程火力突击行动主要面临的电磁威胁：一是敌方电子战装备对我方指挥通信、测控系统、作战保障雷达和无人机侦察雷达的干扰威胁；二是敌方对我方导弹飞行过程中弹载导航系统的干扰威胁；三是敌方精确制导武器对我方阵地的光电制导威胁。

2）己方自扰互扰环境

己方自扰互扰环境主要是由己方作战区域内各类型雷达、通信、光电、制导、电子对抗、敌我识别等制式装备工作时所产生的相互影响的电磁环境。受阵地条件限制，同一地域工作频段相对集中的装备部署过于密集，可能导致同频或邻频干扰。己方自扰互扰环境也是战场电磁环境构设中必须关注的重要问题。

3）战场电磁背景环境

战场电磁背景环境是复杂电磁环境构设的重要组成部分。例如，我国各经济发达地区，信息化程度高，各类民用电子设备大量使用，如广播电台电视、航管雷达、气象雷达等大功率辐射设备可能对我方用频装备产生无意干扰，对我方作战行动带来一定的影响。大量的电视台、各类广播电台、民用通信电台、无线电移动通信发射站等密集分布，且在重点频段内，半数以上已被公众移动通信、卫星和广播电视占用，加上航空导航、气象、测控和射电天文等民用信息系统占用的资源，一定程度上也会影响我方武器装备的正常使用，因此战场电磁背景环境也是复杂电磁环境构设必须考虑的要素。

2. 制定构设方案

构设方案是为实现构设目的而确定的构设活动目的、任务、步骤和方法的指挥导调文书，是导演部指导各构设部（分）队组织实施复杂电磁环境构设的基本依据。构设方案的内容与形式应在构设需求分析的基础上，根据不同情况灵活确定，其主要内容包括：构设方案的指导思想；构设单位和人员；构设的科目、内容、时间；构设的方法、步骤；训练的目的、要求及保障等。

为了保障实战化训练的顺利进行，电磁环境构设方案必须在针对训练任务中作战对手的用频装备运用情况和可能投入的电磁环境构设装备（设备）性能参数情况分析的基础上，运用电磁环境构设系统中的逼真度辅助分析工具和仿真推演评估工具，对电磁环境构设方案的科学性和合理性进行评价。同时，要充分考虑参训部队针对复杂电磁环境可能采取的行动，在同一情况下设置多种可能的方案，确保实战化训练复杂电磁环境的逼真构设。

7.2.3　训练实施阶段的电磁环境构设组织

1. 任务部署

任务部署是复杂电磁环境构设组织实施中的重要环节。构设方案确定后，训练导演部向各构设单位传达构设方案，召开任务部署会，协调有关事宜。

任务部署的主要内容包括：通报参训部队的训练大纲和训练计划；明确参训部队演练的题目、演练目的、演练内容与演练时间；明确导演部复杂电磁环境构设的组织机构编成以及参加的单位、人员，应当准备的工作事项和主要保障措施；部署复杂电磁环境构设的构设标准、构设内容、构设手段、构设方法；明确训练各阶段复杂电磁环境构设的重点；

制定复杂电磁环境构设的部（分）队部署区域、参加单位、准备工作时限以及组织准备方法等。各构设单位应当明确本级单位的主要任务，如部署地域（包括配置地域和作战地域）、主要作战目标、兵力使用时机等。

2. 构设准备

构设准备是各电磁环境构设部（分）队顺利完成作战任务的关键。正确、高效的构设准备是各电磁环境构设部队完成电磁环境构设任务的前提条件。各电磁环境构设部队应针对本级具体担负的构设任务，结合参训部队的训练内容，在上级导演部的指导下，在平时准备的基础上，针对具体作战任务，突出重点，迅速、周密地完成各项电磁环境构设准备工作，为复杂电磁环境构设的实际组织实施打下良好的基础，创造有利的条件。

构设准备的基本步骤和内容是：组织阵地勘察，制定构设实施计划，按照规定的时限进驻构设任务区域，组织装备器材联调测试。

电磁环境构设场地通常由上级指定，有时也在上级指定的范围内选定。构设场地的选定必须符合电子装备工作特点，与想定情况相一致，适应构设课题的需要。场地选定后，要现地勘察，拟制计划。现地勘察主要解决以下问题：确定设置的具体内容和项目；明确各种装备的具体位置；确定使用装备器材的种类和数量；精确计算工程作业量和所需人力。上述工作完成后，应及时拟制计划，报给有关部门审批。

构设实施计划是为了实现电磁环境构设任务而确定的构设活动的目的、任务、步骤和方法的指挥文书。构设实施计划是各级电磁环境构设部队实施构设活动的重要依据，也是各分队构设活动的主要依据。构设实施计划的主要内容通常包括：上级意图、兵力部署及本级构设任务；电磁环境构设的编成、配置、任务和主要作战地域（或方向）、行动时机区分；与友邻的协同要求；完成战斗准备的时限；组织指挥的有关规定、保障措施、特殊情况的处置等。构设实施计划的形式可采用文字叙述式、表格式、地图注记式和网络式。由于各种形式都有各自的优缺点，所以在应用时，可采用综合应用以上几种形式的方法。

开进展开时指挥员应根据任务和行军地带内的地形、道路等情况，及时向所属分队下达行军命令，并组织部（分）队开进，按照规定时限进驻构设任务区域，组织装备和器材展开。

构设部（分）队到达构设任务区域后，应立即准备装备与器材的展开与装备恢复，进行系统联调测试，确保装备正常工作，完成构设前的组织准备、器材装备与技术准备工作。

3. 构设实施

构设部（分）队应当根据电磁环境构设计划，组织展开电磁环境构设行动。指挥员应精心运筹，周密计划，严密组织，灵活运用构设方法，果断处置各种情况，充分发挥所属各站的作战效能，为参训部队训练构设逼真的电磁环境。

实际构设过程中各级人员要合理分工，明确职责，充分发挥所有人员的作用，使所有人员熟悉电磁环境构设开设的程序和方法，严格遵守操作规程，以求顺利完成构设任务，达成预定构设效果。

在电磁环境构设过程中，指挥员应把握环境构设过程的中心工作，正确处理电磁环境构设的目标选择、时机确定、手段运用等问题，充分考虑从不同空间、不同位置，静态与动态相结合，实现电磁威胁环境构设时间上的集中、目标上的功率集中、空域上的能量集中，三者统一，做到“形散力聚”，灵活运用实装构设、器材模拟等构设手段，综合采用距离压缩、抵近干扰、伴随干扰、复合替代等方法，根据战场态势的变换，灵活应变，努力提高电磁环境构设的针对性、准确性和可靠性，营造紧贴实战的复杂电磁环境。

4. 监测评估

电磁环境构设监测评估涉及受训部队、训练基地和电磁环境构设部(分)队等众多单位，涵盖军事训练、导调控制、数据采集、建模仿真、软件开发和系统运用等多项工作，只有精心筹划、周密准备、科学实施、强调应用，才能实现监测评估的客观性与可信性。环境构设组需要对战场电磁环境进行实时监测，记录、分析和处理监测数据，与预定设置的电磁环境参数指标进行比对，为战场电磁环境构设调整提供基本依据。

监测数据采集的方式主要包括两种：一是人工利用数据采集表进行采集，主要采集装备类数据和部队行动类数据；二是导控系统和电磁环境控制系统向评估系统转发数据，主要采集电磁环境类数据和导调控制类数据。其中，第一种人工采集方式工作量大、组织难度大、采集困难，而第二种自动采集方式不需人工过多干预，只需系统自动接收转发数据。目前人工采集仍在监测评估中占有重要地位。为确保训练评估的公正性、权威性，数据采集人员要严格按照评估计划中对数据采集的要求，规范信息采集行动，采取“定项、定人、定时、定位”的方法，对采集任务进行精确量化分解。详细区分各采集人员在各阶段各时节的采集任务，逐个明确采集对象、内容、时限、方法和要求，确保不缺项漏项、不延误时机。采集人员要灵活采取人工与自动采集相结合、地面与空中采集相结合、文字记录与视频拍摄相结合等手段，综合运用跟随采集、定点采集、交替采集等方法进行信息采集，实时采集准确翔实的部队行动类和装备类数据，增强采集数据的准确性、多样性、客观性。

环境构设组应当指导构设单位根据试验各阶段的构设实施计划、试验过程中出现的临时情况和电磁环境构设中发现的问题，及时调整构设部署，采取相应的战术和技术措施，最大限度地满足训练需求。构设单位应当按照环境构设组的要求，及时报告当日和阶段构设工作情况。出现特殊情况时，应当立即报告。

5. 撤收总结

训练结束后，各级电磁环境构设单位按照上级指示，在规定的时限内进行装备器材点验、状况检查、维护保养，整理工作记录，组织安全撤收。

撤收是完成复杂电磁环境构设任务后撤离训练区域前的一项重要行动，各级电磁环境构设部(分)队接到上级指挥机构撤收命令后，应根据受领的任务，结合本单位的具体情况，迅速定下决心，进行人员、装备的调整，及时向所属各单位下达撤收命令。撤收命令的内容包括明确各单位撤收的顺序、撤收的时限、组织协同以及有关注意事项等。在整个撤收过程中，分工要明确，行动要迅速，确保各项撤收工作有序进行，安全高效地撤收，并随时应对和处置撤收中的突发情况。装备撤出阵地后，应组织人员采取分组、分片方法对阵地进行清理，主要清理阵地上遗忘的器材、物资、文件，力求撤出后的阵地能保持原貌，并确保不留下保密安全隐患。

总结构设经验是环境构设组与各级电磁环境构设单位完成复杂电磁环境构设任务后的重要工作。复杂电磁环境构设任务完成后，环境构设组与各级电磁环境构设单位应当按照上级的指示要求，针对训练实际构设与监测评估情况进行总结，并逐级上报。

总结时，要坚持实事求是的原则，对电磁环境构设过程中取得的经验和教训都要认真总结，以便发扬优点、纠正错误，有利于今后改进。总结时，既要全面总结，又要重视总结关于电磁环境构设的具体标准、构设内容、构设手段等专题经验。一般总结的顺序是由下至上逐级总结，各个构设单位部门都要充分深入挖掘，认真分析研究，以求得出正确的结论，在此基础上写出全面总结和专题报告，并逐级上报。

7.2.4　复杂电磁环境构设应用系统与运用

1. 系统功能

复杂电磁环境构设应用系统在应用中面临的主要问题是构设的电磁环境是否满足实战化训练需求，因此在系统设计的过程中需结合实战化训练电磁环境逼真构设和评估的实际需求，分析复杂电磁环境构设的客观问题，可采用面向对象的分析方法对复杂电磁环境构设应用系统进行层层抽象，分析的步骤如图 7-2 所示。

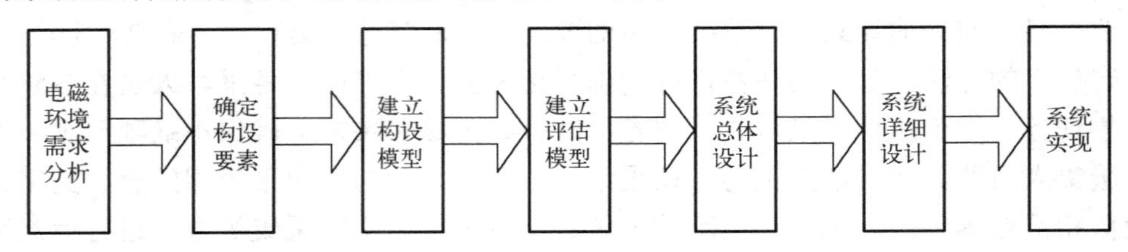

图 7-2　复杂电磁环境构设应用系统分析步骤

复杂电磁环境构设应用系统的建设目的是为部队提供电磁环境构设的依据和手段，从而增强电磁环境构设的科学性、合理性和逼真性。复杂电磁环境构设应用系统应具有构设控制功能、构设模拟功能、环境监测功能和构设评估功能，如图 7-3 所示。

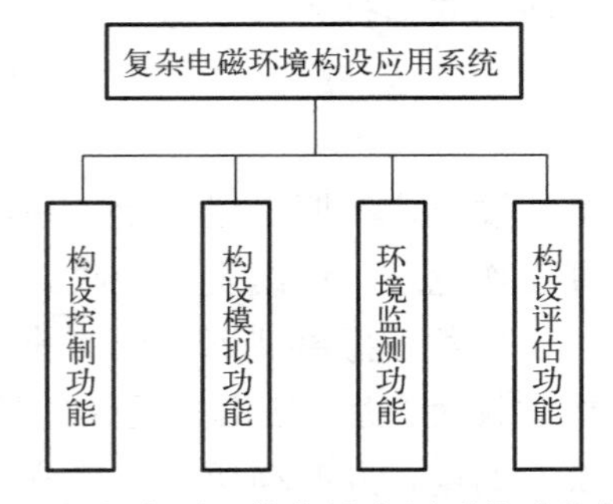

图 7-3　复杂电磁环境构设应用系统功能组成图

1) 构设控制功能

构设控制功能主要包括构设方案规划、仿真推演、构设方案生成和监测控制四个部分。

(1) 构设方案规划。

构设方案规划的主要职责是规划电磁环境构设方案，包括电磁环境构设设备等效模拟作战对手电子干扰能力和电子侦察能力的规划、电磁环境监测设备等效模拟作战对手电磁态势感知能力的规划，以及电磁频谱使用规划、训练过程规划等；负责电磁威胁分析、设备驻点位置和工作参数的计算、构设方案推演等。

(2) 仿真推演。

仿真推演的主要职责是对制定的构设方案进行仿真运行，并分析判断所构设的电磁环境是否能够满足部队试验训练的需求。

(3) 构设方案生成。

构设方案生成的主要职责是获取、生成、显示和分发电磁态势，包括电磁辐射源空间态势、频谱态势和其他参数；指挥控制电磁环境监测设备获取电磁辐射源位置数据(或获取辐射源方位数据进行交会定位)，将电磁辐射源空间态势与实兵空间态势进行融合处理和综合显示，监测电磁频谱使用情况，记录参训部队的电磁频谱违规行为，上报和分发电磁态势等。

(4) 监测控制。

监测控制的主要职责是通过话音和数据方式实时指挥控制电磁环境构设设备对目标进行电子侦察和电子干扰，接收电磁环境构设设备上报的自身位置信息、电子侦察信息、设备工作状态和工作参数，并记录对重点目标侦察、干扰的工作过程及侦察到的信号变化信息。

2) 构设模拟功能

构设模拟功能主要包括通信电磁环境构设模拟功能、雷达电磁环境构设模拟功能、光电电磁环境构设模拟功能和背景电磁环境构设模拟功能。

(1) 通信电磁环境构设模拟功能。

通信电磁环境构设模拟功能主要用于模拟产生地面、舰载、机载通信/导航/数据链/敌我识别等信号，逼真地模拟现代战场复杂密集的通信/导航/数据链/敌我识别等信号环境，其主要包括短波通信信号模拟功能和超短波通信信号模拟功能。

短波通信信号模拟功能主要用来模拟产生敌方通信干扰信号，为武器装备运用中指挥控制短波频段通信提供干扰信号环境，为我方部队与武器系统的电磁环境适应性训练和抗干扰训练提供短波电磁环境。

超短波通信信号模拟功能主要用来模拟产生敌方超短波通信干扰信号，为武器装备运用中指挥控制超短波频段通信提供干扰信号环境，为我方部队与武器系统的电磁环境适应性训练和抗干扰训练提供超短波电磁环境。

(2) 雷达电磁环境构设模拟功能。

雷达电磁环境构设模拟功能主要用于模拟产生敌方地面、空中目标指示和制导雷达与预警探测雷达辐射信号，为我方部队与武器系统的电磁环境适应性训练和抗干扰训练提供雷达信号环境；模拟产生敌方雷达干扰信号，为我方部队与武器系统的电磁环境适应性训练和抗干扰训练提供雷达干扰环境。雷达电磁环境构设模拟功能可分为低频段雷达及雷达干扰模拟功能和高频段雷达及雷达干扰模拟功能两种。

(3) 光电电磁环境构设模拟功能。

光电电磁环境构设模拟功能主要用于模拟敌方多波段光电观瞄/告警/制导系统，为我方多种光电有源/无源干扰、光电隐身防护措施等的训练提供条件；模拟敌方多种来袭兵器的光电辐射信号，构建敌方来袭光电威胁信号环境，为我方光电对抗侦察/告警装备的训练提供条件；模拟敌方的烟幕遮蔽/干扰、诱饵弹、红外定向干扰等光电干扰环境，为我方精确制导武器的抗干扰训练提供条件。

(4) 背景信号环境构设模拟功能。

背景信号环境构设模拟功能主要用于产生未来各型武器装备运用所处地域的自然电磁信号，为我方部队与武器系统的电磁环境适应性训练和抗干扰训练提供非针对性干扰的背景信号。

3) 环境监测功能

环境监测功能主要用于对训练场及其周围地区的电磁环境进行实时监测、分析、统计、处理。一方面，其监测各类模拟器产生的信号，对电磁环境模拟系统的状态进行监控；另一方面，监测、记录受训部队电子设备系统的电磁辐射信息，进行参数分析、统计、处理，作为评估的重要手段和依据，其主要包括通信信号环境监测功能、雷达信号环境监测功能、光电信号环境监测功能和背景信号环境监测功能，监测数据可为评估和动态调整电磁环境提供数据支持。

(1) 通信信号环境监测功能。

通信信号环境监测功能主要用于在训练场监测各种通信信号和通信干扰信号。在时域、空域、频域和能域上对通信信号进行测量，获取信号的频率、幅度、带宽、方位等特征参数。

(2) 雷达信号环境监测功能。

雷达信号环境监测功能主要用于实时监测雷达信号和雷达干扰信号，包括实时监测训练区域内雷达信号及雷达干扰信号的频域、时域、空域、能域相关参数，快速捕获信号并分析、处理，形成电磁态势图，或上报数据为试验导控生成电磁态势图(表)提供信息支持；截获雷达信号、雷达干扰信号，按设置条件完成信号的分选，并识别信号体制和干扰信号样式，同时对不同信号进行监测分析和测向操作。

(3) 光电信号环境监测功能。

光电信号环境监测功能主要用于对光信号波长、背景辐射强度、激光指示信号等进行监测。

(4) 背景信号环境监测功能。

背景信号环境监测功能主要用于对训练区域背景信号环境的监测。

4) 构设评估功能

构设评估功能的主要职责是依据环境监测结果和构设设备工作状态参数，对所构设的复杂电磁环境进行分析，并对所构设的复杂电磁环境的“四域”特征、逼真度以及用频装备效能发挥等情况进行评估分析。

2. 系统组成

从功能组成角度对复杂电磁环境构设应用系统组成做划分，可分为构设控制分系统、构设模拟分系统、环境监测分系统和构设评估分系统。系统组成框图如图 7-4 所示。

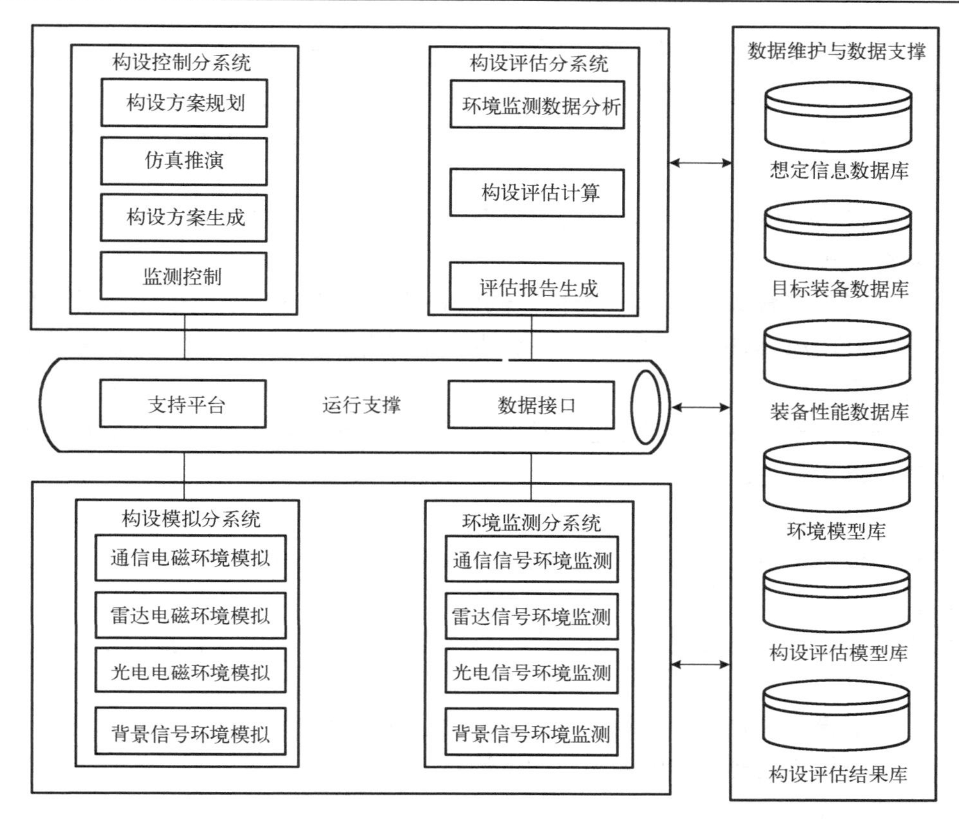

图 7-4　复杂电磁环境构设应用系统组成框图

1) 构设控制分系统

构设控制分系统主要包括构设方案规划模块、仿真推演模块、构设方案生成模块和监测控制模块四个部分，如图 7-5 所示。

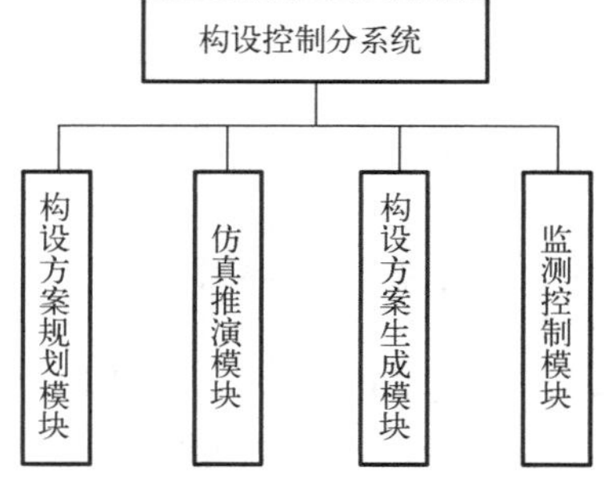

图 7-5　构设控制分系统模块组成

(1) 构设方案规划模块。

构设方案规划模块主要包括电磁环境构设规划子模块、频谱规划子模块和构设分析子模块等。

电磁环境构设规划子模块对电磁环境构设设备等效模拟作战对手电子干扰和电子侦察能力进行规划，并对电磁环境监测设备等效模拟作战对手电磁态势感知能力进行规划。

频谱规划子模块主要完成电磁频谱使用规划、训练过程规划等。

构设分析子模块主要实现电磁威胁分析、设备驻点位置和工作参数的计算、构设方案推演等。

(2) 仿真推演模块。

仿真推演模块主要包括仿真运行子模块和仿真分析子模块。

仿真运行子模块主要对制定的构设方案进行仿真运行。

仿真分析子模块主要分析判断所构设的战场电磁环境是否能够满足部队训练的需求。

(3) 构设方案生成模块。

构设方案生成模块主要包括电磁态势显示子模块、综合态势显示子模块和电磁频谱监测子模块。

电磁态势显示子模块主要完成电磁辐射源空间态势、频谱态势和其他参数的获取、生成、显示和分发等。

综合态势显示子模块主要负责指挥控制电磁环境监测设备获取电磁辐射源位置数据(或获取辐射源方位数据进行交会定位)，将电磁辐射源空间态势与实兵空间态势进行融合处理和综合显示。

电磁频谱监测子模块主要监测电磁频谱使用情况，记录参训部队电磁频谱违规行为，上报和分发电磁态势等。

(4) 监测控制模块。

监测控制模块主要包括系统控制子模块、构设控制子模块、数据接收子模块和信息记录子模块。

系统控制子模块主要实现整个电磁环境构设系统的系统控制，包括构设方案的下发、变更、调整等。

构设控制子模块主要实时控制电磁环境构设设备对电磁信号进行侦察和电子干扰等。

数据接收子模块主要接收电磁环境构设设备上报的自身位置信息、电子侦察信息、设备工作状态和工作参数。

信息记录子模块主要记录对重点目标侦察、干扰的工作过程及相应侦察到的信号变化信息。

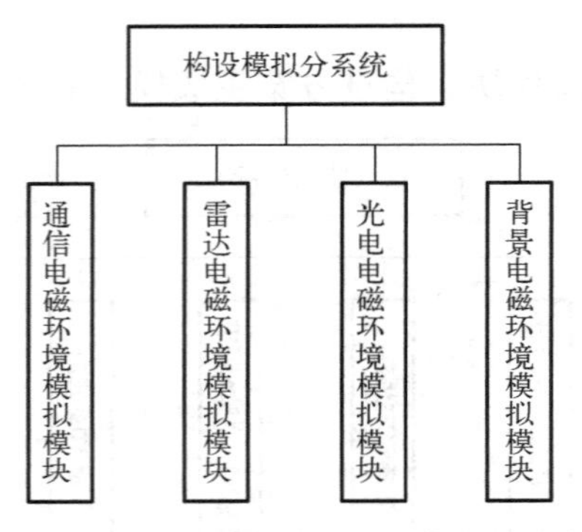

图 7-6　构设模拟分系统模块组成

2) 构设模拟分系统

构设模拟分系统主要依据下发的构设方案使用构设设备构设复杂电磁环境，包括通信电磁环境模拟模块、雷达电磁环境模拟模块、光电电磁环境模拟模块和背景电磁环境模拟模块四个部分，如图 7-6 所示。

(1) 通信电磁环境模拟模块。

通信电磁环境模拟模块主要包括通信信号环境模拟子模块、通信对抗侦察模拟子模块、通信对抗干扰模拟子模块、控制指令接收子模块和数据上报子模块等。

通信信号环境模拟子模块主要实现通信信号的模拟。

通信对抗侦察模拟子模块主要实现通信对抗环境的侦察。

通信对抗干扰模拟子模块主要完成通信欺骗式干扰及压制式干扰的模拟等。

控制指令接收子模块主要实现控制指令的接收及分发执行。

数据上报子模块主要实现通信电磁环境数据的上报。

(2) 雷达电磁环境模拟模块。

雷达电磁环境模拟模块主要包括雷达信号环境模拟子模块、雷达对抗侦察模拟子模块、雷达对抗干扰模拟子模块、控制指令接收子模块和数据上报子模块等。

雷达信号环境模拟子模块主要实现雷达信号的模拟。

雷达对抗侦察模拟子模块主要实现雷达对抗环境的侦察。

雷达对抗干扰模拟子模块主要完成雷达欺骗式干扰及压制式干扰的模拟等。

控制指令接收子模块主要实现控制指令的接收及分发执行。

数据上报子模块主要实现雷达电磁环境数据的上报。

(3) 光电电磁环境模拟模块。

光电电磁环境模拟模块主要包括光电信号环境模拟子模块、光电对抗侦察模拟子模块、光电对抗干扰模拟子模块、控制指令接收子模块和数据上报子模块等。

光电信号环境模拟子模块主要实现光电信号的模拟。

光电对抗侦察模拟子模块主要实现光电对抗环境的侦察。

光电对抗干扰模拟子模块主要完成光电欺骗式干扰及压制式干扰的模拟等。

控制指令接收子模块主要实现控制指令的接收及分发执行。

数据上报子模块主要实现光电电磁环境数据的上报。

(4) 背景电磁环境模拟模块。

背景电磁环境模拟模块主要包括背景信号模拟子模块、控制指令接收子模块和数据上报子模块等。

背景信号模拟子模块主要完成背景信号环境的模拟等。

控制指令接收子模块主要实现控制指令的接收及分发执行。

数据上报子模块主要实现背景信号环境数据的上报。

3) 环境监测分系统

环境监测分系统主要用于依据构设方案完成训练区域的电磁信号环境监测，包括通信信号环境监测模块、雷达信号环境监测模块、光电信号环境监测模块和背景信号环境监测模块四个部分，如图 7-7 所示。

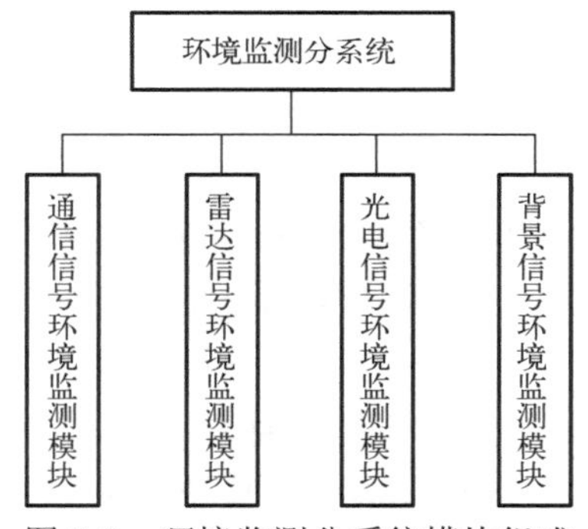

图 7-7 环境监测分系统模块组成

(1) 通信信号环境监测模块。

通信信号环境监测模块主要包括通信信号环境测量子模块、通信信号环境测向子模块、控制指令接收子模块和监测数据上报子模块等。

通信信号环境测量子模块主要实现通信信号的强度测量。

通信信号环境测向子模块主要实现通信信号的方向定位。

控制指令接收子模块主要实现控制指令的接收及分发执行。

监测数据上报子模块主要实现通信信号环境监测数据的上报。

(2) 雷达信号环境监测模块。

雷达信号环境监测模块主要包括雷达信号环境测量子模块、雷达信号环境测向子模块、控制指令接收子模块和监测数据上报子模块等。

雷达信号环境测量子模块主要实现雷达信号的强度测量。

雷达信号环境测向子模块主要实现雷达信号的方向定位。

控制指令接收子模块主要实现控制指令的接收及分发执行。

监测数据上报子模块主要实现雷达信号环境监测数据的上报。

(3) 光电信号环境监测模块。

光电信号环境监测模块主要包括光电信号环境测量子模块、光电信号环境测向子模块、控制指令接收子模块和监测数据上报子模块等。

光电信号环境测量子模块主要实现光电信号的强度测量。

光电信号环境测向子模块主要实现光电信号的方向定位。

控制指令接收子模块主要实现控制指令的接收及分发执行。

监测数据上报子模块主要实现光电信号环境监测数据的上报。

(4) 背景信号环境监测模块。

背景信号环境监测模块主要包括背景信号环境监测子模块、控制指令接收子模块和监测数据上报子模块等。

背景信号环境监测子模块主要完成背景信号环境的监测。

控制指令接收子模块主要实现控制指令的接收及分发执行。

监测数据上报子模块主要实现背景信号环境监测数据的上报。

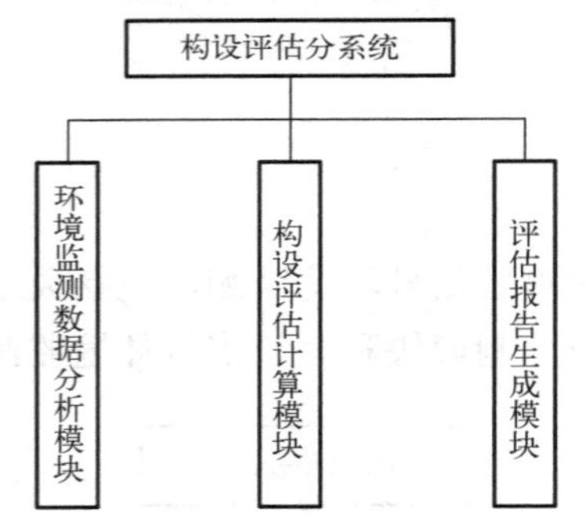

图 7-8　构设评估分系统模块组成

4) 构设评估分系统

构设评估分系统主要依据环境监测结果和构设设备工作状态参数对所构设的复杂电磁环境进行分析评估，形成评估报告，包括环境监测数据分析模块、构设评估计算模块和评估报告生成模块三部分，如图 7-8 所示。

(1) 环境监测数据分析模块。

环境监测数据分析模块主要包括数据预处理子模块、相似系统结构分析子模块和系统属性特征分析子模块等。

数据预处理子模块主要实现对电磁环境模拟数据及监测数据进行分析前的预先处理。

相似系统结构分析子模块对构设的电磁环境进行系统结构分析。

系统属性特征分析子模块主要对电磁环境进行属性特征分析。

(2) 构设评估计算模块。

构设评估计算模块主要包括特征评估子模块、逼真度评估子模块和复杂度评估子模块。

特征评估子模块主要实现对电磁环境“四域”特征进行评估。

逼真度评估子模块主要实现对电磁环境构设逼真度进行评估。

复杂度评估子模块主要实现对电磁环境复杂度进行评估。

(3) 评估报告生成模块。

评估报告生成模块主要包括评估报告管理子模块和评估报告编辑子模块。

评估报告管理子模块主要完成评估报告的生成、日常维护及管理。

评估报告编辑子模块主要负责评估报告的修改、审定与编辑。

3. 系统运用

根据实战化训练组织的一般程序，针对复杂电磁环境构设应用系统的结构和功能特点，其构设复杂电磁环境时的工作流程如图 7-9 所示。

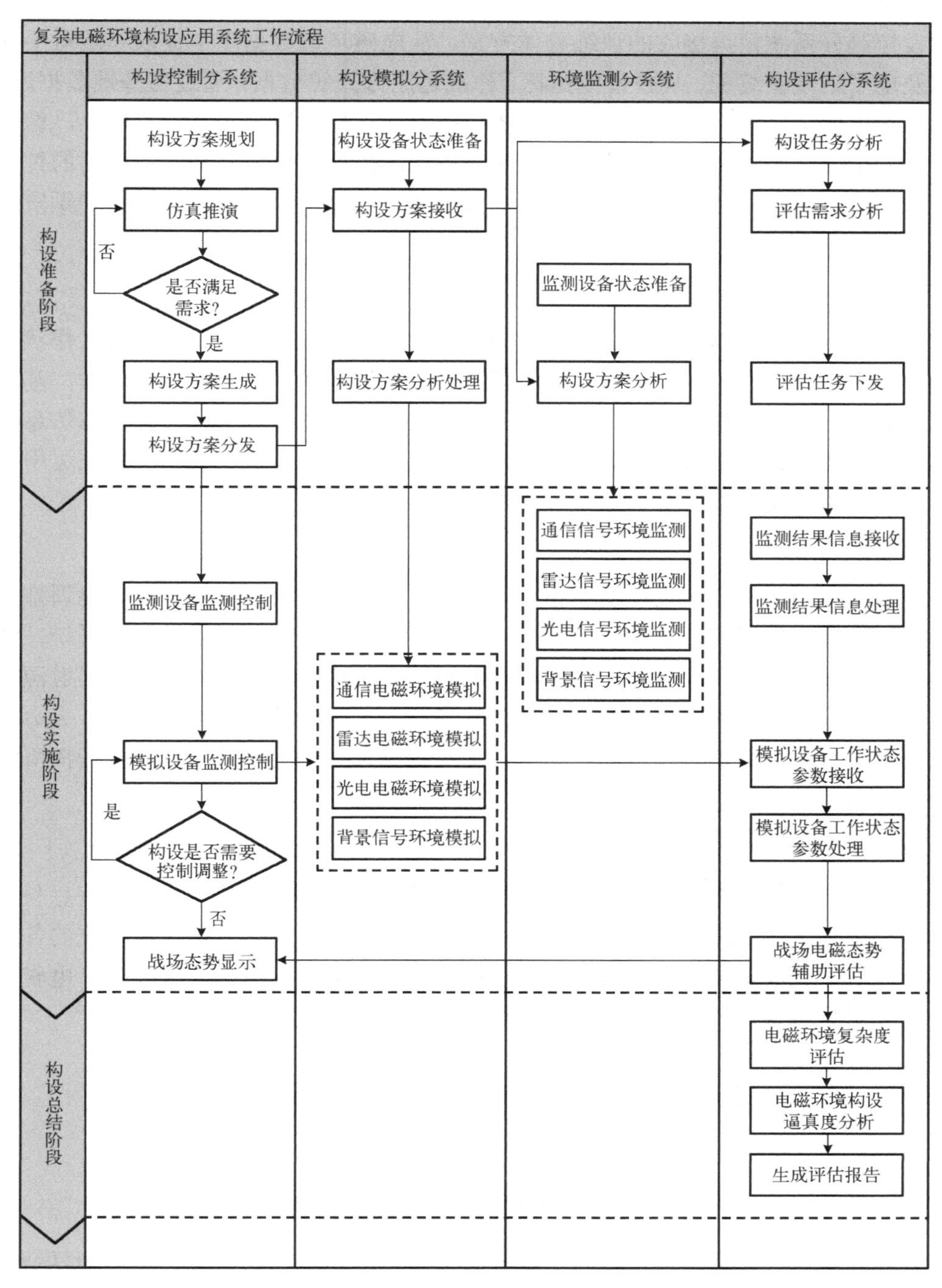

图 7-9　复杂电磁环境构设应用系统工作流程

1) 接收训练方案

构设控制分系统接收训练总体方案、导调实施计划等文件，综合分析受训部队、作战对手、训练课题、训练内容等信息，明确构设复杂电磁环境的相关要求，为制定电磁环境构设方案提供依据。

2) 制定电磁环境构设方案

构设控制分系统根据接收的训练总体方案，从电磁环境数据库中提取作战对手的编制编成以及电子战装备编配、战技性能指标、作战运用方式等数据；通过与基地数据库关联，提取训练对象的编制编成、装备编配、装备战技性能指标等数据，在此基础上，综合分析作战对手的电磁威胁特征，等效计算电磁环境构设所需的模拟设备和监测设备的种类、数量、配置，确定模拟、监测设备的运用和工作方式，规划电磁频谱，明确保护频段，生成电磁环境构设方案。

3) 设置和动态调整电磁环境

构设模拟分系统根据构设控制分系统的指令，产生电磁信号，并将自身工作状态上报构设控制分系统。构设控制分系统接收和汇总环境监测分系统的电磁环境数据，基地其他数据采集系统分发的受训部队位置、火力、行动数据，以及受训用频装备状态信息，并与环境构设方案进行比对，根据比对结果适时调整模拟设备的种类、数量、配置运用和工作方式，保证电磁环境构设符合训练训练要求。

4) 监测和感知电磁态势

环境监测分系统根据构设控制分系统的指令，对训练频段、禁用频段、参训部队重点用频和电磁环境实施监测，记录监测数据，同时将监测数据送至构设控制分系统，然后按照构设控制分系统的指令或自主对指定频段的辐射源进行测向(定位)，并将辐射源测向定位数据送至构设控制分系统。构设控制分系统将测向、定位数据与部队兵力、火力、信息行动数据等进行融合处理，形成综合态势，按规则分发到相关系统，为各类指挥所掌握电磁态势、动态调整电磁环境提供支持。

5) 组织电磁环境评估

构设控制分系统将电磁环境模拟设备和受训部队及装备的位置、状态等信息与电磁环境监测数据进行关联处理后，分发给构设评估分系统。构设评估分系统对接收的各类数据进行综合分析，完成电磁环境“四域”特征统计分析、电磁环境复杂度评估、电磁环境逼真度评估和用频装备效能计算，为部队训练效果评估提供支撑。

7.3 实战化训练效果溯源评估应用

7.3.1 实战化训练效果评估原则与要求

信息化武器装备在未来战场中的广泛应用使未来战场面临的电磁环境更加复杂，因此在开展实战化训练效果评估的过程中，需要更多地考虑电磁环境要素，将电磁环境要素融入多维评估指标体系，这样在进行溯源评估时，才能够更加准确地判断电磁环境对训练的影响，这对“评估分析找问题、综合比较查原因，复盘研讨寻对策”具有十分重要的现实意义。

1. 评估原则

实战化训练效果评估是一项复杂的系统工程，其中，电磁环境影响因素多且动态变化，要做到准确、客观评估，必须打破传统观念，创新评估理念，运用科学的方法实现准确的评估。实战化训练效果评估应遵守以下基本原则。

(1) 对象评估与能力评估相结合，以能力评估为主。

传统的训练成绩评估方法主要对首长、机关、分队等对象进行评估，限制了对部队整体作战能力的衡量与检验。复杂电磁环境下训练效果评估工作应根据新大纲要求和部队作战过程分析，将部队作战能力整合为指挥控制能力、情报侦察能力、打击干扰能力和综合防御能力，把评估对象融入这些能力之中，为通过训练发现问题、分析问题、解决问题提供载体和条件。

(2) 定性评估与定量评估相结合，以定量评估为主。

长期以来，由于受技术条件的限制，部队训练评估主要采取定性评估的方式。这种方式在客观性和准确性方面存在很大的局限。复杂电磁环境下部队训练效果评估应当确立“定性评估与定量评估相结合，以定量评估为主”的评估理念，即对部队训练的全过程和主要方面采取定量评估，对难以量化评估的问题采取定性评估，使训练效果评估更加客观准确。

(3) 结果评估与过程评估相结合，以过程评估为主。

以往的部队训练评估比较注重对结果的评估，忽视了对部队行动过程的跟踪评估。“结果评估与过程评估相结合，以过程评估为主”，就是要严密监视和跟踪部队训练过程中的关键细节，全面分析造成部队训练水平不高的原因，特别是可以有效突出训练过程中的复杂电磁环境影响因素，并结合部队行动结果，对部队训练效果给出综合评价，为分析问题、查找问题提供有力支撑。

(4) 主观评判与客观标准比较相结合，以客观标准比较为主。

以往的部队训练成绩评估中考核评分细则主要由考核者根据定性评估标准确定，评估的结果往往难以令人信服。“主观评判与客观标准比较相结合，以客观标准比较为主”，即以标准数据与部队训练行动结果数据比较为主，辅以考核者对定性问题的评判得出部队训练成绩。其中，客观标准是在不断积累和修正部队大量实践数据的基础上形成并经过专家与权威部门反复论证确定的，能有效地解决谁考核谁定标准、考核标准不统一等问题，最大限度地减小人为因素的影响。

(5) 总结经验与发现问题相结合，以发现问题为主。

由于缺乏有效的量化评估手段，传统的部队训练难以获取客观、准确、足量的数据信息。“总结经验与发现问题相结合，以发现问题为主”的评估原则旨在通过在训练过程中存储部队行动数据信息和评估数据信息，以及回溯、复现、分析部队训练行动的过程，剖析部队在指挥控制、情报侦察、电子干扰、电子防御等方面存在的问题，及时形成对策和建议，以达到提升部队战斗力的目的。

2. 评估要求

部队训练考核评估是一项系统性、科学性、实践性很强的工作。必须深入探索评估体制机制、评估标准体系、评估手段方法和评估专业队伍建设内容，努力增强训练考核评估的科学性、规范性和有效性；做好评估准备、实施、总结各阶段的工作，不断提高实战化训练溯源评估工作的质量效益，为提升部队核心作战能力发挥更大的促进作用。部队训练考核评估工作通常划分为训练准备阶段、训练实施阶段和训练总结阶段进行组织实施，如图 7-10 所示。

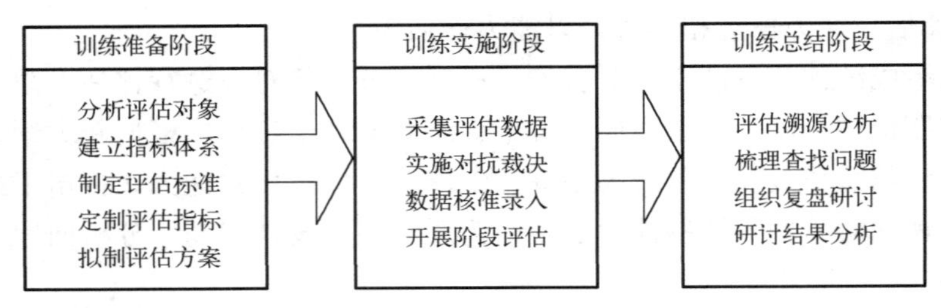

图 7-10　实战化训练溯源评估的组织实施基本流程及工作内容示意图

必须按照组织实施基本流程明确各阶段需要完成的主要工作，确保训练考核评估工作落到实处，具体要求如下。

(1) 考核评估筹划准备要周密扎实。

准备工作的好坏直接影响考核评估效果。考核评估准备工作头绪多、标准要求高，必须统筹安排、严密组织，认真做好现地勘察、方案拟制、标准制定、导调准备、蓝军培训、场地设置和评估集训等准备工作。确保准备工作质量，关键是达到六条标准要求，即完善的考核评估实施方案、科学的评估标准体系、过硬的导调评估队伍、逼真的模拟蓝军、近似实战的战场环境、实用可靠的信息化评估手段。

(2) 考核评估组织实施要严格求实。

组织实施考核评估活动，突出特点是动态评估多、时效性强、风险性大，必须坚持从难从严、真考实评，主要做好考核评估任务部署、静态检查考核、分组跟踪导评、同步采集数据、汇总分析情况等工作。确保评估有效实施，着重把握六点要求：一是导调要活，运用四个临机方法，在导、演、评一体互动中评出作战能力真实水平；二是对抗要真，用好模拟蓝军和模拟战场环境，在实侦、实扰、实打、实抗中检验复杂情况处置能力；三是检查要细，对于实战化训练关键要素，要严查、细查、深查，不留死角；四是采集要准，突出重点要素、重点部位、重点环节的实时数据采集，加强末端监测和核查印证，力求数据完整、翔实、准确；五是安全要严，就是严格制定安全保密措施，加强安全管理检查，确保信息防护安全；六是标准要实，就是要运用科学的方法和手段建立多视角评估指标体系，确保评估指标和评估标准能用、有用，并与训练实际需求相一致。

(3) 考核评估总结讲评要客观真实。

考核评估总结是对训练考核评估工作的总鉴定、总评价，主要特点是种类繁多、信息庞杂，对理性分析、科学评定的要求很高。要重点围绕总结成果、检讨问题两个方面，切实做好情况汇总、复盘回放、数据分析、成果提炼、问题梳理、对策研讨等工作。为确保考核评估总结实效，应注重抓好以下四个方面：一是自下而上梳理成果经验；二是系统分析查找问题；三是集中研讨对策措施；四是推动成果转化运用。

7.3.2　训练准备阶段的评估指标体系建立与评估指标定制

实战化训练准备是从受领训练任务开始至训练实施前，为保障实战化训练顺利实施所开展的各项工作。训练准备阶段是部队开展实战化训练的基础性工作，也是实战化训练的重要组成部分，具有涉及面广、工作量大、持续时间长等特点，训练准备工作完成的质量直接影响部队开展实战化训练的效果和训练目标的实现，因此，组训者和参训部队必须进行周密细致的训练准备工作。准备阶段的训练效果评估工作的核心是建立评估指标体系和定制评估指标。

1. 建立评估指标体系

1) 分析评估对象

分析评估对象是训练考核评估工作的第一步。分析结果是建立评估指标体系的依据，也是保证考核评估工作针对性、客观性和有效性的基础。评估对象分析结果一般在训练实施前数周由评估机构依据军事训练考核大纲和上级训练要求、参训部队和训练条件等情况综合得到。评估对象涉及的信息繁杂众多，为了保障训练考核评估工作先期开展，需要尽早获取以训练方案为核心的相关信息。按照训练层次划分，评估对象分析应涵盖专业技能训练、专项对抗训练和实兵综合演练等，其中，实兵综合演练是部队训练的最高层次，通常情况下实兵综合演练资料涵盖专业技能训练资料和专项对抗训练资料的相关内容。

2) 明确评估要素

明确训练考核评估目的、内容及要素是进行训练考核评估工作的重要环节。训练考核评估的目的是检验部队训练水平，就是通过评估检验部队的阶段性训练成果和作战能力，对部队训练水平进行考核和评价，及时发现部队训练中存在的问题及短板，进而改进训练方式和方法，促进受训部队作战能力提升。评估内容界定了评估工作的范畴，是在训练方案分析和能力需求分析的基础上，结合评估条件对评估工作的阐述，也是梳理评估要素的前提和基础；评估要素又称评估项，是对评估内容要点的抽取，也是具体的评估点，它是构建训练效果评估指标体系的依据，只有正确把握评估要素，才能建立系统全面的评估指标体系。

3) 编制评估指标

评估指标是评估指标体系的组成单元，也是对评估要素进一步的定性或定量特征描述，使得评估要素可比可测。例如，雷达对抗侦察能力的评估要素通常包括目标截获、目标信号参数测量和目标识别定位，因此可用目标发现率、目标信号参数测量正确率和目标识别定位准确率来定量描述各评估要素。

评估指标在设计时应具有很强的可操作性，因此评估指标在编制时会面临多要素、多属性、多视角问题，例如，指挥控制指标可能出现在不同的作战阶段、不同的层级，考核不同对象，运用多维度多视图评估指标体系构建技术编制评估指标，可解决评估指标多要素、多属性、多视角问题。

4) 规范评估标准

评估标准是对评估指标所要达到的程度的考量。例如，指挥控制能力中的“制定作战计划”要点的评估标准为“作战计划在规定时间内完成，作战计划中各项内容的描述准确，计划、方案种类、要素齐全，格式规范”；又如，情报侦察能力中的目标截获要素的评估标准为“规定时间内截获的目标数量与预先设定的目标数量的比值达到多少为合格、良好、优秀”。

2. 定制评估指标

1) 明确评估任务

评估任务通常指依据训练任务和评估需求，明确评估的目的、内容和要素，并对各阶段评估工作进行总体安排。评估任务一般包含以下主要内容。

(1) 明确评估目的、内容和要素。

依据本次训练任务，明确本次训练评估的目的、内容和要素，作为给评估对象定制评估指标的依据。

(2) 训练各阶段评估工作安排。

训练各阶段评估工作安排主要包括训练各阶段评估工作细化、评估工作与训练进程的衔接规定和评估突发情况处置预案等内容。

(3) 考核评估机构人员编组与任务分配。

考核评估机构人员编组与任务分配主要是对评估机构负责人、作训参谋、评估专家、导调员、系统操作员等各类人员进行明确的任务分工。

(4) 考核评估运行保障计划。

考核评估运行保障计划主要包括考核评估人员、物资保障的种类、数量、性能与状态等内容。

2) 选择评估指标

逐一选择待考核的评估对象，从已有评估指标体系中为所选评估对象定制评估指标，评估指标选择完成后，依据评估需求，若有需要，可为评估对象或核心指标进行分值分配。

3) 数据采集需求

部队训练过程是一个复杂、动态的过程，涉及兵力、武器、效能、地理、时间和电磁环境等多个方面，因而对评估数据的采集也是复杂多样的，评估指标定制完成后，必须针对各评估指标明确采集对象及内容、采集方法及手段和数据性质等需求，具体如下。

(1) 明确采集对象及内容。

从训练层级上，采集对象可以包括指挥所和指挥机关，旅、营、连等各级部(分)队，台(站)装备操作人员等多层级；从专业上，采集对象可以包括雷达对抗、通信对抗、光电对抗等多专业；因此，对于采集对象，要明确各类数据的来源、采集的具体内容和格式，充分保证采集工作的效率和有效性。

(2) 明确采集方法和手段。

目前，训练数据采集手段既包括手持导调终端机、模拟设备器材、演训系统等自动采集手段，也包括填写数据采集表等人工采集手段。因此，要明确各类数据的采集手段。而采集方法一般分为三种：一是现场调理员填写数据采集表，信息采集完后再统一汇总或录入数据库；二是在各个导调终端机中安装格式化电子数据表格，由导调员填写电子数据表格并自动回传入库；三是模拟设备器材将自身的工作参数、工作状态、工作过程等数据写入数据库。因此，要明确各类数据的采集方式，特别是要明确电磁环境类数据、部队行动类数据和导演调理类数据等三类关键数据的采集方式。

(3) 明确数据性质。

采集的数据本身是多样化的，既有定量数据，也有定性数据；既有直接采集数据，也有间接采集数据；既有文本、数字等结构化数据，也有视频、音频等非结构化流媒体数据。因此，要明确定性或定量、结构化或非结构化、间接或直接等各类数据性质。

7.3.3　训练实施阶段的对抗裁决与效果评估

训练实施阶段的评估工作主要是完成信息采集和录入、对抗裁决与效果评估等。

1. 信息采集和录入

信息采集是训练考核评估的重要环节和基础性工作，部队训练数据采集包括部队自行采集上报和调理员采集上报两种方式。各级受训部(分)队按照下发的数据采集表格如实填写并按时上报评估机构；调理员依据评估方案，运用人工记录和采集终端记录等方式，对训练数据进行采集。信息录入是评估技术人员将采集的信息录入评估系统的过程，当评估技术人员收到采集的信息后，进行汇总归纳，按照评估系统的要求录入信息。在此基础上，运行评估系统，得出指标计算结果，经聚合汇总后得出训练质量评估结论。

2. 对抗裁决与效果评估

对抗裁决与效果评估是训练实施阶段训练评估的核心工作，其中，对抗裁决是依据导演部裁决需求和训练采集数据，完成实兵训练对抗实时裁决，裁决结果可为导演部实时掌握整体训练态势和干预训练进程提供支撑；效果评估是依据训练采集数据，按照实战化训练的评估标准体系，通过考察部队训练的全过程，对部队训练的整体水平和作战能力进行科学、客观、公正的评价，效果评估通常用于阶段性评价和事后分析，包括训练电磁环境度量要素、行动效能评估要素和训练质量分析要素。

1) 训练电磁环境度量要素

实战化训练电磁环境主要由敌方电子目标环境、敌方电磁威胁环境、己方电磁影响环境和自然电磁环境等组成。训练电磁环境评估主要为部队训练质量分析提供先验条件和置信区间，训练电磁环境度量要素主要包括电磁环境特征、电磁环境构设逼真度和电磁环境威胁度等要素。

2) 行动效能评估要素

实战化训练考核评估应重点关注部队行动效能评估，可以从“侦、控、打、防”等作战环节入手进行考虑。行动效能评估主要为部队专项训练成绩评估和综合训练水平评价提供评估数据支撑。侦察行动主要包括信号截获、信号判别、信号测向和目标定位等要素；指挥控制行动主要包括分析判断情况、定下作战决心、制定作战计划和组织作战协同等要素；打击干扰行动主要包括目标确定、打击方式选取、干扰样式选择、干扰时机确定等要素；防御行动主要包括反侦察、反干扰和抗摧毁等要素。

3) 训练质量分析要素

部队训练质量分析通常考虑电磁环境度量值、部队专项训练成绩和部队综合训练水平等方面。训练质量分析要素包括：用于受训部队历次训练成绩纵向比较与一次训练中不同部队训练成绩横向比较的均值和方差，用于影响训练质量水平原因查找的主成分和贡献度等数理特征。

7.3.4　训练总结阶段的溯源评估与复盘研讨

评估总结是训练考核评估的最后阶段，也是训练考核评估的一项重要内容。

1. 溯源评估

部队训练效果如何，以及考核评估对训练活动将产生何种导向作用，主要取决于能否对各参训单位的训练情况做出客观、真实、全面的评价，尤其是能否溯源查找训练过程中存在的问题，并有针对性地提出改进措施，做到“评一次，进一步”，因此溯源评估是训练总结阶段训练评估的关键。溯源评估首先要完成数据准备和信息汇总，针对训练层次定性、定量评估结论，主要包括参训部(分)队指控能力、侦察能力、打击干扰能力和防御能力等专项训练成绩分值；而后在部队训练效果评估分析中，由训练成绩逆向寻找影响部队训练效果的各因素，分析各考核指标与训练效果的关联关系，找出部队训练过程存在的薄弱环节，为提高训练效益提供支撑。

2. 复盘研讨

实战化训练评估结果既与参训部队指挥和行动有关，更与模拟蓝军的指挥与行动有关，为提高训练效果，通常应采取复盘的形式，对训练过程中的薄弱环节进行研讨分析。

训练组织机构应组织参训部队利用沙盘、地图、兵棋、播放视频录像、对抗态势回放等手段，复现双方对抗中的态势和决心处置，对对抗过程进行回顾、交流，展开战法讨论，查找组织指挥、协调控制、战法运用、战斗协同、支援与保障、战场防护等方面存在的问题。必要时，还可公布系统采集的原始数据信息，使裁决与讲评有理有据。

1) 复盘准备

各要素应根据职责和任务区分，在综合整理对抗训练各阶段的对抗行动情况的基础上，形成复盘素材。红(蓝)方导评组应形成红蓝双方综合讲评意见，包括双方决策、指挥、控制、协同、保障等整体能力和主要战斗行动等。副总导演牵头组织综合裁评组汇总、核验对抗态势，研究形成初步复盘讲评意见。

2)组织复盘研讨

组织复盘研讨通常在对抗训练结束，综合整理有关对抗训练情况和素材后进行。通常按部队和导调机构“两条线”分别组织，部队按指挥员、要素和分队进行复盘，导调机构按个人、导调机构各要素和导调机构集体“三个层次”组织复盘。各级导调员赴所在导调单位参加复盘，以评估所在单位作战能力和检查暴露问题为主。内容包括基本情况、战斗进程回顾、好的方面、存在的问题、有关建议等。

通常情况下实战化训练复盘按照以下步骤组织实施：

第一步，依据溯源评估结果，针对实战化训练过程中发现问题的行动，依托实战化训练效果评估系统，完成训练态势、训练过程数据、训练证据信息和评估结果等信息的数据收集与准备；

第二步，分别由红蓝双方指挥员阐述战前情况判断、决心和主要战斗行动过程，以及成败得失和主要原因；

第三步，依托实战化训练效果评估系统，导调人员和红蓝双方指挥员共同拟制复盘研讨方案；

第四步，通过训练态势回放、训练过程数据显示和训练证据信息展示等多种手段，对训练过程进行复盘；

第五步，结合评估结果和溯源分析结果，红蓝双方指挥员展开研练，并完成研讨结果录入；

第六步，对比研讨评估结果和实训评估结果，对训练过程中存在的薄弱环节找出应对措施；

第七步，形成复盘研讨报告，为后续训练提供借鉴。

7.3.5　实战化训练效果评估系统与运用

1. 系统概述

实战化训练效果评估系统(以下简称评估系统)以部队训练评估流程为框架，以灵活的评估指标体系为牵引，以评估分析模型为核心，以战场电磁环境仿真，部队训练过程数据信息等评估资源的数据采集、挖掘和综合运用为基础，实现对战场电磁环境、电磁环境效应和部队训练效果的评估。

1)系统特点

评估系统采用计算机评估的方法替代传统纸质人力评估的方法，从而进一步提高评估的效率和准确性。因此，系统设计从总体上应具有以下特征。

(1)集成性。评估系统所涉及的功能比较多，各个应用之间看似分散，却是有着很强的内在联系，要使系统将众多看似分散的软件结构从根本上集成起来，这样不仅有利于对现有系统的整合，也有利于使用人员对整个评估系统的理解。

(2)扩展性。评估系统在不同使用单位部署后，由于评估需求的差异，数据可能来源于不同的采集设备，系统在设计的过程中要充分考虑到系统的扩展接口，从而提高评估系统实用性。

(3) 灵活性。由于每次训练过程中，受训部队的评估指标和评估方法可能存在差异，评估指标、评估模型、评估标准应能够依据评估需求进行调整，从而保证评估指标体系的灵活性。

(4) 针对性。评估系统应具有针对某受训部队或某次训练的强大的信息分析功能，通过纵向和横向的比较分析，找出受训部队在训练过程中暴露的薄弱环节，并开展针对性的复盘研讨，帮助受训部队提高训练成绩。

2) 系统应用领域

评估系统目前主要的应用领域包括战场电磁环境数字仿真、战场电磁态势分析与处理、复杂电磁环境下的装备效能评估与分析、实战化训练部队训练效果评估与分析以及战场辅助指挥决策。

评估系统的应用模式具体如下。

一是开展装备效能评估与分析，评估系统可依据对战场电磁环境进行评估的信息，对复杂电磁环境下装备效能的发挥情况进行评估与分析。

二是开展作战模拟训练评估，系统可以通过运用计算机、网络、虚拟现实和模拟仿真技术，构建逼真的战场电磁环境，系统的作战模拟训练应用采取人在回路的仿真方式，利用网上模拟对抗的手段来达到提高部队训练效果的目的。

三是开展部队训练效果评估，系统可依据模拟训练或实兵对抗训练过程中采集到的训练过程数据信息，对部队的训练效果进行评估，从而辅助领导机关对受训部队的薄弱环节进行分析查找，并针对性地进行复盘研练，找到解决措施，从而达到提高部队训练效果的目的。

2. 系统组成

根据实战化训练效果评估的需求，评估系统实现时应包括评估指标管理、数据采集终端、数据分选与处理、电磁环境度量、对抗裁决与效果评估和溯源评估与复盘研讨六个部分，如图 7-11 所示。

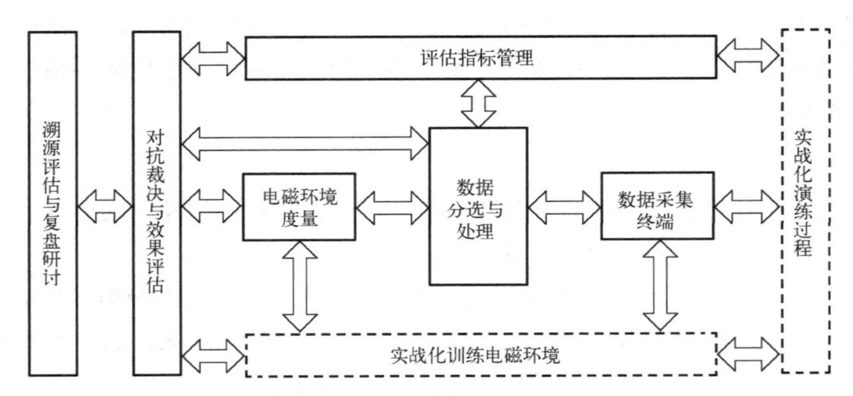

图 7-11　训练效果评估系统功能组成图

1）评估指标管理

评估指标管理主要包括评估指标体系建立和评估指标定制两个方面。首先，用户运用多维度多视图评估指标构建技术完成评估指标体系的建立；其次，用户依据训练任务和评估对象完成评估指标定制与分值分配。

2）数据采集终端

数据采集终端包括部队行动数据采集终端、战场电磁环境数据采集终端和装备工作状态参数采集终端三个部分，采集对象分别为参训部队各单位、战场电磁信号和部队使用的各类用频装备，采集手段分别为导调员现场采集、战场电磁环境监测和加装装备数据采集模块。数据采集终端是实战化训练效果评估系统必不可少的部分，可为训练环境条件分析和训练效果评估提供数据支撑。

3）数据分选与处理

数据分选与处理由数据接收、数据清洗、数据格式化解析和数据分发四部分组成，主要用于完成对数据采集终端发送来的各类数据信息进行分选、解析和分发的工作。

4）电磁环境度量

电磁环境度量包括电磁环境度量分析和电磁态势显示两个部分。电磁环境度量分析部分主要依据采集到的电磁环境监测信息和用频装备工作状态参数信息完成电磁环境逼真度评估、威胁度评估以及战场电磁环境效应分析；电磁态势显示部分主要负责采用图形、二维态势和三维态势等手段，将电磁态势分析评估结果进行直观展示，电磁环境度量结果为裁决和评估提供依据与支撑。

5）对抗裁决与效果评估

对抗裁决与效果评估是实战化训练效果评估系统在评估应用过程中的核心。对抗裁决对实时性要求较高，通常对抗裁决结果为训练导调控制提供支撑；效果评估实时性要求较低，通常为阶段性评估或事后评估，训练效果评估结果为训练质量综合分析和复盘研讨提供支撑。

6）溯源评估与复盘研讨

溯源评估与复盘研讨是评估系统在训练总结阶段的重要功能，溯源评估针对末级指标评估结果，查找影响训练成绩的末级评估指标，并依据多维度多视角评估指标体系，向上溯源查找影响训练成绩的原因和影响效果。

复盘中针对训练存在薄弱环节的行动展开研讨，训练效果评估系统负责收集训练态势、训练过程数据、训练证据信息和评估结果信息，同时完成训练过程的复盘，受训人员依据复盘态势，展开研练，研练结果录入训练效果评估系统后完成实训结果的对比分析，从而找到解决措施，为后期开展实战化训练提供支持。

3. 系统运用

1）装备效能评估应用

（1）装备效能评估应用流程。

装备效能评估应用是建立在战场电磁环境仿真和评估的基础上的，通过设置作战方案想定，依据仿真数据或部队行动过程中产生的装备参数信息，在电子战目标仿真模型、武器装备仿真模型和作战行动仿真模型的支撑下，系统运行并进行作战态势分析和作战效能评估，评估结果可为电磁环境仿真和构设提供参考，也可为部队训练效果评估提供支撑。系统的装备效能评估应用流程图如图 7-12 所示。

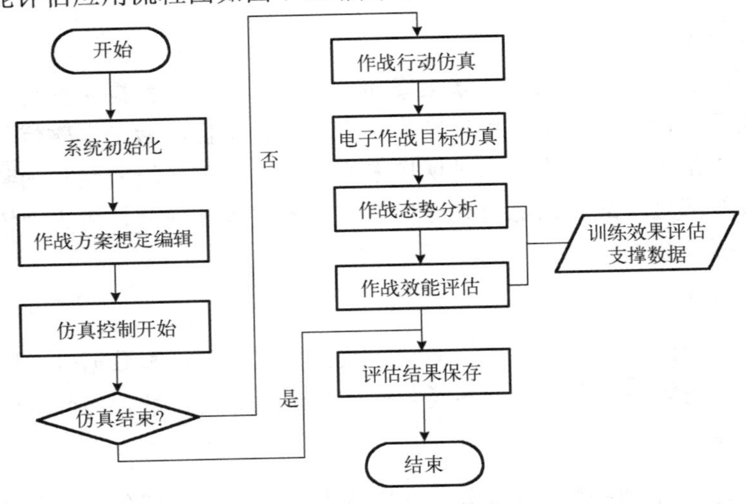

图 7-12　系统的装备效能评估应用流程图

(2) 装备效能评估应用分析。

图 7-13 显示了干扰条件下某型通信设备的指挥引导区域，在遭受干扰后，该型通信设备效能发挥受到影响。

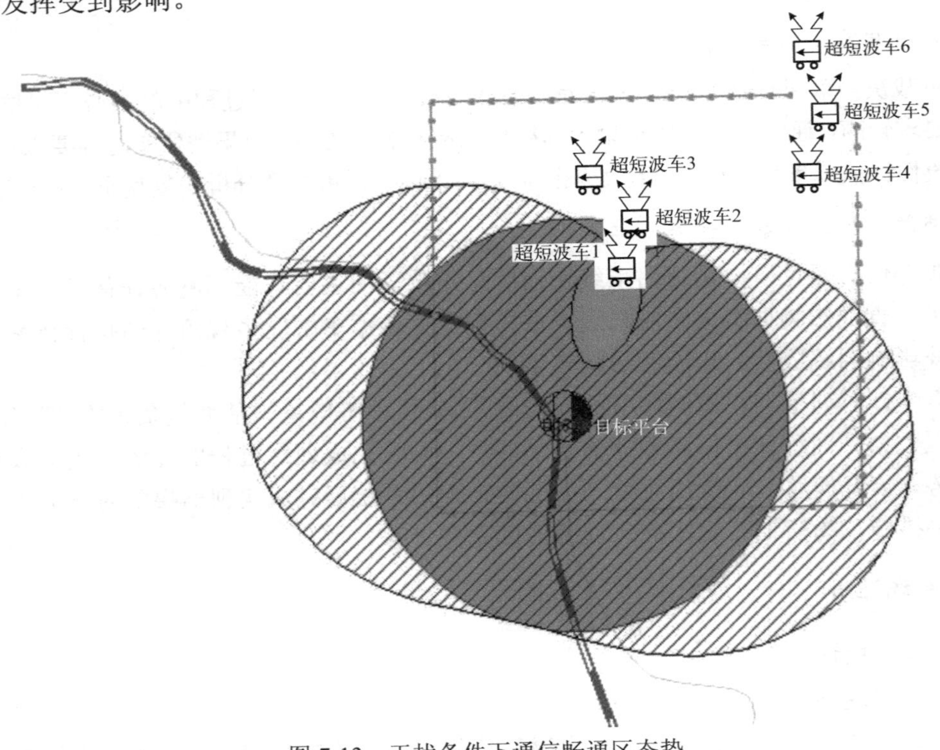

图 7-13　干扰条件下通信畅通区态势

战场电磁态势评估将“看不见，摸不着”的战场电磁环境可视化、形象化，以图形、文字方式为科研人员和指挥员提供透视信息化战场的重要途径。

2) 作战模拟训练应用

(1) 作战模拟训练应用流程。

作战模拟训练应用采取人在回路的仿真方式，利用网上模拟对抗手段来训练部队。系统应用时，首先设置作战方案想定，在电子战目标仿真模型、武器装备仿真模型和作战行动人机交互的支撑下，进行模拟推演并进行作战效能评估，同时记录行动数据供训练效果评估使用，最后将评估结果进行存储。网上模拟对抗训练经济实用，可减少装备磨损和维护费用，是信息化条件下的重要训练模式之一。系统的作战模拟训练应用流程图如图 7-14 所示。

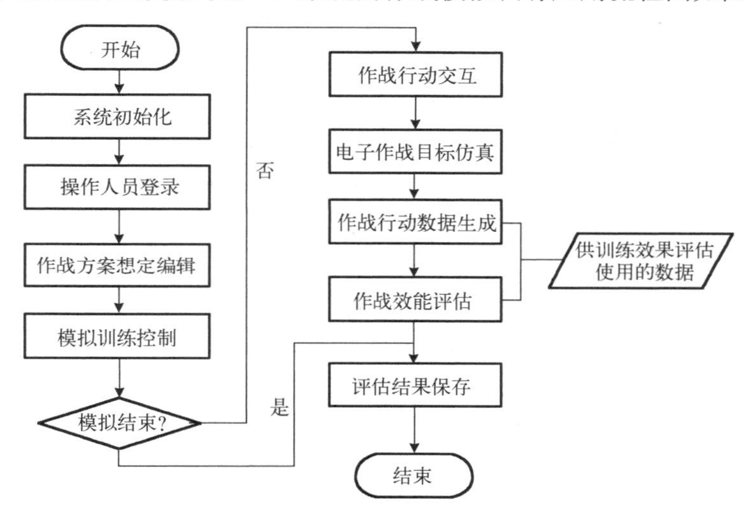

图 7-14　系统的作战模拟训练应用流程图

(2) 作战模拟训练应用分析。

图 7-15 描述了通信对抗模拟训练应用的仿真推演和训练成绩的直方、曲线图。该模拟

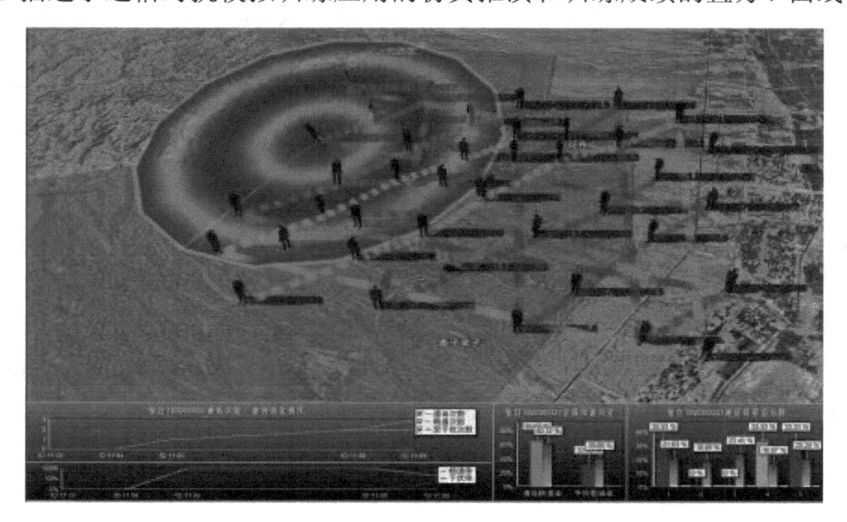

图 7-15　通信对抗模拟训练结果分析

训练结果以受训人员在模拟训练过程中产生的各种工作参数为基础，并通过相关模型计算得出，通过该直方图，可直观对受训人员训练成绩进行比较和分析。

3) 训练效果评估应用

(1) 训练效果评估应用流程。

评估系统的训练效果评估应用首先应针对部队实战化训练的特点，构建训练效果评估指标体系，定制评估指标并生成评估方案；其次依据数据采集需求，采集训练过程中产生的行动数据，按照指标计算模型和训练效果评估方法对数据进行处理，最终得出部队训练效果评估结果。评估过程中得到的各种评估结果可以帮助部队进行问题查找、复盘研讨和制定改进措施，最终给出的评估报告为训练导演部进行训练讲评提供了重要支撑和佐证材料。系统的训练效果评估应用流程如图 7-16 所示。

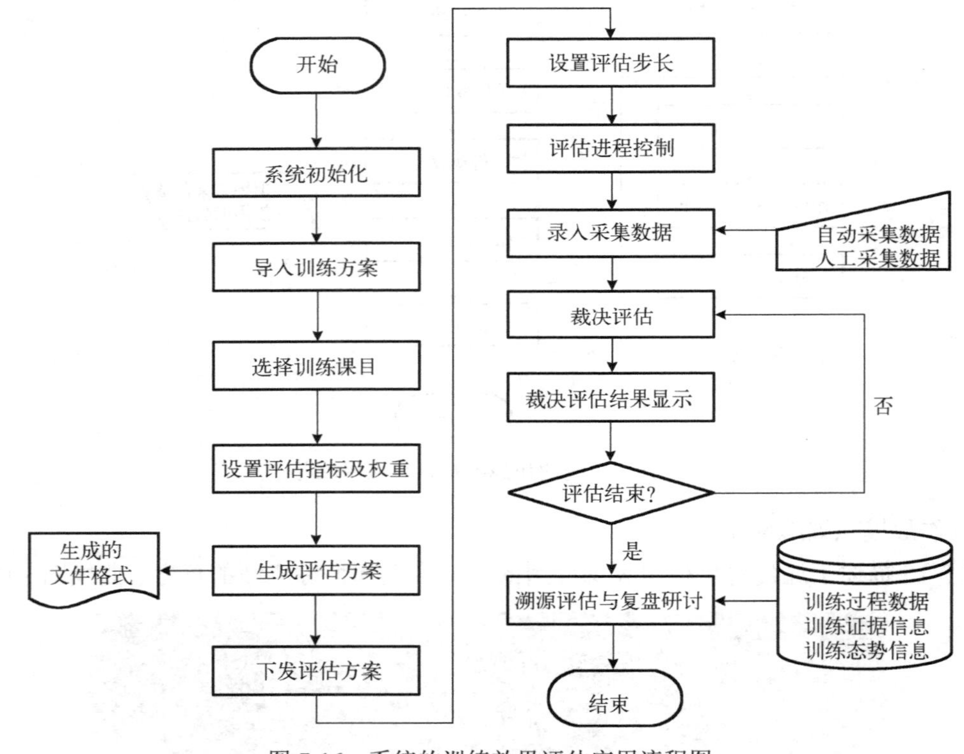

图 7-16　系统的训练效果评估应用流程图

(2) 训练效果评估应用分析。

系统的训练效果评估应用分析包括训练准备阶段的指标建立与指标定制、训练实施阶段的对抗裁决与效果评估、训练总结阶段的溯源评估与复盘研讨。

首先，在训练准备阶段，系统使用人员完成多维评估指标体系建立后，依据当次训练任务定制裁决评估指标，并生成数据采集需求和评估方案。多维评估指标维护界面示意如图 7-17 所示。

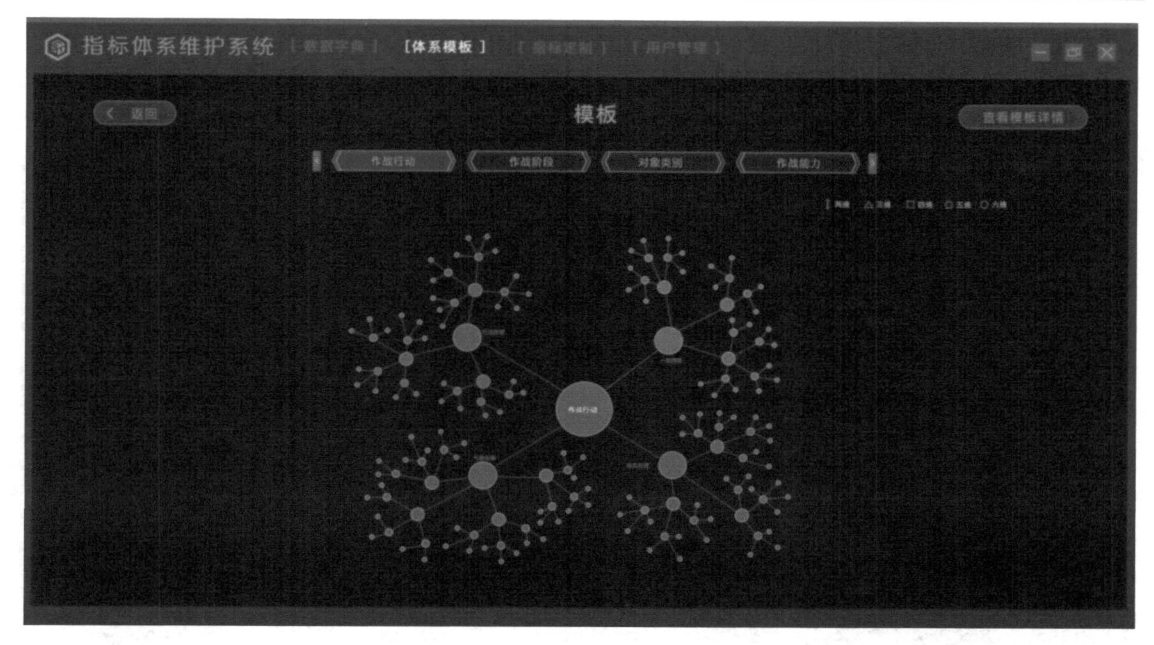

图 7-17　多维评估指标维护界面示意

其次，在训练实施阶段，系统依据评估方案，在内场仿真数据、外场采集设备自动采集数据和外场导调终端人工采集数据等多源数据的支撑下，完成对抗裁决和训练质量评估。对抗裁决结果显示界面示意如图 7-18 所示。

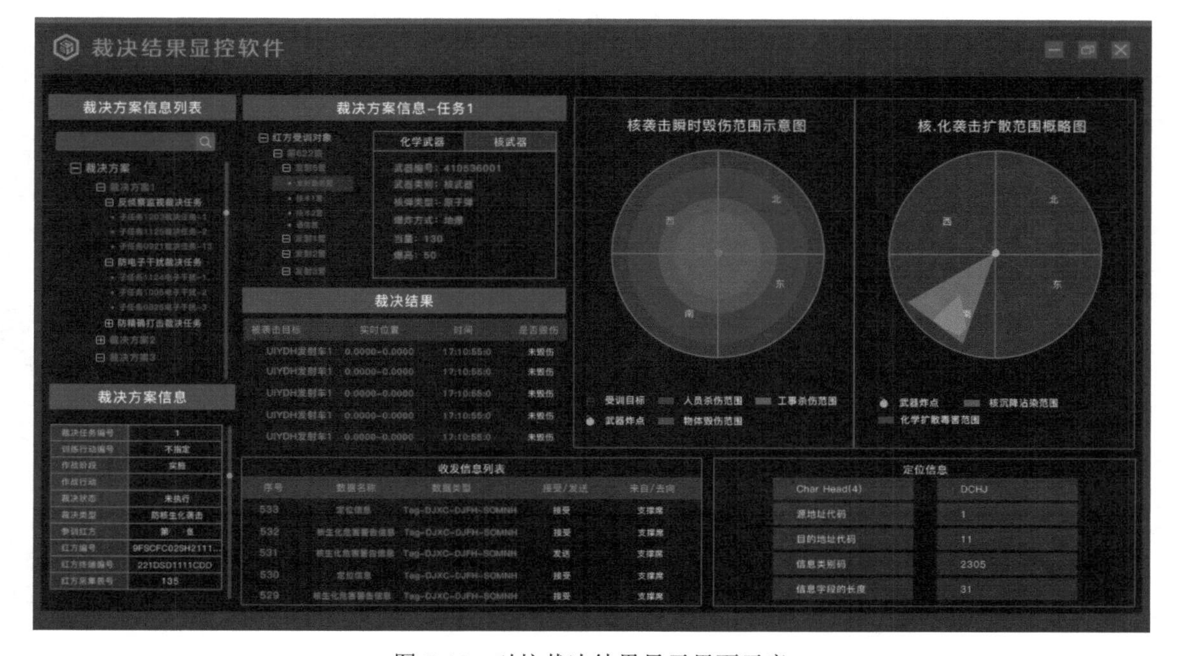

图 7-18　对抗裁决结果显示界面示意

再次，在训练总结阶段，系统用直方图的形式直观地将部队训练的综合比较结果展示出来，在此基础上，评估人员可能会对“某一受训部队在本次训练中的训练成绩为什么会比其他部队差”的问题更加关注，系统采用基于贝叶斯网络的溯源评估方法，对部队训练结果进行分析查找，结合图片、视频等训练证据信息的调阅，找出部队在训练过程中存在的薄弱环节。训练效果溯源分析界面示意如图 7-19 所示。

图 7-19　训练效果溯源分析界面示意

最后，针对在训练中存在薄弱环节的部队行动，制定复盘研讨方案，系统依据复盘研讨方案完成训练过程信息、训练态势信息和训练证据信息的数据准备，受训人员依托复盘研讨软件展开复盘研练，系统完成对复盘研练结果的评估，研练结果与实训结果的比较可以作为研练效果的参考，从而辅助受训人员找到解决问题的措施。

第 8 章　复杂电磁环境作战支持应用

未来作战是复杂电磁环境下的诸军兵种联合多域作战，为降低复杂电磁环境的影响，切实掌握复杂电磁环境下的作战行动特点与规律，认清战场复杂电磁环境对作战 OODA 环即观察(Observe)、判断(Orient)、决策(Decide)、行动(Act)的影响作用，做好战场电磁态势全域感知、战场电磁频谱管理和电子防御，抢占有利先机，解决战场电磁兼容问题，维持己方各种武器装备作战效能的正常发挥，保持整体作战能力不降低，不仅是服务备战打仗的现实需求，也是复杂电磁环境下开展作战支持应用研究，更好地实现作战目标，打赢信息化、智能化战争的必备能力和基本要求。

8.1　战场电磁态势感知

战场电磁态势感知是通过战场电磁环境的侦测，使指挥员了解和掌握作战地域电磁环境的组成、特性和状态，帮助指挥员对战场综合态势做出正确的判断和预测，从而形成有效的指挥决策。战场电磁态势感知是复杂电磁环境在作战支持应用中的“基石”。战场电磁态势感知包括战场电磁环境侦测、战场电磁态势认知等。

8.1.1　战场电磁环境侦测

现代战场空间中各类辐射源密集部署，战场电磁环境侦测面临的就是电磁信号。通过对辐射信号的侦收、对工作参数和特征参数的测量，可以获取辐射源目标的体制、用途和型号等信息，掌握战场综合电磁态势，而且通过进一步推断，还可以得到其他相关信息。例如，通过查找辐射源密集区和信息交换频繁的地方，可以判断敌方通信、指挥中枢等情况，进而确定作战行动尤其是信息进攻行动的主要方向。战场电磁环境侦测主要包括辐射源参数测量和辐射源目标识别。

1. 辐射源参数测量

参数是表征辐射源的基本要素，也是通过侦测设备能获取的关于战场电磁环境的原始素材。无论对于军用电磁辐射、民用电磁辐射，还是自然电磁辐射和电波传播环境，参数测量都是一项必需的基础性工作。归纳起来，辐射源参数的测量主要包括频域参数、空域参数、时域参数和能域参数的测量。其中，频域参数包括信号中心频率、频率带宽和多普勒频率。空域参数主要指的是辐射源的方向参数。辐射源的时域参数有两个层次：一是辐射源的工作时间参数，如开关机时间、开关机规律和不同工作模式的转换时间等；二是辐射源信号的时间参数，如雷达脉冲信号的到达时间、信号脉冲宽度和通信通联特征参数等。辐射源的能域参数主要指的是通过侦测设备获取的与信号功率或电平有关的特征参数。对于不同的信号样式，能域参数的表达形式是不一样的。例如，雷达信号大多是以脉冲形式存在的，通过侦测设备获得的能域参数是脉冲幅度。而通信辐射信号是连续波信号，通过侦测设备得到的能域参数是连续波信号的幅度电平，包括瞬时电平和平均电平。

2. 辐射源目标识别

辐射源参数测量是战场电磁环境侦测的起点，而辐射源目标识别是战场电磁环境侦测的中间环节，也是获取战场电磁信息的关键步骤。战场电磁环境中的辐射源目标识别是将分选所得的辐射源技术特征参数与事先通过电子情报侦察获得的辐射源特征数据库内容进行容差比较所形成的判断，从而确定辐射源的类别、型号，并能进一步得到更详细的战技参数，同时还可以给出识别可信度和对电磁环境的影响程度。辐射源目标识别的主要任务包括：识别辐射源的类型和型号及可能的运载平台，判定辐射源的敌/我属性，确定辐射源目标的威胁等级。

辐射源目标识别的内容包括辐射源体制、类型、用途、平台、调制特性等的识别。辐射源识别通过对上一级处理单元(数据关联)送来的目标(待识别辐射源)被探测到的工作参数和特征参数进行分析，获取目标的体制、用途和型号等信息。平台识别则分析其配备的辐射源类型和数量，得到平台的类型和相关批号等，是进一步分析其相关武器系统、工作状态和制导方式，了解战术运用特点、活动规律和作战能力的基础，也是做好高层次上的态势估计和威胁度评估的关键与主要依据。

8.1.2 战场电磁态势认知

在复杂电磁环境下，战场态势信息获取手段的不断丰富使得指挥员所感知的战场态势已经发展为多军兵种、多层次、相互关系复杂、信息量巨大的综合战场态势，指挥员所面临的主要困难不再是态势信息的缺乏，而是如何从纷繁复杂的海量综合战场态势信息中准确、高效地认知战场态势。战场电磁态势认知是战场电磁态势感知的重要分支。

1. 战场电磁态势认知内涵

通常所说的战场态势是指作战双方的作战要素的状态、形势与发展趋势，在战略层次上，包括敌对双方的总体力量对比、战略部署与战略行动的状态、形势和趋势，同时包括敌对双方的社会人文环境等；在战术层次上，指敌对双方具体的兵力对比、兵力部署、作战计划、火力分配、作战企图以及具体的作战实体，如作战平台、武器及具体武器目标的状态、形势与发展趋势等。战场电磁态势作为战场态势中的重要组成部分，是指在特定的时空范围内，敌对双方的用频装备、设备配置和电磁活动及其变化所形成的状态与形势。战场电磁态势的内涵包含三个方面：一是战场电磁态势的对象包括用频装备、设备和电磁活动，用频装备和设备是电磁活动的物质载体，区别于“看不见，摸不着”的电磁波，电磁活动则是作战行动中对电磁波的运用，如电子侦察、电子干扰、电子摧毁等；二是战场电磁态势的内容包括用频装备、设备配置和电磁活动过程，用频装备、设备配置在物理空间上直观展示位置分布，与战场力量部署类似，电磁活动过程则包括活动发起、活动对象、活动变化过程和活动结束；三是战场电磁态势内容的拓展，用频装备、设备配置不仅在物理空间上，也包括在作战频谱上，还体现在组网关系上，电磁活动过程的隐蔽性、突然性和欺骗性增大了对态势估计和预测的难度。

战场电磁态势认知则是把繁杂无形的战场电磁环境侦测信息，通过信息处理、数据融合、知识挖掘与表示等方法转换成为指挥员可以接受及理解的方式，并以此进行决策的过程。对战场电磁态势认知相关领域的研究，其最终目的是为指挥员最方便、快捷、准确地理解与感知战场电磁态势，发掘指挥决策所需要的态势信息服务。

电磁态势要素则指构成战场电磁态势的兵力、环境、事件和估计等诸类要素。不同的战场电磁态势指其包含不同的态势要素。与一个作战目标对应的一个或多个待验证的战场态势假设随作战目标改变而变化，甚至在一个作战目标下的不同作战阶段或时节都存在差异。因此，确定一个战场电磁态势假设及其构成要素，并依据战场目标变化确定战场电磁态势要素及其相互关系的发展和变化，予以及时估计与更新，是检验指挥员的态势判断能力和作战指挥能力的重要内容。战场电磁态势要素也称为战场电磁态势估计要素，因为电磁态势要素通常带有不确定性(模糊性和随机性)，对电磁态势要素的发展变化及其不确定性的估计就构成了战场电磁态势感知的主要内容。

战场电磁态势认知属于战场态势认知的理论体系分支。经过多年的发展，战场态势认知的理论体系不断完善，形成了相对比较成熟的研究领域及研究方法，其主要研究内容包括态势认知的功能模型、体系结构、态势认知系统工程、态势理解算法及其应用、系统辅助支持功能设计、系统需求分析及性能评估方法等。模型设计是态势认知的关键问题，态势认知的模型是多方面的，主要包括功能模型、结构模型和数学模型。态势认知的功能模型是从认知过程出发，对一个能够运作的态势认知系统必须包括的处理过程的描述，它描述态势认知包括哪些主要功能、数据库，以及进行融合处理时系统各组成部分之间的相互作用过程。与体系结构相比，它描述的是系统的功能单元的组成，但并不涉及各单元的软件实现或物理特征。功能模型由态势认知的任务要求决定，并决定着系统的规模及结构模型，对态势认知系统的开发有重要的指导作用。目前常用的功能模型主要是JDL功能模型。在实际应用中，由于使用方对态势认知的需求不尽相同，如多传感器的配置、融合的输入、融合的等级、通信带宽、计算负荷和融合的输出等，设计者无法完全照搬通用功能模型，只能以此模型作为基础，按照实际的特定要求进行相应的裁剪、修改和增添，以满足用户的需要。数据融合的体系结构，即结构模型，是指系统的物理结构，它从态势认知的组成出发，说明态势认知系统的软、硬件组成，相关数据及控制流，系统与外部环境的人机界面等。态势认知的体系结构可以从不同层次划分，在不同的层次上有不同的结构模型。从融合层次上看，有根据系统的软件组成、相关数据及控制流来划分的体系结构；有根据硬件组成来划分的体系结构；还有根据系统并行处理方法划分的体系结构。在系统的协同开发中需要用相同的结构规范描述系统的结构，使开发的态势认知系统的体系结构具有可比性。态势认知数学模型，即算法工具，指的是态势认知算法和综合逻辑，它是态势认知的一项重要研究内容。它根据数据融合要求，在不同融合层次上采用不同的数学方法，对多维输入数据进行综合处理，最终实现融合处理。

2. 战场电磁态势认知内容

战场电磁态势认知是复杂电磁环境下联合多域作战行动中的重要内容，贯穿于联合多域作战行动的全过程，影响整个行动的进程，决定着整个作战行动的成败。战场电磁态势认知的内容包括以下几个方面。

(1) 判断敌方作战企图。

判断敌方作战企图是分析判断敌情的核心内容。战场态势认知中蕴含着双方的优劣对比，潜藏着双方战胜对手的作战手段、行动方法和作战目的，是双方指挥员确定作战企图所必须考虑的重要内容。通过战场电磁态势认知与分析，可以判断敌方作战策略的选择及其可能性，进而推断敌方作战企图。

在复杂电磁环境下，敌对双方通常要千方百计地隐藏自己的真实作战企图，但围绕作战企图必须展开必要的作战准备行动，伴随着作战准备，就会相应发生特定电磁活动，因此通过感知敌方相应的电磁活动，分析判断其规律，可以从中发现敌方的电磁行动征候，察觉敌方的电磁异常动态，为判断敌方作战企图提供重要依据。

(2) 分析敌方作战体系薄弱环节。

信息化条件下作战是体系对抗，依靠的是作战体系的综合集成优势，作战的重心由关注作战力量转为关注破击敌方作战体系。敌方作战体系作战能力的核心是信息体系，作战体系的各要素需要依靠电子信息系统链接为一个有机整体，通过对敌方信息系统的分析可以判断敌方作战体系的薄弱环节。

随着联合作战进程的推进，作战空间内的各项活动越来越激烈，联合作战指挥人员为实现作战企图，必须探求敌方作战体系和系统之间的薄弱环节，这就要求必须对战场实时态势进行准确的分析判读，以求找出对联合作战全局具有重大影响的作战重心，并以此为核心进行联合作战行动的任务区分，以利于我方抓住有利战机。例如，通过对电磁态势的准确分析判读，确定敌方预警探测系统、武器控制系统和指挥控制系统中雷达设备、通信设备作战能力的薄弱之处，找寻敌方电磁信号活动频繁剧烈的作战地域和重要通信结点、枢纽，可以分析判断敌方作战体系的薄弱环节，有效调配作战力量，实现信息与火力完美结合，择机对敌方实施联合攻击行动，形成有利的战场态势。

(3) 预测电磁作战态势演变趋势。

未来作战必然处于复杂电磁环境下，由于作战态势变化快，实时掌控难，预测态势演变趋势十分重要。由于战场电磁活动必然围绕作战行动展开，在时间上往往超前作战行动，电磁活动的变化间接反映了作战行动的变化，因此，及时洞察战场电磁活动变化情况，可以从中预测作战行动的可能发展。电磁活动的变化遵循着固有的规律，电磁活动能力的变化在一定程度上反映了作战能力的变化，通过电磁活动能力变化的趋势，可以预测作战能力变化的趋势。作战行动和作战能力的变化必将引起作战态势的变化，电磁态势变化是引起作战态势演变的重要因素，分析战场电磁态势及其变化情况是预测作战态势演变的重要途径。

(4) 判明敌方电磁威胁程度。

威胁程度是指敌方作战行动对我方作战行动成功实施带来的危害大小。敌方威胁由多方面因素组成，在信息化条件下作战，电磁威胁是其重要的组成部分，电磁威胁的程度在很大程度上影响着敌方威胁程度。联合作战指挥人员在组织筹划和组织实施联合作战行动时，需要综合评估敌方威胁程度，对敌方威胁程度的评估准确与否，关系着己方作战重心的确定和作战目标的选择，以及己方兵力运用和行动方法的正确与否。联合作战指挥人员根据战场上敌方电磁设备、系统的分布和电磁活动情况，分析敌方侦察预警、指挥控制、导航识别、制导火控等电磁系统对己方各种作战行动的影响大小，从而判明敌方电磁威胁程度。在判明敌方电磁威胁程度的基础上，围绕己方作战任务和作战行动，结合火力等其他威胁因素，进一步分析电磁威胁对联合作战行动的影响大小。

(5) 提供电磁作战决策依据。

信息化条件下的战场环境复杂多变，各类装备、设备种类繁多，动态迭变，给指挥员及其指挥机关进行高效决策提出严峻考验，战场态势客观存在于联合作战行动过程中，并依赖于联合作战行动而存在，分析认知战场态势是联合作战指挥员及其指挥机关获取胜利的重要法宝，通过对作战筹划阶段战场态势的准确分析，可获悉敌方主要作战企图，定下作战决心，制定作战计划；通过对作战组织阶段战场态势的详细分析，可掌握战场敌我双方的装备运用情况，紧贴联合作战任务，及时调整和修正作战计划，积极采取有效攻防行动，改变战场态势局面。

3. 战场电磁态势认知模型

Endsely 于 1985 年提出了态势感知的定义，指出态势感知是在特定的时间和空间下，对环境中各元素或对象的觉察、理解以及对未来状态的预测。态势感知的目的是通过分析战场态势的各要素，判别敌方目标威胁程度，预测战场态势演变趋势，提供决策依据，为指挥员组织指挥作战行动提供可靠依据。借鉴 Endsley 提出的三级态势感知模型，针对战场电磁态势信息的异构性，建立战场电磁态势认知的柔性认知融合模型，为开展态势估计预测应用研究奠定技术框架，建立的柔性认知融合模型如图 8-1 所示。

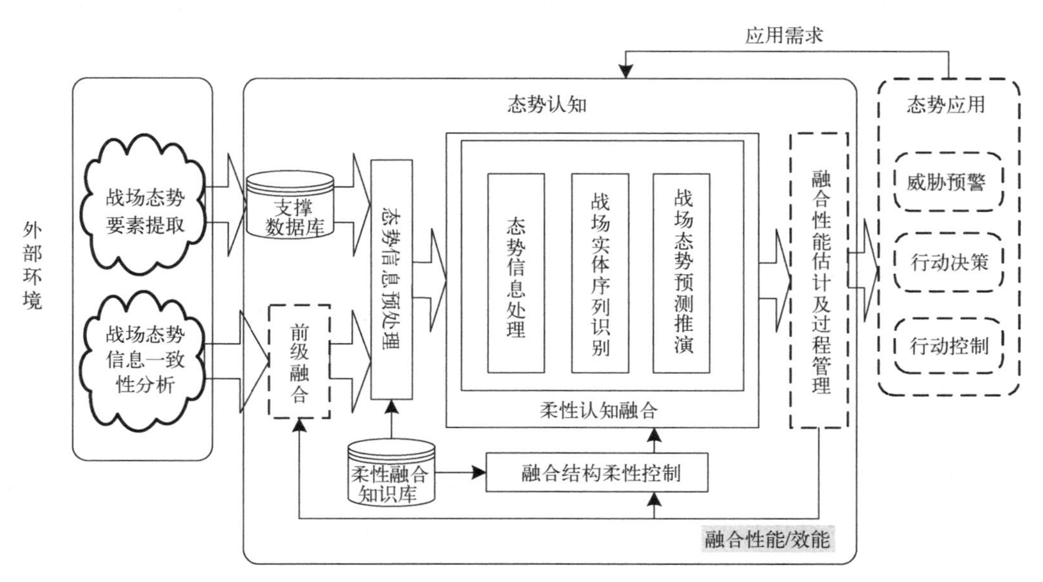

图 8-1　战场电磁态势柔性认知融合模型

在上述模型中，来自参数测量和目标识别等战场电磁环境侦测的输出结果与支撑数据库的其他情报具有很大的差异，具体表现在信息精度、信息粒度、信息相容性和信息维度上。该融合模型的关键在异构信息处理和融合模型柔性控制上。战场电磁态势认知各用户在行动应用层次、行动区域、态势的粒度与态势要素的种类和类型，以及数据的精度和实时性等上的需求不同，各级态势图服务的对象存在差异，这就决定了构成各级态势图的信息要素存在差异，对于异构信息，视异构类别拟选择不同的处理方法。例如，对于不同精度信息的融合，首先进行野值剔除，再对信息源按精度分组，实行差别化信息融合处理，保证不同精度态势信息的高效利用；又如，对于不同粒度信息的融合，采取证据合成方法，利用不同粒度证据生成新的证据及其信度，保证不同粒度态势信息的高效利用；再如，对于不同维度信息的融合，采取扩维一体融合方法，减少融合层次，提高融合处理时效性。处理方法如图 8-2 所示。

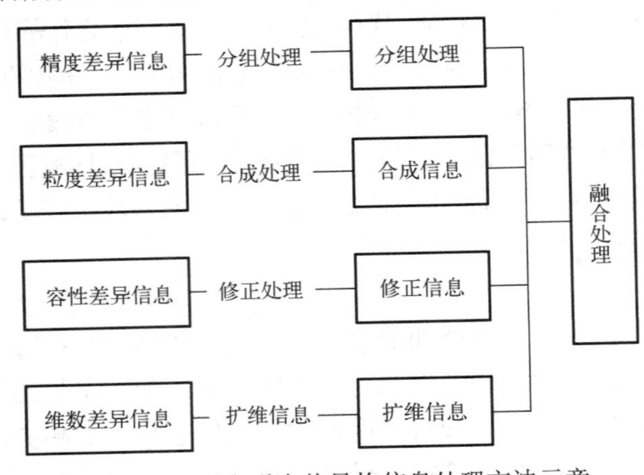

图 8-2　战场电磁态势异构信息处理方法示意

对于融合模型柔性控制，分别在融合模型各构成要素上形成控制规则，如融合网络结点配置规则，网络信息流向、流程和时间控制规则，信息融合处理资源配置与运行规则以及融合结构的自适应调整规则等。在对融合性能进行估计和对应用效能进行分析的基础上，结合柔性融合知识库的领域知识，对电磁空间态势估计的融合模型进行构成要素调整，融合模型柔性控制以满足态势估计这一高层多源异构信息认知融合的需求。

在态势认知过程中，态势信息主要来自前级融合输出和敌方兵力兵器的先验知识。在战场电磁态势信息中，前级融合输出为战场电磁环境侦测输出的辐射源型号、类型、用途、平台等识别结果，先验知识则是对辐射源使用与配属、兵力部署及其与战场环境间关系的描述，这些信息是观测态势信息处理的输入。根据信息化、智能化战争特点，按照层次化思想，信息化作战体系的一般组成如图 8-3 所示。

基于群表征方法，作战目标可以划分为空间群、功能群、协同群和作战群四级，这与作战力量编组思想相吻合。电磁实体序列的群表征示意图如图 8-4 所示。

有了上述电磁实体序列的群表征，依据观测态势信息，研究电磁群的处理方法，包括群的形成、合并与分裂，从而实现对电磁实体序列的识别。

战场态势信息的实时处理一方面要求信息按需推送，另一方面要求信息实时动态，这就需要数据从感知获取到信息处理和显示，实现一体化快速处理。云计算将不仅有力地增强大规模态势数据分布式存储和管理，而且能够为构建基于服务的作战态势图体系结构提供重要技术支撑。另外，态势的一致性认知也要求构建统一的、分布式的共用态势数据库，必须在保障信息一致性共享的前提下，增强面向不同用户、不同作战任务抽取数据的能力，满足信息生成的自适应性，并在此基础上完成态势数据的同步。

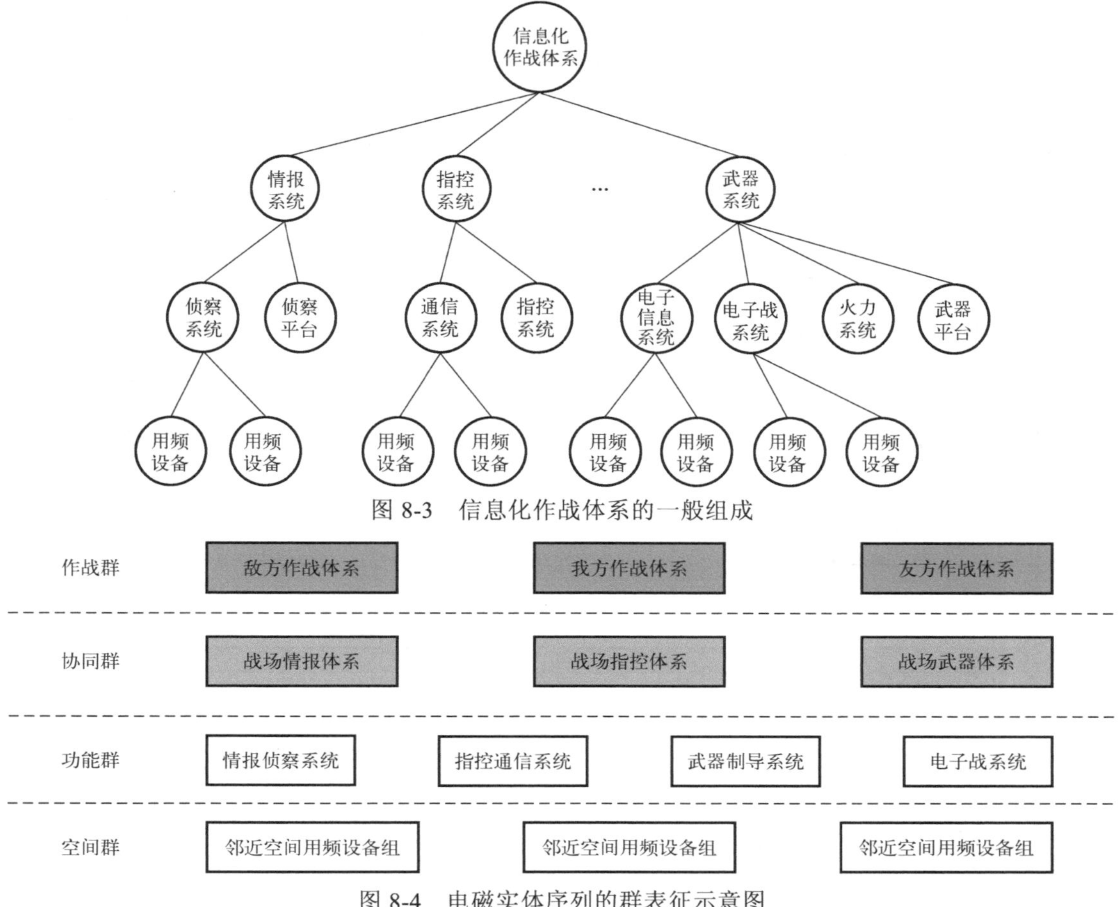

图 8-3　信息化作战体系的一般组成

图 8-4　电磁实体序列的群表征示意图

态势数据同步指遂行同一作战任务的各平台在各自获取信息的基础上，通过数据交换，最终获取相同的态势认知视图。该视图对相关态势元素的时空感知、理解和预测保持一致，是任务单位协同行动的基础。由于联合作战各平台在职责、任务范围、信息类型和信息粒度等方面存在差异，综合态势要求同一事物关键要素具备一致性，在事物基本认知上不应引起误解和冲突，但在非关键要素粒度、非关键要素完备性和敏感要素可见性等方面可根据实际作战需求取舍。结合战场态势认知基本需求，项目采用分层分布式态势数据同步的方式完成数据同步更新。分层分布式信息类同步报文用于传递态势参数数据，控制类同步报文用于数据管理，如更改和删除等。分层分布式态势在结点个体认知态势的基础上，通过相邻结点间不断地沟通和反馈形成结点团体协同认知态势。分层分布式态势数据同步结构示意图如图 8-5 所示。

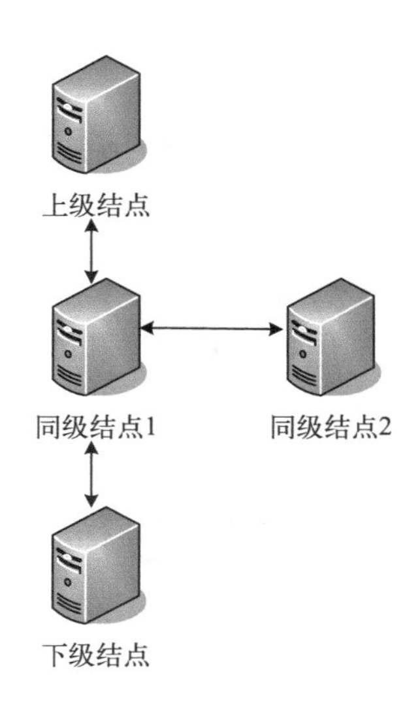

图 8-5　分层分布式态势数据同步结构示意图

结点根据预先配置的指挥关系、协同保障关系以及信息权重，自动指定信息流向。下级结点仅提供增值数据，即来源于本地或再下级结点的数据。下级结点应以上级结点态势信息为准，如果上级态势不满足要求，则由下级结点根据自身数据自动进行补充，形成本级适用态势。如果其他结点数据与本级数据冲突，则通过比较结点信息权重并结合人工方式进行数据统一，同时向数据提供方发送数据更改通知。分层分布式数据交换与同步处理流程如图 8-6 所示。

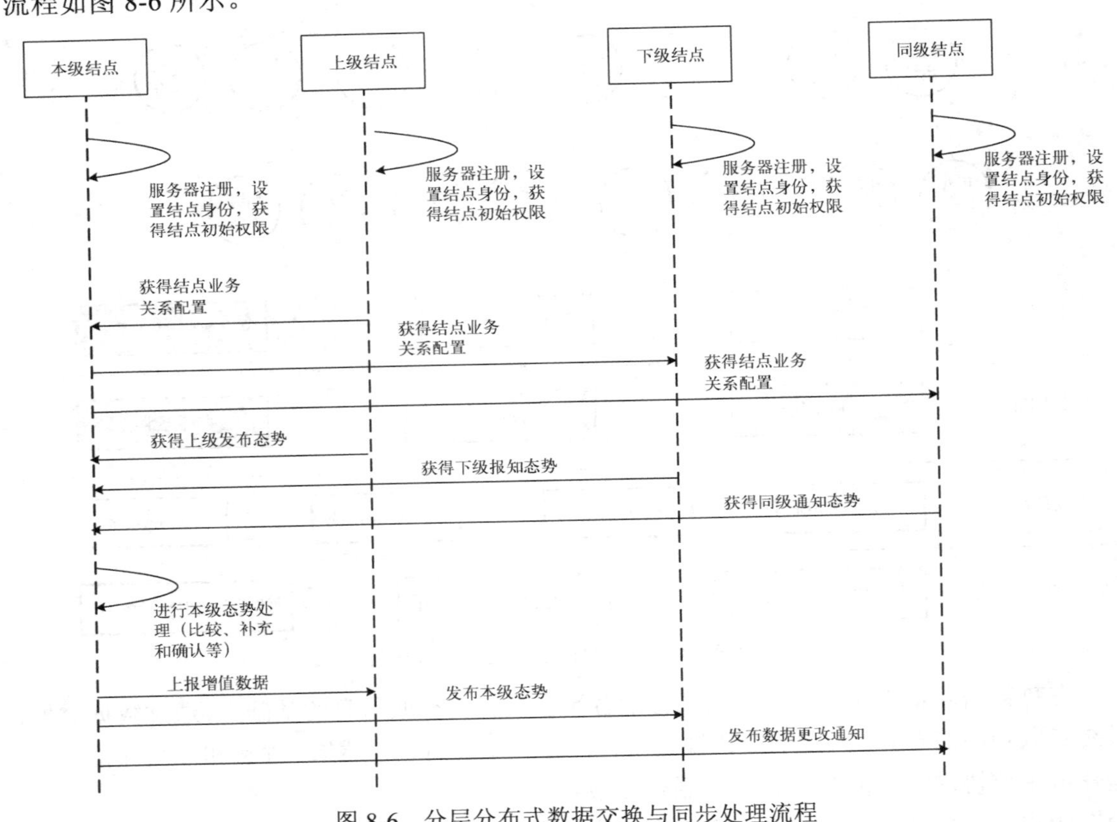

图 8-6　分层分布式数据交换与同步处理流程

8.1.3　战场电磁态势应用

以战场电磁态势应用需求为牵引，针对复杂电磁环境下战场空间信息源日益显现出的多精度、多粒度、弱相容、异维度、时效强等情况，传统的手段难以从纷繁复杂的海量综合信息中准确、高效地感知战场电磁态势的问题，基于战场电磁态势认知理论，积极开展战场电磁态势预测估计，开发战场电磁态势认知原型软件，为解决有“态”无“势”问题，辅助提高指挥员对整个战场态势的认知速度提供应用支撑。

1．战场电磁态势预测估计应用

战场电磁态势预测估计是依据输入的战场电磁目标实体序列和作战条令规则等态势观测信息，在目标活动事件检测的基础上，融合传统行动企图态势观测信息、事件检测结果和专家知识，对作战行动企图类型做出的估计。战场电磁态势理解与预测包括目标聚类合并计算、敌我作战能力分析、协同关系推理、重要敌方目标的位置和行动估计、战场主动权指数估计、敌/我/友军兵力部署/定位/使用估计等。战场电磁态势预测则是对未来战场态势的预测，包括预测敌方作战平台的未来位置、预测敌方目标的可能位置、预测可能发生的事件等。

由于复杂电磁环境下战场空间的复杂性与动态性，态势认知获取的数据往往是海量的、不确定的、带有大量冗余性知识的。而战场指挥系统要求态势认知具有高效性，如何快速获取态势知识模板是关键所在。一般可从粗糙集理论入手，基于粗糙集理论的知识约简方法，减小数据搜索空间与存储空间，将指挥员关注的态势信息过滤出来，提高态势理解算法效率，提升态势知识模板的获取效率。

战场电磁态势预测估计的核心环节包括：①目标活动事件检测，根据敌方军事思想、作战条令和战术规则等先验态势信息，形成作战条令模板、态势模板、事件模板和决策支持模板，进而将态势观测数据与模板匹配并进行知识推理，完成事件检测；②战场态势预测联合推理，融合传统行动企图态势观测信息和电磁活动事件检测结果，推理出行动企图层次分类结点，按照对目标企图的层次表示，建立行动企图估计层次分类推理模型，最终实现电磁空间的行动企图估计。

态势认知的事件模板是行动企图估计方法研究的关注重点。某空袭反空袭作战的信息化作战行动事件模板的表格化形式如表 8-1 所示。

表 8-1　某事件模板表

<table>
<tr><td>事件编号</td><td>2</td><td>敌我属性</td><td>敌</td><td>当前时间</td><td>8:23</td></tr>
<tr><td>作战类型</td><td>空袭反空袭</td><td>群名称</td><td>对地攻击群</td><td>群编号</td><td>03</td></tr>
<tr><td>发现区域</td><td>(x_1,y_1)</td><td>发现时间</td><td>8:13</td><td>目前区域</td><td>(x_2,y_2)</td></tr>
<tr><td colspan="6">行动列表</td></tr>
<tr><td>行动编号</td><td colspan="2">行动内容</td><td colspan="2">行动企图</td><td>置信度</td></tr>
<tr><td>1</td><td colspan="2">飞机接近地面目标，机载雷达开机</td><td colspan="2">搜寻地面目标</td><td>0.85</td></tr>
<tr><td>2</td><td colspan="2">飞机接近地面目标，机载雷达更换工作模式</td><td colspan="2">发现地面目标</td><td>0.80</td></tr>
<tr><td>⋮</td><td colspan="2">⋮</td><td colspan="2">⋮</td><td>⋮</td></tr>
</table>

有了上述信息化作战行动事件模板，依据观测态势信息，运用知识推理进行事件检测，得出电磁活动事件检测结果。

目标行动企图的层次分类包括属性层次、战术层次、威胁层次和任务层次。首先推理得出行动企图层次分类的各结点，建立的目标属性、目标战术、目标威胁和目标任务结点的行动企图层次分类结点贝叶斯推理网络如图 8-7 所示。

对目标属性、目标战术、目标威胁和目标任务结点进行推理，即

$$p\left(x_1,x_2,\cdots,x_n \mid y_1,y_2,\cdots,y_m\right)=\frac{\prod_j p[y_j \mid p_a(y_j)]\prod_i p[x_i \mid p_a(x_i)]}{\sum_{x_1,x_2,\cdots,x_n}\prod_j p[y_j \mid p_a(y_j)]\prod_i p[x_i \mid p_a(x_i)]} \tag{8-1}$$

式中，n 为隐藏结点数；m 为观测结点数；$p_a(x_i)$ 为 x_i 的父结点集合；$p_a(y_i)$ 为 y_i 的父结点集合；分母中求和符号下的 $x_1,x_2,\cdots,x_n$ 为隐藏结点的一种组合状态。

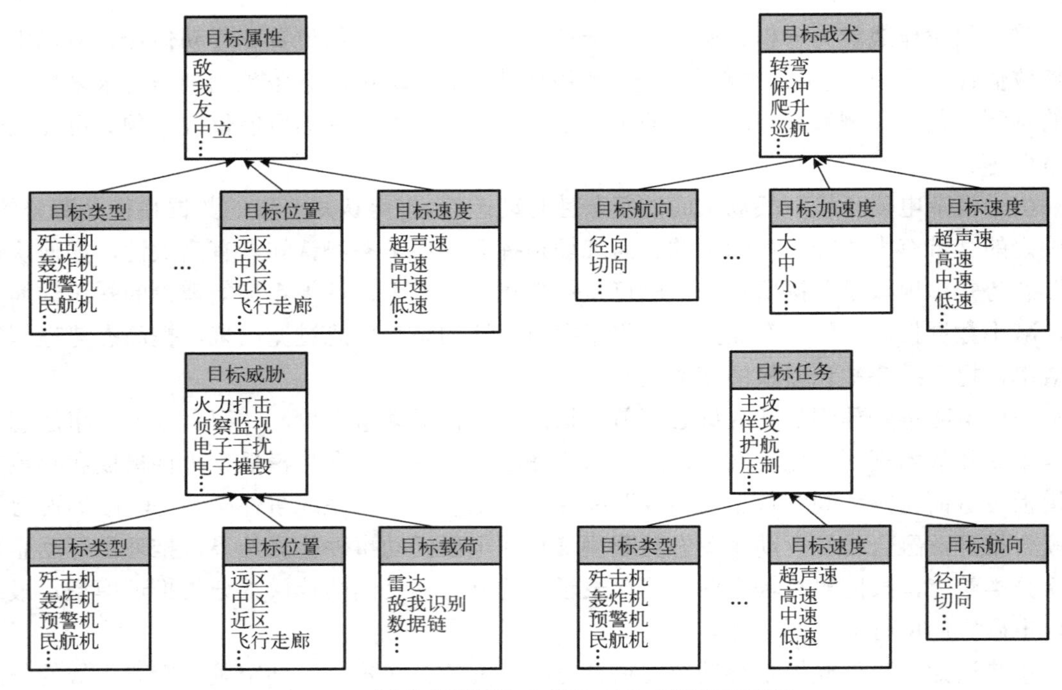

图 8-7　行动企图层次分类结点贝叶斯推理模型

在此基础上，按照行动企图知识表示的层次分类思想，建立电磁空间行动企图估计的层次分类推理模型。电磁态势认知信息处理流程如图 8-8 所示。

2. 战场电磁态势生成应用

战场电磁态势生成通过运用虚拟现实技术、地理信息系统、多媒体技术等将战场电磁态势感知、分析及预测的结果科学、直观地描述出来，将抽象复杂的战场电磁态势信息简洁直观地展现出来，便于指挥员快速查阅战场各态势要素的活动情况，纵览行动区域内的战场电磁态势，及时获得所需要的信息，提高指挥员和指挥机关对战场电磁态势感知与分析判断的能力。

战场电磁态势可视化是战场电磁态势感知的一种方式，战场电磁态势可视化应能根据不同的数据内容，设计相应的显示方法，以达到直观、形象、真实、灵活的可视化目的。可采取的显示方法包括树、军标、频谱图、表格和文字等。以背景电子地图上的叠加标记显示和频谱图显示为主，以表格、树和文字显示为辅，并突出各种显示方法之间相互关联和相互转换，同一种显示方法对不同角色的用户展现相应层次的内容。战场电磁态势可视化应能为所有的战场用户提供统一的态势信息，所有的用户都可以从中找到自己需要的信息和知识。

战场电磁态势的可视化要素包括电磁态势实体、单位编成、作战行动、作战行动效果以及实体之间、实体与作战行动之间、作战行动之间的联系等。同时，对应不同的查询条件，显示相应的电磁态势查询结果。战场电磁态势显示主要为联合作战指挥员和电子对抗指挥员服务，由于其关注的内容不同，电磁态势显示的内容也不尽相同。联合作战指挥员需要

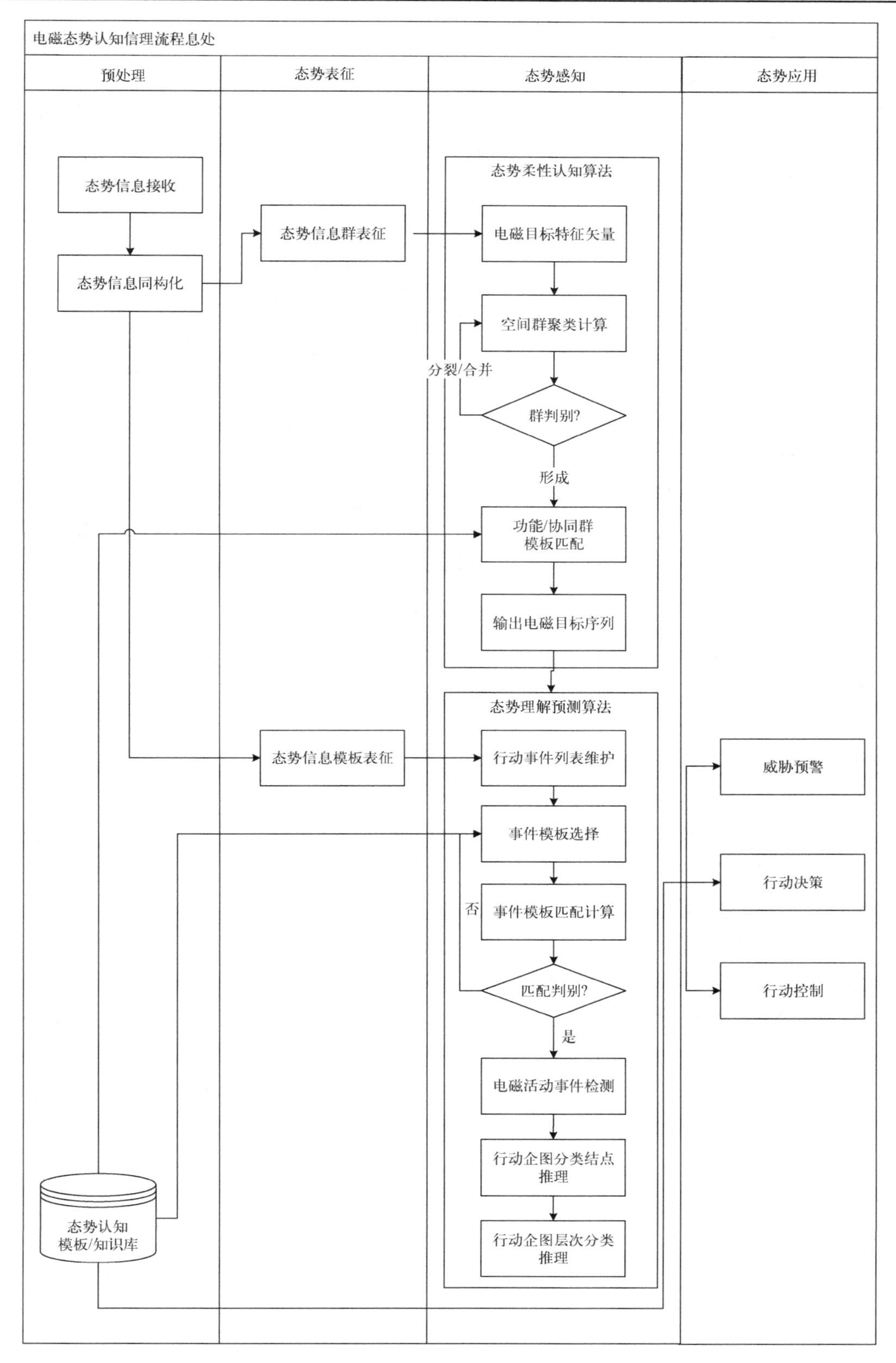

图 8-8　电磁态势认知信息处理流程

综合掌握当前的电磁态势信息，通常是与当前作战行动相关的敌我双方电磁设备(或系统)的分布和电磁活动情况，主要包括预警探测威力显示、指挥控制能力显示、导航识别效能显示和制导火控威力效能显示；电子对抗指挥员关注的电磁态势为电子对抗专用态势，依据电子对抗专业的不同，包括雷达对抗电磁态势、通信对抗电磁态势和光电对抗电磁态势等。电磁态势的分层显示是将电磁态势信息在不同的图层显示出来，方便指挥员进行分析和判读，电磁态势分层显示的示例图如图 8-9 所示。

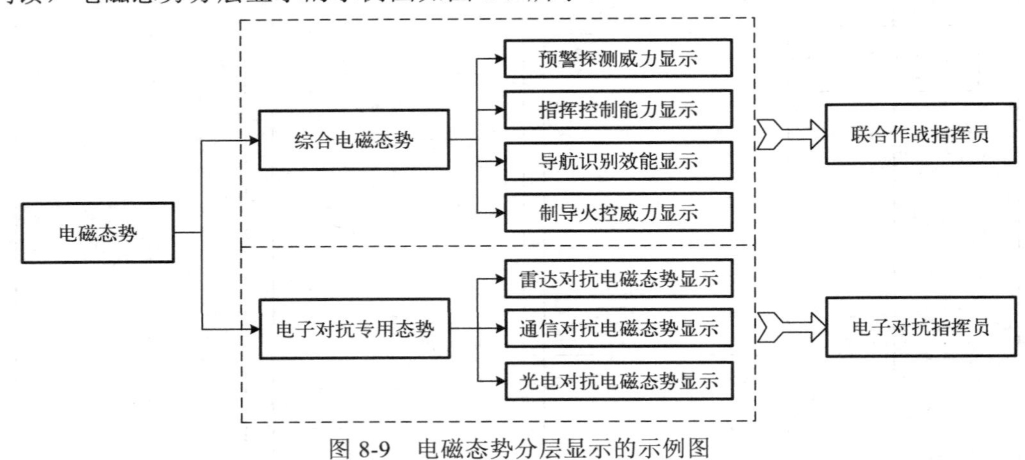

图 8-9　电磁态势分层显示的示例图

通常采用多维视图来描述战场态势，如数据视图、事件视图、编群视图、计划视图、情报视图、兵力视图、电磁视图、地图视图和陆地视图等，通过不同视图展现陆、海、空、天、电五维战场。其中，数据视图显示态势认知程序接收到的经一级融合处理后的数据；事件视图显示态势觉察检测到的所有平台的事件信息，包括基本事件信息、重要事件信息和复合事件信息；编群视图显示当前各平台的群结构信息；计划视图显示识别出的军事计划；情报视图显示接收到的技侦情报、部侦情报和文电情报；兵力视图显示敌我双方的兵力对比和优劣分析；电磁视图显示战场电磁态势信息；地图视图显示海空战场上各空间群的运动趋势；陆地视图显示陆地战场的信息。

电磁态势生成的目标是通过对战场电磁频谱数据的分析，形成便于理解的电磁环境知识表达，以实现频谱资源的快速、有效使用，并为频谱管控和用频协调提供支撑。其表现形式为：用数字地图标绘展现辐射源分布态势，用多个图层、多个维度展现电磁态势，用图形化的网络模型展现冲突或干扰态势，用图形结合数据表的方式展现态势评估结果。战场电磁态势的生成具体可以从战场电磁辐射源属性和分布特征分析、电磁资源占用情况分析、电磁干扰状况分析和电磁资源作用能力分析五个方面来考虑。

1) 战场电磁辐射源属性和分布特征分析

(1) 战场辐射源布局动态显示。

将战场上分布的电磁辐射源的状况以数字地图为背景，按频段、业务类别、组网信息、隶属单位、装备属性、工作状态等分类显示，选择某单位图标，显示其详细资料，包括通信电台、通信网络、雷达站、组网雷达、电子对抗干扰装备、带有指挥控制系统的武器系统以及民用电子辐射源的分布情况等。

(2) 辐射源指纹分析。

辐射源指纹分析采用信号识别的方法，通过波形匹配、谱分析、参数提取来实现。例如，电台和雷达指纹是指电台和雷达的信号特征，它借用了指纹的概念，在军事上用于无线电信号的捕捉及电台和雷达站身份的确定。电台的发射参数、标识码、信号谱特征、点位、开机时间等，雷达的载频、脉冲幅度、脉冲宽度和脉冲重复间隔等，都可以用于身份识别。例如，民用电台和雷达辐射有定频、定点、长时间开机的特点，军用电台和雷达信号则具有变频、移动、突发的特点。监测区域电磁环境数据，建立区域辐射源指纹库，主要用于对区域内的辐射源进行目标识别。

2) 电磁资源占用情况分析

采用时域、频域、空域和能域四维坐标，动态显示电磁资源占用情况，可分析所关心频段、时段的区域电磁环境；采用时间、频率二维频谱图，可统计频段(信道)占用度，为电磁资源复用、电磁兼容分析提供参考依据；采用图表和报告等生动形式给出临时禁用资源、永久禁用资源、武器系统保护资源、战时征用资源、无线电管制资源，为战场电磁资源优化配置提供参考数据和辅助信息。

3) 电磁干扰状况分析

电磁干扰状况分析主要从两方面展开：一是己方无意互扰；二是不明台、敌台有意干扰。处理方法上，前者侧重于电磁协同，后者侧重于干扰回避。对于重点关注频段(信道)，实时监测其电磁背景数据，可进行电磁干扰分析。

(1) 整体战场辐射源干扰分析。

监测整体作战地域内配置的重要电子设备和辐射源敏感的频段，并监测电磁背景数据的变化，根据电磁背景数据的变化，全面分析造成无意互扰和有意干扰的干扰源，并分析其构成的威胁，为战场指挥员合理有效地配置电磁资源提供重要依据。

(2) 局部阵地辐射源干扰分析。

以局部阵地为中心，监测阵地范围内配置的武器系统敏感的频段，标注相关重要辐射源，特别是敌方重要辐射源，分析其构成的电磁威胁，为武器系统的频率保护服务。

(3) 个体平台干扰分析。

以每个装备平台为中心，监测其周边的电磁环境变化，尤其要严密监测个体平台电子系统的工作频段，以利于第一时间做出反应，按计划做好电磁协同工作或采取措施回避敌方干扰。

(4) 我方电子系统电磁兼容性分析。

随着行动区域的变更、辐射源的移动，战场电磁态势发生变化，会出现己方无意干扰。系统以一个发射台为主对象，分析其可能对区域内我方哪些接收台造成干扰，在电子地图上闪烁显示受扰台标识，给出干扰分析报告。

(5) 潜在干扰源分析。

根据干扰申诉报告，系统以一个接收台为主对象，根据频谱监测数据、台站数据和干扰预测算法，分析区域内存在哪些潜在干扰源，在电子地图上闪烁显示潜在干扰台标识，给出干扰分析报告。

以上电磁干扰状况分析的过程中，都要充分考虑地形因素和气象因素对辐射源的干扰影响。

4) 电磁资源作用能力分析

电磁资源的作用能力一般可用辐射源的作用能力加以具体分析。而辐射源的作用能力可从两个方面展开分析：一是单个辐射源的作用能力；二是辐射源组网的作用能力。

(1) 单个辐射源的作用能力分。

单个辐射源的作用能力可以其有效覆盖范围来表示。通过辐射源位置、发射功率、频率、天线架高、天线方位角等参数的变化，在数字地图上显示单个辐射源作用范围的有效覆盖区域、等场强区域以及该区域内的平台目标，如雷达的探测区域和通信电台的有效畅通区。

(2) 辐射源组网的作用能力分析。

辐射源组网的作用能力既可以用其合成有效覆盖范围来表示，也可以数字地图为背景，标注辐射源网络拓扑图，分析指定辐射源组网的作用能力。值得注意的是，辐射源组网的作用能力不是几个辐射源作用能力的简单叠加，它可使其作用能力得到质的飞跃。

3. 战场电磁态势服务应用

基于战场电磁态势的生成和可视化表示，如何为用户提供系统软件服务是战场电磁态势应用的重要问题。复杂电磁环境下联合多域作战战场空间内电磁态势感知数据的来源丰富多样，数据量庞大，应按照大数据需求下的基础架构来设计面向联合多域作战战场的态势服务系统体系结构，如图 8-10 所示，该结构包括云资源层、服务层、管理层及功能应用层四层结构。云资源层，作为态势感知综合数据处理中心，用于数据的处理、存储等功能；服务层和管理层作为态势感知服务管理中心，用于对相关服务和资源等进行管理；态势感知综合信息应用从作战应用模块和终端应用管理方面描述。

第一层为云资源层。其包括物理资源和库资源，物理资源主要是计算机、服务器、网络设施等硬件设施，以及构建在硬件之上的平台软件，包括操作系统、数据库管理系统，为系统运行提供基础支撑环境。库资源主要是基于数据库管理系统创建的各类数据库资源，如地理信息、电磁环境、气象水文等战场环境数据，空间信息、编成编组、武器装备、兵力部署等作战能力类数据，作战文书，战果战损，地面、海上、空中、空间等动态目标数据，侦察情报，作战企图、打击效能、威胁度评估、态势预测等威胁估计和态势估计数据，系统日志、训练日志等日志数据。

第二层为服务层。其主要提供数据传输服务、态势信息分发服务、多线程数据并发服务等数据传输和分发服务，提供地理空间信息服务、气象水文信息服务、电磁空间信息服务等战场环境信息服务，提供图形支撑服务、军标标绘服务、地面解析服务、GIS 服务等地理信息系统及标志标绘服务，提供态势源接入服务、数据融合处理服务、异构桥接服务等多源异构系统数据源接入服务，同时，还提供数据库访问服务、Web 服务、安全服务等相关服务，为功能应用层提供支持能力，同时，提供二次开发接口，便于系统扩展。

第三层为管理层。其主要提供用户管理、任务管理、资源管理、服务管理及安全管理等工具，为用户权限设置、任务控制处理、资源管控、服务监视及安全控制等方面提供管理工具，辅助实现相应功能。

第四层为功能应用层。根据作战应用分类，态势显示分为战略/战役筹划支持、战术辅助决策支持及侦察监视/火力指挥/目标选择决策支持三类，分别对应行动级态势图、战术级态势图及武器级态势图，分别用于行动级战场当前的部署和态势，战术级单位任务区域内的兵力部署和动态，武器平台掌握高实时性目标动态、战场环境路径规划等信息。其支持更加直观、形象的三维态势显示模块，让指挥员能感知作战效果。数据采集、分析挖掘、数据管理等数据设置分析工具提供战情管理、规则控制、指挥决策等模块，用于向指挥员展示态势预估、威胁估计等功能，辅助指挥员进行作战指挥决策和控制行动。

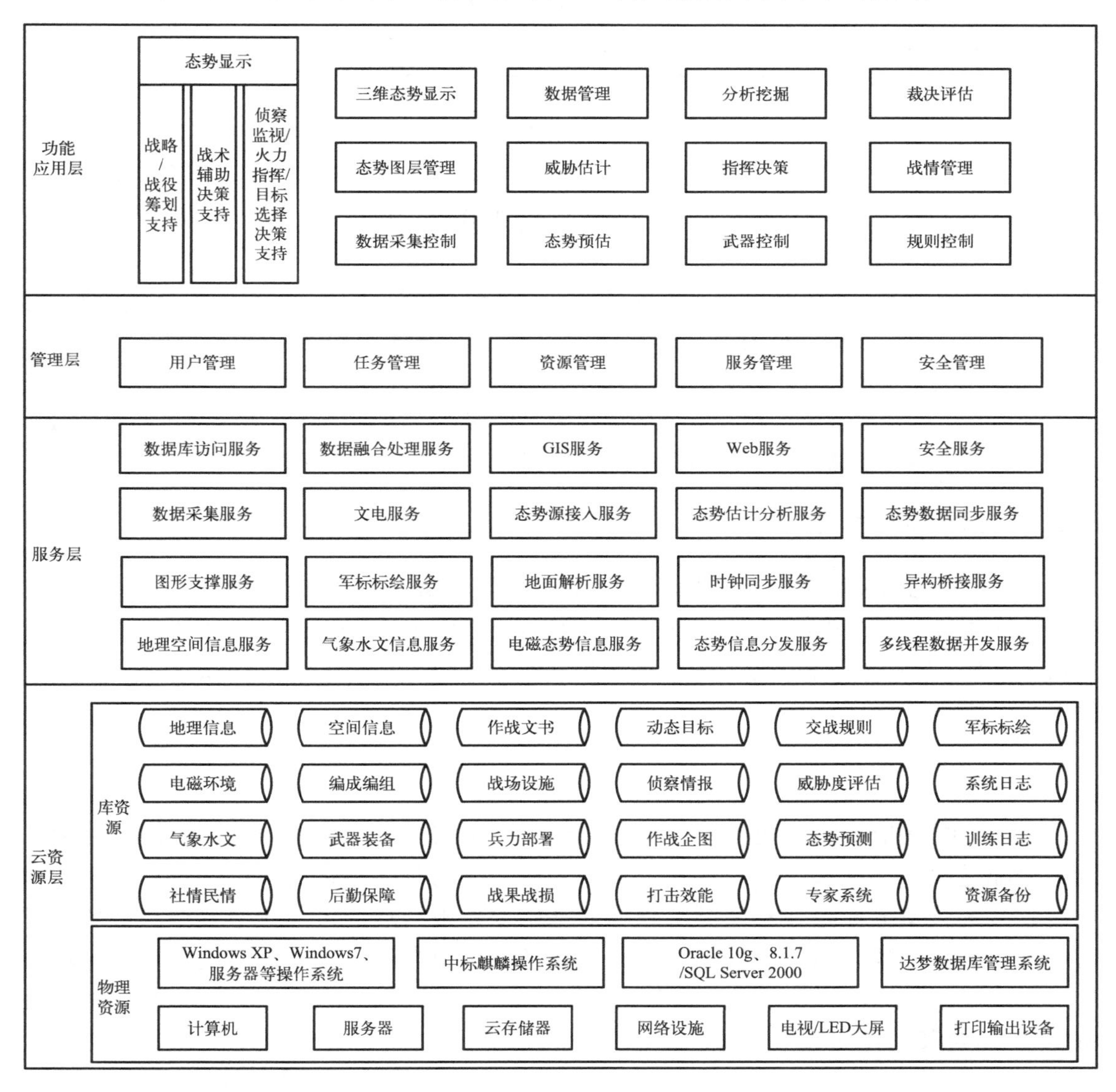

图 8-10　态势服务系统体系结构

电磁态势信息服务以电磁态势组件的形式存在，处于战场态势服务系统体系结构的服务层上，其构成框图如图 8-11 所示。其负责接收战场电磁态势数据，根据用户角色，利用树、表格、文字、军标、频谱等多种方式实现电磁态势显示，并支持电磁态势查询功能。

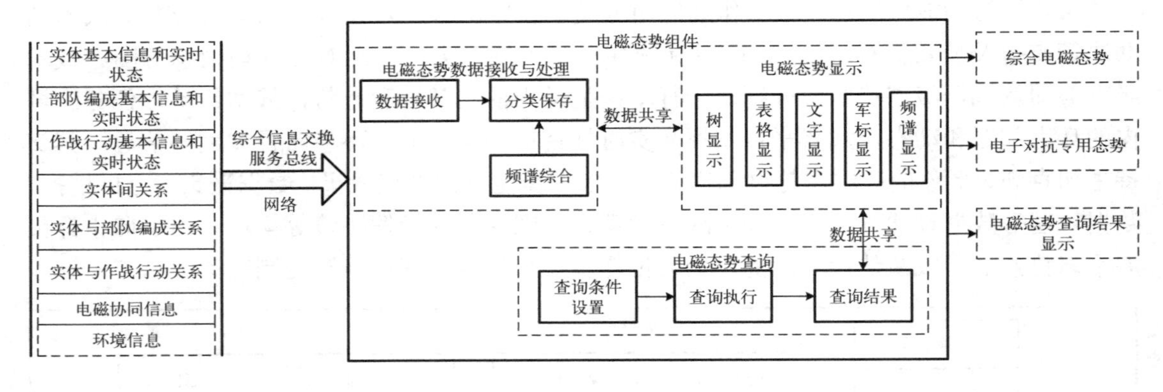

图 8-11　电磁态势组件构成框图

8.2　战场电磁频谱管理

战场电磁频谱管理是战时为确保各参战单位用频武器装备(系统)作战效能的发挥，达成预定作战目的，在指挥员的统一指挥下，由电磁频谱管理机构对用频台站(阵地)部署、频谱资源和卫星频率/轨道资源使用情况进行监督、检查、协调、处理等活动。战场电磁频谱管理是复杂电磁环境在作战支持应用中的“铠甲”。战场电磁频谱管理包括战场频率管理、战场电磁频谱监测与干扰查处和战场电磁频谱管制三个方面。

8.2.1　战场频率管理

频率管理包括频率的划分、规划、分配和指配。它是电磁频谱管理的核心内容，是电磁频谱管理部门的一项主要工作。其中，频率的划分和规划具有相当的稳定性，通常几年或数年才有一定的修改和调整。对于战场频率管理而言，主要内容就是战场频率的分配、指配和保护。

1. 战场频率分配

频率分配是指批准某些频率(或频段)给某一个或多个单位在一定的时间内使用。频率分配是频率指配和使用的前提，对于未经分配的频率，任何单位不得自行指配和使用。战场频率分配是在军队频率划分的基础上，根据战场可用频率资源和战场频率需求进行的。战场电磁频谱管理的目标是保证战场用户使用频谱的系统和设备正常工作。为实现此目标，管理的首要任务就是对频谱进行合理的分配，为各种用频装备(设备)分配适合其工作的频率。

战场频率分配是一个先由下至上，再由上至下的过程。由下至上的频率申请是频率分配的基础，由上至下的频率分发是频率分配的结果。在健全的电磁频谱管理体制中，每一种用频装备(设备)的频率分配都是先由使用单位提出频率申请，然后逐级汇总上报至掌握相应频率资源的频谱管理部门；掌握相应频率资源的频谱管理部门根据频率需求将频率资源逐级下发至使用单位。

1) 战场频率分配权限

频率分配权限应依据各种无线电业务信号传播和影响的地域范围而定。对于常见的通信电台，为提高频谱利用率，缓解频率需求量大与可用频率数量不足的矛盾，进行频率分配时应尽量采用频率复用方法，即利用电波传播信号随距离的增大而减小的特性，为地理间隔足够远的单位分配同样的频率。对于微波接力通信系统，其方向性很强。只要接力线路不交叉，两接力通信系统就不会相互干扰。而不同单位的接力通信系统一般不在同一地域，所以，战场微波接力通信系统的频率可由各单位通信部门自行分配。对于雷达，其频率通常由主管部门进行分配。但当两个不同单位的同频段雷达辐射范围有重合时，就应由战场电磁频谱管理部门对其频率重新进行分配。对于电子对抗设备，其工作频率是根据敌方工作的频率确定的，不需要从我方可用频率资源中分配。但电子对抗在对敌方工作频率进行干扰之前，应与电磁频谱管理部门进行协调，查看是否会影响我方重要系统的正常工作。电磁频谱管理部门也应主动将各单位的频率分配情况，尤其是重要系统的保护频率及时通报电子对抗部门，以免造成不必要的损失。

2) 频率分配方法

频率分配的方法既要能够将各单位的频率区分开，又要尽量方便用户的使用。通常采用的方法有以下两种。分段法，即将可用频率范围划分为若干小频段，然后将这些小频段交错地分配给各单位。分段法方便易行，是频率分配中最常采用的一种方法，能够起到避免不同用频单位相互干扰的作用。但这种方法分配给一个用频单位的频率相对比较集中，容易造成该单位内部的干扰，而且在战斗中遭遇敌方干扰时，难以采用改频的方法摆脱。频率表法，这种方法是将所有可用频率点随机排列，并根据各用频单位的频率需求量制成不同的频率表下发。这种方法能够避免分段法频率比较集中的弊病，具有较强的抗内部干扰和抗敌干扰能力。但由于频率点数量众多，若人工作业将非常繁杂、费时，而且容易出错，所以必须使用相应的计算机软件制作频率表。

2. 战场频率指配

战场频率指配是将分配给本单位的频率具体指定给本单位开设的用频台站(阵地)使用。频率指配可以由电磁频谱管理部门实施，也可以由通信、雷达等无线电设备的主管部门实施。无线电通信设备的频率指配体现在无线电联络文件中。

1) 固定频率指配方法

按照频谱的三维特性，采取频率分割、空间分割、时间分割的办法指配和使用频率，提高频谱的利用率。

(1) 频率分割。

人工实现频率分割，达到频率隔离的目的的基本方法，就是科学规划，合理安排频率，使工作于同时间、同一区域内的众多的电台“各用其频”而互不干扰。为达此目的，除前面谈到的要选配不同的合适的频率，以避免互相干扰和中频干扰外，还应采取如下措施：控制发射机的频率容限和杂散发射等射频技术指标及接收机的选择性等指标，以避免邻频干扰、中频干扰和带外干扰等；严格遵守双工及半双工的上、下行频率规定。除一些跨波段系统外，其余移动通信系统下行(基站对移动台)发高收低，上行(移动台对基站)发低收高，反之为频率倒置。基站收发频率倒置对于单个独立的系统可能不成问题，但当同地域多个系统同时工作时，就可能产生干扰。

(2) 空间分割。

在某个通信网的有效覆盖区之外隔开一定的距离，另一个通信网可以使用与前者相同的频率而互不干扰，即实现频率复用。频率复用是提高频谱利用率的重要途径，在一定地域内，频率使用距离越短，频率复用的次数越多。为尽量缩短频率复用距离，在指配频率时，通常应采取如下措施：限制发射机射频输出功率；在满足服务区边界场强的前提下，尽量降低发射功率；限制有效天线高度，有效天线高度定义为天线在整个覆盖区内距离地面的平均高度，它包括天线架设地点上的山峰或建筑物以及铁塔的附加高度，天线高度主要影响作用距离，天线过高，不仅影响邻区的频率复用，而且容易接收其他台的干扰，因此必须与发射功率一样加以限制；天线模式鉴别。天线辐射方向和极化方式可根据业务需要做成一定的鉴别度，以缩短频率复用距离。

(3) 时间分割。

时间分割就是根据业务需要，将工作时间分割成互不重叠的若干部分，使同一地域内的不同无线电用户能够按照分配的时间使用相同的无线电频率。固定地规定不同用户使用该频率的时间，有些单位的专用网业务量很少，采用固定时间联络方式，每天业务可在几小时内完成，对于这些单位，也可以交叉分割它们的工作时间和间隙，并做出规定，使这些单位可以轮流使用相同的无线电频率。

2) 频率指配模型

(1) 约束条件。

战场频率指配的问题可以表述为：在已给定的有限可用频率点(段)的限制条件下，为一定数量的用频设备找到一种干扰代价最小的频率指配方案，以尽可能多地满足现有的频率约束关系。经过实际的参数分析后可将考虑的电磁干扰因素归类为同频干扰、邻频干扰、互调干扰三种类型。同频干扰表明落在设备接收机通带内的干扰信号与有用信号落在了同样的频率点上，同频干扰约束表示一对用频设备间除非有足够的间距、合格的屏蔽条件或者合适的地形因素，否则不能指配相同的频率；邻频干扰表示其他用频设备使用相邻或相近频道造成的干扰，邻频干扰约束表示一对设备除非处在合适的规避因素下，否则不能指配相邻或相近的频率；互调干扰主要由设备接收机中的非线性器件引起，若有两个或多个不同频率的干扰信号同时进入接收机，将可能在非线性器件的作用下产生加性或减性的新频率，这一频率落入用频设备接收机通带与有用信号重叠则造成互调干扰，同样地，互调干扰约束也可以进行如上类似的表述。

对于通常存在的上述三种主要干扰类型(同频干扰、邻频干扰、互调干扰)，可分别建立相应的干扰约束矩阵，用矩阵中的元素值表示其行和列所代表的设备间的干扰约束关系，由此得到了同频干扰、邻频干扰和互调干扰的三个约束矩阵 **A**、**B**、**C**。假设同频干扰约束矩阵 **A** 中某元素 a_{ij} 为1，则表示设备 i 和 j 在使用相同频率时将存在同频干扰；反之，若元素 a_{ij} 为0，则表示设备 i 和 j 可以指配相同频率且不会产生干扰。综合考虑各类因素进行合理的电磁干扰要素分析是得到上述所有约束关系的主要途径。约束矩阵的阶数代表了设备的数量，而矩阵中非零元素的多少则直观地反映了当前所有用频设备间约束关系的复杂度，间接地体现了电磁环境的恶劣程度。

对于同频干扰约束，如果用 $f(i)$ 和 $f(j)$ 分别表示为用频设备 i 和 j（$i \neq j$）指配的频率，那么可以用 $f(i)-f(j) \neq 0$ 来表示它们的同频干扰约束关系。同频干扰约束矩阵 **A** 为 $N \times N$ 的矩阵，N 为设备数，若 a_{ij} 为1，则代表设备 i 和 j 有同频干扰约束，需要满足 $f(i)-f(j) \neq 0$ 才可以。

对于邻频干扰约束，与同频干扰约束类似，如果用 $f(i)$ 和 $f(j)$ 来分别表示为用频设备 i 和 $j(i \neq j)$ 指配的频率，那么约束关系变为 $|f(i)-f(j)| \geqslant k$，其中 k 是邻频干扰的约束频率间隔，邻频干扰约束矩阵 **B** 也为 $N \times N$ 的矩阵，N 为设备数，若 b_{ij} 为1，则代表设备 i 和 j 有邻频干扰约束，需要满足 $|f(i)-f(j)| \geqslant k$ 才可以。

对于互调干扰约束，矩阵的维度要高一些，因为条件中同时涉及的频率不止两个。例如，三阶Ⅰ型互调干扰，其约束条件为 $2f(i)-f(j) \neq f(m)$，相应的约束矩阵 **C** 应设计为三维的；又如，三阶Ⅱ型互调干扰，其约束条件为 $f(i)+f(j)-f(m) \neq f(n)$，相应的约束矩阵 **C** 变为四维的，同样，约束矩阵也是 N 阶的，N 为设备数。

(2)代价函数。

合理设计代价函数，结合已建立的干扰约束矩阵中提供的同频干扰、邻频干扰、互调干扰的约束条件，设 α、β、γ 为分别为同频干扰、邻频干扰、互调干扰三种约束的惩罚因子，即各种干扰的加权值。将各种干扰的约束条件综合起来得到干扰代价的数值表示。在此对于互调干扰，假设仅考虑三阶Ⅰ型的情况，互调干扰约束矩阵 **C** 此时为三维的。如果用 $E(s)$ 表示指配方案 s 的干扰代价，可以得到

$$E(s)=\alpha\sum_{i=1}^{N}\sum_{j=i+1}^{N}A_{ij}+\beta\sum_{i=1}^{N}\sum_{j=i+1}^{N}B_{ij}+\gamma\sum_{i=1}^{N}\sum_{j=i+1}^{N}C_{ijm} \tag{8-2}$$

在某一指配方案 s 下，式(8-2)中 A_{ij}、B_{ij}、C_{ijm} 分别代表违反同频干扰、邻频干扰、互调干扰三种约束条件的子代价函数，这些子代价函数的值由指配方案中相应设备的频率差以及设备间的干扰约束条件共同决定，A_{ij}、B_{ij}、C_{ijm} 的计算方式如式(8-3)～式(8-5)所示。

对于同频约束代价函数 A_{ij} 有

$$A_{ij}=\begin{cases}a_{ij}, & f(i)=f(j)\text{且}a_{ij}\neq 0\\ 0, & \text{其他}\end{cases} \tag{8-3}$$

对于邻频约束代价函数 B_{ij} 有

$$B_{ij}=\begin{cases}b_{ij}, & |f(i)-f(j)|<k\text{且}b_{ij}\neq 0\\ 0, & \text{其他}\end{cases} \tag{8-4}$$

式中，k 为频道间隔。

对于同频约束代价函数 C_{ij} 有

$$C_{ijm}=\begin{cases}c_{ijm}, & 2f(i)-f(j)=f(m)\text{且}c_{ijm}\neq 0\\ 0, & \text{其他}\end{cases} \tag{8-5}$$

可以看出，式(8-2)实际上代表的是在指配方案 s 的情况下违反同频干扰、邻频干扰、互调干扰三种约束条件的代价函数的加权和。

(3)计算模型建立。

现代战争涉及的装备繁多，信号体制复杂多变，由场区地形地貌和地方用频等因素所产生的影响条件也相当复杂。根据以往的一些电子对抗训练实地情况和经验，采用一个简化的通信对抗训练场模型来分析频率指配问题。

红方的阵地设置为 5 处，每一处阵地都有数台(套)通信设备或对抗设备，通信设备主要为各类通信电台，对抗设备主要为各种通信对抗干扰机，对于对抗设备而言，在用频上视作一个独立的单位，而对于通信设备而言，在频率的使用上就应转化为通信链路，为了表述方便，每条通信链路在下面也将被描述为一个用频设备。

在此为 5 处阵地编号 a～e，包含的通信链路和通信对抗设备的总数量为 25 台(套)，为它们编号 1～25，每处阵地对应的设备如表 8-2 所示。

表 8-2　阵地用频设备表

阵地 a	阵地 b	阵地 c	阵地 d	阵地 e
1#通信 2#通信 3#通信 4#通信 5#通信 6#通信	7#通抗 8#通抗 9#通抗 10#通抗	11#通抗 12#通抗 13#通抗 14#通抗	15#通信 16#通信 17#通信 18#通抗 19#通抗 20#通抗	21#通抗 22#通抗 23#通抗 24#通抗 25#通抗

假设阵地 a 的 3、4 号通信链路和阵地 d 的 17 号通信链路为关键(重要)设备，需要优先确保其所用频点的低干扰，同时假设阵地 b 的 10 号干扰设备和阵地 e 的 25 号干扰设备为相对较大功率的装备，在同等条件下产生的干扰应该予以更高的关注，阵地 d 的 16 号通信链路使用了新型设备，具有较高的抗扰能力。综合了多种因素最终确定的可用频率点(段)设定为 22 个，将其按照从低到高的顺序编为 1～22 号。简化阵地设置可以由一张简要模拟的部署示意图来表示，如图 8-12 所示。

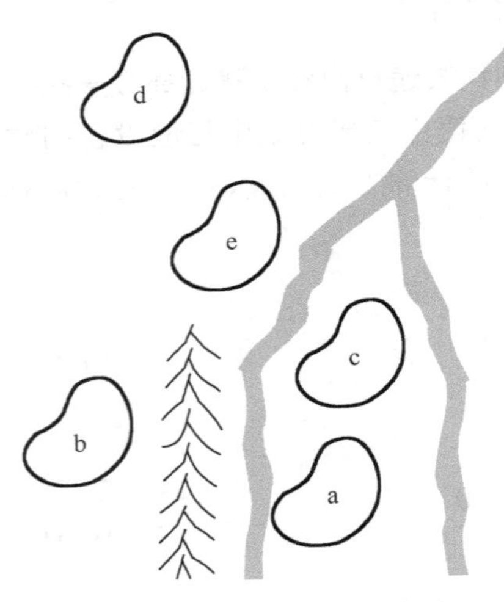

图 8-12　训练场部署简图

阵地 b 与阵地 a、c 之间有着地形阻隔，而阵地 d 与阵地 a、b、c 之间距离较远。

根据假设的场景，按照模拟作战的训练进程设置，第一阶段中阵地 a、b、c 的设备投入使用，即红方有 3 块阵地的 14 台(套)用频设备，随着作战(训练)进程的推进，阵地 d、e 也投入使用，此时训练场的用频设备增加到 25 台(套)。

此时有 a、b、c 三块阵地的 14 台(套)设备投入使用，相应建立的干扰约束矩阵为 14 阶方阵。由部署简图可知，这三块阵地在距离上比较接近，对于同频干扰，这 14 台(套)设备都存在着同频的约束条件，即一般条件下任意两台设备都不能在指配相同频率的情况下实现无干扰运行。但同时注意到b阵地与a、c阵地之间的高地地形阻隔，这一要素使得干扰信号的传输存在较大衰减，除了需要重点保障的a阵地的3、4号通信链路与b阵地的10 号大功率干扰设备以外，其他涉及 b 阵地与 a、c 阵地间的相关同频干扰约束条件均可以忽略。根据以上分析，针对训练进程的第一阶段可以初步建立简单的同频干扰约束矩阵 ***A***，如表 8-3 所示。

表 8-3　第一阶段同频干扰约束矩阵 *A*

序号	1	2	3	4	5	6	7	8	9	10	11	12	13	14
1	0	1	1	1	1	1	0	0	0	0	1	1	1	1
2	1	0	1	1	1	1	0	0	0	0	1	1	1	1
3	1	1	0	1	1	1	0	0	0	1	1	1	1	1
4	1	1	1	0	1	1	0	0	0	1	1	1	1	1
5	1	1	1	1	0	1	0	0	0	0	1	1	1	1
6	1	1	1	1	1	0	0	0	0	0	1	1	1	1
7	0	0	0	0	0	0	0	1	1	1	0	0	0	0
8	0	0	0	0	0	0	1	0	1	1	0	0	0	0
9	0	0	0	0	0	0	1	1	0	1	0	0	0	0
10	0	0	1	1	0	0	1	1	1	0	0	0	0	0
11	1	1	1	1	1	1	0	0	0	0	0	1	1	1
12	1	1	1	1	1	1	0	0	0	0	1	0	1	1
13	1	1	1	1	1	1	0	0	0	0	1	1	0	1
14	1	1	1	1	1	1	0	0	0	0	1	1	1	0

对于邻频干扰，同阵地的通信设备之间、不同阵地的干扰设备与通信设备之间存在着邻频干扰约束。同样由于地形的阻隔，除需要重点保障的 a 阵地的 3、4 号通信链路与 b 阵地的 10 号大功率干扰设备以外，其他涉及 b 阵地与 a、c 阵地间的相关邻频干扰约束条件可以忽略。根据以上分析，基于训练进程的第一阶段建立简单的邻频干扰约束矩阵 ***B***，如表 8-4 所示。

表 8-4　第一阶段邻频干扰约束矩阵 *B*

序号	1	2	3	4	5	6	7	8	9	10	11	12	13	14
1	0	1	1	1	1	1	0	0	0	0	0	0	1	1
2	1	0	1	1	1	1	0	0	0	0	0	0	1	1
3	1	1	0	1	1	1	0	0	0	1	0	0	1	1
4	1	1	1	0	1	1	0	0	0	1	0	0	1	1
5	1	1	1	1	0	1	0	0	0	0	0	0	1	1
6	1	1	1	1	1	0	0	0	0	0	0	0	1	1
7	0	0	0	0	0	0	0	0	0	0	0	0	0	0

续表

序号	1	2	3	4	5	6	7	8	9	10	11	12	13	14
8	0	0	0	0	0	0	0	0	0	0	0	0	0	0
9	0	0	0	0	0	0	0	0	0	0	0	0	0	0
10	0	0	1	1	0	0	0	0	0	0	0	0	0	0
11	0	0	0	0	0	0	0	0	0	0	0	1	1	1
12	0	0	0	0	0	0	0	0	0	0	1	0	1	1
13	1	1	1	1	1	1	0	0	0	0	1	1	0	0
14	1	1	1	1	1	1	0	0	0	0	1	1	0	0

对于互调干扰，涉及的是三台(套)以上用频设备之间的干扰分析。互调干扰的产生从原理上是由于设备接收器件的非线性作用，因而除了考虑上述的这些条件之外，更是要由具体设备的具体参数而决定。假设与4、5、9、10、17、18、24、25号设备相关的设备组合均有可能产生互调干扰，同样结合重点关注设备、大功率设备、地形阻隔、距离等因素的影响，得出简单的第一阶段互调干扰约束矩阵 $\boldsymbol{C}$。限于文书对于高维矩阵在表达上的困难性，书中不再对矩阵 $\boldsymbol{C}$ 进行列举。

将矩阵 $\boldsymbol{A}$、$\boldsymbol{B}$、$\boldsymbol{C}$ 代入式(8-2)，可以得到该假设的干扰代价函数 $E(s)$。

(4) 频率指配问题模型优化算法。

随着电子信息技术的不断发展，用频设备的数量和系统复杂度在不断提升，现在的频率指配问题的重难点已经转变为对于大规模复杂系统的快速处理。在这一背景下确定性算法显现出计算时间长、效率低、实际应用表现较差等缺点。随着研究的深入，一些源自仿生学的现代智能优化算法在解决大规模复杂问题上展现出了较好的效果，很好地解决了确定性算法难以解决的一些难题。

根据粒子群优化算法原理，将22个可用频率按照频率值由小到大的顺序进行整数编号1～22，地域内的14台(套)用频设备可用频率均为全频点，将每一个指配方案 $f=(f_1,f_2,\cdots,f_{14})$ 看作一个粒子，即一个包含14个整数的序列。由干扰代价函数 $E(s)$，进一步得出粒子的适应度函数 $\text{Fitness}(x)$（$\text{Fitness}(x)=E(s)$）。采用随机初始化的方式，并按照步骤进行优化计算。

基于自然选择的混合粒子群优化算法在迭代的过程中通过筛选替换提高了粒子群的整体质量，但很明显存在容易陷入局部最优的问题，而基于杂交的混合粒子群优化算法则增加了迭代进程中粒子群的多样性，恰好可以用来解决基于自然选择的混合粒子群优化算法所存在的上述缺陷。在这里将两种混合型算法加以结合，在粒子群的每次迭代更新过程中同时加入选择替换的操作和杂交的操作，以求达到较好的计算性能。可以由图8-13表示算法的具体流程。

得到的第一阶段算法仿真指配结果如表8-5所示。

3. 战场频率保护

战场频率保护是为使一些重要频率免受有害干扰而采取的电磁频谱管理措施。

1) 战场频率保护的范围

现代战争中时间概念高度浓缩，机动任务紧急、时间紧迫，机动样式多、速度快，机动中的电磁斗争将空前激烈，对部队的指挥控制难度将极大增加，这类情况下，无线电短波通信是主要的通信方式，有时甚至是唯一的通信方式。为保证通信指挥的顺畅，在机动路线附近的地域内，要对无线电通信所用的短波频率实施保护。

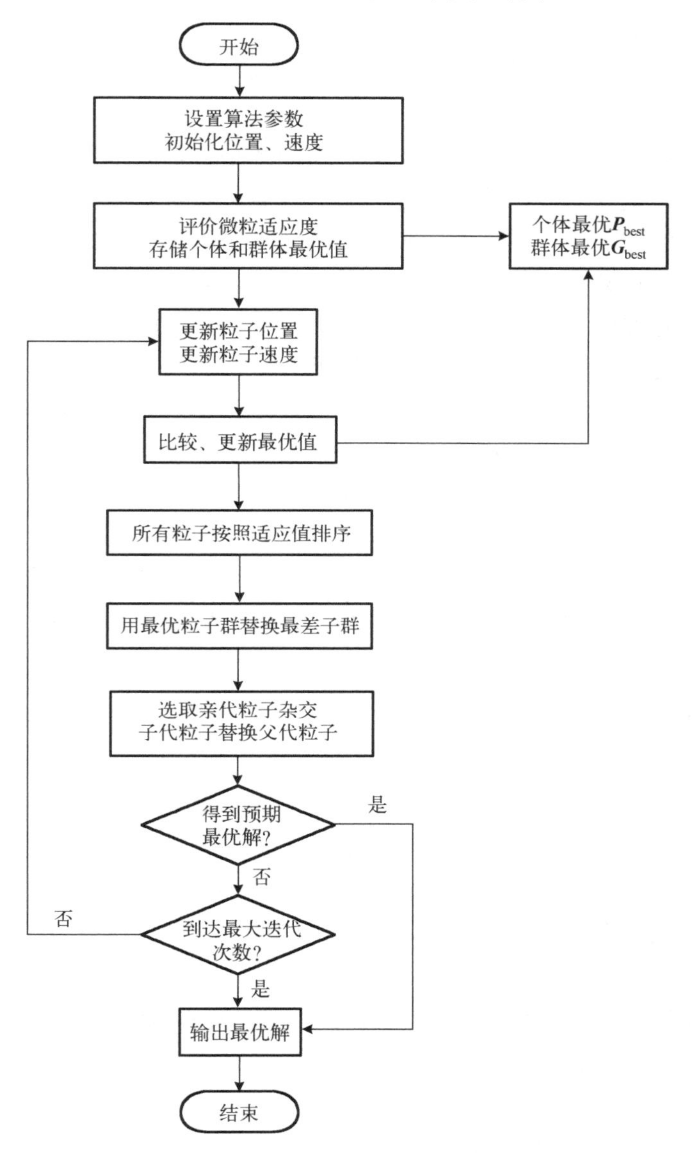

图 8-13　基于自然选择和杂交的混合粒子群优化算法流程

表 8-5　第一阶段算法仿真指配结果

序号	1	2	3	4	5	6	7	8	9	10	11	12	13	14
结果	8	5	17	16	10	1	10	6	3	22	12	13	2	20

复杂电磁环境作战条件下需要保护的战场频率大致有三类：一是安全、遇险频率；二是重要的无线电系统、信息化武器装备的工作频率；三是可用于获取情报的无线电通信频率。

国际电信联盟在国际无线电频率划分表中规定了国际遇险和安全通信频率。任何国家的任何单位或个人在世界上任何位置遇到危及安全的紧急情况时均可利用这些频率发出遇险呼叫信号，各国的救援组织可利用这些频率发现和救援遇险船舶与航空器。在国际遇险和安全通信保护频率的基础上，我国国家无线电管理委员会规定了用于航空器的搜索和营救以及水上移动通信的频段为国内保护频段。这些频率在一定时期内是相对固定的，我们有义务保护这些频率，使其免受干扰。

重要的无线电系统、信息化武器装备的工作频率是战场频率保护的重点，包括主要指挥网专的工作频率，重要武器系统的制导频率、导航频率、警戒雷达及炮瞄雷达频率等。这些频率若在关键的作战阶段受到有害干扰，将严重影响军队的作战指挥，削弱武器系统的作战能力。因此，在某些作战阶段，在一定的地域内要对上述频率实施保护，这也是战场频率管理的一项重要内容。这类频率是与时间有关的，可随战场态势改变而改变，应根据作战的进程随时进行调整，以满足作战的需要。

电子侦察系统用于对敌方的侦听监视：一方面是为了查明敌情和战场情况，以便为指挥员判断情况和定下作战决心提供依据；另一方面是为了在信息战中查明敌方实施信息战的目的、重点、手段和方法，以便为己方实施信息战的原则、计划、战法等提供重要决策依据，其中涉及敌方战略级通信的少量频率也是敌方正在使用的频率，具有情报价值。为便于及时、准确地在此类频率上侦收敌方信息，由技术侦察部门提出要求，并予以保护。这类频率也是与时间有关的。当敌方态势变化时，这些频率就会改变。指挥员在对该频率价值进行评估后，可以取消保护，实施干扰。

2) 战场频率保护的方法

(1) 确定战场保护频率。

作战中无线电设备、系统的大量展开导致频率需求量大大超过可用频率数量，因此，要对军队使用的所有频率都进行保护是不可能的，只能选择部分特别重要且对干扰十分敏感的工作频率进行保护。根据指挥控制及信息化武器装备的配置地域与运用时机，战场保护频率都有一定的地域范围和时域范围，在不同的地域范围和时域范围内，需要保护的战场频率是不同的。

战场保护频率应由战场电磁频谱管理部门与作战部门、通信部门、侦察部门等频率使用部门共同研究确定。由使用部门提出保护要求，包括频率范围，使用的地域、时机，用途，电磁频谱管理部门进行汇总后进行协调和必要的调整。

(2) 拟制下发战场频率保护指示。

为切实有效地保护战场频率，有必要拟制战场频率保护指示，并下发到各频率使用单位，明确使用或禁用地域及时机、要求。

确定战场保护频率之后，战场电磁频谱管理部门就要拟制战场频率保护表。根据作战任务和保障重点，可将保护频率等级区分为三级：一级为国际遇险呼叫、警报、安全和控制器频率，这些频率通常是固定不变的；二级为在某地域内用于某些作战时节的频率，它们是至关重要的，在信息化作战中要防止它们受到己方的无意干扰，这类频率是与时间有关的，可随战场态势改变而改变；三级为在不同地域、不同时节内，重要无线电设备使用频率。

对于一级保护频率，在作战全程受保护，严禁其他单位占用；对于二级保护频率，在某一地域的保护时期内，严禁其他单位占用；对于三级保护频率，在规定的保护地域和保护时期内，严禁其他单位占用。其格式如表 8-6 所示。

表 8-6　战场频率保护表

保护等级	频率	用途	保护地域	保护时间	说明

战场频率保护表拟制完成后，将其作为频谱管理指示的一部分下发到下级电磁频谱管理部门，同时要抄送通信部门、电子对抗部门以及其他有关频率使用部门。战场频率保护表要根据战场的情况及时进行修改，并将修改情况及时通报有关部门。

(3) 分配、指配频率时避开保护频率。

指挥机关应根据作战进程和保障要求，结合单位行动，合理划分各类重要设备的使用时机，本级和下级电磁频谱管理部门在保护地域进行频率分配时，要从频率分配表中剔除保护频率，以确保主战武器系统、通信系统使用频率安全。

(4) 监测保护频率，查处有害干扰。

战场电磁环境变化无常，对保护频率造成突发干扰的信号随时会产生，这就要求电磁频谱管理部门在保护地域内设置监测站，随时监测保护频率，一有情况迅速查出违规频率的方位。对干扰台站可采取的措施包括令其减小功率、改变频率、关机等。若干扰台站属于敌方的电子干扰，则应将敌方干扰台站的位置和危害通报作战部门与电子对抗部门，运用火力或电子战措施消除或抑制敌方干扰，同时准备调整我方受扰台站的工作频率。

(5) 与地方政府联合实施无线电管制。

对特殊频率进行保护是无线电管制的任务之一。战时，为确保通信联络的稳定、可靠和顺畅以及其他重要武器系统正常发挥效能，顺利圆满地完成军事活动，可与地方政府联合对需要保护的重要武器系统以及无线电通信系统所用频率实施无线电管制。无线电管制具有普遍适用性、强制性和严格性。

8.2.2　战场电磁频谱监测与干扰查处

战场电磁频谱监测与干扰查处是指对战场电磁环境和重点频率的监测，全面掌握频率使用情况，及时发现、查处违规使用频率与违规设置用频台站(阵地)的行为和有害干扰。其通常包括电磁频谱监测、有害干扰查处两个方面，它们既相对独立又紧密联系。

1. 战场电磁环境监测

采用技术手段或设施对空中电磁信号的频谱特征参数进行测量是电磁频谱管理部门了解、掌握电磁频谱使用情况的基本手段。电磁频谱监测的内容主要包括：工作频率和发射带宽，信号场强和频谱，调制和信号解调，无线电频谱利用的监测，未登记的不明电台的监测、测向和查处等。按电磁频谱监测的任务，其可分为常规监测、电磁环境监测和特种监测等。通常通过电磁频谱监测网对空中电磁信号频谱特征参数进行测试、分析。

1) 电磁频谱监测网的组成

电磁频谱监测网包括固定电磁频谱监测网和机动电磁频谱监测网。

(1) 固定电磁频谱监测网。

固定电磁频谱监测网由固定电磁频谱监测控制中心和若干固定电磁频谱监测站通过指挥专用网连接构成。固定电磁频谱监测网是电磁频谱监测网的基础和主体。其中，固定电磁频谱监测中心亦称固定电磁频谱监测控制中心，通常由主控计算机设备、通信设备、监测数据分析处理软件和电磁频谱监测数据库等组成；固定电磁频谱监测站由控制计算机、监测接收机、通信设备、监测测向软件、测向系统和监测天线等组成。

(2) 机动电磁频谱监测网。

机动电磁频谱监测网是固定电磁频谱监测网的重要辅助和补充，由机动电磁频谱监测中心和若干机动电磁频谱监测站通过指挥专用网连接构成。机动电磁频谱监测中心通常由主控计算机设备、通信设备、监测数据分析处理软件和电磁频谱监测数据库等组成，其承载工有车辆、舰船、飞机、航天器等。机动电磁频谱监测站由控制计算机、监测接收机、通信设备、监测测向软件、测向系统和短波、超短波监测天线等组成。

2) 电磁频谱监测网功能

电磁频谱监测网主要用于电磁环境和电磁频谱的监测以及无线电信号的测向定位，其主要功能如下。

(1) 完成射频无线电信号的日常监测和数据存储。各监测测向站完成射频无线电信号调制度测量、频谱测量、信号监听、信号扫描、信号模拟解调和数字解调等常规监测功能，并完成测试数据的存储。

(2) 完成对单站和多站监测数据的处理。通过监测测量数据处理软件进行射频无线电信号中心频率和频率误差、某指定频段的占有度、信号频谱变化情况、信号发射带宽、信号调制度、信号占有度、信号场强分布的测量和结果输出。

(3) 监测数据库的查询和结果输出。监测数据库管理、查询软件以灵活多变的功能查询系统数据库，并以图表、文件等多种方式输出测量结果，或将监测结果直接传送至相对应的频谱管理中心。

(4) 对干扰/非法等目标电台进行测向和交叉定位。由监测测向控制中心或分中心监测测向站实施目标电台的测向定位工作，由监测处理结果确定所需监测测向站，再由它们实施定位工作，计算误差椭圆，在电子地图上显示交叉定位结果。

(5) 实现先进的网控管理功能。依托综合通信网，由监测测向控制中心作为整个监测测向网的控制中心，实施对整个系统的控制。由控制中心对各监测测向站实施自动测试控制；控制分中心在获得许可的情况下亦可对各监测测向站实施自动测试控制，控制中心和各控制分中心可以通过综合通信网共享某些监测结果。

(6) 为频谱管理中心提供各种数据。

2. 战场用频装备设备检测

对用频装备设备各项技术指标的测定是用频装备设备频率管理的基础，由电磁频谱管理技术机构或电磁频谱管理部门认可的检测机构实施。用频装备设备检测贯穿于用频装备设备的研制、生产、进口、销售、购置、设置和使用的全过程。

用频装备设备检测系统主要用于对用频装备设备进行电磁频谱技术参数的检测，是辅助电磁频谱管理人员实施用频装备设备频率管理的工具。

1) 用频装备设备检测系统组成

用频装备设备检测系统包括固定用频装备设备检测系统和机动用频装备设备检测系统。

(1) 固定用频装备设备检测系统。

固定用频装备设备检测系统通常需要使用专门的检测场地，亦称电磁兼容实验室。

用频装备设备检测使用专门的检测场地，如室外开阔场地、屏蔽室、电波暗室、半电波暗室等。屏蔽室能阻隔或衰减外界射频电磁能量，使测试不受外界电磁干扰的影响。电波暗室具有吸收入射电磁波的各个界面，对所测量频段的电磁波可保持无反射场条件。半电波暗室仅在地面布设吸波材料，可以模拟理想的开阔场地。

用频装备设备检测使用的专门仪器通常有干扰场强测量仪、带预选器和准峰值适配器的频谱分析仪、数字或模拟存储示波器等，与这些仪器配合使用的仪器有各种天线、各种探头、功率吸收钳、人工电源网络、各种干扰脉冲模拟器等。

(2) 机动用频装备设备检测系统。

机动用频装备设备检测系统，其设备配置与固定用频装备设备检测系统的设备配置基本相同。但其具有相应的承载工具，如车辆、舰船等。

2) 用频装备设备检测系统功能

用频装备设备检测系统的主要功能如下。

(1) 测试用频装备设备的功率、频率、频段、发射带宽、频率误差、杂散发射、接收机带宽、灵敏度以及本振源寄生辐射等射频参数。

(2) 对被测设备性能指标的数据进行数据分析处理、显示和储存，生成表格或绘出曲线图(对于某些给定的项目)，把统计处理后的测试数据按照测试报告的格式要求自动填入表格并打印测试报告；或将测试报告存入数据库，并输出至数据分析(或评估系统)。

(3) 对所测数据自动与技术规范中规定的指标量进行对比，对比结果自动在结论栏显示。

(4) 根据需要制定测试计划，进行单项目测试或多项目连续测试。

3. 战场电磁干扰查处

由于战场电磁环境逐渐复杂，产生电磁辐射的辐射电磁波的非用频设备大量使用，加之有些用频装备设备技术指标的降低以及某些不正确设置或使用，电磁环境将日益复杂甚至直接对正常无线电业务造成有害干扰。有害干扰是指在电磁频谱 9kHz～3000GHz 频段内，可能对有用信号造成损害的信号或电磁骚扰。产生有害干扰的原因通常有两种：用频装备设备的技术指标发生畸变，性能质量下降；各种无线电台猛增，频率用量过大，电台高度密集，频率十分拥挤，以及某些电台设置的不科学不合理。

上述有害干扰的发生将会产生严重影响，如性能下降、误码或信息丢失。有害电磁干扰危害无线电导航或其他安全业务的正常进行，或将严重地损害、阻碍或一再阻断按规定正常开展的无线电业务等，不仅直接影响了军队正常无线电通信的顺畅，还在一定程度上对生活环境及人员身体健康产生威胁。因此，重视和加强对有害电磁干扰的处理，改善电磁环境，建立良好的无线电波秩序，是一项很重要的战时电磁频谱管理工作。

1) 处理干扰的原则

处理干扰有以下六项原则：带外业务让带内业务，次要业务让主要业务，后用业务让先用业务，无规划业务让有规划业务，一般业务让重点业务，作战指挥优先使用。

此外，国家无线电管理机构协调处理和排除相互干扰的原则：后用让先用(在同种业务前提下)，即早先批准使用的电台为先用电台，后来批准或准备批准使用的电台为后用电台；无规划让有规划，即在使用频率上和网络建设上有规划的电台优先考虑，反之为无规划。军队各级电磁频谱管理机构也可参照其精神视情执行。

各级电磁频谱管理机构在处理和消除有害干扰时，除应遵循上述的一般和普遍原则外，在特殊情况下，要视实际问题的情况，着眼于全局和大局，灵活变通运用，但必须慎重而行，必要时，报全军电磁频谱管理机构协调处理。

2) 处理干扰的流程

我方电磁频谱管理条例规定无线电台受到有害干扰时，有关电磁频谱管理机构应当查找干扰源，调查核实，与有关部门协调，采取措施消除干扰。对于地方系统提出的有害干扰申诉，有关部门应当予以受理。

(1) 受理受扰申诉。

当用频装备设备受到有害干扰时，受干扰用户通过电话或书面向本系统电磁频谱管理机构提出申诉，申诉内容主要包括受干扰单位名称、单位地点、联系人及电话、台站地点、使用设备、天线高度、极化方式，受干扰的频率、干扰类型(如话音、数据、电报、传真、噪声等)、干扰影响的程度(如严重、一般或轻微)以及受干扰的日期和时间等。有条件的用户应提供录音磁带以及其他相关证据。电磁频谱管理机构根据用户申诉，填写无线电干扰受理单。

(2) 确定干扰源。

电磁频谱管理机构受理用户的干扰申诉后，在台站数据库或资料库中提取有关台站的资料，查阅频率分配、指配的有关文件，根据申诉和了解的有关资料进行初步分析，组织实施电磁频谱监测和测向定位，根据掌握的台站技术资料和监测数据进行详细技术分析，实地调查，现场取证，试验验证，确定干扰源，分析干扰原因和途径，填写干扰报告。

(3) 处理有害干扰。

电磁频谱管理机构根据干扰报告和分析结论，研究确定排除干扰的措施。拟制处理干扰通知书：若对航空和水上移动等安全业务造成有害干扰，干扰电台必须立即无条件停止发射；非无线电设备对无线电台站产生的有害干扰，由设备所有者或使用者采取措施予以消除；因操作不当或设备问题产生的有害干扰，应立即进行检查找出原因，采取措施消除干扰；用户擅自改变核准的项目(如增加功率或天线高度)造成有害干扰时，除应立即恢复原核准参数工作外，还应负责对干扰造成的损失进行赔偿；若非法设置、使用无线电台对合法无线电台站造成有害干扰，应立即停止其无线电发射，没收其设备并处以罚款，同时追究其赔偿责任。处理干扰通知书应向干扰台和被干扰台同时下达。

另外，对地方系统提出的有害干扰申诉，军队各级电磁频谱管理机构应当予以受理，并以积极的态度和合作精神，弄清情况，协助调查、分析、论证，一旦确定为有害干扰时，有关电磁频谱管理机构要按照有关规定，采取有效措施，迅速妥善地处理。

8.2.3　战场电磁频谱管制

战场电磁频谱管制是根据行动需要，为确保战场频谱资源的有序利用和主要无线电业务(如通信、控制、制导等)免受干扰，在特定时段、区域、频段内对无线电发射和电磁辐射所实行的强制性管理措施。战场电磁频谱管制是战场管制的组成部分，对维护战场秩序，保障作战的顺利实施具有重要的作用。

1. 电磁频谱管制的要求

明确电磁频谱管制的基本要求是正确组织实施电磁频谱管制的前提。电磁频谱管制应当在确保完成任务的前提下，严格控制管制的频域、地域和时域，在电磁频谱管制地域内设有无线电发射设备和其他辐射电磁波设备的单位与个人必须严格遵守管制的有关规定。电磁频谱管制工作的具体要求如下。

1) 执行的强制性

电磁频谱管制行动必须强制执行。电磁频谱管制命令一旦下达，管制地区的军队和地方的一切有关单位与个人都必须无条件地严格遵守，应立即关闭、停止或中止管制命令所要求的无线电发射或电磁波辐射，且不得以任何理由拖延、迟缓甚至拒不接受管制命令。电磁频谱管理机构有权对拒不执行的单位和个人采取强制措施，若对违犯管制命令造成严重后果或者重大损失，可追究其法律责任。

2) 管制的准确性

电磁频谱管制行动必须准确实施。电磁频谱管制行动要严格按照电磁频谱管制命令执行，对于管制区域内的用频台站和设备的频率范围、功率大小、工作时间、天线高度、业务方式等，该管的必须管住、管死、管严，不该管的要保证其正常工作。

3) 控制的合理性

电磁频谱管制行动必须合理控制。在确保完成任务的前提下，电磁频谱管制执行人员要合理执法、灵活执法，要根据实际需要，区别不同情况，尽可能地兼顾其他业务的工作，尽力将管制的台站和设备压缩到最少，将管制频段压缩到最窄，将管制的时间压缩到最短，以减小由此造成的损失或不利影响。

2. 电磁频谱管制的基本内容

电磁频谱管制的基本内容主要包括管制的时间、管制的地域、管制的频段、管制的对象和管制的信号调制方式等。

1) 管制的时间

电磁频谱管制是有时间限定的，其行动总是限定在某项任务执行或某项活动进行前或者过程中的一段时间内，即电磁频谱管制是具有明确起止时间的一项行动。在平时，若遇有重要科学、商业活动和重要国务、社会活动，可视情况在其活动前和过程中进行电磁频谱管制，活动一结束，应立即解除管制，否则会影响人民的生活和生产，甚至造成不必要的经济损失。在战时，为确保我方主战用频武器装备和系统稳定、可靠地工作，保障我方重要作战行动的顺利实施，就需要适时进行电磁频谱管制，管制的时机和时长应根据用频单位的实际作战需求来确定，不能过早，也不能过晚；不能过短，也不能过长，否则会适得其反，影响作战的进程和成败。

2) 管制的地域

电磁频谱管制的作用地域是明确规定的，只在举行某一重大活动的地区或遂行某一重要行动的地域内进行管制，执行管制任务时，只对该地区(或地域)以内的无线电发射设备和电磁波辐射设备进行管制，该地区或地域以外的设备则无权管制。无论平时还是战时，要对行动所涉及的所有空间或地区全部实行电磁频谱管制是不可能的，也是不必要的。战时，电磁频谱管制的地域应重点选择一个或多个可能对军队的指挥、控制、情报、通信等重要电子信息系统造成直接影响的局部地区，如用频单位隐蔽集结地域、集中发信台或收信台地域、通信中心所在地周围地区、机场导航台周围地区、导弹发射阵地周围地区等。

3) 管制的频段

我军的武器装备和系统型号多、频谱宽，其用频范围涵盖长波、中波、短波、超短波和微波等频段，工作于不同频段的武器装备和系统是不会相互干扰的。因此，为保障某一装备和系统正常工作而实施的电磁频谱管制，其管制的频段只限定于该武器装备和系统工作频率附近的一段频率范围。也就是说，电磁频谱管制的频段取决于管制时间和管制地域内要保障对象的工作频段，如果工作于该频段的其他用频装备和系统对该保障对象的正常工作产生干扰和影响，就需要按要求进行管制。战时，管制的重点频段(率)包括：一是与作战使用相冲突的频段(率)；二是我方精确制导武器的制导频段(率)；三是导航频段；四是上级规定的保护频段(率)和禁用频段(率)；五是重要作战武器使用的频段(率)；六是隐蔽我军行动企图时的所有频段等。

4) 管制的对象

战场电磁频谱管制的对象首先是各类军用用频台站(阵地)或设施，其次是民用用频台站或设施，具体包括各类无线电通信、雷达、制导、光电、导航、声呐等台站或设施，以及产生电磁波辐射的工业、科学、医疗、电气化运输系统等非无线电设备。确定电磁频谱管制对象，应按照“军先于民、急先于缓”的原则执行。战时，应重点对影响作战行动的军民无线电发射和辐射设备实施管制，尤其是带外辐射超标的各类大功率军用和民用雷达、电台、卫星地面站，干扰作战行动的各类业余、试验无线电台，与导航、制导频率相近的移动通信基站、无线寻呼台，各类民用无线电短波设备、非重要无线电发射设备、辐射电磁波的非用频设备，非参战用频单位的相关无线电发射设备等。

5) 管制的信号调制方式

同一频段内的诸多无线电信号若采用不同的调制方式或复用方式，则可以共享此频段。例如，采用码分多址、时分多址、扩频、跳频等调制和多址技术，通过频率捷变、动态频道和时隙分配、发射机功率控制等，能够实现同一频率(段)的共享。合理确定信号调制方式的管制范围，对提高电磁频谱管制的合理性和节省频谱管制资源具有重要意义，例如，对于工作在保障对象使用频段上却因采用不同的信号调制方式而未对保障对象的频率使用造成影响的无线电信号则可不予管制，对于不在管制发射频率(段)之内却因采用了不当的调制方式而对保障对象的频率使用造成影响的无线电信号则要进行管制。合理确定信号调制方式的管制，可以实现管制范围的最小化。

3. 电磁频谱管制的程序

电磁频谱管制的组织实施是指依据平时的电磁频谱管制预案，根据具体的管制任务，建立管制机构、召开管制会议、制定管制方案、发布管制命令、组织管制检查、查处违规发射、解除管制命令等的一系列筹划、控制活动。

1) 建立管制机构

要有效组织实施电磁频谱管制行动，首先就要成立电磁频谱管制机构，该机构一般由管制地域所属军队或地方政府电磁频谱管理(无线电管理)机构负责建立。电磁频谱管制机构通常设指挥部、监测组和执法组。指挥部主要负责电磁频谱管制的筹划组织和行动指挥；监测组主要负责管制地域的频谱监测和管制效果评估；执法组主要负责管制命令的落实，对违犯管制命令的单位或个人进行查处。军事活动(作战)电磁频谱管制，其机构由军方负责建立，成员主要有军队相关电磁频谱管理机构的人员，可视情况协调邀请国家、地方无线电管理机构的人员参加。非军事活动无线电管制，其机构由国家、地方负责建立，成员主要有国家、地方相关无线电管理机构的人员，根据任务需要，军方可派人员参加。

2) 召开管制会议

召开电磁频谱管制工作会议是传达上级指示精神和具体部署管制工作最直接有效的形式，它对管制任务的正确实施具有重要的作用。实施军事活动的电磁频谱管制时，由军方负责召开管制工作会议，参会人员要根据具体的电磁频谱管制任务和要求确定，通常有主管频谱管理工作的领导、频谱管理技术机构的有关人员、频谱管理部(分)队的领导以及管制区域内的地方无线电管理机构负责人等。会议的内容主要有：传达上级指示，明确管制任务，部署管制各项准备工作，向地方无线电管理机构通报管制任务，提出和处理需要协作的有关事宜等。

3) 制定管制方案

电磁频谱管制方案是具体实施电磁频谱管制行动的根本依据，电磁频谱管制指挥部要根据上级的要求和受领的管制任务，迅速组织相关人员拟制电磁频谱管制方案。

电磁频谱管制方案一般应包括管制的起止时间、管制的区域、管制的频段、管制的对象、管制的方法与形式、管制的任务区分，以及管制的有关规定和要求等。制定电磁频谱管制方案，要紧密结合上级赋予的管制任务，了解掌握所涉地域用频设施的配置使用情况，充分考虑现有的管制装备和人员，合理调配管制力量，搞好军地协调，及时获取地方台站数据资料，具体要求：一是要突出管制重点，合理区分管制任务；二是要准确合理，尽量减少管制时间、管制地域和管制频段；三是要充分考虑各种复杂情况，增加方案的适应性。管制方案拟制完毕后，要征求相关部门和人员的意见，反复核实完善后，报领导审批执行。

4) 发布管制命令

友布管制命令是要求被管制对象接受执行管制措施的行为，它具有法律的强制性，这是一个必不可少程序。管制命令要简单、准确、明了，一般以审批机关的名义发布。管制命令可以通过广播、电视、报纸等新闻媒介和张贴公告等形式公开发布，或以专用文书的形式向有关单位和个人通报，若需要保密或管制范围小，可单独通报被管制对象。军事电磁频谱管制命令通常由军、地相关机构联署下发到所有执行单位，发布的时间可根据管制范围适当提前。

5) 组织管制检查

电磁频谱管制的执行情况和最终效果如何需要通过频谱监测和检查评估来反映。管制命令下达后，监测组要组织监测力量对管制区域的电磁环境进行全程监测，重点监测管制频率、保护频率是否受到干扰，对突发信号要进行跟踪监测、测向定位，辨别敌我，分清军民，并识别干扰的类型，确定干扰的等级，向频谱管制指挥部提出管制对象、时域、频域变更的建议；执行组要按照指挥部的指示，对违犯管制命令的相关单位和个人的无线电发射行为进行查处，具体包括责令其中止无线电发射、降低发射功率、改变工作时间，甚至可没收其发射设备等；指挥部则要全面掌握管制实施情况，正确分析判断、处置管制中出现的各种问题，并及时向上级和地方政府汇报(通报)，对严重违规的单位和个人要通报批评，若造成重大损失或影响，要依法追究其法律责任并附带经济赔偿责任。

6) 解除管制命令

作战行动或重大活动结束后，电磁频谱管制机构应适时下达管制解除令，结束管制行动。若管制命令中规定了管制终止时间，管制行动在规定的终止时间内自动解除；若没有规定终止时间，由发布管制命令的机关另行发布管制解除令，结束频谱管制。

8.2.4　战场电磁频谱管理应用

战场电磁频谱管理通常在电磁频谱管理部门的统一领导下，由用频单位根据作战企图组织实施，涉及明确电磁频谱管理任务、调整计划、下达电磁频谱管理指示、完善机构、编组电磁频谱管理力量、组织侦测、进行战场电磁环境监测等方面的工作。

战场电磁频谱管理中，首先，用频单位要明确上级的行动企图和本级的任务，即上级总的行动企图、目的；本级的当前任务和后续任务；本单位遂行任务的方式及其在行动过程中的地位和作用；本单位行动编成；人员、部署；主要行动地区；所属各子单位任务等。

其次，用频单位要明确频谱资源管理任务，包括：合理分配使用频率，实时进行动态调整；监测战场频率使用，及时处理有害干扰；分析敌方电磁频谱，为夺取制电磁权提供依据；组织实施电磁管制，确保联合作战需要。

管理的首要任务就是对频谱进行合理的分配、指配，为各单位各类电子信息系统与设备分配适合其工作的频率。无线电通信是频谱的主要用户。地域通信网的每条链路、双工移动通信网的无线电覆盖区域、单工电台的联络、卫星通信的上行与下行线路、散射通信的收发信道都需要包括发信频率、收信频率、备用频率等频率在内的保障。除了各种无线电通信设备之外，战场上的其他电子信息系统(如电子侦察、雷达、导航以及各种武器的遥控制导)也都要使用电磁频谱。战场电磁频谱管理机构要制定统一的频率分配表，统一为各单位的电子信息系统分配频率，以保证这些电子信息系统都能正常工作，避免互相干扰，保证行动指挥的顺畅和稳定，以及装备系统充分发挥威力。在行动的不同阶段，频率还要随着战场态势的变化以及部队的临时需要适时进行调整，以保证电子信息装备和系统工作的稳定与顺畅。

在战时，为满足军队作战需要，必须实施电磁频谱管制和频率保护，对作战地区的地方无线电设备和产生电磁辐射的非用频装备设备的使用进行限制，及时查处会对重要频率造成有害干扰的台站、装备，必要时强制其关闭。

在对频谱资源进行管理的同时，频谱管理部门还需利用电磁频谱监测设备，实时扫描监测战场全频段各频点的频率使用情况，分析判断相互干扰情况；及时分析、掌握敌方的电磁信号，包括利用无线电监测设备对敌方各种电子辐射源进行侦察监视和测向定位，全面查明和掌握敌方防空系统、指挥控制系统、通信系统等军事电子信息设备的频率范围、战技性能与部署情况等。

在平时制定配套的电磁频谱管理计划的基础上，根据战时用频单位所担负的任务，频谱管理机构需要对电磁频谱管理计划进行利用、调整和补充，满足不间断的作战用频需要。平时在预设的作战地区和战场上，按预定作战电磁频谱管理计划和电磁频谱管理指示不断进行演练，使我方电磁频谱管理部队的组织指挥能力和电磁频谱管理能力不断得到提高，增强取得战役胜利的把握性。电磁频谱管理计划的制定程序如图 8-14 所示。

1. 电磁战场态势评估

电磁战场态势评估是制定频谱管理计划的前提，评估的准确与否直接影响到频谱管理计划制定的合理程度。只有准确、全面地对敌我所处电磁环境进行综合的评估，掌握相对于敌方的优势信息，才能够制定完善的频谱管理计划。电磁战场是指在区域和影响区域中的背景环境信息，包括敌方、友方力量以及在该范围内的其他国家和地区的战场电磁信息。影响区域是指环绕着火力打击区域的一个电磁环境，这个环境是一个存在潜在的电磁干扰的区域。频谱管理部门在进行电磁战场态势评估的时候必须考虑各单位力量的行动区域内的频谱使用，并且将这些信息形成一个可靠、高效的态势数据库，协助分析和掌握整个战场态势。

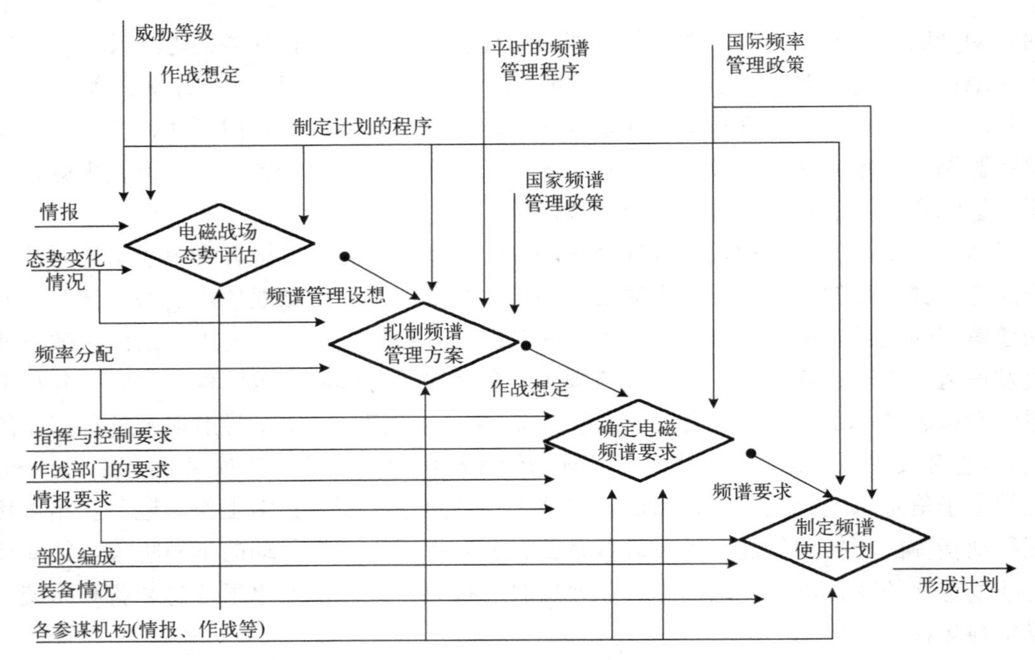

图 8-14　电磁频谱管理计划的制定程序

2. 拟制频谱管理方案

国家电磁频谱管理部门应该支持各级电磁频谱管理机构，并提供相关的电磁环境情况。频谱管理方案必须结合行动计划来综合考虑，因为有效的频谱使用和管理方案是制定行动计划的前提。每一级行动机构都必须设立相应的管理部门，并向上一级部门或机构及时报告其所属的电磁辐射装备的情况，以便上级部门能够全面掌握整个战场的电磁辐射情况。

另外，频谱管理方案的拟制必须以一种连续支持的方式进行，并且要有相当的提前量。因为如果临时制定计划，那么各个单位之间很有可能造成可用频率的电磁冲突，甚至造成相互干扰，这就会严重影响用频单位的部署、展开等行动。

3. 确定电磁频谱要求

下级单位上报其电磁辐射装备情况，以及其电磁频谱需求。频率管理部门要统一考虑和协调，确保我方各用频单位电磁频谱的使用。

(1) 各频谱管理机构必须到频率管理部门亲自确认其上报的需求(所属用频单位的频谱需求随时有可能出现变化)，并和其他各个单位进行协调，以便频率管理部门能够最大限度满足各个单位的频谱需求，同时能够从整个区域的角度来分配和调整频谱需求。当然，单位上报的频谱需求必须以一种非常清楚的方式来表达。

(2) 频率管理部门在确定电磁频谱需求时也要考虑到多种来自非军事部门和机构的电磁频率需求，这些需求来自多方面，如外交、媒体等，同时这些需求也许需要占据相当广泛的频段，如广播波段、高频业余频率、商业卫星频段、民众陆地移动通信等，它们也许在作战过程中会产生重大影响。

(3) 如果提前确认频谱需求失败就极有可能会导致在进行过程中己方单位之间产生频率使用矛盾，即使没有产生频率使用矛盾，也会导致用频单位在作战的时候由于请求频率使用而造成时间上的紧迫性，这对于完成任务是非常不利的。

(4) 各级频率使用单位必须连续不断地和频谱管理机构协同，一起来处理频谱管理过程，必须在适当的时候再次确认和上报频谱需求给频谱管理机构，随时分析和上报授权的频率的潜在使用矛盾，以尽可能排除矛盾。

总的来说，电磁频谱资源的各种需求要根据国际和国内或者军队通用惯例来进行鉴别、融合、区分等级，以形成简洁明了的频谱使用需求。

4. 制定频谱使用计划

频谱管理机构的主要任务是制定频谱管理计划和频谱使用计划，下属单位的频谱管理机构的任务是协助其完成频谱管理计划和频谱使用计划。频谱管理计划包括各作战力量对电磁频谱的协调、控制和使用，计划最后必须得到批准。其内容必须和行动完全一致，其表述必须是清楚、准确的，以便所有的用频单位能够准确无误地理解其全部含义，并遵照它来执行。频谱使用计划包括各用频单位的频段分配、使用时间、保护频率、限制频率等内容(最好以表格的形式来表述)，它必须非常详细地限定这些内容，这样才能够满足各用频单位的所有频谱需求。

当然，频谱管理计划并不是一成不变的，它需要也必须随着作战行动的进行、战场态势的发展而不断地发展，所以，下级用频单位及时反馈其电磁频谱需求和矛盾就显得十分重要。因此，也可以在战时建立专门的战场电磁态势分析机构，争取及时、全面掌握战场电磁态势，争取战争的主动权。

8.3　电子防御

8.3.1　电子防御概念内涵

电子防御是为了保护己方电子信息设备、系统、网络及相关武器系统或人员作战效能的正常发挥而采取的措施及其行动的统称，其有两层含义：一是能有效地对抗敌方的电子侦察与电子干扰，例如，采用先进的抗干扰措施，使己方的通信系统、雷达系统在有强干扰的情况下仍能正常工作，发挥其效能；二是抗反辐射武器和新概念电子武器的摧毁，提高电子信息系统、设备的生存防御能力，这已成为己方电子信息系统、设备正常发挥效能的关键与先决条件。电子防御是复杂电磁环境在作战支持应用中的“盾牌”。

8.3.2　电子防御内容

电子防御内容包括反电子对抗侦察、反电子干扰、反目标隐身、抗电子摧毁；从手段和措施上分，电子防御包括技术措施和战术措施两大类。

1. 反电子对抗侦察

反电子对抗侦察是指在敌方实施电子对抗的情况下，防止己方电子信息系统、设备有意或无意辐射的电磁信号被敌方截获，或者信号被截获敌方很容易从中获得有用情报信息而采取的措施。反电子对抗侦察具有很强的针对性，要根据敌方电子对抗侦察设备与系统的战技性能和作战运用特点，采取相应的战术、技术和行政等措施。如果说电子对抗侦察是实施电子干扰和硬摧毁的前提，那么，反电子对抗侦察则是反电子干扰和抗摧毁的先决条件与重要环节。反电子对抗侦察在电子防御中占有重要的地位。许多反电子对抗侦察的措施往往也是反电子干扰和抗摧毁的基本措施。

反电子对抗侦察是一项经常性的工作。在战争时期要重视反电子对抗侦察工作，在和平时期也要重视反电子对抗侦察工作。反电子对抗侦察工作覆盖范围广、技术性强、组织实施要求高，是一项复杂的系统工程。反电子对抗侦察是电子防御的重要组成部分，随着电子对抗侦察技术的迅速发展和广泛运用，反电子对抗侦察工作的地位更加重要。反电子对抗侦察的措施可以分为技术措施和战术措施两大类，下面以雷达和通信为例介绍反电子对抗侦察的具体实现。

1) 雷达反电子对抗侦察

(1) 雷达反电子对抗侦察的技术措施。

雷达反电子对抗侦察的技术措施主要有：①采用新的工作频段，如采用短波、毫米波、激光等；②采用频率捷变技术；③采用功率管理技术，控制雷达发射信号的功率、方向、发射时间等；④采用低副瓣或超低副瓣天线；⑤发射脉冲压缩信号；⑥采用双(多)基地雷达。

(2) 雷达反电子对抗侦察的战术措施。

雷达反电子对抗侦察的战术措施主要有：①发射与敌方雷达所用的信号参数和工作模式相似的信号，使敌方将我方雷达误认为是敌方自己的雷达；②严格控制雷达开机时间；③控制雷达发射功率和辐射方向，在保证完成任务的前提下，尽量降低发射功率；④控制雷达信号参数和工作模式的使用，特别是雷达工作频率、脉冲调制样式等重要参数应按规定使用，对备用的工作频率和工作模式要严加控制；⑤设置假阵地，用简易辐射源发射假信号，用伪装、佯动等方法欺骗迷惑敌人，造成敌人判断错误；⑥必要时，对敌方电子侦察设备实施干扰或摧毁。

雷达反电子对抗侦察的技术措施和战术措施通常是结合使用的，从而可以起到更好的效果。

2) 通信反电子对抗侦察

(1) 通信反电子对抗侦察的技术措施。

通信反电子对抗侦察的技术措施有：①跳频技术，这是目前的通信反侦察技术之一；②扩频技术，又可分为跳频、跳时、直接序列扩频以及它们的混合；③自适应天线技术，又称为自适应零位天线技术，这是通过控制天线单元的距离与天线电流的相位，使发射天线方向图的最大值方向对准接收机方向，而使天线方向图的零位对准敌方侦察机方向；④猝发传输技术，其基本方法是首先将要发送的信息存储起来，然后在某一瞬间以正常速度的 10～100 倍或更高的速度猝发，接收机将信息记录下来，最后恢复出原信号，它具有随机性与短暂性，因此比较隐蔽，不易于被侦察干扰；⑤信息加密技术，它使得通信信号即使能被敌方截获，但也不易被敌方识别，从而难以获得有用信息，加密方式有人工加密和机器加密两种；⑥数字通信，它是战术通信的发展方向，采用数字通信，通信效率高，保密性好，也易于数字加密和多路复用；⑦采用新的通信手段，例如，采用光缆通信时，不会向外辐电磁信号，保密性极好，采用激光通信和微波接力通信时，由于其波束都较窄，不易被侦察。

(2) 通信反电子对抗侦察的战术措施。

通信反电子对抗侦察的战术措施有：①控制无线电发信的时间和功率，减少被敌方侦察的机会；②无线电静默，在规定的时间和地区内，禁止无线电发信；③密化通信内容，严格控制无线电明语通信，在万不得已时，才进行明语通信；④实施无线电通信伪装，例如，经常更换电台的呼号、频率、联络时间等规定，隐蔽指挥关系，进行无线电遥控，减小通信量等；⑤组织无线电佯动，在无线电通信组织、内容、特征等方面制造假象，欺骗敌人。

在实战中，通常把通信反电子对抗侦察的技术措施和战术措施结合起来运用，从而可以增强通信反侦察的效果。

2. 反电子干扰

反电子干扰是电子防御的基本内容。在敌方实施电子干扰的情况下，如果没有有效的反电子干扰措施，就完全有可能造成己方无线电通信联络中断、雷达迷盲、电子信息系统与网络瘫痪、制导武器系统失控、各种高技术武器装备难以发挥作战效能甚至连生存都会发生问题的局面。反电子干扰是指消除或削弱敌方电子干扰对己方电子信息系统、设备的有害影响，保障己方电子信息系统、设备能正常发挥效能的措施。没有采取适当反电子干扰措施的军用电子信息系统、设备是难以在现代战争中发挥正常效能的。因此，反电子干扰现在已成为雷达、通信、导航、制导、敌我识别等军用电子设备与系统，以及各类军用电子信息系统研制和作战运用研究的一个重点。由于电子干扰技术发展很快，具有干扰频带宽、干扰功率大、干扰手段和干扰样式多样化的特点，因此使反电子干扰任务更为艰巨。反电子干扰的措施也可以分为技术措施和战术措施两大类，下面以雷达和通信为例介绍反电子干扰的具体实现。

1) 雷达反干扰

(1) 雷达反干扰的技术措施。

现代高技术战争的实践证明，没有抗干扰能力的雷达很难在现代战场上发挥作用。近年来，出现了多种具有优良抗干扰性能的新体制雷达。下面列出一些主要的雷达反干扰技术措施：①采用空间选择技术，降低天线副瓣，采用副瓣消隐技术，天线波束自适应变化，尽量减少进入接收机的干扰能量；②加大雷达发射机的功率；③采用频率选择技术，如频率捷变技术或频率分集技术；④采用极化选择技术，如变极化技术，使干扰与有用信号极化正交，减少干扰进入接收机的能量；⑤波形选择，选择适当的调制方式，以便抑制干扰，常见的调制方式有线性调频脉冲压缩、二相编码脉冲压缩、自适应波形变换等；⑥抗干扰电路；⑦抗欺骗式干扰技术，包括抗距离欺骗式干扰技术、抗角度欺骗式干扰技术、抗速度欺骗式干扰技术，例如，单脉冲雷达可以抗角度欺骗式干扰。

(2)雷达反干扰的战术措施

雷达反干扰的战术措施主要有：①合理部署雷达网，把不同频段、不同体制的雷达合理配置，组成雷达网，现代战争实践证明，强烈的雷达干扰要在整个时间内，对整个雷达网中的所有雷达进行有效压制是相当困难的；②采用多种观察器材，当雷达受到干扰时，可用其他观察器材，如光学、激光、红外等观察器材，连续不断地掌握目标情况；③多种反干扰方法结合使用，针对敌方电子干扰的特点，可变换雷达工作体制、改频、利用敌方干扰波束死角进行探测等，灵活对抗敌方电子干扰；④在条件允许时，用火力摧毁干扰源。

2)通信反干扰

(1)通信反干扰的技术措施。

通信反干扰的技术措施主要有：①采用微波接力通信、激光通信等；②提高收信端的信号强度，例如，增大发信功率，或在通信双方之间开设中继站；③采用扩频技术，包括跳频技术和直接序列扩频技术；④采用自适应天线技术，使接收天线方向图的波瓣零点(或最小值点)对准干扰方向，而使最大值方向对准通信发射机方向；⑤采用自适应信道选择技术，监视信道特性，及时准确地发现敌方施放的电子干扰的种类和特性，自动转换到其他可用信道上继续通信；⑥采用自适应功率控制技术，根据干扰电平的高低来调制发射机的输出功率，使发射机的输出功率随干扰电平的增高降低同时变化，这样既节省功率，又能压制式干扰，并适当降低对友邻电台的影响；⑦猝发传输技术，把需要传输的信息进行编码，在极短的时间里突然迅速发出；⑧采用抗干扰能力强的通信方式，如数字通信和纠错编码技术。

(2)通信反干扰的战术措施。

通信反干扰的战术措施包括：①加强通信人员的反干扰技能训练，采用适当的操作方法反干扰；②灵活使用通信装备，实时改变工作频率，提高发射信号功率；③建立隐蔽通信网(专向)，通常在指挥机关对战役或战术的主要方向建立，在敌人施放干扰时启用；④使用反干扰专用联络文件；⑤建立勤务无线电网(专向)或复式无线电通信，以便在一条通信线路被干扰时，通过其他线路继续通信；⑥在条件允许的情况下，可对干扰源进行精确测向定位，用火力摧毁干扰源；⑦采用反电子侦察措施破坏敌方干扰系统中侦察引导设备的工作，使其无法引导、指示和校正干扰。

雷达和通信反干扰的战术措施与技术措施通常可综合使用，加强抗干扰效果。

3. 反目标隐身

反目标隐身主要是在分析研究隐身技术和武器装备存在弱点的基础上，有针对性地采用技术、战术措施。例如，采用米波雷达在探测隐身飞机时具有一定的实用性等。在电子防御中，反隐身的重点是实现对隐身飞行器等作战平台的有效探测与跟踪。

1)雷达反隐身

按照电磁波散射理论，目标的雷达反射截面积(RCS)不仅与目标结构、材料和设计外形有关，而且还是雷达工作频率、极化方式以及目标相对雷达的空间姿态角三者的函数，其中任一参量的微小变化都可能引起目标 RCS 较大幅度的变化。因此，只要根据隐身飞行器的弱点，改变相应的雷达参量，就可以达到抑制隐身目标 RCS 下降的目的，从而实现雷达反隐身。按照被改变雷达参量的不同，雷达反隐身技术可进一步分为频域反隐身技术、空域反隐身技术和极化域反隐身技术。

(1) 频域反隐身技术。

频域反隐身技术的机理包括：基于隐身飞行器固有的电磁波散射特性，即大部分军用飞行器的尺寸或其主要特征结构的尺寸都小于或者接近于超视距雷达的工作波长，飞行器的后向散射均处于谐振区或瑞利区，在谐振区，隐身飞行器会产生较强的后向散射，其 RCS 会大于光学区的 RCS，而在瑞利区，隐身飞行器的 RCS 与其形状无关，只取决于飞行器的体积或照射面积。从频域上，可以采用不同频段的雷达来综合探测隐身目标。

(2) 空域反隐身技术。

由于隐身技术，尤其是整形技术不可能使隐身飞行器 RCS 的减缩在所有方向上同样有效，因此，雷达只要避开隐身飞行器 RCS 明显减缩的方向，从其他角度对隐身飞行器进行照射，就有可能实现在原有作用距离上对隐身目标的探测。从空域上，可以采用双/多基地雷达、星载雷达和多雷达组网方式探测隐身目标。

(3) 极化域反隐身技术。

隐身飞行器的 RCS 与雷达波的极化方向有着密切关系，利用这一点，通过改变雷达发射极化的方向，能使隐身目标 RCS 达到最大值，从而可抑制隐身飞行器 RCS 的减缩。极化域反隐身技术通常与频域反隐身技术、空域反隐身技术相结合，以进一步增强雷达反隐身的能力。

2) 光电反隐身

任何目标都处于一定的背景之中，目标与背景的几何形状或物理性质有差异，使得利用这种差异进行侦察成为可能。光电侦察总是千方百计地利用目标与背景在整个光频波段上反射或辐射特性的差别，使目标从背景之中突显出来，以获得相关的战术、技术情报。显然，这种特性上的差异(如目标与背景的红外辐射对比度)越小，进行光电侦察(如进行红外侦察)就越困难，即目标在一定程度上实现了光电隐身。光电隐身的原则是使目标与背景的光谱分布和光亮度尽量相近，减少二者之间的对比度，以大大缩短光电对抗侦察设备的发现、识别距离。光电隐身的具体内容包括激光隐身、红外隐身、可见光(微光)隐身等。

4. 抗电子摧毁

现代战场上军用电子设备数量多，抗干扰能力强，威力大。如果仅采用电子干扰手段，往往不足以掌握和取得电磁优势。电子设备的一个重要弱点是辐射电磁波，容易暴露。因此，在现代战场上，越来越多地应用硬杀伤的手段来破坏或摧毁敌方的军用电子设备，从而对其电子设备和电子对部队造成巨大威胁。于是，军用电子设备抗敌方的破坏和摧毁成为一项十分重要的任务。

目前敌方对我方实施的摧毁电子设备的手段主要有两种：一种是常规火力摧毁；另一种是反辐射武器摧毁。反辐射武器性能好，使用数量多，构成了对雷达等军用电子设备的最大威胁。

敌方要摧毁我方军用电子设备，首先必须对我方军用电子设备进行精确测向定位，并且只有在我方缺乏防护能力的情况下才能获得成功。因此，抗摧毁的基本原理是：①采取各种反侦察手段，隐蔽我方军用电子设备，使敌方难以发现我方辐射源；②采取各种战术和技术措施，使敌方难以瞄准和命中目标；③对军用电子设备加强防护措施。

1) 抗电子摧毁的技术措施

敌方以常规火力摧毁我方电子设备，是以电子侦察、精确测向定位为前提的。因此，抗敌方常规火力摧毁的主要措施有：

(1) 使用电子欺骗、电子干扰和电子伪装等手段，使敌方难以进行电子侦察，从而难以发现我方电子设备；

(2) 利用地形、地物，合理配置电子设备，构筑坚固的防御工事，同时配以火力保护；

(3) 加强警戒，以防敌方特工人员直接摧毁；

(4) 设置假阵地，发射假信号，诱骗敌方攻击假目标；

(5) 设置隐蔽网(台)，在电子设备与系统遭敌方摧毁时，启用隐蔽网(台)，以满足用频单位指挥控制和情报传递的需要。

反辐射武器包括反辐射导弹和反辐射无人机。这两种武器都是依靠对辐射源的探测、定位、识别和跟踪，然后以火力摧毁辐射源的。因此，对它们的防护方法是相似的。反辐射武器的主要攻击目标是雷达，故下面只讨论对雷达防护的技术、战术措施。

对反辐射武器防护的技术措施主要有：

(1) 采用低旁瓣天线，控制雷达辐射功率，使反辐射武器难以截获雷达波束；

(2) 采用频率捷变、频率分集、脉冲重复频率跳变等技术，使反辐射武器难以识别、跟踪雷达；

(3) 发展多基地雷达，这种雷达将发射机与接收机分开设置，接收机设在行动区域前沿上，发射机设在严密设防的后方或预警机上，这样，反辐射武器无法对接收机进行攻击，对发射机又难以接近；

(4) 对反辐射武器的导引头进行有源或无源干扰，使其不能发现或跟踪雷达波束；

(5) 配置雷达诱饵系统，即设置假雷达，其主要信号参数和工作模式与雷达相似，配置在距雷达阵地一定距离的范围内，这样可使反辐射武器的导引头难以区分真伪，当雷达配合采取规避措施时，可引诱反辐射武器攻击假雷达。

2) 抗电子摧毁的战术措施

对反辐射武器防护的战术措施有：

(1) 多部雷达联网工作，让即将进入反辐射武器攻击范围的雷达及时关机，用别的雷达代替其工作，或使两部或多部同频雷达协同配合，交替开机、关机，使反辐射导弹的导引头不能稳定跟踪任何一部雷达；

(2) 尽量缩短雷达开机时间；

(3) 提高操作人员的技术水平，能及时、准确地发现反辐射武器的发射，并迅速采取对抗措施；

(4) 利用地形、地物，构筑工事，提高抗毁能力，同时配备火力，可能的条件下，以火力摧毁反辐射武器，尤其是反辐射无人机，它没有自卫能力，也缺乏灵活的反应与机动能力，在其盘旋飞行期间，可对其进行摧毁或干扰。

8.3.3 电子防御效能评估

1. 评估指标体系

构建电子防御效能评估指标体系是电子防御效能评估研究的前提和基础。根据电子防御目的和任务的不同，电子防御效能评估指标体系可以从反电子对抗侦察、反电子干扰、抗摧毁几个方面来建立。

1) 反电子对抗侦察效能评估指标

已经知道，评估电子对抗侦察系统效能的指标有对辐射源的截获概率和识别概率、侦察距离、测向定位精度、侦察时间(包括对辐射源的截获时间和识别时间)等。那么反电子对抗侦察的效能评估指标可以在采用反电子对抗侦察的技术、战术措施后，利用上述指标的变化来衡量，即用对辐射源截获概率和识别概率的降低、侦察距离的缩短、测向定位误差的增大、侦察时间的加长等来衡量。

2) 反电子干扰效能评估指标

反电子干扰的基本原理就是要抑制干扰条件下进入电子系统的干信比，即提高进入电子系统的信干比，从而防止电子系统效能的降低。因此，反电子干扰的效能评估指标即用电子系统采取反电子干扰措施后引起的进入电子系统的信干比的提高量来衡量，而信干比的变化又与电子系统对目标的发现概率和跟踪精度等指标的变化密不可分。

3) 抗摧毁效能评估指标

评估常规火力或反辐射武器效能的指标主要为对辐射源的击毁概率，那么抗摧毁的效能评估指标可以在采用抗摧毁的技术、战术措施后，利用击毁概率的变化来衡量。

2. 评估模型建立

下面主要以反电子侦察类的辐射源截获概率计算模型、反电子干扰类的电子系统信干比模型、抗摧毁类的击毁概率计算模型和雷达诱饵抗摧毁效能评估模型为例介绍评估模型的建立。

1) 辐射源截获概率计算模型

当电子对抗侦察接收机对辐射源无相对运动时，电子对抗侦察系统对辐射信号的截获概率为

$$P_D = P_l[1-\exp(-P_{jc}qDt)] \tag{8-6}$$

式中，P_l 为辐射源落入搜索区域的概率；P_{jc} 为电子对抗侦察机与辐射信号的接触概率，即在空域、时域、频域上与被探测的辐射信号重合的概率；q 为对辐射源的识别概率；D 为接触条件下单位时间内电子对抗侦察接收机对辐射信号的检测概率；t 为持续的搜索时间。

当电子对抗侦察接收机与辐射源有相对运动时，电子对抗侦察系统对辐射信号的截获概率为

$$P_D = P_l\left\{1-\exp\left[-\int_0^t P_{jc}qD(\tau)\mathrm{d}\tau\right]\right\} \tag{8-7}$$

式中，$D(t)$ 是接触条件下 t 时刻电子对抗侦察接收机对辐射信号的瞬时检测概率密度。

2) 电子系统信干比计算模型

进入雷达系统的信干比，可用式(8-8)表示：

$$S_j = \frac{P_t G_t G_{rt} \sigma R_j^2}{P_j G_j G_{rj}(\theta)\gamma_j R_t^4 \cdot 4\pi} \cdot \frac{1}{q_f} \tag{8-8}$$

进入通信接收机的信干比，以信号和干扰均为自由空间传播为例，可用式(8-9)表示：

$$S_j = \frac{P_t G_t G_{rt} R_j^2}{P_j G_j G_{rj}(\theta)\gamma_j R_t^2} \cdot \frac{1}{q_f} \tag{8-9}$$

式(8-8)和式(8-9)中，P_t、G_t 分别为雷达或通信发射机发射功率、增益；P_j、G_j 分别为干扰机发射功率、增益；G_{rt} 为雷达或通信接收机对信号方向的接收增益；$G_{rj}(\theta)$ 为雷达或通信接收机对干扰信号方向的接收增益，与干扰进入方向角 θ 有关；γ_j 为干扰信号的极化损失；R_j 为干扰机到雷达或通信接收机的距离；R_t 为雷达到目标的距离或通信发射机到接收机的距离；σ 为目标的雷达截面积；q_f 为干扰机频率覆盖信号频率所占的比例。

当干扰机采用瞄准式或阻塞式干扰，且干扰频段覆盖雷达或通信接收机接收频段时，有

$$q_f = \frac{\Delta f_r}{\Delta f_j} \tag{8-10}$$

一般情况下，若干扰频段为 $[f_{j1}, f_{j2}]$，雷达或通信接收机接收频段为 $[f_{r1}, f_{r2}]$，$d\{[f_{r1}, f_{r2}]\cap[f_{j1}, f_{j2}]\}$ 代表两区间交集的带宽，Δf_r 为接收机瞬时带宽，则有

$$q_f = \frac{\Delta f_r}{f_{r2} - f_{r1}} \cdot \frac{d\{[f_{r1}, f_{r2}]\cap[f_{j1}, f_{j2}]\}}{f_{j2} - f_{j1}} \tag{8-11}$$

3) 击毁概率计算模型

敌方使用常规火力或反辐射武器摧毁己方电子设备的击毁概率为

$$P_{\text{毁}} = P_{\text{发现}} \cdot P_{(\text{射击/发现})} \cdot P_{(\text{击毁/射击})} \tag{8-12}$$

式中，$P_{\text{发现}}$ 为对电子设备的发现、测向、定位、捕捉概率；$P_{(\text{射击/发现})}$ 为发现条件下射击的概率；$P_{(\text{击毁/射击})}$ 为射击条件下击毁的概率。

当实施反侦察措施后，$P_{发现}$ 将减小，故可引入反侦察因子 $\lambda_{反侦} \in [0,1]$，这时 $P_{发现}$ 变为 $P'_{发现}$：

$$P'_{发现} = (1-\lambda_{反侦}) \cdot P_{发现} \tag{8-13}$$

4）雷达诱饵抗摧毁效能评估模型

如果设置雷达诱饵，反辐射导弹对雷达的发现将被“冲淡”。如果反辐射导弹发现雷达的概率为 $P_{发现(雷)}$，发现诱饵的概率为 $P_{发现(诱)}$，在导弹搜索范围内的诱饵个数为 n，则有

$$1-\lambda_{反侦} = \frac{P_{发现(雷)}}{n \cdot P_{发现(诱)} + P_{发现(雷)}} \tag{8-14}$$

对反辐射导弹的导引头实施欺骗式或压制式干扰，能使导弹对雷达的命中概率或毁伤概率下降。

参 考 文 献

范宇清, 程二威, 魏明, 等, 2020. 高功率微波弹对 GNSS 接收机毁伤效果分析[J]. 系统工程与电子技术, 42(1): 37-44.

冯康, 2014. 认知科学的发展及研究方向[J]. 计算机工程与科学, 36(5): 906-916.

格尔曼, 卡林, 斯特恩, 等, 2015. 贝叶斯数据分析(英文导读版·原书第 3 版)[M]. 北京: 机械工业出版社.

介婧, 徐新黎, 2016. 智能粒子群优化计算——控制方法、协同策略及优化应用[M]. 北京: 科学出版社.

李修和, 等, 2014. 战场电磁环境建模与仿真[M]. 北京: 国防工业出版社.

李袁柳, 2010. 电磁频谱管理技术发展研究[J]. 舰船电子技术, 30(7): 22-24.

李智慧, 2021. 大数据技术架构: 核心原理与应用实践[M]. 北京: 电子工业出版社.

刘培国, 侯冬云, 2008. 电磁兼容基础[M]. 北京: 电子工业出版社.

刘勋, 吴艳红, 李兴珊, 等, 2011. 认知心理学: 理解脑、心智和行为的基石[J]. 中国科学院院刊, 26(6): 620-629.

牛卉, 伍洋, 李明, 2021. 国外高功率微波武器发展情况研究[J]. 飞航导弹, 8(8): 12-16.

孙文瑜, 徐成贤, 朱德通, 2010. 最优化方法[M]. 2 版. 北京: 高等教育出版社.

汤仕平, 张勇, 万海军, 等, 2017. 电磁环境效应工程[M]. 北京: 国防工业出版社.

TOLK A, 2016. 作战建模与分布式仿真的工程原理[M]. 郭齐胜, 徐享忠, 王勃, 等译. 北京: 国防工业出版社.

王国民, 周莉莉, 白彬, 2013. 复杂电磁环境下基地训练电磁频谱管控研究[J]. 现代电子技术, 36(9): 31-33.

王正青, 2019. 面向实战摸清底数——谈复杂环境与边界条件下的武器装备试验鉴定[J]. 现代防御技术, 47(5): 1-7.

魏岳江, 2008. 复杂电磁环境下的联合训练[J]. 国防科技, 29(4): 62-67.

吴宏鑫, 胡军, 解永春, 2009. 基于特征模型的智能自适应控制[M]. 北京: 中国科学技术出版社.

吴秀鹏, 王骏, 刘亚东, 等, 2009. 复杂电磁环境下装备保障训练内容模块化研究[J]. 装备环境工程, 6(3): 84-87.

谢益辉, 朱钰, 2008. Bootstrap 方法的历史发展和前沿研究[J]. 统计与信息论坛, 23(2): 90-95.

郁浩, 都业宏, 宋广田, 等, 2018. 基于贝叶斯分析的武器装备试验设计与评估[M]. 北京: 国防工业出版社.

张传友, 贺荣国, 冯剑尘, 等, 2017. 武器装备联合试验体系构建方法与实践[M]. 北京: 国防工业出版社.

张庆龙, 王玉明, 程二威, 等, 2021. 导航接收机带外电磁干扰的效应规律及预测方法研究[J]. 系统工程与电子技术, 43(9): 2588-2593.

张昱, 张明智, 胡晓峰, 2013. 面向 LVC 训练的多系统互联技术综述[J]. 系统仿真学报, 25(11): 2515-2521.

赵继广, 柯宏发, 袁翔宇, 等, 2018. 电子装备作战试验理论与实践[M]. 北京: 国防工业出版社.

朱良春, 魏光辉, 潘晓东, 等, 2011. 典型通信电台带内干扰辐射效应研究[J]. 微波学报, 27(6): 93-96.

朱文娟, 刘凯, 2015. 国内外认知心理学领域的可视化比较分析[J]. 现代情报, 35(8): 157-163, 171.